国家科学技术学术著作出版基金资助出版

农业节水防污化控技术
理论与实践

杨培岭　廖人宽　著

U0223643

科学出版社

北京

内 容 简 介

　　本书主要介绍了典型化学调控制剂在农业节水和农业污染防治上的作用理论、技术模式和相关实践工作。全书分为基础知识篇、技术原理篇、模拟模型篇和示范应用篇四大部分，共 15 章，阐述了典型化学调控制剂的功能特性及其在土壤改良、水分调控和作物生理调节等方面的作用原理，重点分析了多种化学调控制剂联合应用对土壤作物系统水分运移、养分利用和污染消减的影响效应及通用技术模式，构建并筛选了适用于化学调控制剂应用条件下的水分、养分和泥沙运移模型及作物生长模型，提出的技术模式在北京市平谷、密云、怀柔、大兴等区进行了示范应用。

　　本书可作为从事农田水利工作的高校老师、研究生、工程师和技术人员的参考书。

图书在版编目（CIP）数据

农业节水防污化控技术理论与实践 / 杨培岭，廖人宽著. —北京：
科学出版社，2024.6
　ISBN 978-7-03-069963-3

　Ⅰ. ①农…　Ⅱ. ①杨…②廖…　Ⅲ. ①农田灌溉-节约用水-研究
②农田灌溉-水污染防治-研究　Ⅳ. ①S275

中国版本图书馆 CIP 数据核字（2021）第 200738 号

责任编辑：周　炜　纪四稳 / 责任校对：任苗苗
责任印制：肖　兴 / 封面设计：陈　敬

科 学 出 版 社 出版
北京东黄城根北街 16 号
邮政编码：100717
http://www.sciencep.com

涿州市般润文化传播有限公司印刷
科学出版社发行　各地新华书店经销

*

2024 年 6 月第　一　版　　开本：720 × 1000　1/16
2024 年 6 月第一次印刷　　印张：31 1/2
字数：633 000

定价：298.00 元
（如有印装质量问题，我社负责调换）

前　言

　　水是人类赖以生存和发展的不可替代的有限资源。在干旱半干旱农业区，由于降水时空分布不均，地下水和地表水逐年枯竭等问题导致的水资源短缺致使农业大幅度减产，严重威胁着人类社会的可持续发展。据估算，世界范围内比较缺水的干旱半干旱地区现有农用耕地高达 6 亿 hm^2 左右，约占世界总农用耕地面积的 42.9%。就我国而言，比较缺水的旱地农业面积占全国总农用耕地面积的 51%，并且这些地区是我国粮油作物的重要产地，对我国农业发展有着十分重要的意义。除了缺水，肥料在农业生产过程中过度使用所造成的环境污染也是目前所面临的一个难题。因此，如何提高干旱半干旱地区农业水资源和肥料的有效利用率，确保作物产量的同时减少肥料污染，成为世界各国学者共同面临的紧迫问题。

　　化学调控技术(简称化控技术)在干旱半干旱地区的大田粮食作物、蔬菜和果树生产时常被采用，其具有易实施、投入少、见效快、环境友好等优点。化控技术以土壤和作物为调控对象，通过应用特殊的化学制剂来进行水分和养分的调控。调控方式是将化学制剂直接施用到土壤中或作物上，以改良土壤结构和增强作物水肥利用效率为核心目标，最大限度地减少水肥的无效损失，促进作物对水肥的吸收利用，减少灌水施肥量并保持作物产量，从而实现高效利用水资源和肥料的目的。化控技术在劣质土壤改良、坡面水土保持、水肥保蓄和缓释、作物生理调控等方面都具有很好的表现。目前，有关化控技术的研究多偏重于田间尺度的应用效应研究，且多为单一制剂的应用模式研究，在化控制剂的施用方法和施用量方面有较多的成果，在摸清单一化控制剂作用机制方面也有一定的深度。然而，化控技术的集成应用模式和多种制剂联合调控机制方面的研究还很缺乏，在化控制剂应用条件下构建坡面水土流失模型、土壤水分运移模型和作物生长模型的报道也很少，这不利于化控技术在干旱半干旱地区农业生产中的进一步发展。

　　从 2000 年开始，在国家高技术研究发展计划(863 计划)重大专项，国家自然科学基金重点项目、面上项目，北京市"九五"、"十五"重大科技攻关项目，北京市科技计划项目等十余项国家及省部级项目资助下，我们围绕表土改良剂、土壤保水剂和植物抗蒸腾剂这三种目前国内外常用化控制剂，系统开展了大量与农业节水防污原理、作用效应、模型构建和示范应用模式有关的研究，并取得了很多重要成果。代表性成果"农业化学节水调控关键技术与系列新产品产业化开发及应用"获 2010 年国家科学技术进步奖二等奖。2019 年，获国家科学技术学术著作出版基金资助之后，我们在之前研究的基础上对 20 余年来的研究成果进一步梳理和总结，从而形成这套应用化控技术进行农业节水防污控制的综合理论和系统方法。本书以农田水利学为基础，结合土壤物理化学、植物生理学和高分子材料学等多学科理论与研究方法，以提高农田水肥利用效率为根本目的，进行农业节水防污化控技术原理阐述、作用效应分析、模拟模型构建和应用评价等多方面的总结，探索了表土改良剂、土壤保水剂和植物抗蒸腾剂三种典型化控制剂的节水、防污、增产和调质效应，建立了基于三种化控制剂联合应用的农业节水防污化控协同调控技术模式。

　　本书系统介绍表土改良剂、土壤保水剂和植物抗蒸腾剂的研究发展历程及国内外应用现状；研究表土改良剂对土壤孔隙结构的改良机制，分析表土改良剂对坡地径流、产沙和肥料流失的影响效应，提出表土改良剂改良孔隙结构及控制水土流失的调控方法；研究土壤保水剂在不同营养离子作用条件下的吸释水肥机理，解析保水剂水凝胶内部微观结构形态变化特征，分析保水剂与氮磷肥配施对作物水肥利用效率的影响，提出土壤保水剂吸水能力测试方法及水肥控释调控模式；研究植物抗蒸腾剂对温室盆栽作物和大田作物叶片气孔行为及水分利用效率的影响，分析叶片尺度植物抗蒸腾剂的影响效应与作用机理，提出植物抗蒸腾剂减小叶面气孔开度增强作物生理机能的调控模式；采用同位素示踪技术和内源激素测试技术深入探讨三种典型化控制剂联合应用对作物水肥利用的协同调控机制，初步明确不同类型化控制剂在土壤-作物系统水肥高效利用调控上各自所发挥的效用；就化控制剂对土壤物理化学指标和作物生理指标的作用效应进行深入分析，对坡面水土流失、根区土壤孔隙及容重变化、根系长度及根氮含量密度变化和叶面生物量变化等关键过程进行表征，构建并筛选适用于化控制剂应用情况下的坡面水肥流失、土壤作物系统水分运移和作物生长模型；最后形成苹果、葡萄、玉米、番茄、辣椒、甜瓜、旱熟禾等十种作物的节水防污化控技术示范应用模式。

　　本书由杨培岭、廖人宽策划、统稿和撰写。书中介绍的研究内容来自项目组全体成员 20 余年来辛勤工作所取得的成果。全书共 15 章，第 1 章为绪论，由杨培岭、廖人宽撰写，第 2～15 章可归纳为四大部分：第一部分为基础知识篇(第 2～4 章)，由杨培岭、王爱勤、王勇、韩玉国等撰写；第二部分为技术原理篇(第 5～8 章)，由廖人宽、魏琛琛、李云开、敖畅、朱元浩等撰写；第三部分为模拟模型篇(第 9～11 章)，由廖人宽、敖畅、杜鑫、苏艳平、贺新等撰写；第四部分为示范应用篇(第 12～15 章)，由杨培岭、任树梅、廖人宽、王勇、刘洪禄、韩玉国等撰写。中国农业大学研究生魏琛琛、曾揭峰、许济凡、王常茜等参与了书稿文字和格式校对工作。

本书成稿之际，向所有为本书出版提供支持和帮助的同仁表示衷心感谢。由于作者水平有限，书中难免存在疏漏和不妥之处，敬请读者批评指正。

杨培岭

2023 年 1 月

目 录

技术原理篇

示范应用篇

第1章 绪 论

在农业生产中，水分和肥料是一对紧密联系、不可分割的协同作用体，在作物产量和品质形成方面具有重要作用。在高效利用水资源的同时，减少化学肥料的盲目施用，降低肥料的淋溶损失和坡面流失，促进作物对水肥的吸收，提高水肥利用效率，将水和肥两个因子进行综合控制是减轻干旱胁迫和农业面源污染的有效途径，也是现代农业技术未来发展的研究重点。在干旱半干旱地区农业生产中，水肥高效利用调控理论可以概括为三个方面的内容：①调控作物冠层气孔导度，增强作物对土壤水肥的利用效率。作物叶面气孔开度对作物光合速率和蒸腾速率的影响效应不一致，光合速率对干旱胁迫的敏感度低于蒸腾速率。通常情况下，光合速率有一定的限值，当其随气孔导度增大而增加到一定值时就不再继续增加，而蒸腾速率则随气孔导度增加而线性增大。因此，可以通过调控气孔开闭程度以减小干旱胁迫下的气孔导度，使蒸腾速率明显减弱而光合速率不受太大影响，达到不减少或少量减少作物光合产物积累而大大减小蒸腾耗水损失的目的。②调控作物根系发育状况，提升作物根系吸水吸肥性能，促进对土壤水肥的吸收利用。就根系发育来讲，土壤理化性质、灌溉方式、作物内源激素等会对根系发育产生明显影响，而根系吸收性能同根系发育之间呈明显相关关系，根系吸收能力越强，作物对水分和肥料的利用越充分。因此，可以通过调控根系的发育状况来提高作物根系的吸收能力，进而实现对土壤水肥的高效利用。③调控作物内源激素分泌，提升作物对干旱胁迫的自适应能力，高效利用土壤水肥资源。作物内源激素的变化对环境条件改变响应的灵敏性在作物生命活动中起着重要的调节作用。干旱环境会激发作物根系脱落酸(abscisic acid，ABA)的合成，ABA 的积累可以使作物叶面气孔开度减小甚至关闭，同时能够抑制茎、叶生长，促进根系生长，使根冠比增加，以提高作物对干旱的适应能力，进而提高水分和肥料的利用效率。

本书所要探讨的化控技术正是基于水肥因子调控的一种重要旱地农业技术，其对作物叶面气孔导度、根系发育和内源激素分泌都有明显的调控作用。它是应用特殊的化学制剂来进行水肥的调控，以土壤和作物为调控对象；调控方式则是将化学制剂直接施作到土壤中或作物上，以提高水肥利用效率为核心目标，在源头上减少水肥的摄入，在过程中降低水肥的损失，在应用中增强作物对水肥利用的能力，从而达到高效利用水肥资源、减少灌溉和肥料施用、提高作物抗旱性能、减轻农业面源污染的目的，在提高旱地农业系统生产功能的同时减轻因农业生产对生态环境造成的压力[1]。目前国内外已有大量的研究显示，表土改良剂、土壤保水剂、土壤激活剂、植物激素、植物抗蒸腾剂等化学制剂的合理应用，可以起到有效改善土壤结构、减少水土流失、增加水肥入渗和土壤保蓄能力、降低作物奢侈蒸腾、促进作物生理生长、改善作物品质等效用[2-10]。

本书以化控技术对旱地农业水肥调控的作用机制为出发点，分别阐述不同类型化控节水防污技术的应用方法，重点围绕表土改良剂聚丙烯酰胺(polyacrylamide，PAM)、土壤保水剂高吸水树脂(super absorbent polymer，SAP)和植物抗蒸腾剂黄腐酸(fulvic acid，FA)这三种典型化控制剂的研制开发、作用机制、模型构建和应用效应以及它们之间的协同调控作用来展开。

1.1 化控技术在农业节水防污调控上的作用效应

化控技术在农业节水防污调控上的作用效应是通过影响土壤和作物系统中水分和肥料的入渗、保蓄和吸收利用等途径来实现的。目前应用于节水防污调控的化控制剂种类较多，综合来看，主要分为三大类型：①表土结构改良调控类，主要包括表土改良剂 PAM、土壤激活剂等；②土壤水分保蓄调控类，主要包括土壤保水剂、保水剂缓释肥等；③作物生理调控类，主要包括作物叶面抗蒸腾剂、植物生长激素等。

1.1.1 表土结构改良

节水防污调控的第一条途径是采用表土改良剂 PAM 对表层土壤结构进行调节。PAM 是一种线型水溶性高分子，一般为白色颗粒态，由多个同样的丙烯酰胺和相关的单体经聚合而成，是丙烯酰胺及其衍生物的聚合物的统称，在油气工业、纺织工业、农业生产等多方面均有应用。PAM 有液态、固态和乳胶态等多种形式，主要分为阳离子型、阴离子型、非离子型和两性离子型，阴离子型 PAM 多用于进行农田土壤的改良。

调控作用在于固持土壤并减轻表土封闭，促进连通孔隙的形成，增加水肥的入渗，减轻土壤侵蚀，减少溶解态和吸附态养分的流失。一方面，PAM 是一种高分子聚合物，其吸水后所形成的凝胶化物质能够吸附分散的土壤颗粒，土壤颗粒不断聚集从而形成更多团聚体结构，而土壤黏粒表面吸附 PAM 分子后，引起土壤颗粒表面物理化学条件的变化又减弱了土壤颗粒间的排斥反应，使得形成的土壤团聚体结构更加稳定，团聚体表面的黏结力进一步加强，能够有效减弱降雨对团聚体结构的打击溅蚀力，减轻土壤表面结皮和封闭，促进水肥的入渗。另一方面，PAM 分子可以同土壤中的金属离子发生"桥接"作用[11]，从而形成更多的连通孔隙，增强了土壤的入渗性能，减轻径流对下游土壤的冲刷，从而减少了溶解态和吸附态养分的流失。

1.1.2 根区水肥保蓄及缓释

节水防污调控的第二条途径是通过 SAP 自身水肥保蓄、缓释性能及其对根层土壤结构的调控作用来实现。SAP 是一种人工合成的具有强吸水能力的功能高分子聚合物材料，一般呈白色或淡黄色颗粒态，其独特的分子网络结构和功能特性使其能够快速吸收水分，吸水量可达自身重量的上百倍甚至上千倍，并且具有反复吸水和释水的功能，其在卫生医疗、工业制造、农业生产等方面均有广泛应用。聚丙烯酸、聚乙烯酸、乙烯酸、聚乙烯、纤维素、淀粉、凹凸棒黏土、石墨烯、瓜尔胶、壳聚糖等有机或无机材料均可作为保水剂的合成材料，而淀粉接枝丙烯酸盐共聚交联物和聚丙烯酰胺类保水剂是较为常用的农用保水剂。

调控作用在于其能够反复吸持土壤水肥，减少水肥淋溶渗漏量，并使水肥缓慢释放供作物生长所需，同时还能够作用于根系来提升作物整体生理机能。一方面，SAP 是一种三维网络状的高分子聚合物，其分子表面的亲水性功能基团羧基(—COOH)、羟基(—OH)等遇水后会发生电离并与水分子结合形成极性氢键，形成的氢键能够增强分子的吸水动力，亲水性基团也可通过静电引力、范德瓦耳斯力、离子交换、离子吸附等机制来增强对养分的吸附作用，而三维网络结构上电离出的正离子游离于网络结构之中使得包裹着网络结构的膜内外之间形成渗透势差，其也促使了外部水分子和养分离子通过膜结构进入高分子内部而被快速储存起来[12]，当外部水分被作物消耗而导致土壤基质吸力升高时，SAP 缓慢释放出自身储存的水分和养分到土壤中，从而供作物吸收利用。另一方面，SAP 在作物根区形成了水肥耦合微域，通过影响根系的分布和发育，提升根系对水肥的利用效率，进而促进作物整体的生长。

1.1.3 作物生理机能提升

节水防污调控的第三条途径是采用植物抗蒸腾剂 FA 对植物叶片气孔开度和生长机能进行调控。FA 是腐植酸(humic acids, HA)的一个水可溶级分，一般呈黄褐色液态或灰黑色粉末，其分子含有酚羟基、羧基等多种基团以及少量的氨基酸、维生素和酶类物质，可以从煤炭来源的腐植酸中分离获得或直接从泥炭、风化煤中提取，也可以利用生物技术的方法制造，在医疗卫生和染色工业有一定的应用，但更为主要的应用在于农业抗旱和作物生理调节。目前植物抗蒸腾剂 FA 主要有旱地龙、抗旱剂一号、黄腐酸叶面肥等一些产品。

调控作用在于其能够降低作物奢侈蒸腾时的叶片气孔开度，抑制水分的蒸腾耗散，同时可以促进作物光合作用，提升作物的生理活性。一方面，施用 FA 可提高植株体内吲哚乙酸的含量，而吲哚乙酸可以缩小气孔开度，增加气孔阻力，降低叶片蒸腾强度，减少植株体内水分向外散失；另一方面，FA 也能提高作物体内抗氧化酶(如超氧化物歧化酶、过氧化物酶等)的活性[13]，增强清除活性氧和氧自由基的能力，从而减轻膜脂过氧化作用和膜伤害，延缓植株衰老。此外，FA 通过侧链上的活性含氧官能团与金属离子或非金属元素形成利于作物吸收的络合物，可以提高作物对生长必需微量元素的吸收和运转能力，促进作物产量和品质的提升。

1.2　化控技术在农业节水防污上的应用研究进展

1.2.1　土壤水肥保蓄

土壤水肥保蓄是农业生产系统中的基础环节。在水肥保蓄方面的调控分为三个层面，目前研究主要涉及的调控目标、应用方法及作用效果见表 1-1。

表 1-1　增强水肥保蓄的调控目标、应用方法及作用效果

调控目标	应用方法	作用效果
增加水肥入渗	土表喷施液态 PAM	提高入渗率 3~5 倍
	土表喷洒溶胶态 PAM	提高稳定入渗率 1~2.5 倍
	土表喷洒溶液态 PAM	提高稳定入渗率 1.7~2.8 倍
	土表喷洒干粉态 PAM	提高稳定入渗率 25%~180%
	与土壤混施	提高团聚体稳定性 1.01~3.9 倍
	土表干施 PAM	提高土壤入渗，减少径流量
保蓄水肥	将 SAP 同沙子混合施用	使沙子的持水时间增加 3 倍
	层施 SAP	土壤含水率会增加 1.1~1.9 倍
	在育苗基质中加入 SAP	降低 80%基肥氮素用量
	混施复合 SAP	钾淋溶减少 8.17%~31.38%
缓释水肥	SAP 磷酸缓释肥	磷素可缓释，其利用率得到提升
	尿素缓释型 SAP	含氮 21.1%，生物降解性好
	复合 SAP	含氮 15.13mg/g、钾 52.05mg/g
	有机/无机复合 SAP	氮肥利用率提高 1 倍以上
	复合 SAP	磷素提高 23%~200%

　　水肥保蓄的第一个层面，就是要增加水肥进入土体的数量。雨养农业是北方旱区农业的主要生产方式之一，农田土壤易在降雨的打击下形成结皮而造成土壤封闭，从而降低土壤表层导水率，形成大量地表径流，造成水肥流失。化控技术通过施用 PAM 来改善表层土壤结构状况，减轻土壤结皮程度并形成更多的连通孔隙，可增强表层土壤的入渗能力。将 PAM 以溶液态、溶胶态或干粉态施于地表，均能起到增加水肥入渗的作用。Green 等[14]研究了 PAM 对土壤封闭情况的作用效应，发现将 PAM 以液体形态喷施在土壤表面可以减轻土壤封闭程度。陈渠昌等[15]将 PAM 干施在坡面地表并进行人工降雨试验，也发现其能够提高土壤入渗率，减少径流量。于健等[16]则综合比较了喷洒 PAM 溶胶、溶液和干粉三种方式，发现直接使用干粉 PAM 不仅具有较好的效果，且施用方法简单易行，适合在旱作农业区推广使用。Mamedov 等[17]则进一步分析了 PAM 在不同土壤上的应用效果，其在对比研究了 16 种土壤样品后发现，土壤团聚体的稳定性越差，PAM 增强团聚体稳定性的能力越强，PAM 改良土壤结构和团聚体稳定性方面的有效性与黏粒活性和影响 PAM 吸附的土壤条件等因素有关。同时，在以增加水肥入渗为调控目标的技术应用中，要特别注意 PAM 的用量，当 PAM 的用量过大时，其反而会减弱水肥的入渗。研究发现，当 PAM 施用量为 $3g/m^2$ 时，可明显降低土壤入渗率，增加坡地径流量，含有 25mg/L 浓度 PAM 的去离子水溶液淋溶土壤也会明显降低土壤的稳定导水率，其原因在于未被吸附的 PAM 分子链片段延伸进入土壤孔隙，导致水的流速下降[18]。

　　水肥保蓄的第二个层面，是要将水肥蓄持在作物根系层。北方旱区夏季温度较高，土面蒸发强烈，使水分大量散失。砂质壤土的水肥保蓄能力较弱，降雨和灌溉后，入渗的水肥易快速渗漏而进入地下水，导致水肥利用效率降低，且对地下水质造成影响。化控技术则可通过在作物根系层施入 SAP 来降低水分蒸发和水肥渗漏，即通过 SAP 对水肥反复吸持的能力和其对土壤结构的调控效应来增强土壤的热容量和土壤持水能力，使表层土与下层土的水势梯度变化率减小，降低土壤的导水率，减缓土面蒸发和水肥淋溶，将水肥尽量保蓄在作物根系层。白文波等[19]比较分析了 SAP 作用下土壤水分的入渗率、累积入渗量及湿润锋等的动态变化，发现施用 SAP 后，SAP 层及 SAP 下层土壤含水率会普遍提高。Asghar 等[20]研究发现，当 SAP 与沙子混合施用时，可提高沙子的持水时间。李世坤等[21]则研究了复合 SAP 对水肥淋失的影响，结果表明复合 SAP 能够较对照减少淋出液体积，显著降低氮磷钾的累积淋溶率。司东霞等[22]在黄瓜育苗基质中加入控释肥料和 SAP，结果显示在植株完成移栽后的正常营养生长阶段，控释肥料和 SAP 可减少基肥氮素用量并降低氮素淋溶损失。针对 SAP 施用条件下土壤干燥过程中的动力学特征，Bakass 等[23]开展了相关研究，结果显示 SAP 减弱了土壤的干旱动力学进程，能够有效减少水分的流失。而针对 SAP 应用的适宜土壤类型，有研究发现将少量的 SAP 加入黏粒含量较低的土壤中在提高土壤持水性方面要优于黏粒含量较高的土壤[24]。

水肥保蓄的第三个层面，是要使水肥缓慢释放，持续供给作物生长所需，提升水肥的有效利用效率。研究人员将养分元素加入 SAP 中制成 SAP 缓释肥也起到了很好的水肥保蓄效果，SAP 缓释肥既具有吸持水分的性能，也能够将复配的养分元素进行缓慢释放，提升养分利用的有效性，可减少外源化肥的施用。Zhan 等[25]将磷酸(H_3PO_4)与聚乙烯醇(PVA)进行酯化后制成 SAP 磷酸缓释肥。Ni 等[26]以乙基纤维素、丙烯酸、丙烯酰胺(AM)为原料，混合加入尿素，制成尿素缓释型 SAP。毛小云等[27]将矿物和作物养分加入 SAP 中制成有机/无机复合 SAP。这些单源肥料复合型 SAP 都能在一定程度上缓释养分，降低肥料的流失，同时提升了作物对肥料的利用率。在多源肥料复配方面，有研究发现，将改性的蔗渣和丙烯酸嵌入磷酸盐岩，并加入氨、磷酸盐和氢氧化钾作为氮、磷和钾源，结果表明该种 SAP 中有效氮、磷、钾养分均具有很好的养分缓释性能[28]，而用金属离子、腐殖质、磷酸盐混合制成的复合型 SAP 不溶于水，但可溶于根系分泌的有机酸，这可以使 SAP 随着根系的生长缓慢释放磷素以供作物生长所需，在将这种 SAP 应用于磷缺失的玉米生产上时，结果显示玉米生长得到恢复，与施用水溶性磷肥的效果相当[29]。

1.2.2 坡地水土保持

坡地地形是一种常见的地形形式，而坡地农业也是一种较为常见的农业生产方式。水土流失是制约坡地农业发展的关键因素。水土流失造成肥料流失，降低了肥料的利用效率，而由此形成的农业面源污染对下游水体又会造成污染，如何提高坡地水土保持能力、减少坡地水土侵蚀是旱地农业生产系统中的重要环节。坡度、坡长、植被和降雨强度等都是影响坡地水土侵蚀和径流的主要原因，而 PAM 施用量和施用方式的差异则可能起到截然相反的应用效果。提高坡地水土保持的应用方法及作用效果见表 1-2。

表 1-2 提高坡地水土保持的应用方法及作用效果

类型	应用方法	作用效果
PAM 剂型	$12×10^6$Da、$15×10^6$Da、$18×10^6$Da 分子量	分别比对照减少土壤侵蚀 26.3%、52.6%、26.3%
	7%、20%、35%水解度	土壤侵蚀分别为对照的 38.7%、33.8%、36.4%
PAM 施用浓度	0.5g/m²、1g/m²	减少坡面径流
	2g/m²	增大坡面径流
	0～2g/m²	增加土壤饱和导水率
	>2g/m²	减小土壤饱和导水率

续表

类型	应用方法	作用效果
PAM 覆盖度	低、中、高覆盖	细沟侵蚀临界坡长分别增加 4.95m、10.75m、29.40m
	80%、60%、40%覆盖	降雨入渗量分别提高 17%、14%、6%
PAM 配施	PAM 和石膏	沙土和粉砂壤土的入渗率能够提高 4 倍并减少 30% 的土壤侵蚀
	PAM 和石灰石、石膏、沸石、腐殖质	土壤固磷能力由大到小依次为石灰石、腐殖质、石膏、沸石
	PAM 和粉煤灰	能够有效抵御 14m/s 风沙流历时 30min 的吹蚀

在 PAM 选择方面，其剂型、施用浓度和覆盖度是影响 PAM 作用效应的主要因素，土壤入渗率和径流量对其的响应敏感性很强。PAM 剂型主要在于分子量和水解度的选择，不同的分子量和水解度使 PAM 分子的聚合链长度和电荷密度不同，这与土壤入渗和侵蚀有直接的关系。于健等[30]研究了三种分子量和三种水解度的 PAM 对土壤侵蚀的影响，发现当 PAM 的分子链穿透土壤孔隙时，才能对土壤颗粒产生较好的黏结效果，起到固持水土的作用。剂型决定了 PAM 的理化特性，而施用浓度则是其自身性质的累积作用，也对土壤入渗和侵蚀产生直接影响。在进行坡面土壤侵蚀防治时，并不是 PAM 施用浓度越高越好，而应是将浓度控制在一个合理的范围内。韩凤朋等[31]研究表明，在 15° 的坡面小区上，$2g/m^2$ 的 PAM 施用浓度是增加土壤饱和导水率而减少坡面径流的一个极大值，当浓度大于 $2g/m^2$ 时，将会出现降低饱和导水率而增大径流的效果。Wang 等[32]也发现在 5° 坡地小区，当 PAM 施用浓度较小时可以起到减少径流的作用，当浓度较大时，甚至在 $2g/m^2$ 的施用量时就已经出现增大径流的效果。PAM 覆盖度对坡面水土保持也有较大的影响，主要体现在对坡面侵蚀临界坡长和土壤入渗率等方面的影响。刘纪根等[33]研究发现，PAM 覆盖会使细沟发育的临界坡长增加，PAM 的覆盖度越大，发生细沟侵蚀的临界坡长越长。唐泽军等[34]的研究也发现，当 PAM 覆盖度为 80% 时，其入渗效果最好，而 PAM 覆盖度为 40% 时，不能有效地达到增加土壤入渗的目的。由此可见，在应用 PAM 进行调控时，应尽量增大 PAM 的覆盖面积，但施用浓度需要控制在一个合理的范围内，并非施用浓度越大越好。

PAM 施用方式多样，其作用效果也有较大差异。可将 PAM 溶于水后进行喷施，可将颗粒态 PAM 在地表进行撒施，也可以将颗粒态 PAM 与石膏、腐殖质和粉煤灰等进行联合应用。将 PAM 与石膏进行联合应用能够产生较好的应用效果：一方面可以提高 PAM 改良土壤的作用效果；另一方面可以降低应用成本。Yu 等[35]将 PAM 和石膏的共同施用可以有效地提高降雨入渗率并减轻土壤侵蚀。崔海英等[36]则通过野外小区试验，研究 PAM 施用浓度、石膏用量及其混合后对产流、产沙量的影响，发现在 PAM 施用量为 $2g/m^2$ 时，石膏用量大时入渗效果比较好，而在石膏用量为 $20g/m^2$ 时，则不能起到增加水分入渗的作用。除石膏以外，石灰石、粉煤灰等材料也可与 PAM 进行联合应用，其在防治风力侵蚀和污染物流失方面均有不错的效果。对 PAM 配施材料的选择应以防治目标为准。将粉煤灰与 PAM 进行喷施来抵御风沙流的侵蚀，结果表明，粉煤灰施用率为 20% 和 PAM 施用率为 0.05% 的用量水平处理用于风蚀防治是最佳用量[37]，与石膏、沸石、腐殖质相比，石灰石同 PAM 配施处理组合对土壤磷吸附能力最强，可减少磷素向水体的释放[38]。

1.2.3　作物水肥利用

对作物水肥利用性能的调控关系到作物对水肥资源的利用效率，也关系到作物最终品质的形成，是定量化研究作物生理生长对化控技术响应机制的关键所在，是化控技术在旱地农业生产系统中进行应用的核心环节。提升作物品质和产量调控目标、应用方法及作用效果见表 1-3。

表 1-3　提升作物品质和产量调控目标、应用方法及作用效果

调控目标	应用方法	作用效果
促进作物水肥利用性能	SAP 200g/棵	土壤含水率提高 21.53%，果实品质提高
	SAP 90kg/hm²	棉花单株铃数和单铃质量分别增加 8.1%～14.1% 和 3.1%～4.6%
	SAP 60kg/hm²	有利于裸燕麦大多数品质性状的提高以及矿物质元素的吸收利用
	FA 400 倍液	苹果增产可达 4.88%～7.32%，平均单果质量增加 4.2%～8.4%
	FA 480 倍液	较对照显著提高叶绿素 a 含量达 24%
增强作物抗逆防病能力	成膜型 FA	抑制活性氧的产生，保证氧自由基清除系统的正常运行
	新型 FA	提高硝酸还原酶活性，春玉米增产 5.37%～29.58%

化控技术可以在作物根系层土壤中施入 SAP，通过其反复吸释水肥的特性来形成类似于"小型水库"和"小型营养库"的水肥蓄持带，减少了水肥的淋溶渗漏量，提供给作物水肥充足的环境，对根系产生影响，促进作物的生长及对水肥的利用效率。在对棉花的研究中发现，SAP 的施用能够加快棉花前期根系生长发育，增强根系活力，使根系在土壤内的分布更为合理[39]。在对冬小麦的研究中发现，SAP 的施用还能降低冬小麦根系质膜透性和可溶性糖含量，提高根系活力[40]。在对夏玉米的研究中发现，SAP 的施用减小了玉米根系的总长度和表面积，但能增加纤维根系(直径小于 0.5cm)的数目，增强根系对水肥的吸收和运输能力[41]。

　　另外, 有大量的研究发现, 适量配施肥料与 SAP 共同应用可以得到更好的效果。研究表明, 施入 SAP 能够促进小麦生长, 提高小麦产量与水分利用效率, 与肥料混合使用时, 增产效果更加显著[42], 而将 SAP 结合氮肥施用, 也可以提高不同阶段马铃薯叶片的光合速率, 增加了产量[43]。刘方春等[44]发现容器育苗基质中 SAP 同速效肥料混合施用, 可促进白蜡中后期的生长, 提高白蜡干物质、氮和钾的快速积累时间和最大积累速率, 增加干物质的积累量和总养分吸收量。SAP 与肥料的互作效应较为复杂, 有研究认为可能是 SAP 影响了土壤中某些与氮素转化相关的酶。黄震等[45]比较了三种 SAP 对土壤水分和两种氮肥(尿素、硝酸铵)的保持效应, 发现 SAP 对土壤脲酶活性有一定的影响, 其变化与氮素转化有关。宫辛玲等[46]研究发现氮肥溶液中的离子强度、SAP 聚合物类型以及粒级是影响 SAP 吸水倍率的关键因素, SAP 释放和吸收氨氮量高于硝氮量, 其释放和吸附氮肥的能力明显受粒级与生产过程中添加的复合成分的影响。然而, 也有研究发现, 并非所有肥料都适宜与 SAP 进行复配应用。不同的化学肥料对 SAP 吸水倍率的影响程度不同, 肥料对 SAP 的影响程度按尿素、磷酸二氢钾、氯化钾、氯化铵依次递增[47]。值得注意的是, 当肥料用量过大, 特别是高价态离子溶液浓度过大时, 会严重影响 SAP 的吸水性能。Li 等[48]比较了 SAP 在不同离子溶液中的溶胀性能并对 SAP 表面形貌变化特征进行了定量化的研究, 发现高价态阳离子会导致 SAP 溶胀性能显著降低。Mohammad 等[49]研究也表明, SAP 的溶胀性能随着溶液离子强度的增加而下降。

　　作物的品质和产量形成是作物生长中极为重要的一环, 也是整个旱地农业生产系统中的最后一环。实现对品质和产量的调控, 是化控技术在旱地农业生产中经济效益的体现, 也是化控技术在旱地农业生产中能够得到大面积推广应用的前提条件。改善作物水肥利用性能的应用方法及作用效果见表 1-4。

表 1-4　改善作物水肥利用性能的应用方法及作用效果

类型	应用方法	作用效果
SAP 单施	SAP 30~45kg/hm^2	棉花产量提高 10%, 每公顷增加铃数 5.7 万~9.0 万个
	SAP 60kg/hm^2	郑麦 9694 产量提高 47.4%
	SAP 60kg/hm^2	矮麦 58 产量提高 42.5%
	SAP 22.5kg/hm^2、45.0kg/hm^2	增加纤维根系数目
SAP 与肥料混施	SAP 结合氮肥	延长马铃薯茎叶生育期 14~15 天, 增加块茎产量 75%~108.3%
	SAP 结合肥料	小麦增产 10.14%, 水分利用效率明显提高
	SAP 结合速效肥	氮、磷和钾的总养分吸收量分别增加 16.56%、8.25% 和 12.75%

化控技术在作物品质和产量提升方面主要有两方面的效应：一方面是采用SAP可以促进作物对水分和肥料的利用，增强作物的生长机能，促进干物质的积累。李仙岳等[50]研究发现，SAP对杏树果实品质的提高在于其能够提高水分利用效率，其在干旱阶段的效果更加明显。白文波等[51]的试验也表明，SAP增强了水分由根系向茎叶的运输能力，促使干物质由营养器官向生殖器官的分配比增加，从而促进了花根系和蕾铃发育。吴娜等[52]发现无论是传统灌溉还是滴灌，施用SAP后均能提高燕麦对矿质元素的利用率并增加其产量。另一方面，叶面喷施FA不仅可以抑制作物奢侈蒸腾、提升水分利用效率，还可以起到叶面有机肥的作用，促进作物的生长和产量提高。更为重要的是，FA还可以增强作物抗逆防病能力，不仅改善了果实外观，还提升了果实的品质。师长海等[53]研究表明，喷施FA可以有效地维持旗叶的水分生理环境，抑制活性氧的产生，维持细胞膜的完整性，从而维持较高光合速率，同时有效降低蒸腾速率。李茂松等[54]发现FA能提高春玉米硝酸还原酶活性和游离脯氨酸含量，降低蒸腾强度并促进玉米生长。此外，FA与农药混用时还可以起到增强农药药效的作用，在减少农药浓度和用量的情况下也能起到很好的除害效果，其在作物果实品质的提高上也有很大的帮助。

1.3　化控技术产业化现状及研究发展趋势

1.3.1　表土改良剂

1. 表土改良剂产业化现状

早在20世纪初，欧美国家就开展了利用天然高分子如腐植酸等改良土壤结构的研究，但由于它们易被微生物分解，施用量大，施用后释放的大量阳离子对土壤有毒害作用，因此并未引起人们的广泛注意。到20世纪50年代，美国首先开发了商品名为Krilium的合成类高分子表土改良剂。随后日本、苏联以及欧洲部分国家引进了该产品，开发了具有类似功能和结构的其他合成类高分子表土改良剂。我国在这方面的研究开始于60～70年代，中国科学院地理研究所研制成功了农用的乳化沥青，并在全国范围内进行了示范推广，目前研究和应用较多的是高分子量的水溶性PAM。随着表土改良剂应用的不断深入，国内外此类新产品也不断地被开发出来，如保湿剂、松土剂、固沙剂、增肥剂、消毒剂和降酸碱剂等表土改良剂。

1) 液体通气保湿剂

液体通气保湿剂是日本研制的一种表土改良剂，含有聚乙烯醇6.66%、脱乙酰甲壳质 0.11%、氨基酸 0.022%、单宁 0.019%。在黏土中加入这种改良剂，能改善土壤的团粒结构，提高其通气性、透水性和保水性。

2) 聚合物亲水松土剂

法国科技人员利用聚合物制成了一种能湿润和疏松土壤的亲水松土剂，该松土剂呈颗粒状，撒入土壤(用量为 $100g/m^2$)后即起作用。当土壤潮湿时，颗粒吸收水分而剧烈膨胀，其体积可增大数百倍，然后逐渐释放出水分，使作物在干旱时也有一定的水分供维持生长。随着含水量逐渐减少，颗粒的体积也随之减小，空出原来占据的位置，从而使土壤疏松。

3) 陶瓷保湿剂

日本农业专家开发出了一种能改造沙漠的陶瓷保湿剂，这种陶瓷保湿剂可以吸收比本身重许多倍的水，具有良好的蓄水和保水性能。将它与高分子树脂和沙混合，可用来培育水果或蔬菜。

4) 沸石

俄罗斯科研人员在向土壤中喷洒农药的同时，施入一定的天然沸石，由于沸石含有众多微孔，吸附性强，能够促进吸收和析出任何物质与气体的原子，所以不仅能免除化学农药对土壤的污染，有利于作物生长，而且同农药混用还能增强药性，提高杀虫效果。

5) 康地宝

康地宝是中国科研人员研发的以生化物质为主的一种盐碱表土改良剂，该产品适用于受盐碱侵害的农田和新开垦的土地。它利用有机生化高分子络合作用，游离出盐离子，随灌溉水将盐分带到土壤深处，起到降碱脱盐、迅速解除盐分毒害的作用。该产品已在全国主要盐碱集中地区进行了示范推广，涉及小麦、玉米等多种作物以及草坪和绿化树木。

6) 禾康

禾康是中国科研人员研制的一种盐碱表土改良剂，它主要是通过增加土壤溶液中的硫酸钙、碳酸钙等高价金属化合物的溶解度，激活土壤中以钙离子为主的高价金属离子，使高价金属离子与土壤胶体的吸附能力大于钠离子，被激活的高价金属离子置换出土壤胶体吸附的钠离子，最后通过高分子基团吸附游离的钠离子和其他成盐离子，达到改良盐碱地的目的。禾康现已在我国进行了推广应用，并出口至巴基斯坦、印度、澳大利亚等国家。

7) 施地佳

施地佳是中国科研人员开发的一种土壤盐碱改良剂，是利用有机营养剂给土壤微生物提供营养源，通过土壤微生物的代谢活动，使微生物活力加强，分泌有机酸，起到降低土壤碱度、生物改良盐碱土的作用。另外，它利用一组水溶性高分子结合土壤中成盐离子，随流水将盐分带到土壤底层，以解除盐碱对作物的毒害。该产品已在新疆等地进行了应用示范。

8) 法莱宝

法莱宝是中国科研人员开发的一种有机生物改良剂，是在以牛粪、木片等为原料的基础上，添加美国原种生物菌，经 60℃以上高温发酵，并堆置安定的产品。它主要通过高活性生物菌熟化土壤，以改善土壤理化性状，提高土壤有机质。

9) 液态地膜

液态地膜是中国农业科学院土壤肥料研究所牵头研制成功的新型表土改良剂，是在沥青中加入特殊的添加剂混合成的乳剂，乳化后的沥青胶体具有强烈的黏附作用，它能将土粒黏结起来，形成团聚体。

10) 龙飞大三元

龙飞大三元是中国科研人员研发的新型表土改良剂，它主要利用土曲子的强力发酵作用以疏松土壤，提高地温，改善土壤通透性和保水、保肥能力。

11) NPR 增效剂

NPR 增效剂是由广东省农业科学院蔬菜研究所等单位研制的营养型酸性表土改良剂，以蒙脱石、橄榄石、单质硫矿等天然矿物为原料，在改良酸性土壤、平衡作物养分、提高化肥利用率等方面作用显著。

12) 其他

除上述产品以外，还有很多这样的产品，如云南的 YNEC 土壤改良剂、甘肃的绿能改良剂、内蒙古的圃园改良剂、北华大学林学院研制的碱益康改良剂、北京的 LC 表土改良剂。此外，免深耕土壤调理剂也是一种良好的土壤改良产品，该产品内含的高活性物质以水为媒介进行一系列的物理作用从而完成对土壤的改良，该类产品现已在一些地区进行了大田试验，效果较好。

2. 表土改良剂研究发展趋势

目前表土改良剂产品及应用中存在的问题主要表现在以下几个方面：①用量问题。表土改良剂用量过少，改良效果不明显，甚至无效果，用量太大，成本提高，造成浪费，因此如何选择适当的用量尤为重要。②施用技术问题。许多试验证明，固态改良剂施入土壤后虽可吸水膨胀，但很难溶解，致使未进入土壤溶液的改良剂几乎无效。另外，水溶性表土改良剂目前多采用喷施、灌施的方法施用，这不适宜于在大片沙漠和荒漠中应用。③使用效果问题。不同种类表土改良剂的使用效果各有利弊，例如，天然改良剂改良效果有限，且有持续期短或储量的限制等问题，人工合成的高分子类表土改良剂尽管性能较好，但也存在成本较高、功能单一、反复使用性能差等缺点。④环境问题。PAM 本身无毒，难以被微生物降解，但通过耕作、光照、机械等作用可以逐渐降解，其降解的中间产物丙烯酰胺是一种有毒物质。目前以废弃物为主的结构改良剂越来越多，废弃物内的有害物质(如重金属、病原微生物)对环境的危害并没有得到验证。因此，有关表土改良剂对环境影响的研究需进一步加强。特别是近几年不断出现新型表土改良剂，在推进其在大田中应用的同时，对环境有无副作用同样值得重视。⑤作用机制问题。表土改良剂作用机制比较复杂，并不是简单的物理化学过程，涉及物质结构学中的诸多问题。尽管目前已达成某些共识，形成了若干基本理论体系，如极性结合、阳离子桥接、离子交换结合等，但研究的土壤和表土改良剂彼此不同，以致众说纷纭，并不一致。

随着人们经济意识和环保意识的增强，研发高效持久、用量低、施用方法简便、使用安全系数高、多功能化、对环境无污染的绿色环保型表土改良剂将是今后的重点。可以考虑从以下几个方面进行新产品的研制与开发：

(1) 从生态农业的角度出发，可以考虑综合利用工农业生产及日常生活中的废弃资源，如煤矸石、农作物秸秆、油菜籽粕、产沼废渣等，生产表土改良剂，使其变废为宝，在保护环境的同时，改变土壤结构，改善土壤保水保肥性，提高作物产量和品质。但在使用前应充分考虑及检测这些废弃资源本身含有的毒性物质，以免对环境造成二次污染。

(2) 可在现代人工改良剂中，根据土壤特性加入植物生长所需要的营养元素，研制出具有特定功效的改良剂，如酸性表土改良剂、碱性表土改良剂和营养型表土改良剂，以达到改土和促进植物生长的双重作用，并配施适量的氮肥，达到降低肥料使用量、降低成本、保护环境和改善农业生产条件的多重目标。

(3) 近年来，越来越多的研究者开始通过一定的化学方法使无机材料或有机材料连接到高分子化合物上，研制出有机/无机复合改良剂。这类改良剂可克服某些天然高分子化合物使用持续期短和合成高分子化合物成本高的不足。例如，以丙烯酰胺和凹凸棒土为原料合成的有机-无机复合体对土壤等物理化学性能有明显的改善效果，其综合性能优于单一聚丙烯酰胺，因此可进一步开展此类改良剂的配方、合成工艺、改良效果和改良机理等方面的研究。

(4) 将不同改良剂配合施用，特别是生物改良剂与工农业废弃物的配合施用，无机固体废弃物与有机固体废弃物的配合施用，以求扬长避短，优劣互补。但在使用过程中要注意材料的施用方法及改良效果。

(5) 过去的研究主要是针对在农业生产中的培肥保水、改良贫瘠土壤等功效，针对土壤生物退化方面的改良研究较少，因此这方面的研究也亟待加强。此外，应进一步加强表土改良剂对土壤物理、化学、生物学特性改良机理的研究。

1.3.2 土壤保水剂

1. 土壤保水剂产业化现状

尽管保水剂的研究与开发仅有几十年的历史，但它已经成为近年来发展最快的功能高分子材料之一。由于保水剂能快速吸收自重的数百倍甚至上千倍的水，而且在加热或加压下也不易失去所吸收的水分，表现出较好的结构稳定性和安全性。所以保水剂已经在各行各业中得到了广泛应用。保水剂的研究开发最早始于20世纪60年代后期。1969年美国农业部北方研究所以铈盐为引发剂，通过淀粉与丙烯腈反应得到了淀粉丙烯腈接枝共聚物。保水剂的商业化生产始于1978年，其产品主要用于妇女卫生用品。早期的保水剂主要是交联的淀粉接枝聚丙烯酸盐。由于淀粉基保水剂的缺点，如凝胶强度小、易霉变等，聚丙烯酸系列保水剂产品最终替代了淀粉基保水剂，成为最广泛使用的保水剂。70年代中期日本以纤维素为原料制备高吸水树脂，开发出片状、粉末和丝状的纤维素接枝丙烯腈、丙烯酰胺和丙烯酸产品。欧洲一些国家进一步开发了用于婴儿纸尿布的保水剂。1983年，超薄型纸尿布在日本产业化生产并进入市场，这种产品只需要添加4～5g保水剂。自此以后，全球高吸水树脂的需求量和产量逐年增加，产业化进程和相应的研发步伐也不断加快。1980年保水剂的世界总生产能力不足5000t，1989年世界总生产能力升至2.07×10^5t，其中美国1.05×10^5t、日本7.6×10^4t、欧洲2.6×10^4t等。1994年世界总生产能力达4.5×10^5t，1996年达8.46×10^5t。图1-1所示为近年来全球农林保水剂市场规模和发展趋势。数据显示，农林保水剂的市场规模从2019年的102.08亿美元稳步增长至2023年的237.00亿美元，4年间增长了134.92亿美元，

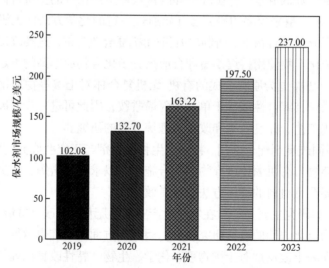

图1-1 全球农林保水剂市场规模和发展趋势

增长率约为 132.17%。2000 年 6 月，美国 Chemda 公司与德国 BASF 公司合并，成为世界上最大的保水剂生产商。表 1-5 给出了 2005 年全球七大主要的保水剂生产商的生产能力，从表中可以看出，保水剂的生产主要集中在德国、美国和日本，这三个国家的总产量占到全球总产量的 97%。

表 1-5 2005 年全球七大主要的保水剂生产商的生产能力

编号	公司	国家	生产能力/(10^6 t/年)
1	BASF	德国	30.5
2	Stockhausen	美国	29.5
3	Nippon Shokubai	日本	29.0
4	Dow Chemical	美国	15.0
5	San-Dia Polymers	日本	14.5
6	Sumitomo Seika Chemicals	日本	9.2
7	Kolon	韩国	4.0

我国保水剂产品的研究和开发始于 20 世纪 80 年代初，吉林省石油化工设计研究院和河南省科学院化学研究所首先成功进行了相关研究和产品的开发。自 1981 年，湖南湘潭大学也针对淀粉系、纤维素系、合成系等保水剂进行了合成研究和性能评价。而后，国内高吸水树脂的研究进入高峰期，数十项专利获授权，多部专著相继出版。国内的研究重点主要集中在降低成本、提高吸水能力和改善耐盐性等方面，方法主要采用溶液聚合和悬浮聚合。随后也发展了一些新的合成方法，如微波引发聚合、γ 射线辐射聚合和光聚合等。20 世纪 80 年代中后期，相当一部分新成果通过了技术成果鉴定，但只有少数形成工业化生产，而且所开发产品主要侧重于农用保水剂。90 年代中后期，我国虽然有一些保水剂生产企业成立，但生产规模较小。1996 年我国高吸水树脂产量仅为 1200t，1999 年产量也仅有 200～3000t，且生产成本较高，较高的价格限制了这些产品的推广和使用。

为了能够开发出低成本、耐盐碱和高性能的保水剂产品，科技部在"十五"、863 计划项目中专门设立了"新型多功能保水剂系列产品研制与产业化开发"课题，历经四年多的研究，开发出一系列新型有机/无机复合保水剂，形成一批具有自主知识产权的专利技术，并于 2005 年在胜利油田长安集团工业化生产，形成每年 2 万 t 的生产能力，随后建成了年产 10 万 t 的保水剂生产基地。有机/无机复合保水剂的产业化将我国保水剂的研究、生产和应用提升到一个新的层次，将我国保水剂的研究推向了复合化的新阶段。

2. 土壤保水剂研究发展趋势

随着经济和社会的发展，近年来对保水剂需求量迅速增加，也对保水剂产品的品质提出了更高的要求。保水剂的发展和应用已经突破了传统的农业范畴，迅速扩展到数十个应用领域。未来的保水剂产品需要向以下几个方面发展。

1) 高性能化

尽管目前多数保水剂的吸水和保水性能能够基本满足实际需要，但保水剂的吸水速率、耐盐碱性、凝胶强度等性能仍有待提高，且这几个性能参数的提高是彼此相互制约的。例如，吸水速率和吸水倍率，一般离子型高吸水树脂吸水倍率高，但吸水速率慢；而非离子型保水剂吸水速率快，但吸水倍率较低。吸水倍率和凝胶强度也存在制约关系，吸水倍率越高，聚合物网络越松软，凝胶强度越小。由于凝胶强度与交联度成正比，而吸水能力与交联度成反比，所以如何解决这个矛盾，成为未来高吸水树脂发展的一个挑战。目前已经有众多提高保水剂凝胶强度的报道，如互穿、半互穿和双网络结构的设计，引入无机交联剂等。虽然取得了明显的成效，但仍需要加强研究与开发。对提高保水剂的耐盐性，目前主要有五种方法：①在聚合物网络中引入大量的非离子型亲水基团；②改变交联剂，使交联剂含有大量的亲水基团；③用耐盐性的试剂对树脂的表面进行处理；④引入耐盐碱性的无机填料制备复合物；⑤使聚合物网络中亲水基团多样化。这些方法已有研究报道，但更系统的研究工作还需要进一步加强。

2) 复合化

多数具有微米或纳米结构的无机物与有机聚合物基质都有较好的相容性，这为有机保水剂和无机材料的复合提供了可能性。试验结果证明，将无机材料(如黏土)引入有机保水剂基质中，可以显著提高其吸水性能、吸水速率和耐盐性，而且还可以显著降低生产成本。目前，无机材料不仅被引入聚丙烯酸、聚丙烯酰胺、聚丙烯腈以及它们的共聚物等合成高吸水网络中，而且已经成功扩展到天然高分子基的接枝聚合物中。例如，将高岭土加入部分中和的丙烯酸中进行聚合，高岭土作为辅助交联剂参与接枝共聚反应，可以改善凝胶网络结构，提高凝胶强度、吸水倍率和速率。将该复合保水剂与橡胶、塑料等复合制成可膨胀密封材料，可用于隧道或地铁工程的止水材料。将腐植酸引入保水剂中，不但可以显著提高其吸水性能，而且还赋予了保水剂缓释肥料的性能。然而，复合保水剂的进一步研究和开发必须还要解决以下几个问题：①加强对保水剂有机网络与无机填料间复合机制的研究。当前大部分关于复合保水剂的研究工作主要集中在合成与性能评价方面，对复合机理、影响性能因素等细节方面研究较少，所以在新型复合保水剂的研发过程中，必须加强这方面的系统研究。②要寻找或开发新型填料，主要是自然中储量丰富的物质，一方面提高性能和降低成本，另一方面也为复合保水剂产品的可持续性开发和生产提供原料保证。③对无机填料的改性研究。目前虽然将无机填料(如黏土等)直接引入保水剂中的研究已经取得了较大进展，并且已经有商业化产品，但是将这些填料进行适当改性以进一步提高产品性能展示出了巨大潜力，应该进一步加强这方面的系统研究和加快产业化步伐。④加强新的合成工艺的探索。目前复合保水剂的研究面临的最大问题是无机填料在聚合物基质中的分散，试验结果也证明这些填料的更高级别的分散能显著提高保水剂的性能。所以，新的分散手段，如高速搅拌、碾磨、超声等，在生产过程中的应用在提升综合性能方面有较好的前景。

3) 安全性和降解性

随着人们对环境保护关注程度的日益增加，环境友好型高分子材料的开发和应用日益受到重视。如果不考虑保水剂的安全性和降解性，日积月累将会给生态环境带来难以估量的影响。因此，安全可降解的保水剂合成成为未来重要的发展方向。目前，制备此类保水剂最有潜力也是最有效的方法是在体系中引入无毒可降解的天然高分子，如淀粉、纤维素、壳聚糖、蛋白质、瓜尔胶、海藻酸盐、角叉菜胶、明胶、琼脂等，或可降解的合成高分子，如聚乙烯醇、聚乙烯吡咯烷酮、聚氨基酸等。然而，它们都存在各自的缺点，如淀粉易酶解、纤维素类吸水倍率低、壳聚糖价格较昂贵等。如何采用新的合成方法或加入其他添加剂，或使各类可降解高分子协同作用，以改善各自的缺点，成为一个新的挑战性方向。

4) 多功能化道路

保水剂的特殊性能决定了它广阔的应用前景。但目前大多数保水剂主要在农业和生理卫生用品业用于吸水和保水。随着保水剂的产量及其品质的提高，各种结构和性能各异的产品均已开发出来，人们开始注重保水剂产品的多功能化。例如，在农业应用中，人们期望保水剂既能保水，又能作为肥料或农药载体达到提供养料和杀虫的效果；在生理卫生用品中，人们希望保水剂中能够复合杀菌药物，在吸收液体的同时能够保持较好的抗菌性；在室内装饰中，人们希望保水剂作为无土栽培基质的同时，还能缓慢释放香料，起到净化空气的作用等。尽管目前已经有很多类似的研究，但大规模的工业化生产较少，产品价格也比较高。所以，将多功能保水剂产品推向工业化，不断赋予它们新的功能，降低生产成本，将会有巨大的市场潜力。

1.3.3 植物抗蒸腾剂

1. 植物抗蒸腾剂产业化现状

自 20 世纪 50 年代开始，国际上就开展了用化学物质抑制植物气孔开张的研究，并把这类化学制剂称为抗蒸腾剂或气孔抑制剂。经过几十年的努力，已经形成了关于抗蒸腾剂研究的理论体系，并且有了多种商品化的抗蒸腾剂，如成膜型的抗蒸腾剂 Folicote、Wilt Pruf、Vapor Gard、Plantguard 和代谢型抗蒸腾剂 ABA 等。我国抗蒸腾剂的研究工作起步于 70 年代末，目前已取得了较好的成果，并形成了一系列具有自主知识产权的商品，如抗旱剂一号、FA 旱地龙以及农气一号等。目前市售主要产品有以下几种。

1) 抗旱剂一号

抗旱剂一号是我国第一个抗旱专用制剂，是河南省科学院化学研究所首创的一种用化学方法控制作物水分消耗、提高作物抗旱能力、调节植物生长功能的抗旱增产剂。它的主要化学成分为 FA，是利用离子交换树脂法从风化煤中提取出来的。产品通过降低植物叶片气孔开度，减少水分蒸腾，使植物和土壤保持较多的水分；通过促进根系发育，提高根系活力，使作物吸收较多的水分和养分。在 1983 年建立起 50t 的中试车间，其商品名定为抗旱剂一号。1985 年中试车间扩建为 100t 的试验厂，1990～1991 年又建成 150～200t 的生产分厂，最终形成生产 500t FA 系列产品的规模。

2) FA 旱地龙

FA 旱地龙于 1989 年研制成功，为液体 FA，该产品与抗旱剂一号相比，具有分子量小、生理活性高、用量少等特点。1990 年建成年产 200t 中试车间，1992 年建成 1000t 中试厂，1993 年将中试装置扩建后规模达到年产 10000t，完成了产业化的规模目标。目前主要由新疆汇通旱地龙腐植酸有限责任公司生产。该产品对有效缓解我国部分地区的旱情起到了积极作用。

3) ASA 旱立停植物抗旱剂

ASA 旱立停植物抗旱剂是湖南省海洋生物工程有限公司利用国内现有技术，采用仿制植物内源性调节生长物质的技术方法生产的仿生植物抗蒸腾剂，该产品是一种降低植物蒸腾的化学物质，其主要成分为 2-(乙酰氧基)苯甲酸、氯化钙($CaCl_2$)、和 GA 等物质。该生物制剂于 1999～2006 年在我国多个省份进行了田间试验研究和示范推广。2006 年 4 月 18 日被农业部全国农业技术推广服务中心列为 2006～2008 年全国重点推广产品，并被湖南省防汛抗旱指挥部列为全湖南省农作物抗旱重点推荐产品。

4) 旱宝贝植物抗蒸腾剂

北京金元易生态工程技术中心开发的旱宝贝植物抗蒸腾剂由高分子网状结构材料合成，能够封闭植物表面气孔，延缓代谢，同时其网状结构及其分子间隙具有透气性，能够保证植物的正常呼吸与通气。在植物枝干及叶面表层形成超薄透光的保护膜，有效抑制植物体内水分过度蒸腾，最大限度地降低因移植、干旱及风蚀所造成的枝叶损伤，提高植物成活率，降低人工养护成本，目前已经广泛应用于农业、林业、园艺等领域。

5) 高活性多功能抗蒸腾剂

北京绿色奇点科技发展有限公司同中国林业科学研究院联合开发的高活性多功能抗蒸腾剂由高分子成膜剂、蒸腾抑制剂、植物生长调节剂、微量元素等配制而成，为国家林业科技成果推荐产品。产品分 A 型(夏季型)和 D 型(冬季型)两种，A 型主要用于春、夏季植树造林、大树移植或树木的反季节种植，D 型主要用于植物越冬防寒。

2. 植物抗蒸腾剂研究发展趋势

目前，常见的植物抗蒸腾剂主要存在以下几个方面的问题：①对动植物、人类的毒害及对环境的污染问题。例如，乙酸苯汞属有机汞，为亲脂性毒物，其残留药效使人容易发生口腔炎、急性胃肠炎等皮肤外部症状及神经衰弱综合征、精神障碍、昏迷、瘫痪、震颤、共济失调、向心性视野缩小等神经精神症状，也可发生肾脏损害及比较明显的肝脏损害。②抗蒸腾效果的综合评价。目前很多产品在没有进行广泛、深入研究的前提下，宣称对所有植物均有效，缺乏针对性。例如，抗蒸腾剂 Vapor Gard 稀释至 1：70 浓度后喷洒在切花月季表面，可延长月季切花的保鲜期；但抗蒸腾剂 Wilt Pruf 易导致白色花系的切花月季产生花朵变色，因而不适用于白色花系的月季切花保鲜；而 ABA 作为月季切花保鲜剂使用时，其最佳的喷施浓度为 0.01g/L。另外，大部分抗蒸腾剂对 CO_2 和 H_2O 没有选择透过性，会阻碍气体交换，这在一定程度上影响了植株的光合作用和植株生长。③部分产品价格昂贵，不易推广应用。例如，ABA 价格高达 500 元/g。

在未来一段时期，抗蒸腾剂在农林业方面的应用研究有望在以下几个方面实现较大的进展和突破。

1) 新型、专用型抗蒸腾剂种类的开发

现在的抗蒸腾剂多为通用型抗蒸腾剂，且大多数主要是针对粮食、蔬菜和瓜果等农作物进行的。随着抗蒸腾剂的应用范围不断扩大，通过对更多种类的药品和试剂的研究，研制更适合果树、景观林、药材等经济价值高的抗蒸腾剂类型，如研制专用于果品保鲜、苗木移栽、药材增产等不同用途的专用型抗蒸腾剂，已经成为抗蒸腾剂研究日益迫切的任务之一。

2) 抗蒸腾剂作用机理的研究有待进一步深入

为了揭示抗蒸腾剂促进植物生长和丰产的机理，抗蒸腾剂作用机理的研究需要加强。在评价指标的选用方面，研究适用于植物施用抗蒸腾剂后的抗旱效果评价，包括现有的生理、生化、形态及叶片生长指标，解剖构造变化等方面的单个指标，以及在微观、单个或少数几个指标的基础上，经过适当数学分析及优化筛选，得出最优的适合特定抗蒸腾剂种类、特定植物生产要求的综合评价指标，更加科学有效地开展农林业科研工作及指导农林业生产实践。

3) 抗蒸腾剂应用基础研究

同一种抗蒸腾剂在不同地区、不同气候、不同土壤、不同植物种类、不同时期、不同用量、不同施用方式等方面的应用研究也需要加以考虑，如何使用抗蒸腾剂才能在农林业生产上发挥最佳效果，也是一个重要研究方向。

4) 抗蒸腾剂的示范、推广

现有抗蒸腾剂在农林业中的应用研究大部分集中在少数经济植物上，对用于果树、景观林、药材方面的研究较少，尤其在用于木材、经济林方面的研究更少，且目前都还是小范围、小面积、小规模的试验，多数尚处于对林木幼苗的盆栽试验，尚未见到对大面积林木的试验及应用的报道，真正进入生产应用的还不多。同时，在使用过程中，应注意与其他抗旱节水手段相结合，充分发挥其他抗旱手段所不具备的优势。

1.4　农业节水防污化控技术未来研究重点

目前，节水防污化控技术在农业水肥资源高效利用方面主要偏重于田间尺度的应用模式研究，在化控制剂的施用方法和施用量方面有较多的成果，在摸清化控制剂作用机制方面也有一定的深度。但是，节水防污化控技术的集成应用模式和环境影响效应方面的研究还很缺乏，在模拟模型构建方面的报道也很少，在未来还需要从以下几个方面来继续深入研究：

(1) 对节水防污化控技术作用机制进行深入研究，包括对 FA 局部喷施后对作物整体生理生长功能的调控机制，对 SAP、PAM 施入土壤后土壤孔隙的发育规律，SAP 水肥吸持性能与根系生长发育的互作机制及其对整体水肥利用效率调控等进行探索。

(2) 对节水防污化控技术应用条件下模拟模型的构建进行系统研究，应对 SAP 反复吸水、释水的功能特性导致土壤容重、导水率等物理参数的变化规律及基于非刚性土壤的溶质运移方程建立进行探索，如何对动态变化的参数进行定量化表征则是建模的关键。

(3) 对节水防污化控技术田间应用模式进行集成和综合研究，对面向节水、防污的化学协同调控模式及其对水分和养分的协同调控机制进行深入分析，对与协同调控模式配套的农艺措施和灌溉施肥制度也应进行研究。

(4) 对节水防污化控技术大尺度应用下的环境影响效应及评价指标体系进行深入研究，化控制剂本身也是一种化学制剂，它的应用也可能会对水土环境造成不利影响，特别是在流域等大尺度范围上应用时，其环境问题的产生及相应的评价指标体系也是今后研究的一个重要方向。

(5) 对新型化控材料及研制工艺应加大开发力度，化控制剂的作用性能是化控技术的根本，SAP 缓释肥产品、环保型 PAM 制剂等新型高效环保化控制剂是今后研究的重点，如何在保证化控制剂作用效果的同时降低成本也是促进化控技术发展的一个重要研究方向。

参 考 文 献

[1] 杨培岭, 廖人宽, 任树梅, 等. 化学调控技术在旱地水肥利用中的应用进展[J]. 农业机械学报, 2013, 44(6): 100-109.

[2] Liu J H, Wang W B, Wang A Q, et al. Synthesis, characterization, and swelling behaviors of chitosan-g-poly(acrylic acid)/poly(vinyl alcohol)semi-IPN superabsorbent hydrogels[J]. Polymers for Advanced Technologies, 2011, 22(5): 627-634.

[3] Liao R K, Yang P L, Yu H L, et al. Establishing and validating a root water uptake model under the effects of superabsorbent polymers[J]. Land Degradation & Development, 2018, 29(5): 1478-1488.

[4] Liao R K, Yang P L, Wang Z H, et al. Development of a soil water movement model for the superabsorbent polymer application[J]. Soil Science Society of America Journal, 2018, 82(2): 436-446.

[5] Abbt-Braun G, Lankes U, Frmmel F H. Structural characterization of aquatic humic substances, the need for a multiple method approach[J]. Aquatic Science, 2004, 66(2): 151-153.

[6] Green V S, Stott D E, Norton L D, et al. Polyacrylamide molecular weight and charge effects on infiltration under simulated rainfall[J]. Soil Science Society of America Journal, 2000, 64(5): 1786-1791.

[7] 李茂松, 李森, 张述义, 等. 灌浆期喷施新型 FA 抗蒸腾剂对冬小麦的生理调节作用研究[J]. 中国农业科学, 2005, 38(4): 703-708.

[8] 王永敏, 李俊颖, 王定勇, 等. PAM 对潮土水稳性团聚体的影响[J]. 中国农学通报, 2010, 26(6): 297-299.

[9] 廖人宽, 杨培岭, 任树梅, 等. PAM 和 SAP 防治库区坡地肥料污染试验[J]. 农业机械学报, 2013, 44(7): 113-120.

[10] 廖人宽, 杨培岭, 任树梅, 等. 农用除草剂对土壤保水剂吸液性能的影响[J]. 农业工程学报, 2013, 29(4): 125-132.

[11] Laird D A. Bonding between polyacrylamide and clay mineral surfaces[J]. Soil Science, 1997, 162(11): 826-832.

[12] 廖人宽, 杨培岭, 任树梅. 高吸水树脂保水剂提高肥效及减少农业面源污染[J]. 农业工程学报, 2012, 28(17): 1-10.

[13] Anjum S A, Wang L, Farooq M, et al. Fulvic acid application improves the maize performance under well-watered and drought conditions[J]. Journal of Agronomy and Crop Science, 2011, 197(6): 409-417.

[14] Green V S, Stott D E, Norton L D, et al. Polyacrylamide molecular weight and charge effects on infiltration under simulated rainfall[J]. Soil Science Society of America Journal, 2000, 64(5): 1786-1791.

[15] 陈渠昌, 雷廷武, 李瑞平, 等. PAM 对坡地降雨径流入渗和水力侵蚀的影响研究[J]. 水利学报, 2006, 37(11): 1290-1296.

[16] 于健, 雷廷武, Shainberg I, 等. 不同 PAM 施用方法对土壤入渗和侵蚀的影响[J]. 农业工程学报, 2010, 26(7): 38-44.

[17] Mamedov A I, Wagner L E, Huang C, et al. Polyacrylamide effects on aggregate and structure stability of soils with different clay mineralogy[J]. Soil Science Society of America Journal, 2010, 74(5): 1720-1732.

[18] Shainberg I, Goldstein D, Mamedov A I, et al. Granular and dissolved polyacrylamide effects on hydraulic conductivity of a fine sand and a silt Loam[J]. Soil Science Society of America Journal, 2011, 75(3): 1090-1098.

[19] 白文波, 宋吉青, 李茂松, 等. 保水剂对土壤水分垂直入渗特征的影响[J]. 农业工程学报, 2009, 25(2): 18-23.

[20] Asghar A, Samad Y A, Hashaikeh R. Cellulose/PEO blends with enhanced water absorption and retention functionality[J]. Journal of Applied Polymer Science, 2012, 125(3): 2121-2127.

[21] 李世坤, 毛小云, 廖宗文, 等. 复合保水剂的水肥调控模拟及其肥效研究[J]. 水土保持学报, 2007, 21(4): 112-116.

[22] 司东霞, 曹一平, 陈清, 等. 黄瓜生育前期的根际水氮调控[J]. 农业工程学报, 2009, 25(6): 87-91.

[23] Bakass M, Mokhlisse A, Lallemant M. Absorption and desorption of liquid water by a superabsorbent polymer: Effect of polymer in the drying of the soil and the quality of certain plants[J]. Journal of Applied Polymer Science, 2002, 83(2): 234-243.

[24] Yu J, Shainberg I, Yan Y L, et al. Superabsorbents and semiarid soil properties affecting water absorption[J]. Soil Science Society of America Journal, 2011, 75(6): 2305-2313.

[25] Zhan F L, Liu M Z, Guo M Y, et al. Preparation of superabsorbent polymer with slow-release phosphate fertilizer[J]. Journal of Applied Polymer Science, 2004, 92(5): 3417-3421.

[26] Ni B L, Liu M Z, Lü S Y, et al. Multifunctional slow-release urea fertilizer from ethylcellulose and superabsorbent coated formulations[J]. Chemical Engineering Journal, 2009, 155(3): 892-898.

[27] 毛小云, 李世坤, 廖宗文, 等. 有机-无机复合保水肥料的保水保肥效果研究[J]. 农业工程学报, 2006, 22(6): 45-48.

[28] Zhong K, Zheng X L, Mao X Y, et al. Sugarcane bagasse derivative-based superabsorbent containing phosphate rock with water-fertilizer integration[J]. Carbohydrate Polymers, 2012, 90(2): 820-826.

[29] Erro J, Zamarreño A M, Garcia-Mina J M, et al. Comparison of different phosphorus-fertiliser matrices to induce the recovery of phosphorus-deficient maize plants[J]. Journal of the Science of Food and Agriculture, 2009, 89(6): 927-934.

[30] 于健, 雷廷武, Shainberg I, 等. PAM 特性对砂壤土入渗及土壤侵蚀的影响[J]. 土壤学报,

2011, 48(1): 21-27.

[31] 韩凤朋, 郑纪勇, 李占斌, 等. PAM 对土壤物理性状以及水分分布的影响[J]. 农业工程学报, 2010, 26(4): 70-74.

[32] Wang A P, Li F H, Yang S M. Effect of polyacrylamide application on runoff, erosion, and soil nutrient loss under simulated rainfall[J]. Pedosphere, 2011, 21(5): 628-638.

[33] 刘纪根, 雷廷武, 蔡强国, 等. 施加聚丙烯酰胺后坡长对侵蚀产沙过程的影响[J]. 水利学报, 2004, 35(1): 57-61.

[34] 唐泽军, 雷廷武, 赵小勇, 等. PAM 改善黄土水土环境及对玉米生长影响的田间试验研究[J]. 农业工程学报, 2006, 22(4): 216-219.

[35] Yu J, Lei T W, Shainberg I, et al. Infiltration and erosion in soils treated with dry PAM and gypsum[J]. Soil Science Society of America Journal, 2003, 67(2): 630-636.

[36] 崔海英, 任树梅, 杨培岭, 等. PAM 和石膏对坡地水分入渗及土壤流失的影响[J]. 水利水电科技进展, 2006, 26(4): 53-55.

[37] 杨凯, 唐泽军, 赵智, 等. 粉煤灰和聚丙烯酰胺固沙效果的风洞试验[J]. 农业工程学报, 2012, 28(4): 54-59.

[38] 江韬, 邓丽莉, 魏世强, 等. 聚丙烯酰胺与强化剂联用对土-水界面磷素迁移的影响[J]. 土壤学报, 2010, 47(3): 473-482.

[39] 张翠翠, 刘松涛, 郭书荣, 等. 保水剂对土壤和棉花根系生长发育的影响[J]. 中国农学通报, 2007, 23(5): 487-490.

[40] 杨永辉, 武继承, 吴普特, 等. 保水剂用量对小麦不同生育期根系生理特性的影响[J]. 应用生态学报, 2011, 22(1): 73-78.

[41] Zhou B, Liao R K, Li Y K, et al. Water-absorption characteristics of organic-inorganic composite superabsorbent polymers and its effect on summer maize root growth[J]. Journal of Applied Polymer Science, 2012, 126(2): 423-435.

[42] 庄文化, 吴普特, 冯浩, 等. 土壤中施用聚丙烯酸钠保水剂对冬小麦生长及产量影响[J]. 农业工程学报, 2008, 24(5): 37-41.

[43] 俞满源, 黄占斌, 方锋, 等. 保水剂、氮肥及其交互作用对马铃薯生长和产量的效应[J]. 干旱地区农业研究, 2003, 21(3): 15-19.

[44] 刘方春, 马海林, 马丙尧, 等. 容器基质育苗中保水剂对白蜡生长及养分和干物质积累的影响[J]. 林业科学, 2011, 47(9): 62-68.

[45] 黄震, 黄占斌, 李文颖, 等. 不同保水剂对土壤水分和氮素保持的比较研究[J]. 中国生态农业学报, 2010, 18(2): 245-249.

[46] 宫辛玲, 刘作新, 尹光华, 等. 土壤保水剂与氮肥的互作效应研究[J]. 农业工程学报, 2008, 24(1): 50-54.

[47] 张富仓, 李继成, 雷艳. 保水剂对土壤保水持肥特性的影响研究[J]. 应用基础与工程科学学报, 2010, 18(1): 120-128.

[48] Li Y K, Xu T W, Ouyang Z Y, et al. Micromorphology of macromolecular superabsorbent polymer and its fractal characteristics[J]. Journal of Applied Polymer Science, 2009, 113(6): 3510-3519.

[49] Mohammad S, Hossein H. Synthesis of starch-poly(sodium acrylate-co-acrylamide) superabsorbent

hydrogel with salt and pH-responsiveness properties as a drug delivery system[J]. Journal of Bioactive and Compatible Polymers, 2008, 23(4): 381-404.

[50] 李仙岳, 杨培岭, 任树梅, 等. 高含砾土壤中保水剂对杏树蒸腾及果实品质的影响[J]. 农业工程学报, 2009, 25(4): 78-81.

[51] 白文波, 王春艳, 李茂松, 等. 不同灌溉条件下保水剂对新疆棉花生长及产量的影响[J]. 农业工程学报, 2010, 26(10): 69-76.

[52] 吴娜, 赵宝平, 曾昭海, 等. 两种灌溉方式下保水剂用量对裸燕麦产量和品质的影响[J]. 作物学报, 2009, 35(8): 1552-1557.

[53] 师长海, 孔少华, 翟红梅, 等. 喷施抗蒸腾剂对冬小麦旗叶蒸腾效率的影响[J]. 中国生态农业学报, 2011, 19(5): 1091-1095.

[54] 李茂松, 李森, 张述义, 等. 一种新型 FA 抗蒸腾剂对春玉米生理调节作用的研究[J]. 中国农业科学, 2003, 36(11): 1266-1271.

基础知识篇

第2章 表土改良剂

利用表土改良剂防治水土流失，减小在地表径流侵蚀下土壤养分的流失，已经是国际上广泛采用的一种化学治理水土流失的措施。表土改良剂是一种线型水溶性高分子聚合物，具有良好的絮凝性，能够将悬浮于水中的泥沙等颗粒物相互黏结在一起，形成颗粒物团聚体沉降下来。此外，表土改良剂还能够有效缓解土壤表面结皮的形成，从而提高土壤入渗率，减少地表径流，有效缓解径流对土壤的侵蚀作用，同时提高土壤表面结构的稳定性，有效降低雨滴击打对土壤颗粒的分散作用。

2.1 表土改良剂的类型、特性及制备工艺

2.1.1 表土改良剂的类型

表土改良剂种类繁多，可以按原料来源、性质、成分和离子类型进行分类。

1. 按原料来源分类

按原料来源，表土改良剂可分为天然表土改良剂和人工合成表土改良剂。天然表土改良剂是利用天然有机物，如棉柴、芦苇、泥炭、褐煤、树脂、木材(纸浆)废液以及城市垃圾废物等作为原料，从中提取天然高分子化合物，包括多糖、多糖醛和纤维素等。或将提取产物继续加工成固态的粉剂、盐剂。与之相对应的是利用现代合成化学技术，将某种或几种作为合成材料的聚合单体聚合或缩合成为具有上述天然高分子化合物特性的聚合物制剂，称为人工合成表土改良剂。

2. 按性质分类

按表土改良剂的性质，表土改良剂可分为有机表土改良剂、无机表土改良剂和有机/无机表土改良剂。上述天然表土改良剂和合成高分子聚合物表土改良剂均为有机表土改良剂；硅酸钠、膨润土、沸石等属于无机表土改良剂；二氧化硅有机化合物、聚烯烃硅氧化物等属于有机/无机表土改良剂。

3. 按成分分类

根据表土改良剂的有效成分，表土改良剂可分为多糖类、纤维素类、木质素类、树脂胶类、腐植酸类、聚丙烯酸类、聚乙烯醇类、矿物类等。

4. 按离子类型分类

按表土改良剂有效成分的离子类型，表土改良剂可分为阳离子类(如聚 4-乙烯吡啶等)、阴离子类(如胡敏酸钠等)和非离子类(如甲基纤维素等)。

2.1.2 表土改良剂的特性

表土改良剂的性质由于种类不同而异。天然表土改良剂结构以多聚糖为例来说明。多聚糖是一种水溶性天然表土改良剂，它是从瓜儿豆中提取的一种高分子物质，其分子量大于 2.0×10^5。多聚糖在水溶液中是一种生物不稳定性物质，在土壤中能被微生物降解成小分子物质，因此改良土壤时用量大于人工合成表土改良剂。多聚糖是一种高分子聚合体，在其链条上有大量的羟基(—OH)，羟基与黏粒矿物晶体表面上的氧原子形成氢键，将分散的土壤颗粒胶结在一起形成团聚体。多聚糖的亲水基—OH 与黏粒的氧键，其键能为 20.9～41.9kJ/mol，由此胶结的微团粒或团粒具有相当程度的稳定性。黏粒表面吸附的水分子被高分子有机化合物取代，而且有机化合物的亲水功能团与黏土的活性点相结合。于是，黏粒表面为疏水的烃链所覆，从根本上改变了黏粒的水合性和胀缩性，使生成的团粒具有水稳性。

人工合成表土改良剂在聚合物链条上有许多功能基，其中有些是活性功能基，如羧基(—COOH)、氨基(—NH$_2$)等。这些活性功能基在溶液中解离后，使聚合物成为带电离子。合成的结构改良剂一般具有很强的黏结力，能把分散的土粒黏结成稳固的团粒。

2.1.3 表土改良剂的制备工艺

1. 人工合成表土改良剂

人工合成表土改良剂主要是利用现代有机合成技术制成的高分子化合物，常见的主要有聚丙烯酰胺、聚乙烯醇、聚乙二醇、脲醛树脂等。该类制剂的制备一般都要经过单体的纯化、聚合等步骤，工艺较为复杂，生产费用高，价格相对较高。

聚丙烯酰胺及其衍生物一般是通过丙烯酸的自由基聚合而制得。聚合方法主要有本体聚合、溶液聚合、悬浮聚合和乳液聚合。工业上一般采用水溶液均相聚合。水溶液聚合聚丙烯酰胺的工艺为：配制经离子交换树脂精制的丙烯酸水溶液，升温，通氮气，加入引发剂，经聚合、冷却、出料，即得产品。聚合前加入碳酸盐(前水解法)或丙烯酸钠溶液(共聚法),聚合后加入 NaOH(后水解法),即可制得聚丙烯酰胺水溶液胶体。随着现代合成技术的发展,聚丙烯酰胺的合成技术也有了很大的提高。

聚乙烯醇的制备工艺一般为乙酸乙烯聚合生成聚乙酸乙烯,然后,该聚合体在不同碱量作用下,皂化得醇解度99.9%、88%等各种牌号的絮状、片状、粒状、粉末状聚乙烯醇。

李建法等[1]发明的磺化脲醛树脂的制备工艺为:将甲醛溶液调节为碱性,加入尿素和少量三聚氰胺,在 60~100℃温度下反应一定时间后加入少量磺化剂,反应 30~120min,将反应体系调节为酸性,继续反应 20~120min 后,加入碱中和,反应 0~90min。

2. 天然表土改良剂

天然表土改良剂利用天然矿物、有机/无机废料或有机质物料为原料制成。相对于人工合成表土改良剂,天然表土改良剂制备工艺显得较为简单。若改良材料为单一固体材料,则制备工艺一般为材料破碎、粉碎、分离、包装。

3. 生物改良剂

目前研究和应用的生物改良剂包括一些商业的生物控制剂、微生物接种菌、菌根、好氧堆制茶、蚯蚓等。生物改良剂的制备工艺一般要经过菌种的培养、发酵、包装。

张培举[2]发明的秸秆微生物表土改良剂制备工艺是:首先将粉碎后的秸秆输送到气爆室气爆;然后在气爆后的秸秆中加入和秸秆等重的水分并输送到高温蒸气处理仓内消毒灭菌;再在冷却后的秸秆上均匀地喷洒一定量的厌氧菌培养液或好氧菌培养液,将其分别输送至厌氧或好氧发酵仓内,进行固态发酵;最后将二者按比例进行分类混合,培养发酵20h。

4. 复合型改良剂

由于单一表土改良剂改良效果不全面,因此越来越多的研究工作者将多种改良剂按照合适的比例进行复合,以期在改良土壤结构的同时,能够提高土壤保水保肥性。该类制剂的添加材料不同,制备工艺也不相同。一般要将多种材料均匀混合后再封装,或添加一定量的黏结剂、活化剂等,再造粒、分装。

孙克君等[3]发明的复合型表土改良剂的制备工艺为:将一定比例的植物类有机废弃物(树枝落叶、中药渣或椰糠等)、天然矿物材料(麦饭石、膨润土、沸石等)、复硝铵、有机调理剂(木质素、味精渣、糠醛渣等)以及微生物菌种混合,将含水率调至 30%~40%,用搅拌器搅拌均匀,然后出料堆置熟化,熟化后的改良剂在

50℃以下干燥后，粉碎、装袋。

5. 液体改良剂

液体改良剂的制备工艺一般有用水或溶剂溶解的过程。迪特尔·迈尔[4]发明的水活化剂的制备方法如下：首先将 NaOH、乙酸、1, 2, 3-丙三醇在 40～70℃下充分混合作为第一种水溶液，然后将蔗糖、乙酸、酒石酸氢钾在 90～120℃充分混合作为第二种水溶液，最后将两种水溶液以一定比例在低于 80℃下混合均匀。该材料所用水均为磁化水。

2.2　表土改良剂的作用机制及性能评价

2.2.1　表土改良剂的作用机制

随着现代技术在土壤结构研究上的应用，土壤团粒结构的形成机制以及土壤有机/无机复合体的研究已经发展到一个新的阶段。研究表明，表土改良剂施入土壤后，主要作用类似于许多天然团粒胶结的物质，特别是土壤腐殖质的作用。天然土壤团粒的形成机制对于开发和生产高效低耗的表土改良剂仍具有普遍的指导意义。

目前对复合机制的研究大多是采用已知成分的有机化合物和纯黏土矿物在一定条件下人工制备有机/无机复合体，然后应用光衍射、红外光谱、差热分析、电子显微镜、核磁共振、电子自旋共振等现代测试技术来研究有机物质的各种官能团与黏土矿物的结合机理，并由此推论土壤有机质的各种官能团与黏粒结合的反应。土壤有机/无机复合机制有如下三种：①有机物质与黏土矿物的直接结合，非离子化合物和带有极性基团的长链脂肪族分子或多聚物可以被黏粒吸附，尤其是在蒙脱石类膨胀型黏土矿物的表面，脂肪分子定向排列，有机分子通过氢键与黏粒结合，此外还有范德瓦耳斯力与多余电荷的吸力作用。②有机物质通过阳离子与黏土矿物结合，蒙脱石等黏土矿物经阳离子饱和后能显著增加对腐殖质的吸附。通过红外光谱的研究，可以较深入地了解黏土矿物表面的交换性阳离子在极性有机分子吸附过程中起着决定性的作用，这些阳离子能够直接与各种有机物发生配位反应，已报道的有机物有乙醇、酮、脂肪族和芳香族、烷基磷酸盐、酰胺等。③有机物质还通过水合圈与黏土矿物阳离子结合。中性有机化合物也可经过质子化作用变成阳离子，吸附在黏粒表面。

有机物通过铁铝氧化物与黏土矿物结合，铁铝氧化物及其水化物通常带正电荷，而且它们具有比黏土矿物更大的比表面积，在土壤中特别是带可变电荷的土壤中，它们作为胶膜覆盖于黏土矿物表面，所以在这种土壤中有机物质往往通过共价键、配位体交换等作用与铁铝氧化物及其水合物结合，进而形成有机/无机复合体。随着有机/无机复合机制被逐渐探明，表土改良剂作用机制的研究也不断发展。

由于表土改良剂种类繁多，每一种表土改良剂因其理化性质不同，在形成土壤团粒结构的作用机制上也存在差异。

2.2.2　表土改良剂的性能评价

表土改良剂种类繁多，应用范围较广，目前并没有确定的行业评价标准。但其性能的优劣完全可以通过几个方面的应用效果来评价：对土壤物理结构的影响；对土壤化学参数的影响；对土壤养分的影响；对土壤生物学活性的影响；对作物生长及品质的影响。

2.3　PAM

PAM 是丙烯酰胺(AM)及其衍生物的均聚物和共聚物的统称，它是一种线型高分子聚合物，是水溶性高分子化合物中应用最为广泛的品种之一，也是目前最为常用的表土改良剂。PAM 和它的衍生物可以用作有效的絮凝剂、增稠剂以及液体的减阻剂等，可广泛应用于水处理、造纸、石油、煤炭、矿冶、地质、轻纺、建筑等工业部门。PAM 具有很多改良土壤性质的优点，如减小土壤表面的径流、控制土壤侵蚀、抑制土壤表面的封闭作用和结皮的形成、改善土壤结构等。

PAM 是多个同样丙烯酰胺的聚合物，这些合成的阴离子水溶聚合物的分子量可以高达 $7 \times 10^6 \sim 1.5 \times 10^7$，也就是 $1 \times 10^5 \sim 2 \times 10^5$ 个丙烯酰胺的聚合(图 2-1)。市场上 PAM 的分子量差别很大，从几千到两千万都有。为了便于比较，可将广泛应用的 PAM 分子量进行分级，见表 2-1。

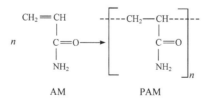

图 2-1　PAM 分子结构和分子链图

表 2-1　PAM 按分子量分级

分子量	$<10^5$	$10^5 \sim 10^6$	$1 \times 10^6 \sim 5 \times 10^6$	$>5 \times 10^6$
分子量分级	低分子量	中分子量	高分子量	极高分子量

2.3.1　PAM 理化性质及作用原理

1. 物理性质

固体 PAM 呈白色粉末非结晶状,商用 PAM 干粉通常是在适度条件下干燥的,含水率为 5%～15%。固体 PAM 的主要物理性质见表 2-2。

表 2-2　固体 PAM 的主要物理性质

性质参数	数值
密度(23℃)	$1.30g/cm^3$
临界表面张力	3～4Pa
玻璃化温度	165℃
软化温度	210℃
热失重温度	初失重,约290℃
链结构	链的键接具有一般的头-尾结构,少量有些头-头加成

PAM 分子链上含有酰胺基,有些还有离子基团,所以它的亲水性好,易吸附水分和保留水分,使其在干燥时具有强烈的水分保留性,在干燥后又具有强烈的吸水性。

水是 PAM 的最好溶剂,PAM 能以任何浓度溶于水,溶解温度没有上限和下限,分子量不影响溶解性。PAM 不溶于大多数有机溶液,如甲醇、乙醇、丙酮、乙醚、脂肪烃、芳香烃等。PAM 的水溶性与产品形式、分子结构、溶解方法、搅拌、温度及 pH 等有关。当浓度较低时,PAM 溶液可视为网状结构,浓度较高时,溶液含有许多链-链接触点,使 PAM 溶液呈凝胶状。PAM 溶液的黏度与 pH 无关,但是部分水解 PAM 溶液中和到中性时,黏度出现极大值。在 PAM 溶液中加入大量的某些无机盐时不会引起相的分离,加入 NaCl 会提高溶液的黏度,加入 $CaCl_2$ 时的作用更为显著。

虽然多种 PAM 是以溶剂的形式生产的,但在固体活性聚合物中,PAM 的黏度取决于其分子量。例如,分子量在 $3×10^4$ 以下、50%浓度的 PAM 溶剂比较容易处理,而对于分子量在 $2×10^5$ 范围内的阴离子 PAM,20%的浓度就已经是它可行的上限了。分子量为 $1.5×10^7$～$2×10^7$ 的 PAM,只要 2%的浓度就具有非常高的黏度。PAM 溶液黏度与浓度近似呈对数关系,对于高分子量的 PAM,即使只有百分之几的浓度,其溶液已经相当黏稠,浓度超过 10%时就很难处理了。非离子型 PAM 溶液黏度受 pH 的影响不大,但当 pH 在 10 以上时,黏度很快升高。

PAM 水溶液具有很好的稳定性,但会受物理应力和化学反应作用,或因细微的链构相重排而使溶液的黏度随时间、温度有所变化。像其他水溶性高分子化合物一样，在放置数日或数周内，其黏度会越来越小。

PAM 有较高的热稳定性，只有在高温下进行长时间加热才会发生降解。PAM 溶液对电介质有很好的忍耐力，如对氯化铵、硫酸钙、硫酸铜、氢氧化钾、碳酸钠等都不敏感，与表面活性剂也能相溶。

PAM 分子链很长，它的烯胺基可与许多物质亲和、吸附，形成氢键。这就可使它在两个被吸附的粒子之间架桥，形成"桥链"，生成絮团，有利于粒子下沉，这是 PAM 能减少土壤侵蚀最主要的特性。

2. 化学性质

PAM 分子链上的侧基是活泼的酰胺基，它能发生多种化学反应：

(1) 水解反应。PAM 可以通过它的酰胺基水解而转化为含有羧基的聚合物，水解反应在中性介质中速率很低。

(2) 羟甲基化反应。PAM 和甲醛反应生成羟甲基化聚丙烯酰胺，在酸性和碱性条件下均可进行。

(3) 磺甲基化反应。PAM 与 $NaHSO_3$ 和甲醛在碱性条件下反应可生成阴离子型衍生物磺甲基化聚丙烯酰胺。

(4) 胺甲基化反应。PAM 与甲胺和二甲胺反应可生成二甲胺基 N-甲基丙烯酰胺聚合物。

(5) 霍夫曼(Hofmann)降解反应。PAM 和次氯酸钠或次氯溴酸钠在碱性条件下反应可生成阳离子的聚乙烯亚胺。

3. PAM 的使用特性与作用原理

PAM 的使用特性如下：

(1) 絮凝性。PAM 能使悬浮物质通过电中和、架桥吸附起到絮凝作用。

(2) 黏合性。PAM 能通过机械、物理、化学等作用起黏合作用。

(3) 降阻性。PAM 能有效地降低流体的摩擦阻力，水中加入微量 PAM 就能降阻 50%～80%。

(4) 增稠性。PAM 在中性和酸性条件下均有增稠作用，当 pH 在 10 以上时，PAM 易水解；呈半网状结构时，增稠作用将更明显。

PAM 的作用原理有以下几个方面：

(1) 絮凝作用。PAM 用于絮凝时，与被絮凝物种类表面性质(特别是动电位)、黏度、浊度及悬浮液的 pH 有关，颗粒表面的动电位是颗粒阻聚的原因，加入表面电荷相反的 PAM，能促进动电位降低而凝聚。

(2) 吸附架桥。PAM 分子链固定在不同的颗粒表面上，各颗粒之间形成聚合物的桥，使颗粒形成聚集体而沉降。

(3) 表面吸附。PAM 分子上的极性基团颗粒的各种吸附。

(4) 增强作用。PAM 分子链与分散相通过各种机械、物理、化学等作用，将分散相牵在一起，形成网状，从而起增强作用。

2.3.2 PAM 对土壤物理性状的影响

通常认为，PAM 施用得当，能够明显改善土壤结构，提高土壤总孔隙度、毛管孔隙度，减小土壤容重，改变土壤三相组成。可以说，施加 PAM 是改善土壤结构、提高土壤肥力的有效手段之一。

1. PAM 的作用机理及影响因素

1) PAM 改良土壤的机制分析

一般认为 PAM 与土壤黏粒结合形成团聚体的机制是，阳离子型 PAM 与黏粒矿物上的负电荷结合，胶结黏粒形成团聚体。阴离子型 PAM 作用机制不同于阳离子型，它与带负电荷的土粒结合分四种情况：一是靠氢键结合，即阴离子型 PAM 分子上的羟基与黏粒矿物晶体面上氧原子结合形成氢键。二是在低 pH 条件下，阴离子型 PAM 能产生正电荷，正电荷与黏粒上的负电荷形成离子键胶结土粒。PAM 水解程度不同，负电荷所占比例不同，改良土壤的效果也不同，负电荷占20%～40%时，PAM 与土壤结合力最强。三是 PAM 分子上的正电荷与土粒上的负电荷结合形成离子键，胶结土粒。四是高价矿物质离子作为盐桥分别与 PAM 分子上的负电荷和土粒上的负电荷结合形成离子键，把土粒胶结在一起形成团聚体，这一作用机制同腐殖质在团聚体形成过程中的作用机制一致。

总之，PAM 可以使土壤细小颗粒凝聚形成较大的水稳性团聚体，降低土壤容重，起到改善土壤结构的作用。在水土流失地区，由于其对土壤的改良作用，增加了团聚体，使土壤结构疏松但相互胶结作用很强，从而起到防止水土流失的效果。PAM 与土壤黏结作用机理如图 2-2 所示。

当 PAM 在水中溶解后，其分子同土壤颗粒相互作用，可以形成体积很大的絮团，从而起到改善土壤结构的作用。由于 PAM 具有很强的絮凝作用，在分子链的作用下，土壤颗粒之间形成很强的黏着力，并且使表土颗粒形成很大的团聚体，增强了表土抗击打能力，从而减少雨滴溅蚀量。在施用量适当时，PAM可以使土壤入渗率提高，增加土壤含水量，减少地表径流和土壤流失量。PAM还可以增加土壤水稳性团聚体数量，并形成一定数量的胶体物质，增强土壤的抗侵蚀性能。同时，PAM 的黏结作用使土壤形成较好的团聚体，分子链之间的相互作用和滑韧性使表土抗冲能力大大增强，减弱水流对表土的机械破坏作用和输移能力。

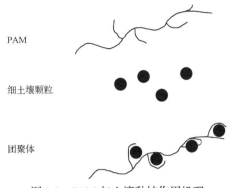

图 2-2　PAM 与土壤黏结作用机理

2) PAM 吸水、保水机理分析

高分子聚合物问世并应用到农业领域后，便引起了土壤学家的关注，多数研究者侧重于应用研究，也有部分研究者对其吸水机理进行了探讨。

PAM 可以增加土壤的持水能力，干旱时可有效抑制蒸发，从而提高土壤的保水性能。目前，人们主要用高分子化学理论，从高分子聚合物的结构解释其吸水过程，提出高分子聚合物本身具有三维空间网状结构，内部有许多亲水基团(如—$CONH_2$)和疏水基团(如—CH)。众所周知，PAM 本身就是一种高分子聚合物，其单体为丙烯酰胺，其分子式和结构与吸水剂的结构类似。PAM 在未接触水之前是固态网束，当其和水接触时疏水基可因疏水作用而转向内侧，形成不溶于水的粒状结构，亲水基团通过氢键与水分子结合形成水合水，在分子的表面形成厚度为 0.5～0.6nm 的 2～3 个水分子层，这就是水合作用。水合作用使高分子的网束展开，由于网内结构中含有一定数量的亲水离子，三维空间网内外出现了离子浓度差，从而造成网状结构内外产生渗透压，水分子便在渗透压的作用下向网内渗透形成网孔水。网内的网孔水都是被高分子网空间所束缚的自由水，水分子被封存在边长 1～10nm 的高分子网内，但被束缚的水分子仍然具有普通水的理化性质，只是水分子的运动受到限制。

上述分析说明，PAM 的吸水过程主要有两种作用，即水合作用和渗透压作用，其中结构内部的亲水基离子是决定因素，它不但与水分结合起着张网的作用，同时导致产生渗透压，使其具有吸水的性能。但也有人将其所吸持的水按其部位分为三部分，即分子结合水、网孔内水和凝胶块表面吸附水。从对植物的有效性来看，网孔内水是最有实际意义的部分。

施用 PAM 后，土壤的持水能力大大加强，在土壤中形成很多的"小水库"。当土壤干旱时，土壤水分因渗透压作用而缓慢释放以供作物吸收利用，从而有效防止水分流失和无效蒸发，达到保墒抗旱作用，为作物增产提供条件。

3) 影响 PAM 作用的因素

PAM 对土壤物理性质的改善主要通过土壤对聚合物的吸收来实现。土壤颗粒对 PAM 的吸收程度取决于 PAM 和土壤的性质。通常影响 PAM 作用的主要因素有 PAM 的分子量、离子度和土壤中阳离子的含量。

分子量高、分子链长的聚合物，在分散土壤细粒间的桥键作用和在团粒外表面形成保护网的作用较强，因此在改善土壤物理性质方面的效果比分子量低的聚合物好，但分子量过高，分子不易在土层中扩散和对流，从而限制改良土层深度，并容易在土壤表面形成高分子胶结土壤的膜状薄层，反而减弱土壤的渗透性。因此，应根据不同土质选择适合分子量的 PAM。一般来说，砂土通常选择高分子量PAM，而质地较密实的壤土可以选择分子量较低的 PAM。

在 PAM 分子量相同的情况下，离子度是影响阳离子桥架形成的重要因素。高离子度能引起聚合物分子之间的相互排斥，致使聚合物分子链互相缠绕，降低土粒对其的吸收程度。而具有一定的阴离子度是 PAM 能够被土粒吸收的先决条件，所以实际采用的是离子度 20%~30%的 PAM。

通常，PAM 在自来水介质中施用，对土壤的最终渗透率、累积渗透率和流失量的改善程度都优于在去离子水介质中施用。这是因为多价金属阳离子能够影响聚合物分子和分散土粒间的吸附作用，由于静电排斥，阴离子聚合物分子很难在负电性的分散土粒表面吸附，改良土壤的作用不明显，多价金属阳离子在两者之间形成桥状化学键，促进了阴离子聚合物分子的吸附。

2. PAM 对土壤容重的影响

土壤容重是指在自然结构状态下单位体积土壤的重量，是反映土壤紧实状况的物理参数。土壤容重本身可以作为土壤的肥力指标之一。一般来说，土壤容重越小，表明土壤越疏松，孔隙越多；反之，土壤容重越大，表明土体越紧实，结构性越差，孔隙越少。

随 PAM 施用量的增大，土壤容重呈先下降后增加的趋势。这是因为施用 PAM后的土壤，由于团粒结构的改善，内部孔隙增多，土壤容重降低，土壤总孔隙度增大。当 PAM 施用量小于 $1.0g/m^2$ 时，土壤容重随 PAM 施用量的增加呈下降趋势，土壤总孔隙度则呈上升趋势，$0.5g/m^2$ 和 $1.0g/m^2$ 两种 PAM 施用量的土壤容重较对照分别减少 $0.025g/cm^3$ 和 $0.044g/cm^3$。而当施用量大于 $1.0g/m^2$ 时，土壤容重随 PAM施用量的增加呈上升趋势，土壤总孔隙度则呈下降趋势，在这种情况下，当 PAM施用量为 $1.5g/m^2$ 和 $2.0g/m^2$ 时，土壤容重较对照分别增加 $0.07g/cm^3$ 和 $0.023g/cm^3$。

PAM 对土壤水稳性团粒的创建和稳定作用，可使土壤孔隙度特别是毛管孔隙度增大。这样 PAM 就可以通过创建和稳定水稳性团聚体以及对肥料元素吸附两方面的作用来加强土壤对肥料的吸附和保持，抑制肥料元素流失，提高肥料利用率。同时，土壤的毛管水量会增加，也会为作物的生长提供相应的水分。

PAM 施加到土壤后，土壤微结构也发生相应变化。土壤中施入 PAM 后，经过一段时间，土壤的表层变干，但中底层包含大量水分，土壤质地较疏松，土壤比较湿润，而对照试验的整个土层都变干。同时观察发现，PAM 处理过的土壤表面和剖面呈类似蜂窝状结构，土壤表面较对照粗糙，且分布有很多孔眼，随着 PAM 浓度的增加，蜂窝状结构变得明显，且厚度变大(厚度为 1～5cm)。用扫描电子显微镜观察到这种结构是六角形的 "桥" 连接井形成许多规则孔洞构成的。其中 80%～85%的水储存在这些洞内，还有 10%～15%的水被牢固地封闭在更小的洞内，但这些封闭的水对植物都是有效的。由此可见，PAM 可通过改善土壤的微结构，有效改善土壤 "水库" 的结构，从而提高土壤的蓄水能力。

3. PAM 对土壤团聚体的影响

土壤水稳性团聚体含量是评价土壤结构的主要指标之一，是土壤具有农学价值的基本结构。一般把粒径大于 0.25mm 的团粒作为评价土壤结构的标准。研究表明，施用 PAM 1～2 天后即能观测到土壤团聚体增加，降雨以后，表层土壤团粒结构明显，土壤疏松不板结，而对照区经过干湿交替后，表层土板实僵硬。PAM 对土壤团聚体的影响见表 2-3。施用 PAM 后，土壤中水稳性团聚体含量明显增加，尤其是砂壤土，水稳性团聚体含量增加了 51.4%。PAM 改良了土壤的团聚体，有利于形成良好的土壤结构。这些大团聚体在土壤中主要起到保水作用，它对改善土壤通透性，减少土面蒸发，防止土面板结、龟裂等均有较好的作用。

表 2-3 PAM 对土壤团聚体的影响

处理		各级水稳性团粒(mm)质量分数/%					水稳性团粒总量/%	增加幅度/%
		5～3	3～2	2～1	1～0.5	0.5～0.25		
砂壤土	对照区	0	0.17	1.04	1.03	5.86	8.10	51.4
	PAM	0.56	1.41	1.79	2.27	6.23	12.26	
中壤土	对照区	1.57	2.90	7.32	4.07	16.97	32.83	34.5
	PAM	2.32	4.01	9.30	7.80	20.72	44.15	
轻壤土	对照区	2.04	4.27	9.72	8.75	21.51	46.29	4.5
	PAM	2.69	6.01	7.16	10.37	22.13	48.36	

　　PAM 吸水后, 凝胶的黏结作用可以增加土壤表层颗粒间的凝聚力, 从而使土壤具有明显的团粒化效果, 形成的团聚体水稳性很强。PAM 起胶结作用的实质是其表面有大量的亲水基团, 通过氢键对黏粒进行吸附、凝聚, 使体积增大为团聚体。由于黏壤土黏性颗粒含量高(物理性黏粒质量分数高达 63.2%), 因此在水的作用下, PAM 可有效将土壤细小黏粒吸附、凝聚, 使其体积增大, 并形成大团粒, 从而改善土壤结构。

　　4. PAM 对土壤入渗性能的影响

　　当土层被水分饱和后, 土壤水受重力的影响而向下移动的性状称为渗透性。渗透性是土壤的重要物理性能指标之一, 它与大气降水和灌溉水进入土壤后的储存情况有关。在渗透性能良好的情况下, 雨水和灌溉水几乎完全进入土壤, 并在其中储存起来, 成为植物可利用的土壤水资源。而在渗透性不好的情况下, 水分沿地表流走, 从而造成水土流失。

　　降雨过程中, 由于分散、崩解等水土间的相互作用, 土壤表面会因封闭作用形成结皮。土壤表面的封闭现象非常复杂, 它包括一系列的物理、化学作用过程, 如雨滴的冲击引起土壤表面孔隙变小, 细颗粒在大孔隙中的充填、堵塞, 土壤孔隙的负压和毛细现象, 土壤表面径流中悬浮颗粒的运移和沉积等, 封闭作用的一个直接结果就是在土壤表面形成一层致密的连续薄层结皮, 使得入渗率急剧下降。当封闭作用和结皮使降水入渗率小于降雨强度时, 就会形成径流。

　　在许多土壤中, 结皮是低入渗率、径流量增加及用水效益低的主要原因。结皮是一层厚 2~3mm 的薄层, 它比下部土壤具有更大的密度、更高的抗剪切力、更细的孔隙及更低的导水性。抑制土壤结皮的形成是增加降雨入渗的有效方法之一, 控制土壤结皮形成的一种方法是维护土壤表面的结构和增加团聚体的稳定性。许多学者发现降水入渗率随土壤中 PAM 量的增加而增加, PAM 对土壤物理性质有着良好的改进作用, 经 PAM 处理后土壤的入渗率要大得多, 而且降水入渗率随 PAM 浓度的增大而增大。PAM 明显地吸附着土壤表面的颗粒, 起着类似于黏结物质的作用, 把土壤的单颗粒黏结在一起抵抗雨滴的破坏作用, 防止了土壤表面黏粒的化学分离作用, 阻碍土壤结皮的形成。同时, 由于 PAM 能增加土壤中的絮凝作用, PAM 不仅能稳定土壤中原有的团聚体, 而且能形成新的团聚体, 这使得土壤表面孔隙连通的结构和高入渗率得以维持。增加 PAM 使用率, 能大大地增加湿土壤团聚体的稳定性, 从而增加土壤的降水入渗并减少径流。表 2-4 和表 2-5 中的数据从两个方面说明了 PAM 对径流和入渗产生的显著影响, 一是初始产流时间, 二是径流量的大小[5]。

表 2-4 施用 PAM 产流滞后时间与对照组初始产流时间

降雨强度/(mm/h)	坡度/%	初始产流时间/s			
		对照组(未施加 PAM)	PAM 覆盖 A 处理	PAM 覆盖 B 处理	PAM 覆盖 C 处理
100	8.74	3638	+175	+175	+22
	17.63	1440	+1028	+865	+480
	36.40	1770	+1010	+620	+260
150	8.74	780	+385	+325	+296
	17.63	570	+70	+36	+140
	36.40	460	+10	+15	+112

注：PAM 覆盖率 A>B>C；+表示滞后。

表 2-5 施用 PAM 处理组与未施加 PAM 对照组径流减少量的百分比

降雨强度/(mm/h)	坡度/%	径流减少量百分比/%		
		PAM 覆盖 A 处理	PAM 覆盖 B 处理	PAM 覆盖 C 处理
100	8.74	62.15	57.91	43.37
	17.63	41.59	36.22	7.62
	36.40	54.64	42.77	33.64
150	8.74	14.34	10.77	9.13
	17.63	19.69	18.42	19.00
	36.40	43.90	45.14	44.48

注：PAM 覆盖率 A>B>C。

2.3.3 PAM 对土壤养分淋溶的影响

目前，在我国农业生产中，各种化肥的当季利用率为：氮肥 20%～35%，磷肥 10%～25%，钾肥 35%～50%。矿物质肥料中养分的利用率很低。土壤中肥料的流失不仅使农业投入的成本增加，而且对环境特别是水资源产生严重污染。例如，尿素在土壤中溶解后(在转化之前)呈分子状态存在于土壤溶液中，它很难被土壤吸附，容易随水移动。进入地表水或地下水而造成水体污染。因此，提高化肥利用率、减少肥分损失及由此带来的一系列环境问题是化工业和农业面临的急待解决的问题。对此可以从改良土壤结构出发，利用高聚物表土改良剂提高肥料利用率。高分子聚合物不仅具有良好的保水能力，而且由于具有对离子吸附和缓慢释放的特性还能起到保肥作用，可以用来调节植物不同生长期养分供给。土壤对肥料元素离子的吸附是提高其抗淋溶效果的内在因素。施加 PAM 后，可以使分散的微土粒聚集和絮凝，创建人工团粒结构，并在人工和天然团粒表面形成疏水性的保护网，提高团粒的稳定性，通过创建水稳性团粒和对肥料元素的吸附作用，减少肥料进入土壤液相，抑制肥料元素的流失，使土壤肥力得以保持，有利于作物吸收利用肥料，从而有利于提高肥料的利用率。

1. PAM 对土壤中氮淋失的影响

氮肥使用量的增加和使用方式的不合理，不仅导致作物体内硝酸盐含量的增加，降低产品品质，还能导致包括土壤氮素淋洗渗漏在内的土壤氮淋失，降低肥料利用率，并可能引起环境污染。

我国是世界上消耗氮肥最多的国家，但是，由于普通氮肥淋溶速度快，施入土壤后容易挥发、淋溶和反硝化损失，很难在土壤中保存，其中氮素的淋失是目前造成氮肥利用率较低的主要原因之一。在地下水位较高的地区，氮的淋溶渗漏也是造成地下水体污染的主要原因。灌水处理很容易造成土壤无机氮淋溶渗漏，同时随灌水量增加，渗漏深度随之增加。有资料显示，春夏玉米连作试验，灌水量超过 $900m^3/hm^2$ 和旬降雨量超过 100mm 时，将有硝态氮淋失到 100cm 以下，排出水的硝态氮超过 30mg/L；夏玉米施氮量为 $150kg/hm^2$ 时，在 7 月、8 月雨季，130cm 土层以下硝态氮的淋失量达 30mg/L 左右。

PAM 对减少土壤全氮的淋失效果相当显著，随 PAM 施用量的增大，淋失溶液中硝酸根的浓度减小。这是因为 PAM 提高了土壤对硝酸根的吸附量，且其吸附量随 PAM 施用量的增加而增大。员学锋等[6]通过淋溶试验发现，经 PAM 处理后，土壤淋溶液中全氮的累积量均大大低于对照，PAM 处理的全氮含量累积曲线较为平缓，同时随 PAM 施用浓度的增加，土壤中氮淋失量减少。对照、PAM1(PAM 和干土重之比为 2/10000)和 PAM2(PAM 和干土重之比为 10/10000)的六次淋溶液中全氮累积含量分别为 289.49mg、66.68mg 和 141.09mg，经 PAM 处理后土壤淋溶液中全氮的累积量分别较对照平均减少了 42.42%和 51.26%。

2. PAM 对土壤中磷淋失的影响

磷肥的施用所造成的环境问题已逐渐引起了人们的普遍关注。磷是农作物生长所必需的营养元素，对提高农作物的产量、改善农产品的品质有重要作用。由于农业生产要求的不断提高，农业投入相应增加，以至于农田中所投入的化肥量大大超过了农作物的实际需求量，造成农田土壤中营养元素大量盈余，容易形成农业非点源污染，导致水环境质量下降，从而引起一些健康和环境问题。农田系统中磷流失的一个途径是磷在土壤剖面向下淋失。PAM 处理的土壤，其磷的淋失量大大减少。

3. PAM 对土壤中钾淋失的影响

土壤中难溶性矿物钾经缓慢风化可逐渐转化为植物可利用的钾，对维持农业中的钾供给具有十分重要的意义。即使是在现代农业中，土壤供钾依然是作物钾的重要来源之一，特别是当缓效钾下降到一定程度后，由矿物钾提供的部分所占比例将会很大。钾肥施入土壤后，同氮磷一样，往往会遭受随水淋失，从而影响钾肥的有效性和利用率。钾元素在土壤中很容易淋失，因此减少土壤中钾元素的淋失在农业生产中意义重大。在施肥和种植作物情况下，一年中钾的淋失量相当于施入钾量的 12%～22%；施肥而不种作物时钾的淋失量相当于施入钾量的 15%～29%。因此，创造一个良好的土壤环境，使土壤能不断地为作物的生长补充钾素，同时能防止施入土壤中的肥料钾的淋失，促进作物对钾的吸收，是土壤和植物营养学家一直追求的目标。

2.3.4 PAM 的毒性及安全性

PAM 对哺乳动物存在低毒性，在老鼠三代试验研究中没有发现相关复合产物的伤害，但在高剂量的情况下，PAM 对皮肤和视觉有轻微的刺激。另外，PAM 具有较大的分子体积，以至于肠胃系统不能吸收。反过来，胶体的 PAM 在一定的条件下对皮肤和眼睛有轻微到严重的刺激。阳离子聚合物(包括 PAM)有可能破坏水产鱼类，对鱼和无脊椎动物是低 LC_{50} 值(0.3～10mg/L)，这是根据美国环境保护署的条款在缺乏固体和自然有机物质时测试的。但是这些聚合物对固体物质有很高的亲和性，以至于在严重过量的情况下，水中有效聚合物的浓度总的来说是很低的。阳离子聚合物表明没有系统的毒性，对鱼的危害主要是堵塞鱼鳃使其机械窒息。

2.4 土壤激活剂

2.4.1 土壤激活剂的类型及化学组成

土壤激活剂 BGA 是一种对秸秆、枯枝落叶、杂草、畜禽粪便以及生活垃圾等城乡有机废弃物进行物理、化学处理后制得的新型有机抗旱剂，由北京绿天使科技有限公司研制，2001 年通过专家验收，也在我国内蒙古、西藏、重庆、北京，以及美国、也门和韩国等地进行了试验推广。

1. BGA 的类型

按配料组成，BGA 可分为五种类型，即普通型、沙漠干旱型、高原贫瘠型、盐碱土壤型和酸性土壤型。

1) 普通型

普通型 BGA 主要适用于一般土壤气候条件下的植树造林、花卉种植以及蔬菜、粮食作物、经济作物、油料作物、林果、牧草等的生产，其主要功能是改良土壤，保墒抗旱，增加作物产量，提高作物品质。

2) 沙漠干旱型

沙漠干旱型 BGA 主要适用于在干旱半干旱地区植树造林，种植花卉、蔬菜、粮食、牧草等农林作物，便于在荒漠治理、公路铁路护坡等工程中应用，具有保墒蓄水、改良沙化土壤、治理荒漠的功能。

3) 高原贫瘠型

高原贫瘠型 BGA 主要用于高原或贫瘠土壤地区的植树造林和农林作物生产，具有抗旱、抗寒、抗贫瘠、抗强辐射、改良土壤等功能。

4) 盐碱土壤型

盐碱土壤型 BGA 主要用于盐碱地的农林作物生产及植树造林，具有增加土壤肥力、减轻土壤板结、改良盐碱土壤的功能。

5) 酸性土壤型

酸性土壤型 BGA 主要适宜于酸性土壤上的植树造林和农林作物种植，具有提高土壤 pH、改善酸性土壤结构的功能。

2. BGA 的化学组成

不同类型的 BGA 针对不同土壤、气候条件，它们的化学组成略有差别，但其主要成分相同。表 2-6 为普通型 BGA 的化学组成与酸碱度。

表 2-6　普通型 BGA 的化学组成与酸碱度

项目	数值	项目	数值
全氮含量(N, 质量分数)/%	⩾0.1	pH	6.0~7.5
全磷含量(P, 质量分数)/%	⩾0.2	含水率(H_2O)/%	10~35
全钾含量(K, 质量分数)/%	⩾0.5	全砷含量(As)/(mg/kg)	⩽20
全钙含量(Ca, 质量分数)/%	⩾0.5	全镉含量(Cd)/(mg/kg)	⩽0.30
全镁含量(Mg, 质量分数)/%	⩾0.4	全铅含量(Pb)/(mg/kg)	⩽50
有机物总量(质量分数)/%	⩾22	全铬含量(Cr)/(mg/kg)	⩽150

2.4.2　BGA 的节水调控机理

从本质上说，BGA 并没有脱离有机肥料的范畴，使土壤蓄水能力增加的机理与普通有机肥料有许多相似之处，即在土壤中施入 BGA 后，使土壤中有机碳含量增加，促进了土壤中有机/无机复合胶体的形成。另外，BGA 本身构造呈疏松多孔状。这些特性有利于土壤孔隙度的增加和土壤结构的改善，有助于促进土壤微生物活性的增强和土壤三相组成比的协调，最终使土壤蓄水性能提高。适当施用有机肥或化肥会促使作物根系发育，提高根系的穿透能力，可使其穿过较紧实的土层。此外，BGA 还可以提高土壤水势，特别是在低土壤含水量和作物生育中前期。土壤水势的提高使原来土壤一部分对植物无效的水分变得有效。

2.4.3　BGA 的施用技术

BGA 属有机抗旱肥料范畴，其施用方法和普通有机肥料相近，有撒施、沟施和穴施几种，既可以在播前施用，也可以在苗期追施。撒施和沟施主要适用于大田、花卉植物或草坪，穴施主要适用于树木。

1. 施用方法

1) 撒施

播种犁地以前，把 BGA 均匀撒在田面，犁地翻土后即可使其均匀埋入根层。或者在作物生长期间，把 BGA 均匀撒施于地面，然后锄地埋入土里。也可与土按 1∶8～1∶10 混合均匀后撒施。

2) 沟施

在作物行中间开沟放入 BGA，使 BGA 与沟内土壤搅拌均匀后盖上土，然后灌水。

3) 穴施

通常情况下，把 BGA 与表土按 1∶8～1∶10 搅拌均匀后回填到树木的根部，用脚踩实，浇足水。在土壤肥力条件较好的土地上种树时，通常只在根系上层铺一层 1∶10 的 BGA 混合土，然后回填原土即可。如果在土壤肥力条件较差的地块上种植树木，则要在树根底层先薄铺一层 BGA，中间填 1∶10 的 BGA 混合土，上层再薄铺一层 BGA，之后回填原土，种植完后浇水。

另外，给树木追施 BGA 时，应根据树木的大小确定距根部的远近。追施的方式有环形沟施、放射形沟施等，施沟深 30～40cm，宽 35～45cm，用 BGA 与表土混合，搅拌回填沟里后盖上土。BGA 与土的比例也为 1∶10。

2. 施用量

关于 BGA 的施用量，应视植物种类和土壤水分及肥力条件而定。结合 BGA 使用说明书和全国各地现有的试验资料，给出 BGA 施用量推荐值见表 2-7。

表 2-7　BGA 施用量推荐值

栽植植物	大田粮食作物	黄瓜	西瓜	番茄	小灌木	低龄乔木	草坪
施用量	300kg/亩	600kg/亩	400kg/亩	600kg/亩	0.5kg/株	2kg/株	0.5kg/m²

注：1 亩≈666.67m²。

参 考 文 献

[1] 李建法，宋湛谦. 磺化脲醛多功能土壤改良剂及其制备方法: 中国, CN 1412273A[P]. 2007-05-30.

[2] 张培举. 秸秆微生物土壤改良剂及其制备方法: 中国, CN 101067084A[P]. 2007-11-07.

[3] 孙克君，江定钦，林鸿辉. 环境友好型多功能土壤改良剂及其制备方法: 中国, CN 1948428A[P]. 2007-04-18.

[4] 迪特尔·迈尔. 表土改良剂及水活化剂: 中国, CN 1407059A[P]. 2003-04-02.

[5] 唐泽军，雷廷武，张晴雯，等. 聚丙烯酰胺增加土壤降雨入渗减少侵蚀的模拟试验研究 1. 入渗[J]. 土壤学报, 2003, 40(2): 178-185.

[6] 员学锋，吴普特，冯浩. 聚丙烯酰胺(PAM)在土壤改良中的应用进展[J]. 水土保持研究, 2002, 9(1): 141-145.

第3章 土壤保水剂

土壤保水剂是一种人工合成的具有强吸水能力的功能高分子聚合物材料，一般为白色或淡黄色颗粒态，其独特的分子网络结构和功能特性使其能够快速吸收水分，吸水量可达自身重量的百倍甚至上千倍，并且具有反复吸水和释水的功能。土壤保水剂不同于海绵等物理吸水，其吸持的水分轻易不能挤出，但施于土壤中，其内部水分能够被植物根系吸收，因此能够截蓄雨水及灌溉水，在作物缺水的时候供作物利用，只要其内部网络结构不破坏，就能够反复使用。另外，保水剂能够吸持植物营养离子和农药，施于作物根部能够实现肥料及农药的集中释放，提高肥料及农药利用率。还能对土壤温度的变化起到缓冲作用。聚丙烯酸、聚乙烯酸、乙烯酸、聚乙烯、纤维素、淀粉、凹凸棒黏土、石墨烯、瓜尔胶、壳聚糖等有机或无机材料均可作为保水剂的合成材料，而淀粉接枝丙烯酸盐共聚交联物和聚丙烯酰胺保水剂是较为常用的农用保水剂。

3.1 土壤保水剂的类型、特性及制备工艺

3.1.1 土壤保水剂的类型

土壤保水剂的种类繁多，分类方法主要有按原料来源分类、按亲水基团的种类分类、按交联方法分类、按制品形态分类等。

按原料来源分类，土壤保水剂通常可分为淀粉类、纤维素类及合成类。

(1) 淀粉类超强保水剂：淀粉作为合成超强保水剂的原料，具有来源广、种类多、价格低廉等优点，吸水倍率较高，但其产品耐热性差，工业化后处理麻烦，且易腐烂分解，难以储存，早期研究较多，现在研究较少。

(2) 纤维素类超强保水剂：纤维素作为保水性材料获得了广泛应用。但是纤维素的吸水能力不强，为了提高其性能，主要通过化学反应使它具有更强或者更多的亲水基团，但仍然为纤维状态，以保持它表面积大和多毛细管性。

(3) 合成类超强保水剂：石油化工的发展，为保水剂的生产提供了丰富的原料，现在合成类超强吸水剂已占据了工业化生产的主导地位，合成类超强吸水剂的品种也很多。

按亲水基因的种类分类，土壤保水剂可分为离子型保水剂和非离子型保水剂。

　　按制品形态分类，土壤保水剂可分为粉末状、薄片状、纤维状、液体状，其中粉末状土壤保水剂的应用较广。

　　另外，随着社会的发展，材料对环境的友好性越来越受到重视，目前也有采用壳聚糖、海藻酸等天然多糖高分子以及蛋白质和氨基酸为原料来合成可生物降解的超强保水剂的报道。随着用户需求的多样性及科技的发展，各种低成本、高性能、多功能、环境友好型的复合型土壤保水剂必将会相继面世。

3.1.2　土壤保水剂的特性

　　土壤保水剂的特性主要表现在以下几个方面。

　　1) 高吸水性

　　与传统的吸水材料海绵、干燥剂等不同，土壤保水剂吸水是物理与化学共同作用的结果。国内生产的土壤保水剂吸水倍率多在 200～800 倍。但有的吸水倍率很高，例如，中国科学院兰州化学物理研究所研制的 LPA-1、LPA-2 型土壤保水剂吸水倍率达 1000～2000 倍。目前报道中最高的为 5080 倍。非离子型土壤保水剂吸水速度快，十几分钟吸水就能达到最大吸水倍率的 80%，离子型土壤保水剂吸水速度慢，达到最大吸水倍率的 80%需要几十分钟甚至更长的时间，但离子型土壤保水剂吸水倍率要远高于非离子型土壤保水剂。因此，目前普遍应用离子与非离子复合型土壤保水剂，以充分发掘各自的优点。

　　2) 高保水性

　　土壤保水剂保水能力强，所吸持的水分在自然条件下蒸发速度明显下降，而且在压力作用下不易被挤出。同样为 0.1MPa 压力下，土壤保水剂与纸纤维类吸水物质进行加压保水试验比较，土壤保水剂的保水率为 82%，而纸纤维的保水率为 12%，差异十分显著。差热分析表明，土壤保水剂吸收的水分在 150℃以上仍有 50%封闭在凝胶网络内部。目前测试土壤保水剂的保水性主要有自然条件保水性、热保水性、加压保水性、在土壤中的保水性等。

　　3) 释水性

　　土壤保水剂吸持的水分最终要能释放出来被作物根系吸收才是目的。因此，土壤保水剂的释水性能显得尤为重要。研究表明，土壤保水剂吸持的水分主要保持在 1.3～1.4MPa 低吸力范围内，而植物根系的吸力大多为 1.7～1.8MPa，一般情况下不会出现根系水分倒流的情况。研究者做土壤吸力试验表明，土壤保水剂吸持的水分中 90%～95%为植物最易吸收利用的水分。

　　4) 反复使用性

　　土壤保水剂具有反复吸水功能，即吸水—释水—吸水，只要其内部网络结构不被破坏，就能反复使用。据室内测定，保水剂经过多次反复吸水，一般吸水倍率下降 50%～100%后趋于稳定。田间测定表明，土壤保水剂在土壤中约需 3.5 年才能逐渐分解，但保水效果已大大降低，有的性能差的土壤保水剂只能对一茬作物起作用。

影响保水剂吸释水特性的因素主要有保水剂的类型、溶液离子的类型、浓度、pH、温度、压力、冻融循环等。其中，离子类型和浓度影响较大，温度、压力和冻融循环等因素的影响较小。

3.1.3　土壤保水剂的制备工艺

制备土壤保水剂所用的原料、聚合方法和对产品的性能要求不同，在制备过程中的工艺也存在较大差异。目前土壤保水剂产品主要包括合成类、淀粉类、纤维素类、多糖类、腐植酸类和有机/无机复合类等几大类。

1. 单一亲水单体聚合物及其与无机黏土复合物

1) 水溶液聚合法制备聚丙烯酸、聚丙烯酰胺和聚丙烯腈保水剂

取一定量单体丙烯酸、丙烯酰胺或丙烯腈溶解在一定量水中，在机械搅拌下用氢氧化钠或氢氧化钾水溶液中和至预定中和度(50%~80%，聚丙烯酰胺或聚丙烯腈此步骤省略)。另取一定量的交联剂 N,N'-亚甲基双丙烯酰胺和引发剂过硫酸铵溶解在上述溶液中，混合均匀后缓慢升温至 70~80℃，聚合反应 3h。由聚丙烯酸体系制得的块状凝胶，经洗涤、切割、干燥后粉碎过筛得到产品。由聚丙烯酰胺或聚丙烯腈制得的产物，需加氢氧化钠或氢氧化钾溶液(30%~50%)皂化后，再经洗涤、烘干、切割、干燥和粉碎得到产品，工艺流程如图 3-1 所示。

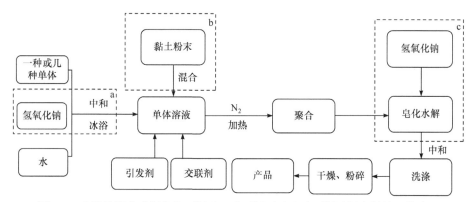

图 3-1　水溶液聚合法制备聚丙烯酸、聚丙烯酰胺和聚丙烯腈保水剂的工艺流程

a. 对丙烯酰胺和丙烯腈单体该步骤省略；b. 对制备单一单体聚合或几种单体共聚纯有机保水剂该步骤省略；
c. 对丙烯酸单体该步骤省略

2) 反相悬浮法制备聚丙烯酸、聚丙烯酰胺或聚丙烯腈保水剂

把轻油和司班-60 分散剂加入反应器中，加热使分散剂溶解并均匀分散。另

取单体丙烯酸(用氢氧化钠或氢氧化钾预中和到 50%～80%)、丙烯酰胺或丙烯腈溶解在一定体积的水中,再加入引发剂过硫酸铵和交联剂 N,N'-亚甲基双丙烯酰胺。在氮气保护下,把该单体溶液缓慢加入反应器中,升温至 60～80℃,反应 1～3h,共沸脱水后得到珠状产物。由聚丙烯酰胺或聚丙烯腈所得的产物,需加浓氢氧化钠进行皂化,再进行干燥、粉碎、过筛处理。

聚丙烯酸、聚丙烯酰胺或聚丙烯腈与无机黏土复合土壤保水剂的制备工艺与上述程序类似,不同的是将无机黏土粉末分散在所制备的单体、引发剂和交联剂的混合溶液中,随单体一起加入体系中进行聚合反应。

2. 不同单体共聚物及其与无机黏土复合物

1) 水溶液聚合法制备聚丙烯酸共聚丙烯酰胺(或丙烯腈)保水剂

在带有机械搅拌器的反应器中加入一定量的水和丙烯酸,搅拌下用氢氧化钠(或氢氧化钾)水溶液中和至 50%～80%(pH 为 6.5～8)。另取一定量的丙烯酰胺(或丙烯腈)、交联剂 N,N'-亚甲基双丙烯酰胺和引发剂过硫酸铵溶解在上述部分中和的丙烯酸溶液中,混合均匀后缓慢升温至 70～80℃,聚合反应 3h。得到块状凝胶经洗涤、切割、干燥后粉碎过筛即得到产品,详细的工艺流程如图 3-1 所示。

2) 反相悬浮法制备聚丙烯酸共聚丙烯酰胺(或丙烯腈)保水剂

将环己烷、十二烷基磷酸单酯加入反应器中,在氮气保护下升温至 70℃。另将一定量的丙烯酸进行中和达到一定中和度后(60%～80%),再加入丙烯酰胺、引发剂过硫酸铵和交联剂 N,N'-亚甲基双丙烯酰胺,搅拌混合均匀,然后将此溶液缓慢滴入反应器中,搅拌聚合反应 1h,降温至室温,过滤,分离干燥后得到小颗粒聚合物。

聚丙烯酸共聚丙烯酰胺(或丙烯腈)与无机黏土复合土壤保水剂的制备工艺与上述程序类似,不同的是将无机黏土粉末分散在所制备的单体、引发剂和交联剂的混合溶液中,随单体一起加入体系中进行聚合反应。

3. 直接交联淀粉或纤维素衍生物保水剂

直接交联淀粉或纤维素衍生物保水剂的制备原理是首先将淀粉或纤维素通过有机化学方法进行改性,然后在其结构中引入亲水基团,用交联剂将改性淀粉或纤维素直接交联成三维网状结构。如制备交联羧甲基纤维素保水剂,首先将纤维素在一氯乙酸作用下,引入亲水基团—CH_2—COOH,得到羧甲基纤维素。称取羧甲基纤维素 125g(取代度 0.55)、氢氧化钠 36.5g、水 1292g 混合成均匀的溶液,加入 37.5g 环氧氯丙烷,在 40℃下反应 20h 后,用无水甲醇、乙醇或丙酮脱水,得到白色颗粒状的交联羧甲基纤维素钠。此外还有交联醚化淀粉、交联羟乙基纤维素、交联羧甲基纤维素黄原酸盐等保水剂产品。该方法操作简单，一步可得到产品，但产品的吸水倍率较低。

4. 淀粉类接枝乙烯基单体/无机黏土复合保水剂

1) 水溶液聚合法制备淀粉接枝乙烯基单体保水剂

淀粉及其衍生物与乙烯基单体接枝聚合主要分为两种：一种为淀粉与一种单体接枝共聚，如淀粉接枝聚丙烯酸、淀粉接枝聚丙烯腈和淀粉接枝聚丙烯酰胺；另一种为淀粉与多种单体接枝共聚，如淀粉接枝丙烯酸共聚丙烯酰胺、淀粉接枝丙烯酰胺共聚 2-丙烯酰胺-2-甲基丙磺酸、淀粉接枝丙烯酸共聚丙烯酰胺和顺丁烯二酸酐等。上述各产品的制备工艺相似，分别经过淀粉的糊化、接枝聚合、皂化、中和(接枝丙烯酸除外)、干燥和粉碎。取一定量淀粉与一定体积水混合后加热到约 85℃糊化 15～30min 后，冷却至约 35℃。另取一定质量的单体(若为丙烯酸则用氢氧化钠或氢氧化钾溶液中和到预定中和度)溶解在水中后加入上述糊化的淀粉溶液中，再加入交联剂(如 N,N′-亚甲基双丙烯酰胺)和引发剂(如过硫酸铵或硝酸铈铵)，升温至 60℃聚合反应 1～3h。所得凝胶产物用 7%氢氧化钠-甲醇溶液在120℃下皂化 30～60min，再用 5mol/L 盐酸溶液中和至 pH 6～7(接枝聚丙烯酸该步骤省略)。最终产物需洗涤、烘干、粉碎、过筛。

2) 反相悬浮法制备淀粉接枝乙烯基单体保水剂

将一定量淀粉和水加入反应器中，搅拌分散均匀后加热到约 85℃糊化 1h。降温至 25℃后，加入既定体积的正丁醇、十二烷基磺酸钠，搅拌 10min 使之混合均匀，形成油包水的反相悬浮液。加入一定量引发剂(如过硫酸铵和硝酸铈铵)的水溶液，快速搅拌使其混合均匀，再加入一定量单体的混合溶液，升温至 30℃(硝酸铈铵引发)或 70℃(过硫酸铵引发)，聚合反应 3h。反应结束后停止通氮气，加入37%氢氧化钠溶液皂化，用 5mol/L 盐酸溶液中和至 pH 6～7(接枝聚丙烯酸忽略此步骤)，过滤得颗粒状产品，回收正丁醇。最终产物经洗涤、干燥、粉碎、过筛后得产品。

淀粉接枝乙烯基单体与无机黏土复合保水剂的制备工艺与上述程序相近。其中淀粉的糊化、引发及产物的皂化程序一致。不同的是在制备单体溶液时将无机黏土微粉充分分散在其中，得到均匀的悬浮液，将此悬浮液加入反应器中进行接枝聚合反应。产品的后处理程序保持不变。

5. 纤维素类接枝乙烯基单体/无机黏土复合保水剂

1) 水溶液聚合法制备纤维素接枝乙烯基单体保水剂

类似于淀粉体系，纤维素及其衍生物与乙烯基单体接枝聚合主要分为两种：一种为纤维素与一种单体接枝共聚，如纤维素接枝聚丙烯酸、聚丙烯腈或聚丙烯酰胺；另一种为纤维素与多种单体接枝共聚，如纤维素接枝丙烯酸共聚丙烯酰胺等。上述各类产品的制备步骤类似，包括纤维素的分散、接枝聚合、皂化和中和(接枝丙烯酸产品除外)、干燥、粉碎和过筛。首先取一定质量的纤维素与一定体积氢氧化钠溶液混合后加热到约 85℃皂化 30min，然后冷却至室温。另取一定质量的单体(若为丙烯酸则用氢氧化钠或氢氧化钾溶液中和到中和度为 50%～80%)溶解在水中，并加入上述皂化的纤维素溶液中，再加入交联剂(如 N,N'-亚甲基双丙烯酰胺)和引发剂(如过硫酸铵或硝酸铈铵)，升温至 40℃(硝酸铈铵引发)或 60℃(过硫酸铵引发)聚合反应 1～3h。所得凝胶产物用 30%氢氧化钠溶液皂化 30～60min，产物再用 5mol/L 盐酸溶液中和至 pH 6～7(接枝聚丙烯酸该步骤省略)。最终产物经洗涤、干燥、粉碎、过筛后得到产品。

2) 反相悬浮法制备纤维素接枝乙烯基单体保水剂

用反相悬浮法制备纤维素基保水剂，通常是采用纤维素的可溶性衍生物，如羧甲基纤维素、羟乙基纤维素等。将一定量可溶性纤维素在高速(400r/min)搅拌下溶解在水中，向其中加入一定量引发剂(如过硫酸铵和硝酸铈铵)、单体和交联剂，充分搅拌使其溶解，然后向反应器中加入一定量的环己烷、分散剂(司班-80 和吐温-80 的 1∶1 混合物)。在持续快速搅拌下通氮气 60min 除去溶解氧，同时达到水相和油相的均匀分散，形成油包水的反相悬浮液。将反应溶液升温至 30℃(硝酸铈铵引发)或 70℃(过硫酸铵引发)，聚合反应 3h。停止通氮气，加入 37%氢氧化钠溶液皂化，再用 5mol/L 盐酸溶液中和至 pH 6～7(接枝聚丙烯酸除外)，过滤得颗粒状产品，回收正丁醇。终产物经洗涤、干燥、粉碎、过筛后得到产品。

纤维素接枝乙烯基单体/无机黏土复合保水剂的制作工艺与上述程序相近。淀粉的糊化、引发及产物的皂化程序一致。不同的是在制备单体溶液时将无机黏土细粉充分分散在其中，得到均匀的悬浮液，将此悬浮液加入反应器中进行聚合反应。产物的后处理程序保持不变。

6. 多糖类接枝乙烯基单体聚合物及其与黏土的复合物

除了淀粉和纤维素，其他可溶性天然多糖，如海藻酸钠、壳聚糖、瓜尔胶和角叉菜豆胶等，也可以作为基质制备保水剂，典型的工艺流程如图 3-2 所示。这些多糖均具有较好的水溶性，所以可以不经糊化或皂化处理直接引发进行接枝聚合反应。通常将多糖先溶解在水或其他溶液中，加入一定量的引发剂引发多糖链产生大自由基。将一种单体或几种单体溶于少量水中，加入交联剂，得到均匀的溶液。将此溶液加入引发的多糖溶液中，升温至 60～80℃，并保持 3h 结束聚合反应。所得凝胶状产物经烘干、切割、粉碎和过筛后得到"砂糖"状颗粒产品。一般最常用的引发剂是过硫酸铵，交联剂是 N,N'-亚甲基双丙烯酰胺。

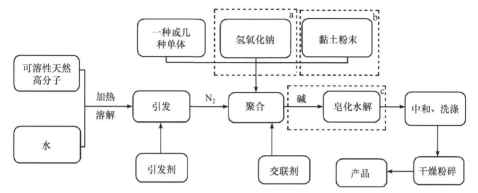

图 3-2　以可溶性天然多糖为基质的保水剂制备工艺流程

a. 对丙烯酰胺和丙烯腈单体该步骤省略；b. 对制备可溶性天然高分子接枝一种单体或多种单体的纯有机保水剂该步骤省略；c. 对可溶性天然高分子接枝聚丙烯酸系列该步骤省略

7. 腐植酸类保水剂

将腐植酸引入有机保水剂网络结构中，不但可以提高保水剂的性能，而且还能赋予其肥料缓释性能。目前，含腐植酸复合型保水剂的制备工艺主要是水溶液聚合，与合成类高分子/腐植酸体系和天然高分子/腐植酸体系的制备工艺略有差异。

1) 含腐植酸合成高分子系保水剂

聚丙烯酸/腐植酸、聚丙烯酸共聚丙烯酰胺/腐植酸和聚丙烯酸共聚丙烯腈/腐植酸是几种具有代表性的合成高分子/腐植酸复合保水剂，其制备工艺类似于聚丙烯酸、聚丙烯酰胺或聚丙烯腈与无机黏土复合保水剂的制备工艺。不同的是腐植酸是一种可溶性的肥料组分，在制备过程中不能经过后期的皂化处理。目前，关于单一聚丙烯酰胺和聚丙烯腈与腐植酸复合研究较少，多以与丙烯酸共聚的形式出现，如聚丙烯酸共聚丙烯酰胺/腐植酸或聚丙烯酸共聚丙烯腈/腐植酸，制备流程如图 3-3 所示。取一定量单体(一种单体或两种单体的混合)溶解于水中，用氢氧

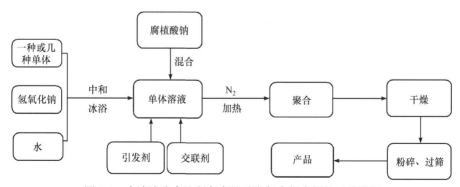

图 3-3　水溶液聚合法制备腐植酸类复合保水剂的工艺流程

化钠溶液中和到预定的中和度。向此单体溶液中加入引发剂、交联剂和腐植酸钠粉末，充分搅拌分散均匀后，将溶液升温至 40～70℃，并保持 3h 进行聚合反应。将所得的凝胶状产物在 70℃烘干后粉碎、过筛，得到黑色颗粒状产品。

2) 含腐植酸淀粉系或纤维素保水剂

含腐植酸淀粉系或纤维素保水剂的制备程序类似于淀粉接枝乙烯基单体/黏土复合保水剂的制备工艺。该系列产品主要集中在淀粉接枝聚丙烯酸/腐植酸、淀粉接枝聚丙烯酸共聚丙烯酰胺/腐植酸和淀粉接枝聚丙烯酸共聚丙烯腈/腐植酸几个品种。称取一定量的淀粉与水混合，加入少量碱后升温至约 85℃后糊化 30min。另称取一定质量的单体丙烯酸、丙烯酸/丙烯酰胺和丙烯酸/丙烯腈溶解在水中，用约 8mol/L 氢氧化钠溶液中和到预定中和度后，再向其中加入一定质量的引发剂、交联剂和腐植酸钠，充分搅拌混合，然后将此混合溶液加入糊化的淀粉溶液中，升温至 60～80℃进行聚合反应 3h。产物经烘干、粉碎、研磨和过筛后得到黑色颗粒产品。

3) 含腐植酸其他天然高分子系保水剂

将天然高分子在加热条件下溶解或溶胀在水中，加入引发剂(包括硝酸铈铵、过硫酸铵及其他多种氧化还原引发剂)引发高分子链产生自由基，然后加入含单体、氢氧化钠或氢氧化钾、交联剂和腐植酸钠的混合溶液。在氮气保护和搅拌的条件下升至既定温度(因引发体系不同，温度不同)，保温 3h 完成聚合。将所得的凝胶产物于 70℃下烘干后再经粉碎、过筛处理得到产品。

8. 其他新型制备工艺

20 世纪 80 年代提出用放射线对各种氧化烯烃进行交联处理合成非离子型高吸水聚合物，此类聚合物的吸水能力有了很大提高，这为合成非离子型高吸水性聚合物奠定了基础。近年来，用微波引发法制备保水剂得到了迅速发展。该种方法用微波直接引发，避免了化学引发剂的使用，而且这种方法聚合速率快、清洁、操作简单。另外，近年来光引发聚合制备保水剂也有相应的研究报道。随着保水剂制备技术的发展，将会有更多新合成技术得以开发并应用于工业领域。

3.2　土壤保水剂的作用机制及性能评价

3.2.1　土壤保水剂的作用机制

1. 三维网络结构模型

保水剂属于高分子电解质，其吸水是由于高分子电解质的离子排斥所引起的分子扩张和网状结构引起阻碍分子扩张的相互作用所产生的结果。这种高分子化合物分子链无限长地连接着，分子之间呈复杂的三维网状结构，使其具有一定的交联度。在交联的网状结构上有许多羧基(—COOH)、羟基(—OH)等亲水基团，当这些基团与水接触时，分子表面的亲水基团电离，并与水分子结合成氢键以吸持大量水分。在这一过程中，网链上电解质使得网络中的电解质溶液与外部水分之间产生渗透势差。在这一渗透势差的作用下，外部水分不断进入分子内部，网络上的离子遇水电解，正离子呈游离状态，而负离子基团仍固定在网链上，相邻负离子产生斥力，引起高分子网络结构的膨胀，在分子网状结构的网眼内进入大量的水分，吸水过程如图 3-4 所示。

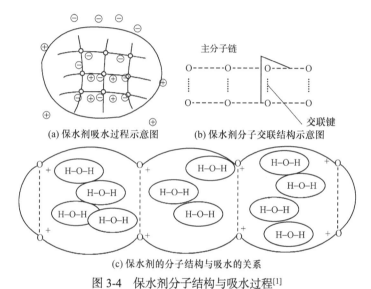

(a) 保水剂吸水过程示意图　　　(b) 保水剂分子交联结构示意图

(c) 保水剂的分子结构与吸水的关系

图 3-4　保水剂分子结构与吸水过程[1]

　　保水剂的生产是以水溶性单体为主体进行聚合，得到水溶性骨架。聚合物分子主链上含有适量的羧基阴离子(—COO⁻)或季铵盐等阳离子亲水基团。由亲水基团、疏水基团和水分子相互作用形成自由水合状态，如水分子和金属离子形成配位水合、水分子与高分子化合物电负性极强的氧原子形成氢键结合。通过分子之间的交联聚合形成 T 型网状结构。这些聚合物制成的颗粒在接触水时会迅速吸收水分形成凝胶，体积大幅度膨胀。一般聚合物的溶解过程分为溶胀和溶解两个阶段，但保水剂分子的特殊性在于经分子交联形成的网状结构仅使之发生溶胀，不发生溶解。当保水剂与水混合时，依靠—COOH 和—OH 基团的亲水性以及 Na⁺在水—剂界面上产生的渗透作用吸收大量的水分。

　　保水剂所吸收的水分主要是高分子内或高分子间的分子空间所束缚的自由水。水分子被封存在边长 10～100Å 的高分子网内，但被束缚的水分子仍具有普通水的物理化学性质，只是由于高分子网状结构的束缚作用，水分子运动受到限制。在保水剂内部，高分子电解质的离子之间相互作用(渗透压作用)，使分子扩大，而交联作用使水凝胶具有一定的强度(橡胶弹性力)，当二者达到平衡时，保水剂吸水达到饱和。保水剂还具有反复吸水功能，释水后变为固态或颗粒，再吸水又膨胀为凝胶。在一定温度下蒸发或施加一定的压力时，凝胶收缩逐步恢复原状，再吸水时又膨胀，释水时收缩。由于保水剂的分子结构内部具有一定的交联结构和氢键，吸水时分子不会无限扩张。当凝胶中的水分释放殆尽后，只要分子链未被破坏，其吸水能力仍可恢复。

2. Flory 溶胀模型

Flory 最先阐述了离子型高聚物凝胶的溶胀机理，Tanaka 等做了进一步的理论探讨。他们认为，在离子型高聚物凝胶上存在三种基本作用：高聚物与溶剂的混合作用 ΔG_m、高聚物网络的弹性作用 ΔG_{el}、高聚物上解离子的渗透压作用 ΔG_i。Tanaka 等称这三种作用的总和为凝胶的总渗透压，并认为凝胶总是尽可能地调整体积，使总渗透压趋于零。因此，离子型高聚物在溶液中的自由能变化为

$$\Delta G = \Delta G_m + \Delta G_{el} + \Delta G_i \tag{3-1}$$

采用化学势描述，可写为

$$\begin{aligned}\Delta\mu &= \Delta\mu_m + \Delta\mu_{el} + \Delta\mu_i \\ &= RT\left[\ln(1-\varphi_2) + \varphi_2 + \chi\varphi_2^2 + (1-\varphi_2)\frac{V_e}{V_0}\left(\varphi_2^{1/3} - \frac{\varphi_2}{2}\right) - \frac{i\varphi_2}{N}\right]\end{aligned} \tag{3-2}$$

式中，$\Delta\mu_{el}$ 为弹性能引起的溶剂化学势变化；$\Delta\mu_m$ 为混合能引起的溶剂化学势变化。

式(3-1)和式(3-2)为 Flory-Huggins 公式，最后一项在经典的橡胶弹性理论中并不出现，对非离子型的高聚物不适用，但对离子型高聚物的溶胀，它是至关重要的，是决定其溶胀程度的关键因素。当交联度不太大且在良性溶剂中时，引入电解质的离子强度，可推得

$$Q^{5/3} = \frac{\left[\left(\dfrac{i}{2V_2S^{1/2}}\right)^2 + \left(\dfrac{1/2-\chi}{V_1}\right)\right]}{V_e/V_0} \tag{3-3}$$

式(3-3)就是 Flory 吸水公式，也可写为

$$Q^{5/3} = \frac{\left[\left(\dfrac{i}{2V_2S^{1/2}}\right)^2 + \left(\dfrac{1/2-\chi}{V_1}\right)\right]}{\rho_2/M_c} \tag{3-4}$$

式中，Q 为平衡吸水倍率；i 为电荷数；V_2 为高聚物结构单元体积；i/V_2 为固定在高聚物单位体积上的电荷浓度；S 为外部电解质溶液的离子强度；V_1 为溶剂的摩尔体积；χ 为高聚物与溶剂作用参数；$(1/2-\chi)/V_1$ 为高聚物交联网络对水的亲和力；V_e 为网络结构的有效链节数；V_0 为溶胀后高分子的体积；V_e/V_0 为溶胀后高聚物单位体积中的有效链节数，即交联密度，交联密度也可以表示为 ρ_2/M_c，ρ_2 为高聚物的密度，M_c 为交联点间的平均分子量。式(3-3)中左边的 Q 即溶胀达到平衡时的溶胀比，又称平衡膨胀率，对高吸水树脂而言，即为平衡吸水倍率。右边分子中的第一项表示离子渗透压，第二项表示材料与水的亲和力，此两项之和表示吸水能力。分母 V_e/V_0 代表交联密度。因此，Flory 提出的吸水关系式可简化为

$$吸水倍率 \propto \frac{离子渗透压+材料与水的亲和力}{交联密度} \tag{3-5}$$

由式(3-5)可见，高聚物的吸水能力强弱与高分子电解质的电离浓度和交联密度有密切关系。对于非电解质吸水材料，高聚物材料的吸水能力相对较差，吸水性不强，当吸收盐水时，由于外部盐溶液的离子强度远大于淡水的离子强度，吸水倍率明显下降，这就解释了高吸水性材料在盐水、血液、尿液等离子强度较大液体中的平衡吸水能力比在纯水中小的原因。值得注意的是，在式(3-3)和式(3-4)中，离子渗透压是以平方项形式出现的，因而对吸水能力的影响比其他两项因素的影响大。当高聚物的交联密度小时，即交联剂用量少，高聚物未形成三维网络结构，宏观上表现出水溶性，随着交联剂用量的增加，网络结构形成，高聚物的吸水能力提高，当交联剂用量进一步增加时，交联密度增加，式(3-5)中分母增大，其吸水能力降低。这是因为交联网络中交联点的增多，交联点间的链段变短，网络结构中的微孔变小，故吸水能力降低。交联密度小，其吸水倍率高，而弹性模量低；交联密度大，其吸水倍率低，而弹性模量高。所以在实际应用时，既要考虑超吸水性复合材料的吸水倍率，又要考虑凝胶有一定的弹性和机械强度，两者必须兼顾。

值得注意的是，上述公式的推导以理想溶液为基础，并做了一些假设，而实际情况并非理想，一些假设和省略也不尽合理，因此计算结果与实际情况有偏差，有时偏差还很大。但不管怎样，作为理论基础和指导思想及定性解释，Flory 公式为吸水保水材料的研究奠定了热力学基础。

3. 土壤保水剂吸持的水分形态

保水剂凝胶的吸水过程很复杂，通常包括三个连续过程：首先，水分子进入

凝胶内部，然后凝胶中高分子链发生松弛，最后整个高分子链在水中伸展，凝胶网络溶胀。依照该过程，保水剂先靠毛细管现象进行吸水，故其最初吸水阶段的吸水倍率很低，这部分水为初级结合水。水分子通过氢键与高分子水凝胶材料的亲水基团作用形成二级结合水。离子型基团遇水开始离解，即阴离子基团固定于高分子链上，而阳离子为可移动离子，阴离子基团数目随着亲水基团的进一步离解而增多，相应的离子间静电斥力增大，并使高分子水凝胶材料网络扩张，为了维持电中性，阳离子不能向外部溶剂扩散，这将导致可移动的阳离子在高聚物网络内的浓度初步增大，致使网络内外的渗透压随之增加，水分子进一步渗入而增大吸水量，此为自由水。随着吸水量增大，网络内外的渗透压差趋向于零，但随着网络扩张，其弹性收缩力也在增加，逐渐抵消阴离子的静电斥力，最终达到膨胀平衡。

　　保水剂所持水分有效性受其对水分的吸持力影响，其根本上与其所持水分的存在状态有关。据此状态，保水剂吸持的水分可分为三类：①自由水，即相变温度和相变热焓等热力学行为与纯水相同的水分，或者在正常冰点冻结的水，也称为冻结水，其可在水凝胶中自由扩散；②束缚水或中间水，即相变温度和相变热焓偏离于纯水的水分，或低于正常冰点冻结的水分；③结合水，即在很低温度下(通常为-30~0℃)观测不到相变的水分，也称为不冻结水，是与聚合物基质极性基团直接通过氢键结合的水，通常观察不到其结晶放热或熔化吸热特征。上述三类水分之和为保水剂或水凝胶的总含水量，相当于土壤中的重力水、毛管水和薄膜水。

3.2.2　土壤保水剂的性能评价

1. 吸水性能

　　保水剂的吸水性能主要包括吸去离子水性能、吸生理盐水性能、吸血液性能、吸尿液性能和加压吸水性能。其中吸生理盐水性能通常作为农用保水剂的评价指标，其他几个指标作为评价保水剂在生理卫生用品中应用的指标，如卫生巾、纸尿裤等。由于保水剂吸水的驱动力是凝胶网络与外部溶液的渗透压差，所以溶液中的离子含量是影响吸水性能最重要的因素。通常保水剂在去离子水中能呈现最大的吸水能力，这项指标也被用于比较不同类型保水剂的最高吸水性能。然而，在实际应用中，溶胀介质经常含有不同量的电解质。所以将保水剂吸生理盐水的能力作为评价其耐盐性的重要指标，也常用于评价农用保水剂的吸水性能。目前用于测定保水剂吸水性能的方法主要有茶袋法、自然过滤法、离心分离法、吸滤法等。

2. 保水性能

保水剂在常压下的保水性能通常是在沙土中进行测试，并作为农用保水剂的评价指标。保水剂所吸收的水中，绝大部分为自由水，小部分为键合水。自由水较键合水更容易失去，所以键合水比例越高，保水剂保水性能越好。Zhang 等[2]的研究表明，不加保水剂的沙土在第 15 天时失去了全部的水分，加入 1%(质量分数)聚丙烯酸共聚丙烯酰胺/腐植酸(30%(质量分数))复合保水剂的沙土在第 20 天时仍然能保持初始加水量的 33.45%(质量分数)。

3. 凝胶强度

保水剂的凝胶强度包括干凝胶强度和溶胀凝胶强度两种，通常是指溶胀凝胶的强度。目前测定溶胀凝胶强度的方法主要有流变学方法和压缩强度法两种。流变学方法是将保水剂样品充分溶胀后(一般在生理盐水中)，将所得的粒状凝胶置于平行板或椎板样品池中，选择固定的振幅(通常为 0.2%~0.5%)，通过测量在不同角频率(ω, 0.1~100rad/s)下的存储模量(G')来评价凝胶的强度。压缩强度法是将保水剂加入水中达到充分溶胀，过滤移除过量的水分。将溶胀凝胶低温冻结后，切成 1cm^3 的立方体，在湿度为(98±1)%、温度为(20±1)℃的恒温槽内解冻，在试验机上以 0.5mm/min 的速度压缩，测定材料刚被压碎时样品承受的压力，计算压缩强度(g/cm^2)。

4. 反复溶胀性能

保水剂在农业实际应用中均需要反复的溶胀和去溶胀，这就对其反复溶胀性能提出了更高的要求。目前评价反复溶胀性能的方法主要有两种方法：一种是将溶胀凝胶在加热脱水后，再加入等量水使其恢复溶胀并测其吸水能力，经过几次循环后，评价最终达到的吸水能力占初始吸水能力的百分比；另一种就是在沙土中经过溶胀—去溶胀—加水恢复溶胀几个循环。

5. 热稳定性

保水剂的热稳定性包括干凝胶的热稳定性和吸水能力的热稳定性。干凝胶的热稳定性通常采用热重分析法测定，通过失重速率和累积失重量来比较热稳定性的大小。通常保水剂的热稳定性随着交联度增大略有提高，随着与其他填料如黏土的复合会大幅度提升。吸水能力的热稳定性通常用保水剂在不同温度溶液中的吸水能力来表示，保持吸水能力的温度范围越宽，则吸水能力的热稳定性越好。

6. 缓释性能

目前为了提高保水剂的多功能性并扩宽其应用范围，各种不同缓释肥料保水剂、缓释农药保水剂等新产品不断被开发。这种保水剂兼具吸水、保水、肥料缓释或杀虫等多重功能。其中缓释性能是评价此类保水剂的一项重要指标。主要测试方法是将一定质量(0.5g)的保水剂浸泡在 500mL 蒸馏水中，在既定的时间内将凝胶滤出。将滤液转移到 500mL 容量瓶中加蒸馏水定容，通过标准肥料分析方法测定溶液中有效组分的浓度，并推算出既定时间内释放肥料的量。一般用每克肥料释放的有效组分的毫克数来表示。

7. 降解性能

随着环境友好材料成为材料领域新的发展方向，近年来可降解保水剂也陆续被研究和开发出来。因此，此类材料的降解性能成为一个新的重要的评价指标。目前常用的测试降解性能的主要方法有生长分级法、土埋法、CO_2 释放量法、酶法、生物体内实验法。

3.3　土壤保水剂对土壤物理性质的影响

1. 对土壤团粒结构的影响

保水剂对土壤团粒结构的形成有促进作用，特别是对土壤中 0.5～5mm 粒径团粒结构形成最明显。研究发现，随着土壤中保水剂含量的增加，土壤胶结形成团聚体，以大于 1mm 的大团聚体最多，这些大团聚体对稳定土壤结构、改善土壤通透性、防止表土结皮、减少土面蒸发有较好的作用。分析表明，团聚体含量与保水剂含量呈非直线关系，当土壤保水剂含量在 0.01%～0.10%范围时，土壤团聚体明显增加；当土壤中保水剂含量大于 0.10%时，形成的团聚体含量增加缓慢，这可作为土壤施用保水剂用量的参考。何腾兵等[3]研究了保水剂对土壤结构的改良作用，证明施用保水剂具有增强土壤水稳性团粒形成的作用，尤其有利于较大粒级团聚体的形成和保持，但其改良作用受保水剂种类、施用量、土壤质地等因素影响。樊小林等研究表明，抗旱剂加入土壤还可以改变土壤整体结构，增强土壤抗水蚀能力，增加水稳性团粒结构。

2. 对土壤孔隙特性的影响

将不同用量的保水剂与土壤混合后，土壤毛管水饱和时的固、液、气三相组成将发生不同程度的变化，总的趋势是随保水剂加入量的增大，土壤液相组成比例(相当于毛管孔隙度)增加，固相、气相组成比例减少，容重明显降低，而总孔隙度增大(主要是增加了毛管孔隙度，包括毛管孔隙和无效孔隙)，即增大了毛管持水容量。这说明保水剂保水供水的内在机制除与本身吸水较多有关，还与吸水膨胀后对土壤孔隙性质的改善，尤其是提高毛管孔隙度有关。介晓磊等[4]将不同用量的保水剂与土壤混合后发现，随着保水剂用量的增加，土壤的毛管持水量相应增大，从 33.5%增至 44.6%；凋萎系数虽也增大，但因保水剂用量很低(0.5%)，故增幅很小，仅从 6.9%增至 9.5%。毛管持水量提高幅度远大于凋萎系数提高幅度，土壤有效水的储量明显增大。

由于大于 1mm 团聚体的增加，土壤总孔隙度随之增加。研究表明，重黏土中增加的孔隙度主要是增加了土壤通气孔隙，而小于 5mm 小孔隙有所下降。轻壤土中，施用保水剂后通气孔隙也有一定增加。由于大孔隙的增加，土壤通气性明显改善，比对照增加近 2 倍。施用保水剂后，土壤明显黏粒化，改变了孔隙组成和土壤三相比例，使耕作层土壤紧实度与容重下降。说明保水剂在防止土壤板结、改善土壤孔隙特性、调节土壤紧实度上有明显效果。土壤团粒结构是农业生产上较为理想的土壤结构体，它的改善必然同时改善了土壤的容重、通气透水等一系列土壤物理性质。使用抗旱保水剂以后，各级孔隙的比例都有增加，而通气孔隙(非毛管孔隙)增加的相对比例较大。土壤通气透水性能的改善能促进土壤微生物的生命活力，加快根际周围有机/无机养分的转化与释放，促进果树根系的吸收和发育。

赵越等[5]通过三种不同保水剂试验表明，保水剂可以增加土壤的膨胀率，提高土壤通气性。三种纯保水剂中绿宝可使体积膨胀 4.3 倍、TC 为 3.4 倍、KD 为 3.8 倍。随保水剂用量的增加，各处理间膨胀率存在明显差异，土壤膨胀率也明显增加，三种不同保水剂的最高膨胀率增加量分别可达自身膨胀体积的 45%(绿宝)、40%(TC)和 42%(KD)，但当保水剂用量增加到一定比例后(2%)，膨胀率的增加速度减缓。这种膨胀效应非常有利于调节土壤通气性，改良土壤紧实度和土壤团粒结构的形成。

3. 对土壤持水力的影响

不同保水剂处理的土壤水吸力在 0~80kPa 吸力段，随着土壤含水率的下降，土壤水吸力增大。在相同土壤水吸力下，随着保水剂用量的增加，土壤含水率相应增大。在相同土壤含水率时，土壤水吸力随保水剂用量增大而增大，即水分能态随保水剂的增加而下降，在一定程度上降低了水分的有效性，但这部分水分能态的下降都是在土壤低吸力段(0~80kPa)的下降，故仍属有效水的范围。这说明当土壤中施入一定剂量的保水剂后可以明显提高土壤保持有效水的能力。

4. 对土壤固、液、气三相分布的影响

保水剂不仅改善了土壤结构，而且在膨胀、收缩的反复过程中不断调节土壤固、液、气三相比例。对于保水力差的砂土或砂壤土，保水剂可增加土壤液相比例，提高持水力。对于结构不良的黏重土壤，则可提高孔隙率，增加气相部分比例，改善土壤通透性。由于保水剂有较高的弹性和很强的膨胀作用，开始灌水后便能迅速吸水膨胀使土壤体积增大，在干燥过程中所增大的体积不断缩小，而保水剂却随着干燥而收缩至原来的体积，土壤三相分布始终处于动态变化之中，使保水剂充当了"小的气体和水分储罐"，加入保水剂前后土壤体积变化很大，所以土壤三相绝对数量都增大，因此仅以三相组成比例变化来说明其作用是不完全的。

5. 对土壤水分蒸发的影响

介晓磊等[4]研究表明，含保水剂的土壤较对照土壤含水率变化缓慢且平稳，保水剂减缓了土壤水分向大气的蒸散，使土壤在一定的时间内保持较高的含水率。处理土样比对照土样晚3～9天进入风干土(含水率3%左右)。说明保水剂改善了土壤的持水性能，降低了蒸散强度。可能的原因有两个方面：保水剂改善了土壤孔隙的组成，毛管上升水被团粒间的毛管孔隙吸持而减少，同时它还与团粒内非毛管孔隙增加而切断表面土毛管联系相关；还可能由于聚合电解质的作用，影响水分形态，使其发生变化，降低水压，从而降低土壤水分的蒸发强度，增加了土壤的持水量。黄占斌等[6]根据试验得出，加入保水剂的土壤，在20℃恒温和空气相对湿度36.5%的恒湿条件下进行蒸发，发现有保水剂的土壤，其达到稳定蒸发的时间较对照提前12～36h，证明保水剂能降低土壤的土面蒸发。将含有0.1%保水剂的土壤与无保水剂的对照土壤，加水饱和后，观察自然蒸发至恒重风干状态的土壤含水率变化，发现有保水剂的土壤含水率明显高于无保水剂的对照土壤。从饱和至风干恒重，有保水剂处理的土壤需25天，而对照只有16天，表明保水剂使土壤的失水过程显著减慢。蔡典雄等研究报道，保水剂抑制水分蒸发的作用随保水剂用量的加大而增大，但当砂土近凋萎含水率以下或高于饱和含水率以上时，保水剂抑制蒸发的效果差异逐渐减小，且各处理释水速率符合指数下降规律。但也有试验表明，保水剂对土壤蒸发有促进作用。

6. 对部分土壤离子及土壤温度的影响

N、P、K肥料对保水剂的吸水能力有很大影响。这个影响虽然降低了保水剂的吸水量，却提高了土壤对营养元素的吸附力，减少肥料的淋失，提高土壤保肥能力。黄河[7]研究表明，红壤施入0.1% KH841后，N、P、K有效成分淋失分别

为 56%、51%和 81%。而且保水剂对各种肥料的最大吸附量大小顺序依次是尿素、硫酸铵、氯化钾、硝铵、硫酸钾、碳酸氢铵、磷酸二氢钾、过磷酸钙。由于保水剂不仅具有表面分子吸附、离子交换作用等保肥机制,而且由于它的高吸水性,能够以"包裹"方式保肥,这是保水剂不同于土壤剂的重要特征。

3.4　土壤保水剂施用技术体系

3.4.1　施用方法

保水剂的使用方式有许多种,不同的使用方式适用于不同的作物,用量也不一样。目前国际上保水剂的使用方法有拌土、拌种、包衣、蘸根等。丙烯酰胺-丙烯酸共聚交联物的成本高,但寿命长,适合于拌土使用,是保水剂的主流产品。淀粉接枝丙烯酸共聚交联物成本低,但寿命短,更适合于包衣和蘸根。

1. 包衣

一般用粒度在 120 目即 0.125mm 粒径以上的保水剂与营养物、农药和细土等混合制成种衣剂,其中保水剂的含量根据作物和地区特点而定,一般为 5%～20%,种衣剂再拌种,可大大提高出苗率,使根系发达,壮苗,还能节水、省工和增产。该方法适于水稻、玉米、油菜、烤烟和花草等作物。

2. 蘸根

将作物的根系浸泡于一定浓度的保水剂中,使水凝胶均匀附在幼苗或苗木的根系上,直接栽植或取出晾干,捆扎成捆后再栽植。一般用 40～80 目即 0.18～0.425mm 粒径的保水剂以水重的 0.1%与水充分拌匀,吸水 20min,把裸根苗浸泡其中 30s 后取出,用塑料包扎好根部,可防止根部干燥,延长萎蔫期,利于长途运输,成活率可提高 15%～20%。一般用于树苗、花卉苗及菜苗的储存、移栽和运输,也可用于果树和林木等的繁殖插条。移植花木以占施入范围内干土重的0.1%为佳,施用时要与土壤充分混匀,同时要覆盖,以减少水分蒸发,最初一周要浇透水 1～2 次;有条件的地方,最好让保水剂吸水成饱和凝胶后,再与土充分混匀。若需施肥,则应先把饱和凝胶与土拌匀后再掺肥。

3. 拌种

将种子浸在一定浓度的保水剂溶液中,使种子表面形成薄膜外衣;另将保水剂与化肥、农药以及粉碎均匀过筛的腐殖土按质量分数 1%配比掺和均匀;再将包过外衣的种子与混合好的土按 1∶3 的质量比在制丸机(小型搅拌机)中造粒。此法可使小粒种子大粒化，适于精量播种，常用于飞机播种造林、种草。保水剂用量一般采用种子质量的 1%～3%较好。

4. 施于土壤

保水剂既可以地表撒施，也可以沟(穴)施，但直接施入土壤中的方法在当前经济条件下尚难做到。地表撒施是在播种时或栽植前将保水剂直接撒于地表，使土壤表面形成一层覆盖的保水膜，以此来抑制土壤蒸发。地表撒施一般用于铺设草皮或大面积直播栽植。铺设草皮时保水剂用量为 90～150kg/hm^2，大田一般为37.5～75kg/hm^2。沟施是直接将种子和保水剂一同均匀地撒入种植沟内，然后覆土耙平。穴施是先将保水剂撒入穴内与土掺和，然后播种覆土。沟(穴)施保水剂用量一般为 22.5～75kg/hm^2。

5. 用作育苗培养基质

将浓度为 3～10g/kg 的保水剂与营养液按比例混合形成均匀凝胶状，再与其他基质按比例混合，可用于盆栽花卉、蔬菜、苗木等的工厂化育苗。

6. 流体播种

先用浓度 1～5g/kg 的保水剂凝胶与发芽种子混合，再通过专门的流体播种机直接播种入土，多用于蔬菜催芽种子的播种，其对出苗的效果明显，该法是近年来欧、美、日采用的一种新工艺。

7. 地面喷洒

覆盖物将保水剂与水混合，用喷雾器喷洒在土壤表面，使其与地面覆盖物黏合在一起，既可降低土壤被侵蚀的程度，又可向作物提供充足水分。此外，保水剂添加其他元素或材料可制成抗旱种衣剂、保水储肥剂、吸水改土剂和果蔬保鲜剂等。

3.4.2　施用量

保水剂在土壤中的用量随土壤质量、土壤墒情、植物种类、气候干湿条件以及保水剂本身性能不同而有差异。各产品使用说明中，提出的一般用量范围仅为参考。根据《超强吸水剂》一书中介绍，保水剂在土壤中的使用量，为植物耕作层或穴(沟)干土质量的 0.05%～0.20%。《中国绿色时报》介绍，保水剂施入量以占施入范围内(植树穴)干土质量的 0.10%为最佳，施入量太少起不到蓄水保墒作用，施入量过大，不但成本高，而且雨季(特别是南方地区，黏壤类土壤)常会造成土壤储水过高，引起土壤通气不畅，林木根系腐烂。西北农业大学许明宪介绍，保水剂的施用量,按保水土壤体积的 0.07%~0.1%为宜。《农用化学品制造技术》一书介绍,保水剂施用量一般为根部需土量的 0.3%。

从上述内容看所提保水剂用量范围基本接近,但由于保水剂的作用与产品本身性能和其他诸多因素有关,所以具体用量应从多角度进行分析:

(1) 从土壤质量角度,主要包括土壤质地、土壤结构、土壤含盐种类和含盐量、土壤酸碱度等。

(2) 从植物种类角度考虑,不同植物对土壤肥力的要求以及耐旱能力差别很大,各类蔬菜、大田作物、林木、果树以及花草耐旱能力都不完全一样。林业部门专家认为,若采用 2~3 年生针叶苗,植树穴规格为深 30cm、底直径 30cm、用量每株为 25g。若采用 1~2 年生阔叶树苗木,植树穴深 40cm、底直径 40cm、用量每株为 60g。2 年生经济林苗木穴深 50cm、底直径 50cm、用量为 120g。耐旱能力强的植物,保水剂用量可以小一些。

(3) 从气候角度考虑,无疑在干旱地区保水剂用量应较大。但由于我国地域广阔,农业干旱环境十分复杂。例如,东北干旱区,春旱最突出,有时干旱从春播作物开始播种的 4 月一直持续到 5~6 月。黄淮海干旱区,从 3~10 月的农作物生长期均有可能发生干旱,3~6 月突出春旱,夏秋也常出现卡脖旱。北京地区小麦需水关键期为 4 月中旬到 6 月中旬,其间如降水量小于 40mm,则发生干旱,夏玉米需水关键期为 7 月下旬到 8 月中旬,其间如降水量小于 100mm,则发生干旱。长江流域干旱区,春旱频率不高,夏旱则经常出现,多发生在 7~8 月的伏天,有时夏旱可持续到 10 月或 11 月,称夏秋连旱。华南及西南干旱区,因四季都有农作物生长,干旱频率也比较高,但以冬、春两季干旱为主,特别是冬、春连旱影响很大。所以,具体用量要根据各地区降水、蒸发、日光、湿度、风等气候因素综合考虑。

3.4.3 施用要领

1. 选择适宜的保水剂品种

保水剂颗粒越细、吸水速度越快,形成保水层的密度越大,反之越小。为防止苗木栽前在运输过程中根系失水,种子包衣等应选用凝胶强度稍低的粉粒状淀粉接枝丙烯酸盐类保水剂,一般在 60 目以上。而在果树上作为基肥或追肥施用时,应选择凝胶性强、使用寿命长的大颗粒保水剂,一般以 20~40 目为宜。

2. 确定合理的施用量

保水剂施用必须掌握好用量,否则会发生不良反应。施用量过少,达不到抗旱保水的作用,施用量过多会因土壤持水量过多,使土壤通透性降低,造成根系腐烂，甚至植株死亡。施用量的多少应参考以下几个因素。①树体大小。一般情况下，随着树体增大，株施用量增多。幼树定植时，每穴施入 20～30g，成龄树依株行距大小，每株施用 50～100g。②土壤类型。对土层深厚、保水保肥能力强的壤土或黏土地，应适当少些，而对土层浅、保水保肥能力差的砂土地、瘠薄地，则应适当多施些，一般增减幅度在 20%左右。③保水剂类型。保水剂一般分为两大类：一类是丙烯酰胺，另一类是淀粉接枝丙烯酸盐共聚交联物。前者使用周期和寿命较长，在土壤中蓄水保墒能力可维持 4 年左右，但其吸水倍率稍低。当年施用时，应适当多些，连年施用时，以后可适当减少用量，第二年施用正常量的30%，第三年施用 60%，第四年施用 80%或正常量。而后者吸水倍率高，吸水速度快，但保水性能只能维持 1～2 年，因此下年再施用时可不必考虑上年是否施用过。

3. 注意施用深度

保水剂中的水不会自动外溢渗透到土壤中，只能靠植物根系的被动吸收，因而必须把保水剂施在根系主要分布层，才能被根系充分吸收利用，发挥其最大效率。一般保水剂应施在 30cm 以下，施得过浅，会造成根系上移，减小果树抗逆性能，还会因阳光照射加快保水剂的降解速度，缩短使用寿命。

4. 与土充分混合

保水剂必须与一定比例的土充分混合才能施入，一般为 1:1000。例如，混合不匀，过少的地方起不到抗旱保水的作用，过多的地方会造成局部堆积产生糊状凝胶(特别是粉状保水剂)，使土壤蓄水过多，严重影响土壤通气性能，造成根系腐烂，影响果树正常生长。

5. 浸泡吸足水后再施入

如果条件允许，尽量使用浸泡吸足水后的保水剂，这样效果会更好。这是因为干保水剂在土壤中遇水膨胀时，由于周边的土壤压力会降低其吸水能力，而用事先吸足水分膨胀后的保水剂(特别是大颗粒保水剂)，既可保证其释水后遇水再膨胀的有效空间，还可增大土壤孔隙度，改善通气性能，增加土壤含水率。

6. 与其他节水措施配合应用

施用保水剂只是抗旱节水的有效措施之一，在生产上，应与地膜覆盖、穴储肥水、果园覆草等节水措施相结合，效果会更加明显。

7. 适时补水

保水剂不是造水剂，一次吸足水后，能供根系吸收 1 个月左右，时间过长，供水能力会严重下降。因此,在施用后浇足水 1 个月以上无降水时,应适时检查墒情,如过于干旱则应适当补水。

参 考 文 献

[1] 杜太生. 保水剂在节水灌溉中的应用及其对作物生长和水分利用的影响[D]. 咸阳: 西北农林科技大学, 2001.

[2] Zhang J P, Liu R F, Li A, et al. Preparation, swelling behaviors, and slow-release properties of a poly(acrylic acid-co-acrylamide)/sodium humate superabsorbent composite[J]. Industrial & Engineering Chemistry Research, 2006, 45(1): 48-53.

[3] 何腾兵, 田仁国, 陈焰, 等. 高吸水剂对土壤物理性质的影响(Ⅱ)[J]. 耕作与栽培, 1996, (6): 46-48.

[4] 介晓磊, 李有田, 韩燕来, 等. 保水剂对土壤持水特性的影响[J]. 河南农业大学学报, 2000, 34(1): 22-24.

[5] 赵越, 杨振国. 不同保水剂对土壤持水特性的研究[J]. 试验研究, 2001, (3): 5-7.

[6] 黄占斌, 万惠娥, 邓西平, 等. 保水剂在改良土壤和作物抗旱节水中的效应[J]. 土壤侵蚀与水土保持学报, 1999, 5(4): 52-55.

[7] 黄河. 吸水性聚合物在农业上应用的研究[J]. 福建农业科技, 1996, (4): 26-28.

第4章　植物抗蒸腾剂

随着对农业化学抗旱技术研究的深入，发现利用有机高分子物质在水参与下形成液态膜物质，利用高分子成膜物质对水分的调节控制机能，以作物叶面为对象，以水分为中心，达到吸水保水、抑制蒸发、防止渗漏、减少蒸腾、增加蓄水、节约省水和有效供水的目的，从而在干旱胁迫时提高降水保蓄率和水分利用效率，以增强作物的抗旱性，达到稳产高产。这类物质称为植物抗蒸腾剂，是指作用于植物叶表面以降低作物蒸腾、减少水分散失的一类化学物质。

4.1　植物抗蒸腾剂的类型及制备工艺

抗蒸腾剂研究工作在20世纪50年代初逐渐开展起来，不同时期的研究者对100余种药剂进行了试验筛选，被认为有明显抑制蒸腾效果的大约有20种，并由此逐渐形成了以黄腐酸、高岭土、高岭石、Wilt Pruf、Vapor Gard、Transfilm和Folicote等为主的抗蒸腾剂产品系列。特别是黄腐酸(FA)，其作为抗蒸腾剂的突出代表，经过20世纪80年代抗旱剂一号，到后来的FA旱地龙，以及90年代中期的农气一号等黄腐酸类产品的名称和剂型转变后，其研究和生产应用规模处于国际先进水平。

植物抗蒸腾剂主要分为三种类型：①代谢型抗蒸腾剂(metabolic antitranspirant)，这类制剂作用于气孔保卫细胞，使气孔开度减少或关闭气孔，增大气孔蒸腾阻力，从而降低水分蒸腾量，常用的代谢型药剂有 FA、乙酸苯汞(PMA)、ABA、阿特拉津、甲草胺、三唑酮等。②成膜型抗蒸腾剂(film-forming antitranspirant)，这是一类有机高分子化合物，喷施于叶表面后形成一层很薄的膜，覆盖部分叶表面，降低水分蒸腾，常见的成膜型药剂有 Wilt Pruf、Vapor Gard、Mobileaf、Folicote、Plantguard等。③反射型抗蒸腾剂(reflecting antitranspirant)，这类物质喷施到植物叶片的上表面，能够反射部分太阳辐射能，减少叶片吸收的太阳辐射，从而降低叶片温度，减少蒸腾，常用的反射型抗蒸腾剂有高岭土和高岭石。

4.1.1　植物抗蒸腾剂的类型

1. 代谢型抗蒸腾剂

代谢型抗蒸腾剂类物质只影响气孔蒸腾阻力，而不影响角质蒸腾阻力和界层水分扩散阻力。它或影响气孔保卫细胞膜的透性，或影响由保卫细胞渗透势控制的代谢反应。另外，凡能改变叶肉细胞光合作用和呼吸作用的物质，都能引起叶肉细胞内 CO_2 平衡的变化，因而影响气孔开闭。但不同制剂的作用机理不相同。FA、PMA 和 ABA 是研究最多的几种代谢型抗蒸腾剂。

FA 抑制 K^+ 在气孔保卫细胞中的积累，其作用与植物内生激素的平衡有关。毕勇刚等研究结果表明，小麦在孕穗期遭受干旱后，植株发黄，叶绿素含量下降，但是喷施 FA 后叶色浓绿，叶绿素含量增加，提高了植株体内酶的活性，促进了根系的活力，使小麦在干旱条件下增产 22.9～32.5kg/亩，增产幅度 10.2%～14.1%。据全国黄腐酸推广协作网报道，FA 已被大面积应用于小麦、玉米、水稻、棉花、花生、甘薯、烟草及蔬菜抗旱生产，取得了显著的经济效益。

ABA 抑制 K^+ 在保卫细胞中积累，降低保卫细胞的渗透势，抑制保卫细胞叶绿体的光合磷酸化，使保卫细胞对 K^+ 的吸收缺少能量。外用 ABA 时，可使旺盛生长的枝条停止生长而进入休眠状态，引起气孔关闭，降低蒸腾，这是 ABA 最重要的生理效应之一。Cornish 等[1]研究发现，水分胁迫下叶片保卫细胞中的 ABA 含量是正常水分条件下含量的 18 倍。ABA 还能促进根系的吸水与溢泌速率，增加其向地上部的供水量，因此 ABA 是植物体内调节蒸腾的激素，也可作为抗蒸腾剂使用。Solarova 等[2]认为 ABA 在控制植物水分散失的反馈环中只起信使作用，叶面喷施 ABA 能专一抑制气孔开张，而对光合作用几乎无影响。ABA 只在施用的部位起作用，不会被转移到其他部位。受旱植株的气孔比供水充足植株的气孔对 ABA 更敏感。

目前，这类抗蒸腾剂也存在一些缺点，如价格昂贵、难以广泛应用。PMA 是汞制剂，对人畜有毒，污染环境。相比之下，FA 效果较好，而且其资源丰富，价格低廉，无毒、无污染，是很有前途的抗蒸腾剂。最理想的气孔抑制剂应为 CO_2，因为增大 CO_2 浓度既可引起气孔关闭，降低蒸腾，又能提高光合作用。但目前 CO_2 只能在封闭环境中施用，在田间尚无法使用。

2. 成膜型抗蒸腾剂

目前，国际上使用这类抗蒸腾剂最多的是石蜡制剂。石蜡乳化剂成膜均匀，覆盖性好，易于和其他物质的水溶液或乳状液混合使用，并具备安全性、高效性和经济方便等优点。这类物质在叶表面形成一层不透水的薄膜，把气孔覆盖在下面，增大了水分的蒸腾阻力，理论上这层薄膜应该是连续、厚度均匀的。但喷施到植物叶片上以后，实际形成了多种结果：①形成连续的膜，气孔处的膜不破裂；②开始形成连续的膜，后来由于气孔保卫细胞的运动，气孔处的膜破裂；③不形成膜而是形成气孔塞。例如，在美国白蜡树(*Fraxinus chinensis* Roxb.)上喷施多种成膜型抗蒸腾剂后发现，所有制剂膜在气孔处均发生破裂，而在乌饭树(*Vaccinium bracteatum* Thunb.)上施用抗蒸腾剂后形成的膜在气孔处没有破裂。Liu 等[3]认为这种差异是两种植物不同的气孔解剖结构所致。乌饭树气孔保卫细胞周围膨大突出的角质化细胞形成了一个坚固的气孔腔，在保卫细胞运动时能够保护制剂膜不被破坏，而美国白蜡树的气孔不具备这样的结构，所以气孔处的膜全部破裂。红松(*Pinus koraiensis* Sieb. et Zucc.)针叶气孔中充满了无定型的蜡状物质，用抗蒸腾剂处理后，抗蒸腾剂不是在叶表面形成连续的薄膜，而是与气孔中蜡状物结合形成完全无透性的气孔塞。

3. 反射型抗蒸腾剂

对反射型抗蒸腾剂的研究相对较少，目前所用的反射材料基本都是高岭土和高岭石。根据试验：大麦播种后 45 天和 65 天各喷一次 6%高岭土悬浮液，使大麦产量得到了显著提高；大豆叶面喷施 6%高岭石悬浮液 600L/hm^2，使短波光反射率提高 20%，总反射率提高 80%～300%，持续期 10 天；高粱叶面喷施 6%高岭土悬浮液(120 目)，使光辐射吸收量减少 26%，净同化率降低 23%，但使籽粒产量提高 11%，并认为增产的原因是加速了同化物向籽粒中转移。照射到叶面上的太阳辐射能仅有一部分(波长 0.4～0.7μm)被叶片的光合作用利用，其余大部分能量使叶温升高。如果能使叶片反射总入射能的一部分或选择反射波长小于 0.4μm 和大于 0.7μm 的光波，则可降低叶温，减少蒸腾，对光饱和点较低的植物更适用。而目前所用的材料不具有选择反射的性能，所以研制能选择吸收和反射太阳辐射的材料，对农业生产将有特殊意义。

4.1.2 植物抗蒸腾剂的制备工艺

1. 代谢型抗蒸腾剂

近年来，FA 是研究较多的代谢型抗蒸腾剂，其主要的制备方法有离子交换树脂法、丙酮法、酸解法、螯合提取法和氧化法等。其中离子交换树脂法设备投资大，树脂需不断地清洗再生，且产率低。丙酮法引入有机溶剂后，其分离回收更麻烦，且都存在浪费及污染问题。酸解法是利用 HCl 或者 H$_2$SO$_4$ 直接抽提煤样中的 FA，但酸解法腐蚀性较强，分离后处理不溶残渣比较麻烦，而且对环境污染较大。螯合提取法是利用 FA 中官能团—COOH、—OH、C═O、—NH$_2$，通过氢键和螯合剂中的金属离子螯合形成有一定稳定性的多聚结构，从而实现提取。利用螯合提取法从风化煤可以得产率为 11.26%的 FA，其工艺流程如图 4-1 所示。

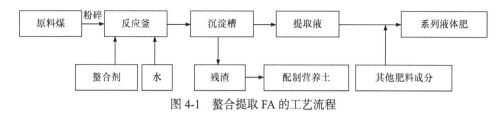

图 4-1　螯合提取 FA 的工艺流程

2. 成膜型抗蒸腾剂

壳聚糖(chitosan，CTS)是最近研究比较多的一种成膜型抗蒸腾剂，其制备方法也比较多。用碱熔法得到的 CTS，主链降解严重，相对分子质量较小，同时操作复杂，目前已不再使用。浓碱液法是目前最常用的制备 CTS 的方法。溶剂碱液法中所用的有机溶剂(如异丙醇、丙酮、乙醇等)对甲壳素有较强的渗透作用，可作为稀释介质，使 NaOH 易于进入甲壳素分子内部，因而不仅可以减少碱的用量，还可以获得高脱乙酰度的 CTS，但生产成本较高。碱液微波法可以大幅度地缩短碱处理时间，且使 CTS 具有较高的脱乙酰度和良好的溶解性。碱液催化法适用于制备脱乙酰度和相对分子质量较高的 CTS。除了碱液法，还有酶解法、水解法等。

利用自然界真菌与植物间相互免疫应答原理，可以合成新一代生物抗蒸腾剂，其制备方法如下：将酿酒酵母菌(*Saccharomyces cerevisiae*)菌株接入灭菌后的培养液(其配制方法为：5g/L 酵母膏、25g/L 葡萄糖、5g/L 硫酸铵、5g/L 磷酸二氢钾、4g/L 硫酸钾、1.5g/L 硫酸镁、0.008g/L 硫酸铁、0.008g/L 硫酸锰，用蒸馏水配制，调节 pH 为 6)，置于 28℃摇床，100r/min 培养 24h，得到酿酒酵母菌菌液，然后将酿酒酵母菌液在 121℃、0.12MPa 压力下灭活 60min，待冷却后，4000 转离心 40min，得到的酵母提取沉淀物，用 100%乙醇脱水后，于–20℃冻存，制成菌剂 A。称取 0.1g 菌剂 A，加入 1L 2g $CaCl_2$ 和 0.01g CTS 的混合溶液中，搅拌混匀即可。

利用大肠杆菌也可合成抗蒸腾剂，步骤如下：将大肠杆菌(*Escherichia coli*)菌株接入灭菌后的液体培养基(葡萄糖 20g/L、酵母膏 6g/L、蛋白胨 6g/L、1.5g/L 磷酸二氢钾，其余为无菌水，调节 pH 为 7)，置于 37℃摇床振荡培养 24h，摇床振荡速度为 120r/min。将培养后的菌液置于高压灭菌锅内，于 121℃、0.15MPa 压力下灭活 30min，待冷却后，用无菌封装制成菌剂 A，然后按 1：100 的体积比加入 2g/L 氯化钙和 0.05g/L 茉莉酸甲酯溶液，混匀即可。

多种组分复配可制备多功能抗蒸腾剂，步骤如下：首先在反应釜中加入 1 个单元量的硝酸稀土，再加入一定量的硝酸和 20～40 倍去离子水，加温至 30～50℃，搅拌至硝酸稀土溶解，加入螯合剂，混合均匀后，调节 pH 至 6～11，加热 50～70℃反应 4h 以上，将液体蒸发后进一步干燥为固体，再粉碎，得到备用的螯合有机稀土；然后取 1 个单位量的微量元素，加入 20～40 倍去离子水及螯合剂，调节pH 至 5～11，在 40～60℃下反应 3～5h，蒸发后干燥，生成复合有机微量元素。最后取有机稀土 0.7kg、有机微量元素 1.2kg，再与羟乙基甲基纤维素 3.5kg、生化黄腐酸粉 2kg、六偏磷酸钠 0.5kg、十二烷基磺酸钠 0.4kg、磷酸二氢钾 0.9kg、聚丙烯酸钠 0.5kg、烯效唑 0.15kg、α-萘乙酸 0.1kg，混合，加入去离子水 100kg 溶解后制成液制，得到一种兼具抗旱、防风、蒸腾抑制、植物生长调节和强化营养等多功能抗蒸腾剂。

4.2　植物抗蒸腾剂的作用机制及性能评价

4.2.1　植物抗蒸腾剂的作用机制

　　气孔是植物与外界环境进行气体交换的重要器官，在保证最大限度地吸收CO_2 的同时控制水分的最小蒸腾，优化调控植物的水分利用效率。组成气孔的保卫细胞具有非常敏感的感受环境变化的能力，通过其有规律的昼夜周期性运动，对环境响应的快速启闭和实时的振荡来保证植物的正常生命活动和及时的适应性调节。影响气孔运动的因素有很多，一般情况下多数植物的气孔是昼开夜闭，凡是影响光合作用和叶子水分状况的外界因素，都会影响气孔的运动。在供水良好、温度适宜时，多数作物的气孔在光下张开，在黑暗中关闭。气孔开度一般随温度升高而增大，在 30℃左右达到最大开度，35℃以上反而变小。低温下虽长期光照，气孔也不能很好地张开。CO_2 对气孔运动有显著影响，较低 CO_2 浓度促使气孔张开，较高 CO_2 浓度促使气孔缩小。叶片含水量也能影响气孔运动，当空气湿度较大时，叶片被水饱和，表皮细胞含水量高，体积增大，保卫细胞受到挤压而导致气孔关闭。当空气较干时，叶片水分饱和度下降，表皮细胞体积减小，气孔才能张开。气孔是蒸腾过程中水汽从体内向体外的主要出口，植物根系吸收的水分仅有 1%用于代谢和生长发育，而 99%的水分经蒸腾作用散失。总蒸腾量的 80%～90%是经气孔蒸腾的，另外的 10%～20%通过皮孔和角质层蒸腾散失。若想有效地降低蒸腾，必须大幅度降低气孔蒸腾，即减小气孔开度或关闭气孔。

　　然而，水分和 CO_2 都是光合作用的重要反应物质，气孔在输送水分的同时也从大气中吸收 CO_2，减小气孔开度或关闭气孔是否会影响植物的光合作用和呼吸作用呢？研究证明，在一定条件下应用抗蒸腾剂，适当减小气孔开度或关闭一部分气孔，可以显著降低植物的蒸腾作用，对光合和呼吸及其他代谢活动没有明显的不利影响，主要依据如下：

　　(1) 植物气孔开度在较宽广的范围内能够维持较恒定的光合作用/蒸腾作用比值。作物叶片的光合速率与蒸腾速率对气孔开度的反应不同。一般条件下，光合速率随气孔开度增加而增加，但当气孔开度达到某一值时，光合速率增加不再明显，而蒸腾速率则随气孔开度线性增加。在充分供水条件下，当气孔开度变小时，光合速率的下降幅度远远小于蒸腾速率的下降幅度。

(2) 植物表观光合作用远低于潜在的光合作用，抗蒸腾剂主要影响植物的潜在光合作用，而对表观光合作用的影响很小。植物在一定水分胁迫条件下，光合作用的同化能力明显下降。光合抑制的原因可分为气孔限制和非气孔限制。气孔限制一般发生在水分胁迫较轻的情况下，随着干旱胁迫时间的持续和不断加重，非气孔限制起主导作用。非气孔因素(如 CO_2 在叶肉细胞间传导的阻力)限制了 CO_2 的供应。水分胁迫下光量子通量密度主要受叶肉细胞的影响，而受气孔导性的影响很小。在 CO_2 浓度为 $0\sim500\times10^{-6}$ 范围内，高量 CO_2 同化量变异的 85%～87% 是受非气孔因素影响，气孔的影响量只有 13%～17%。

(3) 正常条件下，如果某些作物处于光饱和状态，则可以通过增强叶片反光率来显著降低水分蒸腾速率，而不至于相应明显降低 CO_2 同化率。而在干旱条件下，光不饱和作物(玉米、高粱等)也可用反射型抗蒸腾剂降低蒸腾以维持生命。从轻度水分胁迫到严重水分胁迫的变化过程中，水分亏缺对与产量有关的几个生理过程影响的先后顺序为：生长—气孔开闭—蒸腾—光合—运输。所以，在一定程度上减小气孔开度、降低蒸腾不会严重影响光合作用和运输。除非在极端条件下(光辐射很强、风速很低)，否则抗蒸腾剂降低蒸腾不会导致叶温大幅度升高，也不会显著影响矿物质养分的运输。

综上所述，利用抗蒸腾剂通过降低气孔开度或生成膜减少蒸腾，以不牺牲作物光合产物积累而达到最大节水的目的是可行的。

4.2.2　植物抗蒸腾剂的性能评价

目前，考察植物抗蒸腾剂产品性能的指标主要反映在对植物生理生化参数的影响方面，包括对光合速率、蒸腾速率、叶绿素含量、气孔阻力和叶片含水量的影响。此外，有时还要考察其对植物的存活率、农作物的增产以及防治作物病虫害等方面的效果。

4.3　黄　腐　酸

4.3.1　黄腐酸的界定及结构

1. 黄腐酸的界定

黄腐酸(FA)又称富啡酸，是在水、酸和碱中都可溶解，颜色较浅，分子量最低的腐植酸组分。腐植酸是指由生物(主要是植物)的残骸经过微生物分解和一系列地球化学过程而形成的有机物质。

腐植酸和黄腐酸本身是由分子大小和结构都高度不均一的物质所组成的复杂混合物。因此，要想从化学结构方面去界定它，以便获得纯品是十分困难的。郑平曾对腐植酸的界定做过评论：腐植酸本身是混合物，分离和精制，并不是要得到纯化合物，而只是为了将其从原料中分离出来，把无机矿物质及非腐植酸的有机成分分离出来。即便如此，也非常困难。腐植酸是具有很强络合、吸附性能的胶体物质，要去尽其中的金属离子、硅酸盐等矿物质也不易做到。另外，腐植酸和其他非腐植酸有机物的界限本来就不清楚，性能上又常交错重叠，彼此通过键合、氢键、吸附等化学和物理作用缠结在一起。在这种情况下，最现实的做法是对腐植酸进行分级，以期得到性质上比较均一的组分。聚合物通常按分子量大小进行分级，但无论将腐植酸怎么分，每个组分仍具有多分散性。因此，黄腐酸的界定问题迄今仍未完满解决。通过多年的科学研究和总结，科学家初步提出了关于黄腐酸界定的一些观点。通常将腐植酸分成水溶性的黄腐酸、乙醇可溶的棕腐酸和碱溶性的黑腐酸。

2. 黄腐酸的组成及结构

黄腐酸不像其他天然大分子化合物一样具有完整的化学结构和固定的形式，它们是在不同地质和植被分布条件下，各种天然结构单元、天然大分子随机聚合的物质，是一种暂态结构，主要元素组成为碳、氢、氧、氮和硫。不同地点的泥炭、褐煤、风化煤中的黄腐酸的主要元素含量不尽相同，但变化范围不是很大，且无论何种来源的腐植酸，都以碳和氧为主要元素，而氮、氢和硫含量较少。在成煤过程的泥炭化阶段，这种聚合作用不是一种完全自发的自然过程，除自然条件的影响，微生物生命活动对其结构的形成也起到了重要的促进作用。从某种程度上讲，微生物生命活动可能对黄腐酸的结构形成及缩聚，进而对煤炭的煤化过程等起决定性作用。

Schnitzer 等[4,5]提出了一个与实验室结果比较吻合的结构式，如图 4-2 所示。此结构由酚酸和苯甲酸组成，它们之间靠氢键连接。这种结构的特征之一是其中贯穿着不同大小的孔洞，这些孔洞可以捕捉或者固定有机分子，如烷烃、脂肪酸、苯二甲酸、二烷基酯，还可以捕捉或者固定一些分子大小适宜的碳水化合物、农药以及无机化合物等。这种机理并不排除黄腐酸表面的官能团与一些化合物特别是金属离子和水合氧化物质间的相互作用。Schnitzer 等[4,5]提出的结构式与 X 射线分析的结果一致，十分疏散和敞开。根据 X 射线分析，黄腐酸的结构为一种由缩合得不太好的芳环构成的断裂网格。虽然图的结构类型说明了黄腐酸结构的重要部分，但还难以估计它表示的是黄腐酸结构中的多大一部分。目前，已知的黄腐酸分子结构含有苯环、稠苯环和各种杂环，各苯环之间有桥键相连，苯环上有各种功能基团，主要是甲基、酚羟基、甲氧基、酮基等，具体如下：

(1) 核。有均环或杂环的五元环和六元环。环的数目有一个、两个甚至三个以上的缩合环。环大致有苯环、蒽醌、吡咯、呋喃等，它们单个或相互组合而成核。

(2) 桥键。是连接核的单原子或原子基团，有单桥键和双桥键两种，核与核可以单独由一种桥键连接，也可以由两种桥键同时连接。

(3) 活性基团。核上都带有一个或多个活性基团。从官能团的测定可知，黄腐酸含羧基、酚羟基、醇羟基、羟基醌、烯醇醌、磺酸基、胺基等。最近的一些研究证明，黄腐酸中含有游离的醌基、酚羟基、氢醌、甲氧基。黄腐酸中主要的活性基团是羧基、酚羟基和醌基，这些基团在腐植酸的工农业应用中起着重要作用。

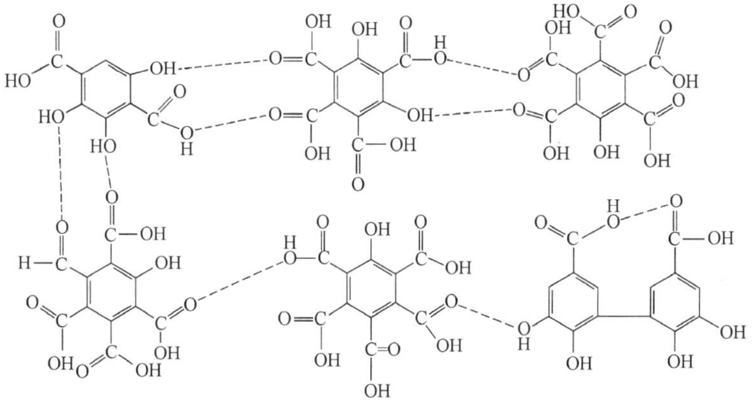

图 4-2 Schnitzer 等提出的黄腐酸结构

4.3.2 黄腐酸的来源及提取工艺

1. 黄腐酸的来源

腐植酸在地球表面分布很广，广泛存在于土壤、煤炭、湖泊、河流及海洋中，总量达万亿吨。天然腐植酸可分为土壤腐植酸、水体腐植酸和煤炭腐植酸三大类。土壤所含的腐植酸总量最大，但其中的含量平均不足百分之一，咸淡水中含有的总量也较大，但浓度更低，不能满足资源开发的要求。最有希望加以利用开发的腐植酸资源是一些低热值的煤炭，如泥炭、褐煤和风化煤，它们的腐植酸含量达10%～80%。

风化煤是指暴露于地表或位于地表浅部的煤层，煤层出露于地表以及埋藏于浅部。在植物根系、微生物、生物化学、大气、地下水等物理、化学作用下，煤层受到风化和氧化，改变了煤的物理性质和化学性质。随着煤层的风化、氧化过程，煤中的腐植酸基质逆转成为腐植酸。在风化、氧化带煤层中，腐植酸的生成条件受埋藏条件(深度)、气候、煤的变质程度和煤岩成分、植被条件、地下水条件、现代生物化学作用等因素的影响，在一定埋藏深度和一定湿度条件下，风化、氧化煤层受地下水和生物化学作用，较容易产生腐植酸。

黄腐酸因溶于水，故很难在自然界的原煤中保留下来。但有的地区，黄腐酸的含量很高，占总腐植酸含量的 30%～60%。目前工业上黄腐酸的主要原料是一些低热值的煤炭。我国的煤炭储量非常丰富，有数千亿吨，其中有泥炭和褐煤约 1300 亿 t。风化煤由于煤热值低，过去一直认为其利用价值不高，随意废弃，所以到目前为止还没有具体的统计数值，只有初步的调查和分析结果。这些结果表明，我国风化煤储量非常丰富，分布也很广，特别是山西、新疆、内蒙古、黑龙江、江西、云南、四川、河南等省(自治区)，都有大量的风化煤。山西省有风化煤资源约 80 亿 t，内蒙古自治区有风化煤资源约 50 亿 t，新疆大南湖煤田有风化煤资源约 3.5 亿 t，大同、灵石、太原武家山、萍乡麻山、云南陆良、新疆梧桐、黑龙江鹤岗和七台河的褐煤都是游离腐植酸含量达 50%、灰分小于 20%的优质风化煤，山西晋城、河南巩县、新疆吐鲁番等地的风化煤中还含有相当数量的黄腐酸。

2. 黄腐酸的提取工艺

分离腐植物质的经典方法是用氢氧化钠溶液提取。国际腐植酸协会的标准腐植酸和黄腐酸就是用 0.1mol/L NaOH 从软土和有机土中提取的。这是因为在低 pH 下，酸性基团大部分不能离解，分子内和分子间的氢键有利于收缩，当 pH 升高时，离解和溶解比较容易发生。有的风化煤中的腐植物质以腐植酸钙、腐植酸镁的形式存在，容易造成收缩和阻碍水化。为了使碱溶液成为有效溶剂，一般先用一价阳离子(通常是 H[+])取代样品中的二价和高价阳离子，再在碱的作用下，大分子发生水化和膨胀。中性的焦磷酸钠也常被用来从土壤中分离腐植物质，原理是腐植酸中的二价和高价阳离子可被焦磷酸络合，而腐植酸被转化为钠盐，然而在pH 为 7 的条件下，只有腐殖质中高电荷、强极性的部分被溶解，所以一般是将焦磷酸钠和氢氧化钠合用，用其混合液浸提腐植酸。按照国际腐植酸协会的规定，提取黄腐酸时，先用氢氧化钠的水溶液浸提腐植酸，然后用酸沉淀，当溶液的 pH为 1 时，溶于酸溶液中的物质即黄腐酸，流程如图 4-3 所示。

在一般的实验室研究中，黄腐酸的提取通常采用碱溶酸析法，即用酸将腐植酸碱液的 pH 调到 2，溶解的部分即黄腐酸。工业上从煤中提取黄腐酸的方法主要有两种：一种是硫酸-丙酮法；另一种是离子交换树脂法。硫酸-丙酮法的原理是：

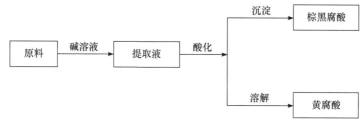

图 4-3　黄腐酸碱溶酸析提取流程

煤中的黄腐酸主要以钙镁的金属盐形态存在，加入硫酸后，发生复分解反应，硫酸取代了黄腐酸盐中的金属离子，使黄腐酸呈游离状态，游离的黄腐酸能被含少量水(10%~20%)的丙酮溶解，而形成的煤粉残渣和生成的硫酸盐则不溶解，这样就可以把生成的黄腐酸提取出来，蒸去溶剂后就得到低灰分的黄腐酸。离子交换树脂法是以强酸型离子交换树脂代替硫酸，以取代黄腐酸盐中的金属离子来释放黄腐酸。离子交换树脂和残渣不溶于水，所以选用水把生成的黄腐酸萃取出来。离子交换树脂和风化煤残渣由于粒度不同，通过筛分分离，回收的离子交换树脂用稀盐酸再生后可以重复使用。蒋崇菊等[6]研究了利用硫酸-丙酮法提取泥炭黄腐酸的最适条件后发现，在液固比为 8∶1、反应时间为 2.5h、丙酮含水量为 15%、反应混合物的 pH 为 1 时，黄腐酸的提取率最高。

4.3.3　黄腐酸的抗旱生理机制及施用方式

1. 黄腐酸的抗旱生理机制

黄腐酸的抗旱作用可以从以下几方面进行解释。

1) 抑制保卫细胞中 K^+ 的积累，使气孔开度缩小

20 世纪 60 年代末，就有大量的试验证明，K^+ 在植物气孔开闭中起着重要的调节作用。通常认为气孔保卫细胞中 K^+ 浓度的增加，使细胞液的水势下降，细胞吸水，气孔开放；反之，气孔关闭。梅慧生等[7]用亚硝酸钴钠法进行细胞化学的观察后发现，在对照的叶片中，光照使 K^+ 大量积累于保卫细胞，从而使气孔开启，经过黄腐酸钠喷施处理的气孔保卫细胞中，没有 K^+ 的积累，气孔关闭或开度减小。据此可以认为，黄腐酸抑制气孔开启的直接原因是抑制了保卫细胞中 K^+ 的积累。

2) 提高植物体内一些酶的活性

根系内过氧化物酶(POD)参与细胞对水分和养分的吸收和运输，所以 POD 的活性与根系活力的高低密切相关。POD 是植物体内重要的氧化还原酶类，可使细胞膜免受活性氧的危害，保证膜的正常选择性通透作用，酶活性的增加可促进作物正常或旺盛地生长。硝酸还原酶(NR)是植物氮代谢中的关键性酶，它对

干旱敏感。陈玉玲等报道，小麦喷施黄腐酸后，叶片中 POD 的活性较对照高，抗旱性增强。

3) 抑制吲哚乙酸氧化酶，促进植物生长

吲哚乙酸氧化酶的作用是将吲哚乙酸(生长素)转变成生理上不活跃的 3-甲基氧化吲哚和 3-亚甲基氧化吲哚，该酶的活性及其分布与细胞生长的速度有关，即酶活性越低，细胞生长越快；反之细胞生长就下降。郭玉兰等报道，用 $100\sim200mg/L$ 的黄腐酸溶液浸根，能明显降低小麦幼苗根中吲哚乙酸氧化酶的活性。

4) 对细胞膜的保护作用

细胞膜是水分、养分等物质进出细胞的屏障，若在干旱胁迫下细胞膜系统受到破坏，则脂类氧化产物丙二醛(MDA)含量增加，所以 MDA 是植物逆境条件下膜结构受到伤害的重要生理指标之一。程扶玖等[8]对小麦试验表明，喷施黄腐酸后，小麦的电解质渗出率明显低于对照，并与植物体内细胞过氧化物 MDA 含量的变化成正相关。其原因是黄腐酸提高了超氧化物歧化酶(SOD)、过氧化氢酶(CAT)的活性，这两种酶能清除逆境中产生的活性氧自由基，从而免除或降低了膜脂过氧化作用和膜伤害。

5) 抑菌抗病

根据国内外资料报道，黄腐酸类物质对多种植物病害有一定的防治作用，如小麦赤霉病、甘薯黑斑病、花生叶斑病、棉花枯黄萎病、黄瓜霜霉病、果树黄叶病、苹果腐烂病等。通常认为黄腐酸类物质能提高作物的抗病能力是由于它促进了作物生长，使作物健壮，对于作物缺素症(特别是缺乏微量元素)而导致的生理病害有明显效果。其实，黄腐酸也具有农药增效剂的作用，可明显提高农药的作用效果。黄腐酸具有表面活性剂的功能，能降低水的表面张力，对农药起乳化分散作用，能与不少农药产生不同程度的氢键缔合或离子交换反应。黄腐酸作为一种黏性与表面积很大的胶体性物质，对农药可能产生较强的物理吸附作用，并且其本身具有抑菌抗病作用，与杀菌剂复配相当于两种农药的复配。值得注意的是，黄腐酸对不同病菌的抑制作用相差很大。

6) 络合微量元素

黄腐酸具有丰富的羧基、羟基、酚羟基、醌基、甲氧基等活性基团，施入土壤后，能通过络合、螯合、吸附作用与土壤矿物发生反应，改良土壤结构，活化土壤养分，提高土壤保肥、保水能力。微量元素极易被土壤固定而失去活性，特别是与土壤中的磷发生化学作用而共同失去活性。黄腐酸作为一种含多个配位基团的有机络合剂，可形成微量元素-黄腐酸-磷络合物，从而提高微量元素和磷在土体中的移动性和有效性，有利于作物根系或叶面对它们的吸收，也能促进被吸收微量元素和磷在体内的运输，从而提高微量元素、磷肥利用率。

2. 黄腐酸的施用方式

黄腐酸的施用方式有五种，即拌种、浸种、随水灌溉、蘸根和叶面喷施。

(1) 拌种。正常情况下，拌种用药量及浓度可参照产品说明进行操作，如在盐碱石灰岩土质，可酌情加大用量及浓度。拌后种子不宜久放，以免未干种子萌动，造成回芽死亡。若拌后堆放 1～3h 摊开晾干，播种效果更佳。拌后的种子应在 24h 内播完为宜。若非机播，则拌后稍加晾干即可播种；若机播，则待种子不成团粒后方可播种。

(2) 浸种。根据种子种皮厚度来确定浸种时间，用量不可随意加大或减少。浸种后即播，不易久置，以免种子回芽。若浸后未能及时播种，应尽量晾干存放。

(3) 随水灌溉。一般随水灌溉用量为 200～800g/亩，不同作物的最佳用量不同。随水灌溉时，在进水口处均匀滴灌，使溶液均匀溶于灌溉水中。具体方法采用一次性输液滴瓶，控制滴液速度，最好在黄腐酸滴完时，田块正好浇完。

(4) 蘸根。蘸根通常适用于水稻插秧，一般浓度采用 1000 倍液，即 1g 黄腐酸对水 1kg。秧苗移栽前在液体内浸入秧根，数分钟取出即可移栽，其作用是可以促进秧苗新根生成，提高成活率，缩短缓苗期。一般 1 袋黄腐酸(100g)需对水 100kg。

(5) 叶面喷施。用黄腐酸与适量的水配合成溶液喷施在植株叶面上，选择早晚无风时喷施效果最佳，以药液附满叶片不滴为止，喷施后 6h 如遇雨，需重喷。一般农作物叶面喷施用量为 100g/亩，浓度为 400～500 倍液(与水的质量比)。

4.4　脱　落　酸

4.4.1　脱落酸的界定及结构

1. 脱落酸的界定

脱落酸(ABA)是一种常见的植物生长调节剂。1963 年首次从棉铃中分离得到脱落酸，从而引发了对脱落酸研究的热潮。脱落酸是一种广泛存在于植物体内的抑制性植物激素。研究表明，脱落酸与植物离层形成、诱导休眠、抑制发芽、促进器官衰老和脱落、增强抗逆性等密切相关，其主要的生理功能是通过控制气孔的关闭，阻碍赤霉素和细胞分裂素对植株的促进生长作用，加速器官的脱落。但是在低温或干旱条件下，脱落酸又能显著促进植物的生长和发育。因此，脱落酸的合理利用对农作物的增产、增收及改良作物品种都具有十分重要的意义。到目前为止，已发现 100 多种这类可用于调控植物生长的化学物质，人们对其中一些物质的作用机理也进行了探讨，并在农业生产上加以利用，其中一些物质在提高作物抗旱性方面发挥了巨大作用。

2. 脱落酸的结构

脱落酸是以异戊间二烯为基本结构单位的倍半萜类化合物,含有 15 个碳原子。就其生物合成来说,与单萜烯、二萜烯(包括 GA)和三萜烯类等有关。脱落酸的化学名称为 5-(1-羟基-2, 6, 6-三甲基-4-氧代-2-环己烯-1-基)-3-甲基-2-顺-4-反-戊二烯酸 [5-(1-hydroxy-2, 6, 6-trimethyl-4-oxo-2-cyclohexen-l-yl)-3-methyl-2-cis-4-frans-pentadienoic acid],分子式为 $C_{15}H_{20}O_4$,分子量为 264,熔点为 $160 \sim 161 ℃$,极难溶于水和挥发油,但可溶于碱性溶液(如碳酸氢钠)、二氯甲烷、丙酮、乙酸乙酯、甲醇、乙醇等,最大紫外吸收波长为 252nm,纯品为白色酸性结晶。

4.4.2 脱落酸的制备与合成方法

1. Cornforth 合成路线

1965 年, Cornforth 等首先利用已有的方法合成了脱落酸的关键中间体 3-甲基-5-(2,6,6-三甲基-1,3-环己二烯基)-(2Z,4E)-戊二烯酸,再通过氧化等几步反应得到目标化合物(图 4-4)。该路线的起始原料难以直接获得,而且合成脱落酸的产率很低(不过 7%),所以很难实际应用。随着更好新路线的不断涌现,此合成路线已很少被利用。

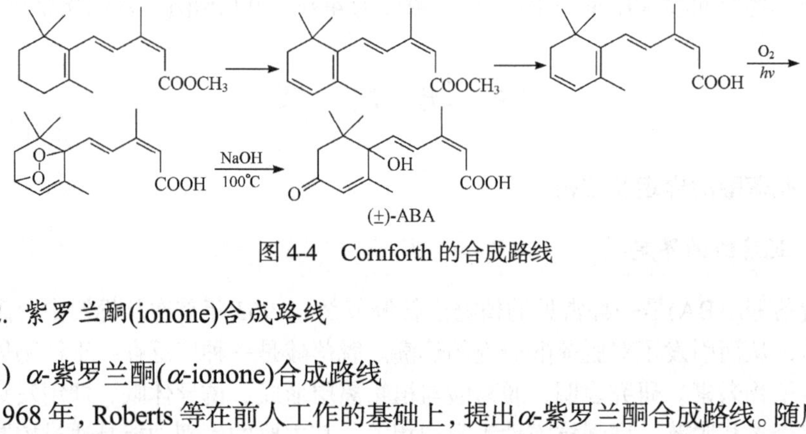

图 4-4　Cornforth 的合成路线

2. 紫罗兰酮(ionone)合成路线

1) α-紫罗兰酮(α-ionone)合成路线

1968 年, Roberts 等在前人工作的基础上,提出 α-紫罗兰酮合成路线。随后 Kim 等又进一步完善和发展了该路线,从而形成了一条完整的 ABA 合成路线(图 4-5)。

α-紫罗兰酮合成路线较 Cornforth 合成路线大有进步。首先,起始原料改为商品化程度高且价格低廉的 α-紫罗兰酮,使该合成路线变得经济实用。其次,合成路线简单,可操作性强,产率也有所提高。但是,该合成路线依然存在很多问题,其中最关键的问题是选择性差,主要表现在两个方面:一是在 Witting-Horner 反

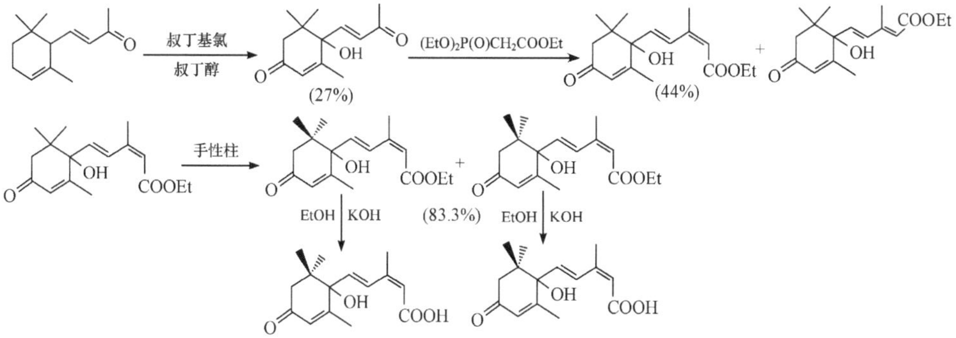

图 4-5　α-紫罗兰酮的合成路线

应中，生成的是顺、反两个异构体的混合物，即存在顺反异构选择性差的问题；二是没有解决对映选择性问题，所得产物为一外消旋体，要获得单一的天然光活性化合物，必须依靠拆分。

2) β-紫罗兰酮(β-ionone)合成路线

β-紫罗兰酮合成路线(图 4-6)可以说是 Cornforth 合成路线的发展和延伸。相对于 Cornforth 合成路线，β-紫罗兰酮合成路线主要对起始原料和反应条件做了很大的改进，进而使反应路线更加经济可行。

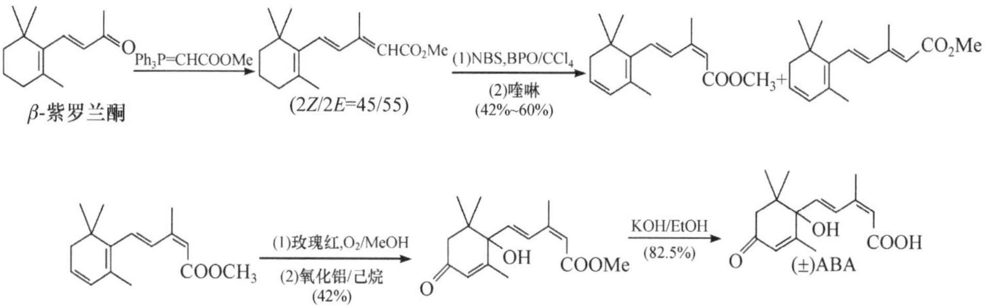

图 4-6　以 β-紫罗兰酮为原料的(±)-ABA 全合成

随着对 ABA 衍生物研究的深入，人们根据需要对该路线做了更多的改进，但是这些改进大多集中在获得衍生化的 β-紫罗兰酮上，主要路线仍基本按如图 4-6 所示进行。同样，β-紫罗兰酮合成路线也存在和 α-紫罗兰酮合成路线一样的问题，即没有解决反应的立体选择性问题。

3. 氧化异佛尔酮合成路线

从上述路线所存在的问题中不难明白，提高反应的选择性(包括顺反选择性和对映选择性)，合成效率将会大大提高，路线也将会更加行之有效。为了寻求高选择性的反应路线，Mayer 等[9]经过长期研究，提出了氧化异佛尔酮合成路线(图 4-7)。

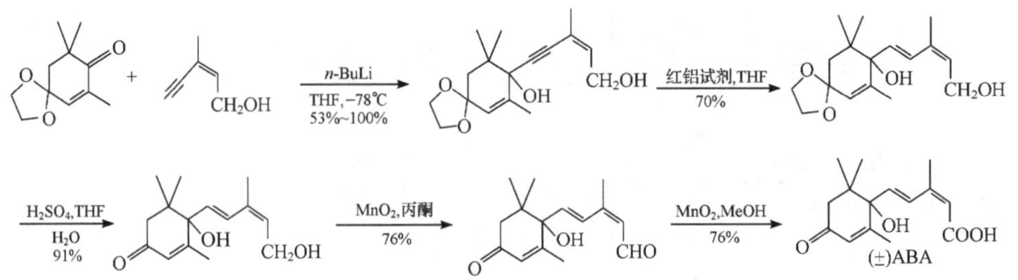

图 4-7 以氧化异佛尔酮为原料的(±)-ABA 的合成路线

氧化异佛尔酮合成路线在选择性上有所提高。首先，它解决了前面路线中存在的顺反异构问题，简化了操作，提高了产率。其次，氧化异佛尔酮路线在立体选择性上也有提高的空间。根据不对称合成原则，人们在合成氧化异佛尔酮缩酮时，采用手性邻二醇，引进一手性因子，对下一步手性中心的形成产生诱导作用，从而获得一定光学纯度的目标产物。1992 年，Rose 等[10]以光活性 2,3-丁二醇合成的氧化异佛尔酮缩酮为原料，获得了目标光活体与其对映体之比为 3∶1 的选择性(图 4-8)。

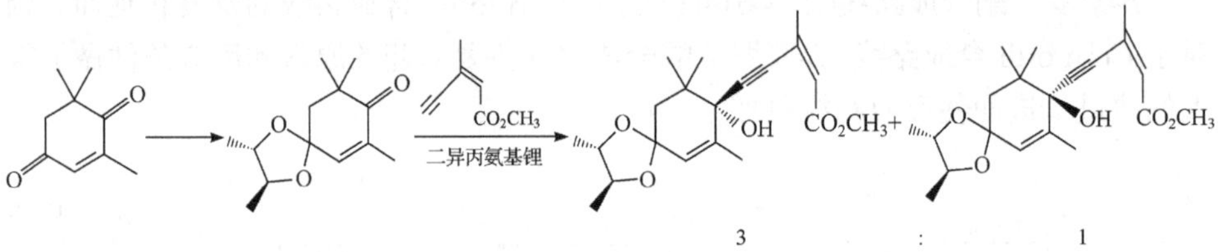

图 4-8 氧化异佛尔酮的合成路线

在氧化异佛尔酮合成路线的形成和发展过程中，围绕起始原料的研究一直是一个热点：一方面是将烯炔醇换成烯炔酸酯或烯炔醇醚，以减少反应中的氧化步骤或负反应，这对提高反应产率很有帮助；另一方面，这条路线最关键的就是氧化异佛尔酮缩酮的获取，因此它的合成研究也是人们研究最多的地方，目前已经形成了以下几条分支路线。

1) 异佛尔酮合成法

方法一：将异佛尔酮经异构化、环氧化、水解、氧化等步骤转化为氧化异佛尔酮，再与乙二醇形成缩酮。由于氧化异佛尔酮的 4-位羰基位阻较大，所以反应选择性很好，与乙二醇反应时，产物基本为 1-位羰基缩酮。这条路线从经济角度考虑，以价格低廉的商品异佛尔酮为原料，这是目前用于合成氧化异佛尔酮缩酮最常用的方法之一。

方法二：先将异佛尔酮转化为缩酮，同时双键移位，经 $KMnO_4$ 氧化，然后脱水得到氧化异佛尔酮缩酮。该路线同样是从异佛尔酮出发，但是反应步骤简单了很多，所用试剂也都是价格较为低廉的常用试剂。第一步反应虽然生成的是混合物，但是两者通过精馏的方法能较好地分离，副产物可以回收利用。

2) 1,4-环己二酮合成法

此方法以 1,4-环己二酮为原料，经单缩酮化、甲基化、硅醚化、氧化等步骤直接得到氧化异佛尔酮缩酮。这条路线虽然也较为简单，但是很少直接应用于脱落酸的合成，这是因为第一步反应很难控制，产物复杂，分离也较为困难，而且所用试剂较为昂贵，成本较高。不过该路线在用于脱落酸的结构修饰时，可发挥的余地比较大，具有前面的路线不具备的优势。因此，该路线在脱落酸类似物的合成研究中常被采用。

3) β-酮酸酯合成法

β-酮酸酯合成法路线如图 4-9 所示，同样此路线在单纯地用于合成脱落酸时意义不大。因为这条路线的试验条件比较苛刻，反应步骤较多，所用试剂比较昂贵，成本较高。但其在用于 ABA 的结构修饰、合成 ABA 的衍生物中具有很大的潜力。

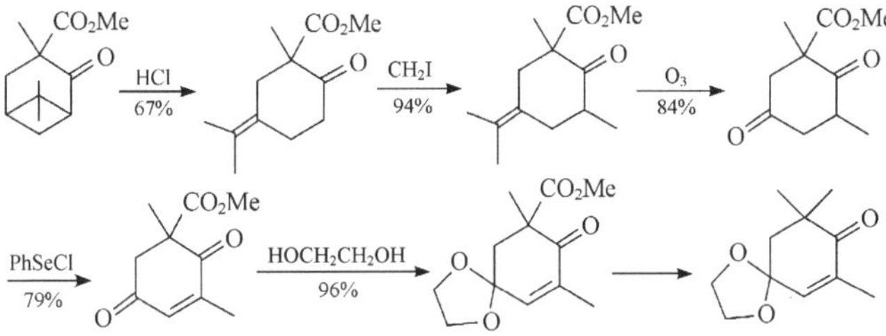

图 4-9 β-酮酸酯合成法路线

4. 醛合成路线

在有关脱落酸的合成研究中，立体选择性问题没有得到很好解决是一直困扰诸多研究者的关键问题，也是脱落酸一直未能在生产上得到广泛应用的主要原因之一。随着顺反异构问题逐步得以解决，从 20 世纪 80 年代后期，人们开始建立起醛路线，其反应路线如图 4-10 所示。

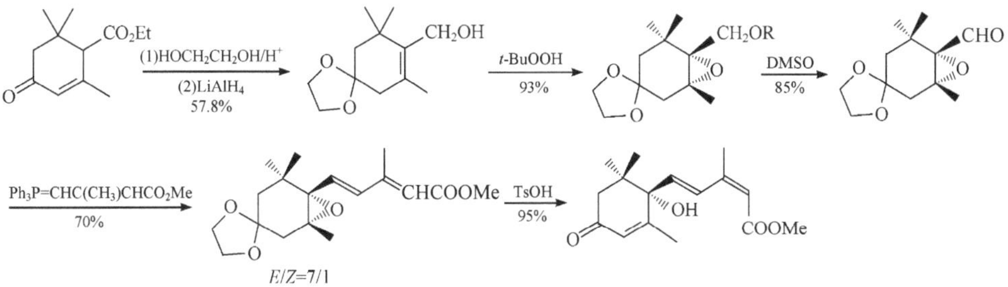

图 4-10 Murat 的(S)-ABA 全合成

虽然这使立体选择性有很大的提高，但是在进行 Wittig-Horner 反应时却对顺反异构问题没有予以关注，得到的产物是 *E/Z*=7/1 的混合物。

而同时期的 Gomez 等有效地解决了 2-位顺反异构的问题，生成单一的顺式产物。他们从 A,B-不饱和醛出发，通过 Reformatsky 反应，找到了一条更适合合成脱落酸的方法(图 4-11)，该路线中四步反应的总收率为 32.4%。

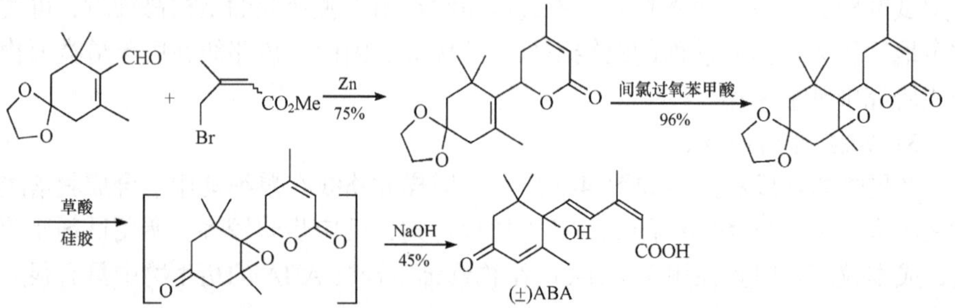

图 4-11　Gomez 等的(±)-ABA 全合成

1992 年，Sakai 等综合了前人工作的优缺点，不但解决了顺反异构问题，光学选择性问题也在很大程度上得到了解决，使得醛路线成为目前人们合成光活性脱落酸最好的方法。

5. 2,6-二甲基苯酚合成路线

1994 年，Lei 等[11]在脱落酸衍生物的合成研究中建立了 2,6-二甲基苯酚路线。随后，该路线被进一步完善，进而形成了从 2,6-二甲基苯酚出发合成脱落酸及其衍生物的方法(图 4-12)。该路线可操作性较强，是目前几条路线中成本最低、产率最高的路线，总收率约为 16%。不过这一路线未涉及光学异构问题，这方面还存有很大的提高空间。

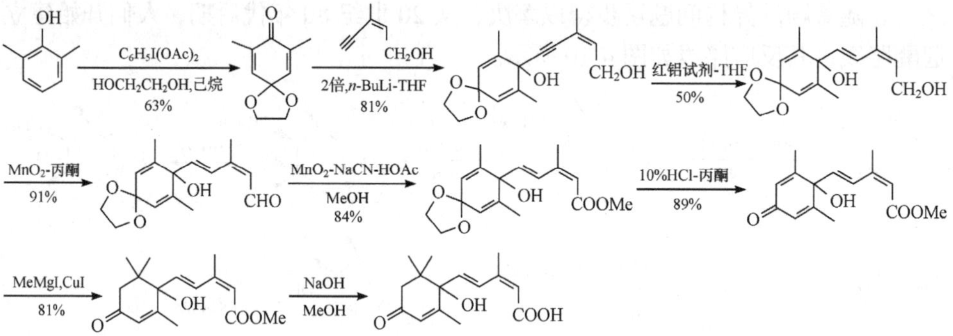

图 4-12　以 2,6-二甲基苯酚为原料的(±)-ABA 全合成

　　脱落酸因其在植物体内的重要作用及在农业生产中巨大的应用前景，人们关于脱落酸全合成的研究一直没有中断过，不断有新的全合成路线出现。从目前的情况来看，Cornforth 合成路线起始原料难以获得，反应条件苛刻，且产率低，实际应用价值不大；随后发展起来的紫罗兰酮合成路线虽然反应步骤简单，反应条件也有很大改善，但是选择性差，由此带来的目标产物分离纯化困难、产率降低等问题一直是阻碍其发展的关键。后来的氧化异佛尔酮合成路线、醛合成路线、2,6-二甲基苯酚合成路线及 Cornforth 提出的合成路线在选择性上都有提高，但它们都只是重点解决了 2-位顺反异构选择性问题，而在 1′位的对映选择性问题上，目前只有氧化异佛尔酮合成路线和醛合成路线有所突破，不过仍远没有达到实际生产和应用的要求。可以预料，不对称合成方法的应用将是这些路线进一步深化研究的方向。

　　相信随着脱落酸全合成研究的深入，相关技术问题将会逐步得以解决，脱落酸作为一类非常重要的植物激素，将会在农业生产中发挥其应有的作用和价值。

4.4.3　脱落酸的作用机理

　　脱落酸是一种对植物生长、发育、抗逆性、气孔运动和基因表达等都有重要调节功能的植物激素。在水分亏缺时，脱落酸的一个重要生理功能就是促进离子流出保卫细胞和降低保卫细胞膨压诱导气孔关闭，从而降低水分损耗，增加植株在干旱条件下的保水能力。近年来，有关 ABA 和气孔保卫细胞运动的生理生化和分子遗传的研究，以及一些新突变体的发现和研究，将 ABA 信号传导的研究推向一个新高潮，保卫细胞也成为研究植物细胞接受刺激并做出反应的模式系统。脱落酸对气孔运动的调节机制主要包括对引起气孔关闭的信号传导中的第二信使、离子通道、酶活性、膜电压和肌动蛋白细胞骨架等的调控。

　　1. 调节气孔运动

　　到目前为止，仍未能确定脱落酸受体。有研究认为脱落酸受体可能存在于质膜上和胞浆内。脱落酸可以通过其受体介导的信号转导，激活 K^+ 外流通道和阴离子外流通道，钝化 K^+ 内流通道，从而提高了保卫细胞的水势，促进保卫细胞失水，导致气孔关闭，如图 4-13 所示。

　　2. 脱落酸对气孔开度的调控

　　1) 提高胞质溶胶中的 Ca^{2+} 浓度

　　气孔保卫细胞胞浆中自由 Ca^{2+} 浓度($[Ca^{2+}]_i$)的增加(或振荡)是早期脱落酸信号传导的一个重要组分。脱落酸诱导的$[Ca^{2+}]_i$的增加要么是瞬时的，要么是缓慢的，

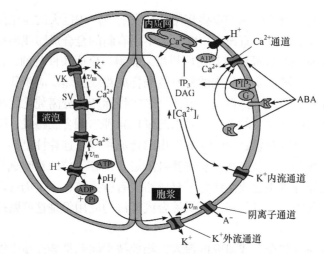

(a) 气孔运动示意图

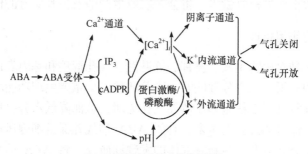

(b) ABA调节气孔运动的信号转导

图 4-13　脱落酸调节气孔运动的分子机制

平均增加 300nmol/L。脱落酸通过促进 Ca^{2+} 内流或者胞内 Ca^{2+} 储藏库的释放，引起 $[Ca^{2+}]_i$ 增加，各个途径的相对重要性则取决于当时的条件。在脱落酸浓度低时，胞内 Ca^{2+} 释放途径是导致 $[Ca^{2+}]_i$ 增加的主要因素。而在脱落酸浓度高时，Ca^{2+} 内流是导致 $[Ca^{2+}]_i$ 增加的主要因素。David 等根据 $[Ca^{2+}]_i$ 增加对电压敏感的现象，推测保卫细胞质膜上存在一个 Ca^{2+} 通道(ICa)负责的内流，该通道由膜超极化激活并受脱落酸调控。脱落酸影响可引起 $[Ca^{2+}]_i$ 上升(或振荡)，并可决定 $[Ca^{2+}]_i$ 振荡幅度和持续时间的膜电压临界值。反过来，膜电压则可决定脱落酸对 Ca^{2+} 通道(ICa)的调节程度，进而影响胞内 Ca^{2+} 浓度的变化。

脱落酸对 Ca^{2+} 通道 ICa 的激活需要胞质溶胶中 NAD(P)H 参加，蛋白磷酸酶C(PP2C)突变 abi1-1 破坏脱落酸对 ICa 通道激活,却并不诱导活性氧(reactive oxygen species，ROS)产生，但 H_2O_2 对 ICa 通道的激活作用和它诱导的气孔关闭不受影响，说明 abi1-1 突变削弱了脱落酸信号与 ROS 产生之间的关联。而 PP2C 基因内突变 abi2-1 也会破坏脱落酸对 ICa 通道的激活，但与 abi1-1 突变相比，abi2-1 削

弱了 H_2O_2 对 ICa 通道的激活作用和它诱导的气孔关闭，并且脱落酸诱导 abi2-1 产生 ROS。同时，abi1 和 abi2 突变显著降低脱落酸诱导的$[Ca^{2+}]_i$增加程度，但并不能消除这种增加作用。

2) 影响胞质溶胶的 pH

叶组织中 pH 梯度控制叶中脱落酸分布和脱落酸在保卫细胞复合体中初始作用位点的浓度，从而影响气孔开度和蒸腾失水量。反过来，质外体中脱落酸可放大质外体水张力打开机械性刺激敏感型 Ca^{2+} 通道的反应，结果导致$[Ca^{2+}]_i$增加，进而钝化质膜 H^+/AT-Pase，并激活 K^+ 和 H^+ 共向运输过程，K^+ 和 H^+ 内流引起质膜去极化，质外体 pH 降低，H^+ 继而被转移到液泡中，K^+ 则经 K^+ 外向整流通道向外流失。上述过程在黑暗中发生。在胁迫细胞中，细胞质中 Ca^{2+} 浓度的提高，促使脱落酸前体物从储藏形态释放出来，当 K^+-H^+ 共同运输活性使得质外体 pH 接近 7 时，外运的前体物在质外体释放出脱落酸。当蒸腾流水势高时，木质部薄壁组织和叶肉细胞的水孔蛋白被细胞质高浓度 Ca^{2+} 打开，这样水分储藏在"木质部薄壁组织水库"中，在水柱受张力胁迫时，这些"水库"储藏水即被用来增加蒸腾流水势，以帮助修复由类似气孔关闭机制造成的栓塞。

3) 对 cADPR 和 H_2O_2 等信号分子的调节

Leckie 等[12]报道，脱落酸信号转导中有一个包括环腺苷-5′-二磷酸核糖 (cADPR)在内的 Ca^{2+} 移动途径。显微注射 cADPR 到保卫细胞后，先引起$[Ca^{2+}]_i$增加，继而保卫细胞膨压降低。以膜片钳技术测定离体保卫细胞液泡的结果显示，cADPR 引起的 Ca^{2+} 选择流在$[Ca^{2+}]_i$等于或大于 600nmol/L 时受到抑制，显微注射 cADPR 抗体 8-NH_2-cADPR 后，应答脱落酸的膨压下降率降低 54%，而 cADPR 生成的抗体烟酰胺可抑制脱落酸诱导的气孔关闭，且这种抑制依赖于烟酰胺剂量，表明 cADPR 在脱落酸信号传导途径中起作用。

脱落酸诱导气孔关闭的信号传导中，还可能包含一个 H_2O_2 生成途径，H_2O_2 在此种信号途径中可能起正调控因子作用。H_2O_2 本身可抑制诱导性气孔关闭，但这种效应可被浓度 5～10mol/L 的抗坏血酸逆转，脱落酸诱导气孔关闭效应也部分为外加的 H_2O_2 清除剂过氧化氢酶(CAT)和 NADPH 氧化酶抑制剂 DPI 所抵消。蚕豆单细胞的荧光探针试验表明，H_2O_2 生成依赖于 ABA 浓度，ABA 诱导的保卫细胞荧光强度的变化被 CAT 和 DPI 消除。另外，将脱落酸显微注射到蚕豆保卫细胞，可显著增加 H_2O_2 产量，H_2O_2 产量增加在气孔关闭之前，显微注射 CAT 和 DPI 则可抵消这种效应。

3. 脱落酸对基因表达的调控

当植物受到干旱、寒冷、高温、盐渍和水涝等逆境胁迫时，其体内的脱落酸水平会急剧上升，同时出现多个特殊基因的表达产物。近几年来，已从水稻、棉花、小麦、马铃薯、萝卜、番茄、烟草等植物中分离出十多种受脱落酸诱导而表达的基因(如编码 LEA 蛋白、渗调蛋白等的基因),这些基因表达的部位包括种子、幼苗、叶、根和愈伤组织等。

逆境导致的氧化胁迫是绿色植物中存在的一种普遍现象,水分亏缺引起的氧化胁迫尤其引人注意,有关研究已有大量报道。一般来说,植物遭受严重的干旱胁迫时,其保护酶系统 SOD、CAT 和 POD 的活性下降,清除活性氧的能力减弱,膜脂过氧化产物 MDA 增加,膜脂过氧化作用加强,最终导致细胞膜完整性破裂,细胞内的分室结构丧失,细胞内含物外渗,致使正常的生理生化反应发生紊乱,因而细胞受害或死亡。此外,干旱胁迫可使植物的叶绿素含量降低,光合作用过程中关键酶的活性发生变化,造成光合速率下降,可溶性蛋白的含量减少,导致减产。围绕这些问题,科研工作者进行了大量试验,对多种化学调节物质的作用机理进行研究和探讨,研制了能够提高植物抗旱性的化学调节物质。概括起来说,这些物质之所以能提高作物的抗旱性,原因在于其能保护细胞膜结构及功能,提高光合作用,以及维持其他正常的生理代谢等。

4. 抑制肌动蛋白重组或促进肌动蛋白丝解聚

脱落酸可导致肌动蛋白细胞骨架的破坏。在光下气孔张开的保卫细胞中,长肌动蛋白丝排列在外层,由气孔口向外放射排列。脱落酸还可诱导外层肌动蛋白丝快速解聚,减缓一种新型的随机定位于整个细胞中的肌动蛋白的形成。一般认为,肌动蛋白组织的这种变化在导致气孔关闭的信号途径中起作用,因为肌动蛋白抗体可干扰脱落酸诱导的气孔关闭。试验表明,脱落酸诱导鸭趾草保卫细胞中肌动蛋白的变化,受胞质溶胶中$[Ca^{2+}]_i$、蛋白质磷酸酶与蛋白激酶介导,Ca^{2+}在保卫细胞应答脱落酸过程中的肌动蛋白重组时,起信号介导作用。经脱落酸处理的保卫细胞中肌动蛋白的重组,增加未经脱落酸处理细胞中带长放射状肌动蛋白丝细胞的数目。蛋白磷酸酶抑制剂花萼海绵诱癌素 A,则导致经脱落酸处理与否的细胞中肌动蛋白丝断裂并抑制脱落酸诱导的随机定向的长肌动蛋白丝的形成。这说明蛋白激酶和蛋白质磷酸酶在脱落酸诱导气孔关闭时,参与保卫细胞肌动蛋白模式重新形成。

5. 激活或关闭离子通道促进 K^+ 外流

保卫细胞质膜和液泡膜有多种离子通道,包括外向和内向整流 K^+ 通道、慢型和快型激活阴离子通道、拉伸激活非选择性通道、慢型和快型液泡通道、电压独立型 K^+ 选择通道等。慢型阴离子通道在脱落酸诱导的气孔关闭中起速率限制作用,脱落酸强烈激活野生型拟南芥保卫细胞的慢型阴离子通道,蛋白质磷酸酶抑制剂则抑制脱落酸的这种效应。在拟南芥突变体 abi1-1 和 abi2-1 保卫细胞中，脱落酸对慢型阴离子通道的诱导激活作用与诱导气孔关闭效应消失。abi1-1 保卫细胞这种被削弱的脱落酸信号可部分恢复激酶抑制剂作用，但激酶抑制剂却对 abi2-1 无效。这表明 abi2-1 基因座阻断早期的脱落酸信号，abi1-1 和 abi2-1 作用于脱落酸信号级联系统中的不同步骤。

脱落酸抑制气孔保卫细胞的 K^+ 内流，启动液泡 K^+ 净流失过程，增加保卫细胞中 InsP6 浓度。InsP6 是一种强势的 Ca^{2+} 依赖型内流通道(IK,in)抑制剂；脱落酸激活保卫细胞 Ca^{2+} 流的同时还促进 K^+ 从液泡中释放出来，在细胞质碱化的条件下，脱落酸激活 K^+ 外流通道(IK,out)。在胀大的保卫细胞中，由于液泡占细胞内大部分空间，很大部分 K^+ 是从液泡腔中开始释放的。有两种 K^+ 选择通道参与 K^+ 释放，两者分别受 $[Ca^{2+}]_i$ 和 pHcyt 调节。在低 $[Ca^{2+}]_i$(10nmol/L)条件下，整体液泡流是典型的快型液泡(FV)流。FV 流是瞬时的，且大体上发生在正电势条件下，在 $-20\sim-60$mV 的负电势下，其导度降低。单通道流的 K^+ 和 Cl^- 渗透率为 150∶1，整体液泡 FV 流和单通道 FV 流都受碱性 pHcyt 促进，整体液泡 FV 流最适 pH 为 7.3。在较高 $[Ca^{2+}]_i$(1μmol/L)条件下，整体液泡流是非整合而是瞬时的，是典型的液泡 K^+ 选择(VK)流。在 1μmol/L $[Ca^{2+}]_i$ 条件下，单通道由 Ca^{2+} 激活，PK∶PCl 为 16∶1，整体液泡和单通道中的 VK 流都受酸性 pHcyt 促进，整体液泡 FV 流的最适 pH 为 6.4。FV 和 VK 通道的确定，表明它们在基于 $[Ca^{2+}]_i$ 和 pHcyt 的信号中激活类型不同，因此通道介导的液泡 K^+ 释放是各种完全不同的信号转导途径的集中点。

6. 激活蛋白激酶或抑制蛋白质磷酸酶活性

Esser 等[13]研究发现，脱落酸对蛋白激酶的激活在蚕豆和鸭趾草保卫细胞慢(S)型阴离子通道激活和介导气孔关闭过程中有重要作用，蛋白激酶抑制剂可消除脱落酸对气孔关闭的诱导效应。Burnett 等[14]研究发现，脱落酸激活一种豌豆突变体叶表皮髓鞘质中碱性蛋白激酶(AMBP 激酶)活性，AMBP 激酶的性状与丝裂原活化蛋白激酶(MAPK)的一样，优先利用髓鞘质碱性蛋白(MBP)作为一种人造底物，可被底物快速和瞬时激活，分子量为 45kD，其活性需要酪氨酸磷酸化，并为酪氨酸磷酸化作用所激活。Mori[15]也发现蛋白激酶(ABR 激酶)可被保卫细胞原生质体的脱落酸预处理所激活，其活性对星形孢菌素和蛋白激酶抑制剂敏感,对 Ca^{2+} 不敏感。在叶肉细胞原生质体中检测不到 ABR 激酶活性。ABR 激酶的性状与脱落酸响应蛋白激酶一致，可使气孔保卫细胞应答脱落酸处理的内向整流 K^+ 通道磷酸化，从而促进脱落酸信号转导。

脱落酸对蛋白质磷酸酶的抑制在保卫细胞慢型阴离子通道激活和介导气孔关闭过程中也有重要作用。在施用脱落酸后 2.5～25min 内，拟南芥保卫细胞原生质体的磷脂酶 D(PLD)活性呈现短暂上升，而以 PLD 活性产物磷脂酸(PtdOH)处理保卫细胞原生质体后，内流 K^+ 通道活性即受到抑制。当把 PtdOH 加到表皮上时，可引起气孔关闭，抑制 PLD 生成 PtdOH 的选择性抑制剂 1-丁醇(1-buOH)，可阻止脱落酸诱导的 PtdOH 增加，1-buOH 处理也可部分降低脱落酸对气孔开张的抑制和脱落酸诱导的气孔关闭。倘若同时施用一种环腺苷酸核糖作用抑制剂烟酰胺，则 buOH 的抑制效果增强。这表明脱落酸是通过先激活保卫细胞 PLD，产生 PtdOH，PtdOH 再启动脱落酸的后续响应。

综上所述，气孔保卫细胞中存在多种信号传递途径，这些信号大体上相对集中，因而各级别响应途径间能进行广泛"对话"。这样，一个途径就可通过另一途径传播信息，从而使提高或削弱的最后"整合信号"到达效应子。脱落酸诱导气孔关闭的信号传导途径大致为：脱落酸与受体(质膜受体和胞内受体)结合，激活 G 蛋白，G 蛋白再活化磷脂酶，产生 PtdOH、abi1-1、NAD(P)H 依赖型 ROS 和 abi2-1 等依次参与信号转导，一方面促使 Ca^{2+} 从胞内钙库释放进入胞质中，另一方面激活 Ca^{2+} 通道(ICa)，引起胞质中 Ca^{2+} 升高或振荡。通过可逆磷酸化作用，Ca^{2+} 可抑制 K^+ 内流通道，激活 K^+ 外流通道和阴离子通道，促进 K^+ 外流。同时通过 AtRac1 等抑制肌动蛋白的重组或促进肌动蛋白丝的解聚，降低细胞膨压，最后导致气孔关闭(或抑制气孔开放)。脱落酸还可通过不依赖 Ca^{2+} 的信号传导途径，即通过提高胞质 pH，激活 K^+ 外流通道和阴离子通道而诱导气孔关闭。当然，保卫细胞中信号元件的相互作用和相互联系，形成了一个复杂的信息网络体系，其中许多组分的功能、相互作用的方式和过程及分子机制尚不清楚。例如，脱落酸诱导的胞质 Ca^{2+} 浓度升高和振荡，在信号传导中的意义差别及保卫细胞对这种差别的识别和解释还不清楚；脱落酸对蛋白质可逆磷酸化的调节及蛋白质磷酸化/去磷酸化后，对脱落酸的识别作用也有待进一步研究；脱落酸受体研究也相对落后，人们还不知道两条信号传导途径(依赖 Ca^{2+} 途径和不依赖 Ca^{2+} 途径)的全部细节，它们在脱落酸诱导气孔关闭中各自所占比重，以及它们之间是否存在交互作用等均有待阐明。通过新突变体与野生型的比较研究或许能推进这一领域的发展。

4.4.4 脱落酸对植物叶片光合作用的影响

绿色植物利用日光能量，同化二氧化碳(CO_2)和水(H_2O)制造有机物质并释放氧(O_2)的过程，称为光合作用。

有关根源脱落酸对气孔导度的影响已有很多报道，但对根中脱落酸参与光合作用的调节关系的研究还不多。已有研究表明，根中脱落酸可对气孔(气孔因子)及光合(非气孔因子)机制进行两方面调节。土壤干旱引起的植株光合速率下降与气孔导度密切相关，这种关系在小麦、白羽扇豆、向日葵和蓝桉等多种植物上均可观察到。

　　研究根中脱落酸对光合作用的影响，需将脱落酸的效应与水分亏缺的直接效应区分开来。早期的研究表明，脱落酸对叶片光合作用的抑制有气孔因子的影响，也有非气孔因子的影响。王华芳等[16]利用分根技术，研究根中脱落酸对土壤干旱敏感性不同的亚热带树种台湾相思树和银合欢叶片光合作用的影响时，可以将脱落酸的效应与水分亏缺的直接效应区分开来，并认为土壤水分亏缺引起光合作用的抑制主要是由根中脱落酸合成增加引起气孔关闭所致。光合抑制的气孔因素的作用大小不仅与植物种类有关，还与植物所受干旱的速度和程度有关。干旱速度越快，干旱程度越严重，非气孔抑制作用越强。此外，董永华等[17,18]研究指出，外施脱落酸可提高正常水分状况和水分胁迫条件下小麦幼苗双磷酸核酮糖羧化酶(RuBPC)、磷酸烯醇式丙酮酸羧化酶(PEPC)和丙酮酸磷酸二激酶(PPDK)的活性，提高光合效率，如图 4-14～图 4-16 所示，图中 CK 指对照。

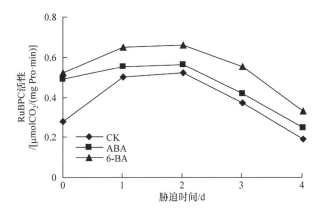

图 4-14　ABA 和 6-BA 对水分胁迫条件下小麦幼苗 RuBPC 活性的影响

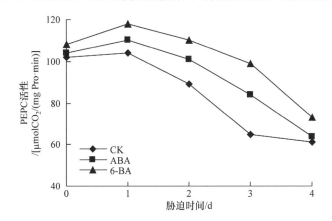

图 4-15　ABA 和 6-BA 对水分胁迫条件下小麦幼苗 PEPC 活性的影响

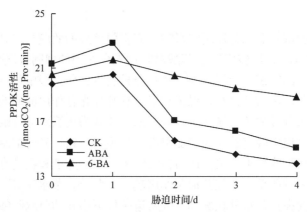

图 4-16　ABA 和 6-BA 对水分胁迫条件下小麦幼苗 PPDK 活性的影响

参 考 文 献

[1] Cornish K, Zeevaart J A D. Movement of abscisic acid into the apoplast in response to water stress in *Xanthium strumarium* L. [J]. Plant Physiology, 1985, 78(3): 623-626.

[2] Solarova J, Pospisilova J, Slavik B. Gas exchange regulation by changing of epidermal conductance with antitranspirants[J]. Photosynthetica, 1981, 15(3): 365-400.

[3] Liu F, Andersen M N, Jacobsen S E, et al. Stomatal control and water use efficiency of soybean(*Glycine max* L. Merr.)during progressive soil drying[J]. Environmental and Experimental Botany, 2005, 54(1): 33-40.

[4] Matsuda K, Schnitzer M. Reactions between fulvic acid, a soil humic material, and dialkyl phthalates[J]. Bulletin of Environmental Contamination and Toxicology, 1971, 6(3): 200-204.

[5] Schnitzer M. Reactions between fulvic acid, a soil humic compound, and inorganic soil constituents[J]. Soil Science Society of America Journal, 1969, 33(1): 75.

[6] 蒋崇菊, 何云龙, 刘大强, 等. 用有机溶剂提取泥炭黄腐酸的研究[J]. 哈尔滨理工大学学报, 1997, 2(3): 112-114.

[7] 梅慧生, 杨建军. 腐植酸钠调节气孔开启度与植物激素作用的比较观察[J]. 植物生理学报, 1983, 9(2): 143-149.

[8] 程扶玖, 杨道麟, 吴庆生. 腐殖酸对小麦抗旱性的生理效应[J]. 应用生态学报, 1995, 6(4): 363-367.

[9] Mayer H, Montavon M, Rüegg R, et al. Synthesen in der carotinoid-reihe 22. mitteilung totalsynthese von rhodoxanthin[J]. Helvetica Chimica Acta, 1967, 50(6): 1606-1618.

[10] Rose P A, Abrams S R, Shaw A C. Synthesis of chiral acetylenic analogs of the plant hormone abscisic acid[J]. Tetrahedron Asymmetry, 1992, 3(3): 443-450.

[11] Lei B, Abrams S R, Ewan B, et al. Achiral cyclohexadienone analogues of abscisic acid: Synthesis and biological activity[J]. Phytochemistry, 1994, 37(2): 289-296.

[12] Leckie C P, McAinsh M R, Allen G J. Abscisic acid-induced stomatal closure mediated by cyclic ADP-ribose[J]. Proceedings of the National Academy of Sciences of the United States of America, 1998, 95(26): 15837-15842.

[13] Esser J E, Liao Y J, Schroeder J I . Characterization of ion channel modulator effects on ABA- and malate-induced stomatal movements: Strong regulation by kinase and phosphatase inhibitors, and relative insensitivity to mastoparans[J]. Journal of Experimental Botany, 1997, 48(Special): 539-550.

[14] Burnett E C, Desikan R, Moser R C, et al. ABA activation of an MBP kinase in Pisum sativum epidermal peels correlates with stomatal responses to ABA[J]. Journal of Experimental Botany, 2000, 51(343): 197-205.

[15] Mori I C. Phosphorylation of the inward-rectifying potassium channel KAT1 by ABR kinase in vicia guard cells[J]. Plant and Cell Physiology, 2000, 41(7): 850-856.

[16] 王华芳, 张建华, 梁建生, 等. 木本植物根系及木质部汁液 ABA 对土壤干旱信息的感应[J]. 科学通报(中文版), 1999, 44(19): 2503-2508.

[17] 董永华, 史吉平, 李广敏, 等. ABA 和 6-BA 对水分胁迫下小麦幼苗 CO_2 同化作用的影响[J]. 作物学报, 1997, 23(4): 501-504.

[18] 董永华, 史吉平, 商振清, 等. 喷施生长素和赤霉素对土壤干旱条件下小麦幼苗生理特性的影响[J]. 华北农学报, 1998, 13(3): 18-22.

技术原理篇

第5章 表土改良剂改良表土及其对水肥流失的影响

5.1 试验材料与方法

5.1.1 土壤表土孔隙结构改良试验方法

1. 供试材料

供试的 6 种土壤均为 0～30cm 耕层土，风干后过 1mm 筛，剔除植物根系和动物残体等杂质，其颗粒组成见表 5-1。

表 5-1 供试土壤的颗粒组成

土样编号	土壤颗粒质量分数/%			土壤质地
	砂粒(0.05～2mm)	粉粒(0.002～0.05mm)	黏粒(<0.002mm)	
S1	97.26	2.74	0	砂土
S2	95.93	4.07	0	砂土
S3	66	20	14	砂壤土
S4	58	29	13	砂壤土
S5	54	36	10	壤土
S6	36	47	17	壤土

供试表土改良剂为北京汉力淼新技术有限公司生产的 HPAM 型部分水解 PAM，该类型 PAM 为白色粉末晶体，可溶于水，具有很强的黏聚作用，分子量为 2.5×10^7，其分子结构如图 5-1 所示。该类型 PAM 生产线既可采用前加碱水解法，也可采用后加碱水解法生产，后加碱水解法合成 PAM 工艺流程如图 5-2 所示。

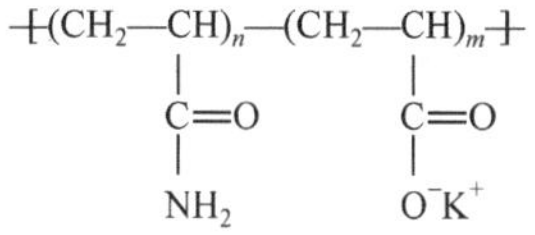

图 5-1 HPAM 分子结构

2. PAM 处理下不同质地土壤定水头入渗试验

试验模拟积水入渗情况，积水水头为 1.5cm，入渗时间设为 60min，借助马氏瓶供水。试验用土柱为聚氯乙烯(PVC)材料制成，高为 6cm，横截面积为 20cm²，装土容重控制在 1.15g/cm³ 左右，土体长度为 3.5cm，并在土柱底部设砂石反滤层，防止土柱出流端口通道被堵塞。

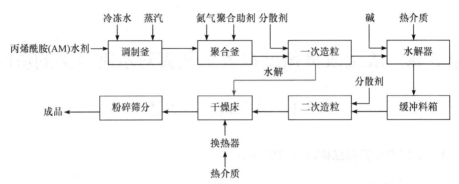

图 5-2 后加碱水解法合成 PAM 工艺流程

先在拌施条件下,选取 2g/m² 的 PAM 施用浓度对 6 种质地土壤同时进行入渗试验;之后,选取 S1、S4 土壤在不同 PAM 拌施浓度条件下进行入渗试验,取 3 个施用量梯度,分别为 2g/m²、5g/m²、10g/m²,设置未施加 PAM 处理(0g/m²)为对照。

3. 土壤切片制作及扫描电子显微镜(SEM)图像获取与处理

入渗结束后,取第一步和第二步试验土柱表层土壤,将所取土样在 60~80℃温度下烘烤直至水分完全蒸发(3~4 天),冷却至 40℃,用粗砂纸(120#)磨平,磨至 1cm 左右。置入可调温电炉,升温至约 80℃。将样品放入固化剂(环氧树脂与三乙醇胺质量比 10:1)中进行固化处理,固化后用粗砂纸研磨至 7~8mm,重复涂胶和烘干,直至环氧树脂胶完全渗透至样品内。最后,将样品放到玻璃板上用金刚砂细磨至 5mm,将磨好的样品平面添加抛光液(三氧化二铬与草酸质量比 3:1)在抛光布上抛光。整个过程结束后即得到土壤切片,切片尺寸为 5mm×5mm,厚度为 1mm。

对得到的土壤切片先进行样品表面的清洁、固定、干燥以及喷金处理,然后通过 FEI Quanta 200 扫描电子显微镜对土壤切片样品进行不同倍数的放大,先将电镜倍数放大至 50 倍进行样品的整体观察,然后选取较为有代表性的区域,分别放大至 100 倍、200 倍和 500 倍,输出土壤切片的数字图像,图像格式为灰度图像(图 5-3),其中黑色部分为土壤孔隙,白色部分为土壤颗粒。

根据图像分析软件的要求,对孔隙结构进行分析的图像需是二值黑白图像,本书中原始的土壤切片分形图像是灰度图像,利用 Photoshop CS 8.01 软件通过调整阈值进行图像分割,灰度值低于所选阈值的像元将变为白色,灰度值高于所选阈值的像元将变为黑色。从而使灰度图像转换成二值黑白图像。在二值黑白图像中,为突出孔隙,一般用黑色表示孔隙部分,白色表示非孔隙部分。处理得到的土壤切片二值黑白图像如图 5-4 所示。

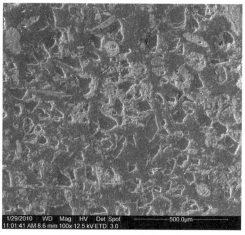

图 5-3　S4-CK 灰度图像

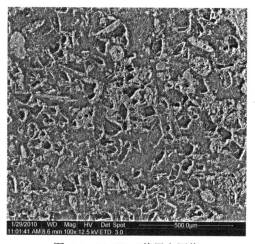

图 5-4　S4-CK 二值黑白图像

4. 土壤孔隙结构均匀性的多重分形奇异谱理论及计算

多重分形是以一个谱函数来描述几何图形或物理量在空间的概率分布以及自相似或统计自相似性的某种度量，它具有分形维数及其各自度量的奇异性。由于多重分形的这种非均匀性，用一个参数不足以描述它，多重分形谱是定量描述多重分形非均匀性的主要参数，可用 $\alpha \sim f(\alpha)$ 和 $q \sim D(q)$ 两种语言进行表达，由 Legendre 变换可以得到广义维数 $D(q)$ 与 $\alpha \sim f(\alpha)$ 的关系。

5.1.2　水流冲刷水肥流失试验方法

1. 试验设计

试验处理：试验设置 7 个处理，如下所示。①F1：放水量为 400mL/min。②F2：

放水量为 600mL/min。③F3：放水量为 800mL/min。④F2-P1：放水量为 600mL/min，在土壤表层施加 1g/m² 的 PAM。⑤F2-P2：放水量为 600mL/min，在土壤表层施加 2g/m² 的 PAM。⑥F2-P3：放水量为 600mL/min，在土壤表层施加 4g/m² 的 PAM。⑦F2-P4：放水量为 600mL/min，在土壤表层施加 8g/m² 的 PAM。每个处理重复 3 次。

2. 试验装置

水流冲刷试验装置系统主要包括蓄水池、分流槽、钢槽、径流收集桶，具体装置如图 5-5 所示。通过蠕动泵往水池里加水来控制冲刷流量，水池集满后流到分流槽里，使水流较均匀地流到土壤表面。钢槽宽 10cm、长 150cm、高 15cm，底部开孔。土槽末端安装 V 形出流槽，用于收集径流样品。

图 5-5　水流冲刷试验装置

3. 试验方法

试验前用磨砂纸对钢槽内壁进行打磨，防止水沿钢槽内侧壁面产生优先流。在装土前先在底部布设 3cm 厚的石英砂作为反滤层，试验按照 1.45g/cm³ 的容重进行装填，采用逐渐分层装填，每次装填 2cm，然后压实到控制容重并打毛上表面，总共填土 10cm。钢槽底部留出 2cm，防止水流溢出。PAM 少量干土混合后施用在土壤表面。模拟降雨前先用装有 5g/L 的氯化铵和 5g/L 的硝酸钾混合溶液的水槽浸泡装填后的钢槽，使土壤达到饱和。

模拟降雨开始前取出钢槽，按 5°坡面固定在支架上，待底部不出流后开始放水，记录放水时间和产流时间，产流或渗流开始后立即经流或渗流样品，样品收集采用先密后疏的原则，降雨前 20min 每 2min 收集一个样品，之后每 5min 收集一个样品，每次收集 30s。放水时间设计为 45min。径流稳定后，在取样间隙用示踪法测定坡面流速。收集样品后用中速滤纸进行过滤。称量滤液的质量得到径流的体积，并取 10mL(少于 10mL 的样品用容量瓶按一定体积定容)用于养分测定，泥沙样品风干后称量重量，计算径流含沙率。径流溶液主要测定氨氮和硝态氮的含量，采用连续流动分析仪测定。

5.1.3 坡面降雨水肥流失试验方法

1. 降雨强度和 PAM 交互试验

1) 试验处理

降雨强度与 PAM 相互作用的试验,试验设置两种降雨强度(50mm/h 和 80mm/h)与 4 种 PAM 施用量(0g/m², 1g/m², 2g/m² 和 4g/m²)处理的全因素组合试验,总共 8 个处理，每个处理重复 3 次。

2) 试验装置

坡面降雨试验装置系统主要包括模拟降雨系统、径流小区、PVC 隔板、集雨桶、雨量桶等，具体装置如图 5-6 所示。试验中采用侧喷模拟降雨。通过设置不同喷头型号和个数，以水泵的工作压力来控制模拟降雨的强度和均匀度，模拟降雨高度设置为 3m，降雨面积为 5m×5m。试验设计两种降雨强度(50mm/h 和 80mm/h)，在试验前率定降雨强度和均匀度。降雨区内水平布置 25 个雨量桶，行距、列距均为 1m，模拟降雨 10min 测量桶内水的体积，求其均匀度，每种降雨强度重复 3 次。经测定得出 50mm/h 降雨强度时，在整个小区实测降雨强度为 49.1mm/h，均匀度为 85.6%；80mm/h 降雨强度时，在整个小区实测降雨强度为 81.3mm/h，均匀度为 88.3%。

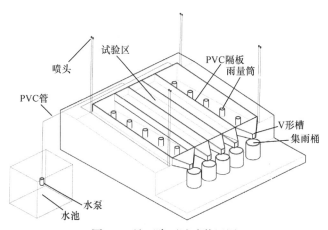

图 5-6 坡面降雨试验装置图

径流小区坡度为 5°，小区投影面积为 5m×5m，用 PVC 隔板将其分成 5 个区域，中间 3 个区域宽度为 80cm，用于试验，两边宽度为 130cm，用于率定降雨过程中的降雨强度。PVC隔板埋深30cm，土壤上方露出20cm，防止由雨滴击溅作用引起的土壤水分从一个试验区飞溅到另一个试验区。

3) 试验方法

模拟降雨前先将坡面进行除草、平整处理，然后将按施肥量为80g/m^{2}的速溶复合肥(N、P、K质量比为24∶6∶10)溶解后采用喷雾的形式均匀地喷洒在坡面表面。PAM处理将PAM颗粒与少量干土混合后均匀施撒在土壤表面。试验开始前需要采用喷雾湿润小区，保证在模拟降雨前土壤含水率基本一致。野外模拟降雨试验需要在无风条件下进行，才能保证降雨的均匀度，试验地一般早上5:00～7:00基本无风，因此在试验前一天晚上对土壤进行湿润。

降雨开始前在坡面表面上中下S形采集五个表层土壤样品，用于测定降雨前土壤的养分本底值和含水率。降雨结束后同样在坡面表面S形采集5个土壤样品，测定其养分浓度和含水率。土壤养分和径流溶液测定其氨氮和磷酸盐。采用连续流动分析仪测定，滤光片波长为550mm。

2. 坡形和PAM交互试验

1) 试验处理

坡形小区9个，4个凹形坡，4个凸形坡，1个直形坡，平均坡度为15°，坡宽0.8m、坡长10m。凹凸等级划分坡面中心点向下塌陷为凹形坡，塌陷10cm、20cm、30cm、40cm凹形坡记为A1、A2、A3、A4，向上凸起为凸形坡。凸起10cm、20cm、30cm、40cm凸形坡记为T1、T2、T3、T4，直形坡记为P。设计两种PAM施用量，包括0mg/L和2mg/L，共计2×9=18个处理。

2) 试验装置

不同坡形处理的试验装置系统主要包括模拟降雨系统、径流小区、PVC隔板、径流收集桶、雨量桶等，具体装置如图5-7所示。试验中采用侧喷模拟降雨。通

图5-7　坡面降雨试验装置图

过设置不同喷头型号和个数，以水泵的工作压力来控制模拟降雨强度和均匀度，模拟降雨高度设置为 3m，降雨面积为 5m×10m。试验设计降雨强度 50mm/h，在试验前率定其强度和均匀度。降雨区内水平布置 50 个雨量桶，行距、列距均为 1m，模拟降雨 10min 测量桶内水的体积，求其均匀度，每种降雨强度重复 3 次。经测定得出 50mm/h 降雨强度时，在整个小区实测降雨强度为51.3mm/h，均匀度为 81.6%；试验降雨高度 3m，雨滴平均粒径 1.4mm，雨滴终速为 5.2m/s。

径流小区坡度为 15°，小区投影面积为 5m×15m，用 PVC 隔板将其分成 6 个区域，中间 4 个区域宽度为 80cm，用于试验，两边宽度为 90cm，用于率定降雨过程中的降雨强度。PVC 隔板埋深 30cm，土壤上方露出 20cm，防止由雨滴击溅作用引起土壤水分和土壤颗粒的飞溅，影响试验结果的准确性。

3) 试验方法

试验方法同 5.1.3 节第一部分。

5.2　PAM 对表土孔隙结构改良的试验研究

5.2.1　PAM 施用方式对土壤孔隙结构及水分入渗的影响

试验采用前述多重分形分析算法对 6 种土壤孔隙结构的多重分形特征参数进行了计算，测试结果见表 5-2。以 S3 土壤为例，绘制 $\ln(\chi_q(\varepsilon))$-$\ln\varepsilon$ 关系曲线，如图 5-8(a)所示，从图中可以看出，配分函数 $\chi_q(\varepsilon)$ 与 ε 在双对数坐标下具有良好的线性关系，直线的斜率即该 q 值条件下的 $f(\alpha)$；同时不同的 q 值对应的直线的斜率不同，这表明在 PAM 处理条件下土壤表面孔隙具有明显的多重分形特征，说明使用多重分形理论分析土壤表面孔隙分布的非均匀性是可行的。

表 5-2　2g/m² PAM 施用量下不同质地土壤孔隙多重分形谱参数

土壤类型	$a(q)_{min}$	$a(q)_{max}$	$f(a(q)_{min})$	$f(a(q)_{max})$	Δa	Δf
S1	2.055	2.617	2.022	1.005	0.562	1.017
S2	2.066	2.653	2.034	0.915	0.587	1.119
S3	2.062	2.548	2.014	0.830	0.486	1.184
S4	2.068	2.525	2.032	0.890	0.457	1.142
S5	2.064	2.448	2.009	0.955	0.384	1.054
S6	2.076	2.448	2.036	0.817	0.372	1.219

注：$\Delta a = a(q)_{max} - a(q)_{min}$，$\Delta f = f(a(q)_{min}) - f(a(q)_{max})$。

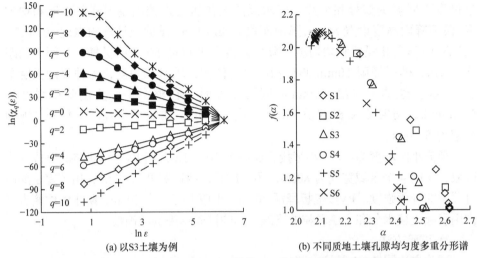

(a) 以S3土壤为例   (b) 不同质地土壤孔隙均匀度多重分形谱

图 5-8   2g/m² PAM 施用量条件下土壤孔隙多重分形曲线

图 5-8(b)和表 5-2 分别显示了 6 种土壤在 PAM 处理后表面孔隙的多重分形谱 α - $f(\alpha)$ 及其特征参数值。从图中可以看出，6 种土壤表面孔隙多重分形谱均为不对称的上凸曲线，呈现典型的右偏多重分形，说明小孔隙多而大孔隙少。$a(q)_{min}$ 和 $a(q)_{max}$ 分别为最大、最小孔隙分布概率随 ε 变化时的奇异指数，$a(q)_{min}$ 越小，最大概率越大；$a(q)_{max}$ 越大，最小概率越小。奇异性指数的跨度 $\Delta a=a(q)_{max}-a(q)_{min}$ 能够定量描述土壤表面孔隙分布概率的不均匀程度，描述了分形结构上不同区域、不同层次、不同局域条件的特性，可作为表征土壤孔隙结构状况的特征参数。从表 5-2 中可以看出，多重分形特征参数为 $\Delta a_2 > \Delta a_1 > \Delta a_3 > \Delta a_4 > \Delta a_5 > \Delta a_6$，整体趋势为砂土>砂壤土>壤土。

对不同质地土壤施加 PAM 后的入渗情况测试结果如图 5-9 和图 5-10 所示，试验发现无论是否施加 PAM，其土壤累积入渗量与入渗时间均符合明显的幂指数关系($y=Ax^B$)，相关参数值见表 5-3 和表 5-4。其中，幂指数 B 值的大小反映了幂

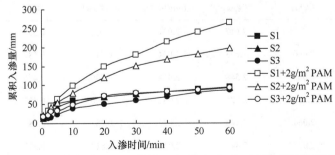

图 5-9   S1～S3 质地土壤 PAM 施用量 2g/m² 下土壤入渗情况

指函数的变化特征，也一定程度上代表了入渗能力的大小，可作为对土壤入渗性能进行评价的特征参数。

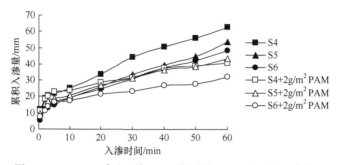

图 5-10　S4～S6 质地土壤 PAM 施用量 2g/m² 下土壤入渗情况

表 5-3　S1～S3 土壤累积入渗量与入渗时间关系参数

土壤质地	拟合曲线($y=Ax^B$)			土壤质地	拟合曲线($y=Ax^B$)		
	A	B	R^2		A	B	R^2
S1	23.55	0.36	0.96	S1+2g/m² PAM	24.28	0.59	0.99
S2	20.65	0.39	0.97	S2+2g/m² PAM	25.29	0.51	0.99
S3	11.99	0.47	0.96	S3+2g/m² PAM	19.56	0.39	0.98

表 5-4　S4～S6 土壤累积入渗量与入渗时间关系参数

土壤质地	拟合曲线($y=Ax^B$)			土壤质地	拟合曲线($y=Ax^B$)		
	A	B	R^2		A	B	R^2
S4	13.97	0.34	0.96	S4+2g/m² PAM	14.29	0.25	0.98
S5	10.88	0.34	0.95	S5+2g/m² PAM	11.76	0.30	0.98
S6	7.89	0.42	0.98	S6+2g/m² PAM	9.46	0.28	0.98

在 PAM 施用量为 2g/m² 的条件下，S1、S2、S3 土壤表现为累积入渗量随入渗时间增多的趋势，S1 土壤增加的幅度最大；而 S4、S5、S6 土壤则表现为累积入渗量随入渗时间增加的趋势，S5 土壤增加的幅度最大。实测数据基本验证了多重分形理论计算出的入渗变化趋势，多重分形特征参数 Δa 和入渗特征参数 B 的 R^2 达到 0.8682，经回归分析表明其线性相关性显著。

5.2.2　PAM 施用量对土壤孔隙结构及水分入渗的影响

试验对 PAM 不同施用量(2g/m²、5g/m²、10g/m²)处理下，S1 和 S4 土壤孔隙结构进行扫描测试的结果如图 5-11 和图 5-12 所示，由图 5-11 可以看出，对于 S1

土壤，随着 PAM 施用量的增加，土壤颗粒分布产生了一定的变化，$2g/m^2$、$5g/m^2$ 处理组土壤颗粒分布的不均匀程度高于 CK、$10g/m^2$ 处理组，而 CK 和 $10g/m^2$ 处理组颗粒均匀性分布程度相当；由图 5-12 可以看出，对于 S4 土壤，几种处理方式下的土壤颗粒分布状况相当。

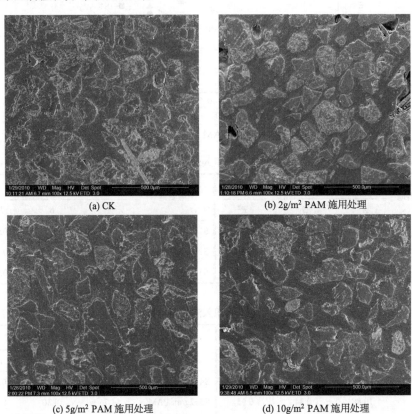

(a) CK

(b) $2g/m^2$ PAM 施用处理

(c) $5g/m^2$ PAM 施用处理

(d) $10g/m^2$ PAM 施用处理

图 5-11　S1 土壤放大 100 倍 SEM 灰度图像

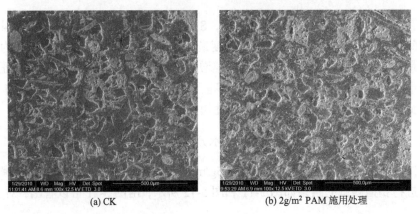

(a) CK

(b) $2g/m^2$ PAM 施用处理

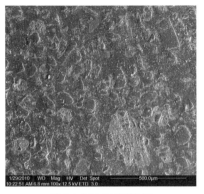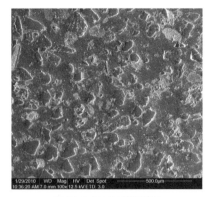

(c) 5g/m² PAM 施用处理　　　　　　　　　(d) 10g/m² PAM 施用处理

图 5-12　S4 土壤放大 100 倍 SEM 灰度图像

图 5-13 和表 5-5 分别显示了 S1 和 S4 土壤表面孔隙的多重分形谱 α - $f(\alpha)$ 曲线及其特征参数值，S1 土壤多重分形特征参数值表现为先增大后减小，CK 组多重分形特征参数 Δa 为 0.475，2g/m²、5g/m² 处理组多重分形特征参数值分别为 0.562 和 0.571，10g/m² 处理的分形特征参数 Δa 与 CK 组相当。S4 土壤多重分形特征参数值表现为先减小后增大，CK 组多重分形特征参数 Δa 为 0.478，2g/m²、5g/m² 处理组多重分形特征参数值分别为 0.457 和 0.433，10g/m² 处理为 0.566。

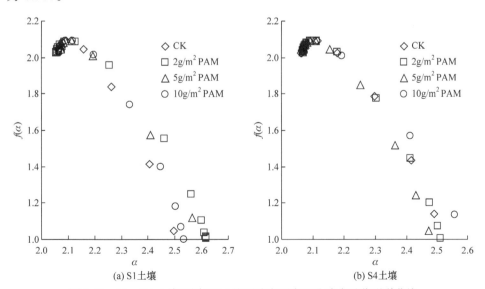

(a) S1土壤　　　　　　　　　　　　　(b) S4土壤

图 5-13　S1、S4 土壤不同 PAM 施用浓度下表面孔隙多重分形谱曲线

表 5-5　S1、S4 土壤不同 PAM 施用浓度下表面孔隙多重分形谱参数

土壤类型	PAM 施用量	$a(q)_{min}$	$a(q)_{max}$	$f(a(q)_{min})$	$f(a(q)_{max})$	Δa	Δf
	CK	2.069	2.544	2.032	0.777	0.475	1.255
S1	2g/m² PAM	2.055	2.617	2.022	1.005	0.562	1.017
	5g/m² PAM	2.071	2.642	2.046	0.761	0.571	1.285
	10g/m² PAM	2.065	2.544	2.031	0.933	0.479	1.098
	CK	2.064	2.542	2.023	0.835	0.478	1.188
S4	2g/m² PAM	2.068	2.525	2.032	0.899	0.457	1.133
	5g/m² PAM	2.068	2.501	2.030	0.851	0.433	1.179
	10g/m² PAM	2.070	2.636	2.044	0.773	0.566	1.271

注：$\Delta a = a(q)_{max} - a(q)_{min}$，$\Delta f = f(a(q)_{min}) - f(a(q)_{max})$。

　　试验发现，在 PAM 不同施用浓度下，两种土壤累积入渗量与入渗时间呈明显的幂指数$(y=Ax^B)$关系，如图 5-14 所示，其入渗特征参数值见表 5-6。S1 土壤在试验处理 PAM 施用量为 2g/m²、5g/m²、10g/m² 施用条件下土壤累积入渗量均高于 CK 组，累积入渗量增长幅度分别为 111.6%、52.4%、0.5%；S4 土壤表现出了相反的情况，PAM 的施入减小了水分的入渗，S4 土壤 2g/m²、5g/m²、10g/m² 施用量条件下累积入渗量减小幅度分别为 20.7%、18.4%、23.1%。

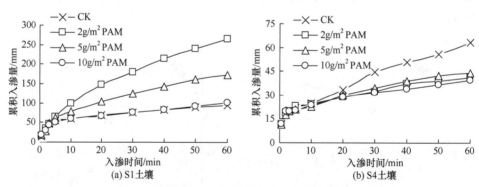

图 5-14　S1、S4 土壤不同 PAM 施用浓度下入渗时间和累积入渗量的关系

表 5-6　S1、S4 土壤不同 PAM 施用浓度下累积入渗量与入渗时间关系参数

PAM 施用量	S1 ($y=Ax^B$)			S4 ($y=Ax^B$)		
	A	B	R^2	A	B	R^2
CK	24.81	0.34	0.93	13.97	0.34	0.96
2g/m² PAM	24.27	0.59	0.99	14.29	0.25	0.98
5g/m² PAM	25.10	0.48	0.98	13.86	0.27	0.98
10g/m² PAM	25.54	0.34	0.96	14.86	0.23	0.98

对 PAM 不同施用量条件下的两个特征参数值 B 和 Δa 进行相关性分析后发现，S1 土壤决定系数 R^2 为 0.8998，经回归分析表明其线性相关性显著，说明由多重分形理论计算得到的入渗变化趋势较为符合实际情况；而 S4 土壤未呈显著的相关性，PAM 施用量的差别对其的影响是复杂的，实测入渗数据不能验证多重分形理论反映壤土孔隙结构的可靠性。

5.2.3　讨论

土壤入渗过程受众多因素的影响，包括土壤初始含水量、土壤质地、供水强度、供水水质及温度场等，但土壤的结构状况是影响水分入渗及溶质运移的决定性因素。水分受分子力的作用，被土壤颗粒吸附，形成薄膜水，当土壤含水量大于最大分子持水量时，入渗的水分开始在毛细管力和重力作用下在土壤孔隙中做不稳定流动，并逐步填充土壤孔隙，当全部孔隙被水充满后，水分在重力作用下通过孔隙呈稳定流动。土壤孔隙的数量、大小和空间结构决定了土壤中物质运移的形式和速率，其构成了整个土壤结构的主体部分，是土壤中气、液两相物质运移的通道[1]。土壤颗粒的排列形式构成了孔隙的几何特征，研究土壤颗粒的分布状况就是研究土壤孔隙的分布状况，对土壤颗粒分布的调节就是调节土壤入渗性能。

PAM 施入后通过胶体分子的黏聚作用能够改变土壤颗粒分布状况，起到对土壤孔隙结构状况的调控作用，从而对土壤渗透特性产生影响。PAM 的这种调控作用主要表现在两方面：一方面，适量 PAM 能够将土壤细粒黏聚成团，形成更多水稳性团聚体，使土壤结构更加稳定，增加连通性孔隙数目，从而提升土壤的入渗性能；另一方面，高浓度的 PAM 施入后，其长链分子尾部可能会堵塞土壤的传导孔隙，相当于在土壤表面形成一层致密的"人工结皮"，抑制了土壤水分入渗。

通过对砂土和壤土两种质地土壤的入渗试验发现，2g/m²、5g/m²、10g/m² PAM 施用量下，砂土表现为入渗增强的现象，壤土却表现为入渗被抑制。这与 Green 等[2-4]所得到的粉砂质、黏质土壤应用 PAM 的改良效果要优于砂性土壤的结论相反，但与 Sirjacobs 等[5]研究发现的 PAM 处理减小了粉砂壤土入渗量，增加了砂壤土入渗的结论相近。这是由于本试验是在较高 PAM 施用量条件下进行的，高浓度 PAM 吸水后胶凝化剧烈，PAM 凝胶与壤土中粉粒、黏粒等高湿性高黏性颗粒高度吸附，形成了大面积的凝胶聚合体，堵塞了土壤孔隙，使入渗性能降低，而砂土中高黏性颗粒含量较低，主要是由砂粒组成，其吸附性较弱，高浓度的 PAM 正好能够起到平衡聚合砂粒的作用，形成更多的稳定性团聚体，改善了土壤的结构组成，使入渗能力提高。

土壤质地及 PAM 施用量对本试验起到了较大的影响。Yu 等[6]研究发现，在土表 5mm 土层拌施 PAM($10\sim20$kg/hm^2)和石膏($2\sim4$mg/hm^2)后，砂壤土和砂质黏土的入渗能力均有所减弱。雷廷武等[7]通过室内微型水槽试验研究发现，PAM 的施入大大减小了内蒙古河套灌区典型土壤(砂壤土)的入渗率。Lentz[8]研究发现，对于粉砂壤土和黏壤土，施用 1000mg/L 的 PAM 溶液后，可以减小 60%～90%的水力传导度。杨永辉等[9]采用土柱法对三种土壤的导水率情况进行研究后发现，施入 PAM 后，黄绵土和黑垆土的饱和导水率均有一定程度的提高，而娄土的饱和导水率降低。就 PAM 施用量而言，Sojka 等[10]研究发现，在 PAM 施用量为 $1\sim2$g/m^2 时能够增加土壤入渗。陈渠昌等[11]研究表明，2g/m^2 的 PAM 施用量对砂壤土来说是一个减少土壤入渗率的阈值，当 PAM 施用量为 3g/m^2 时能够明显减少土壤的入渗。施用量过大会起到相反作用，但高浓度 PAM 施用条件下土壤入渗性能变化的研究较少，仅在防治风蚀方面见到零星报道[12]。

5.2.4 结论

本节在 PAM 施用条件下对 6 种不同质地的土壤进行了入渗性能研究以及土壤孔隙均匀性的分形分析，并用实测的入渗数据对多重分形理论计算值进行了验证。通过本节的研究可以得出以下三点结论：

(1) PAM 处理后的土壤孔隙分布具有多重分布特征。6 种土壤的多重分形特征参数值(奇异性谱宽)为 $\Delta a_2 > \Delta a_1 > \Delta a_3 > \Delta a_4 > \Delta a_5 > \Delta a_6$，表现为砂土>砂壤土>壤土的趋势，土壤质地越轻，多重分形特征参数值越大；研究还发现随着 PAM 施用量加大，砂土与壤土奇异性谱宽呈不同的变化趋势。

(2) PAM 施用量对不同质地土壤入渗性能影响效果不同。砂土在 PAM 施用量为 2g/m^2、5g/m^2 时，其入渗能力大幅度提高，而在 PAM 施用量为 10g/m^2 时，其入渗性能变化不大，与对照相当；砂壤土在 2g/m^2、5g/m^2、10g/m^2 施用量条件下均呈现出入渗性能降低的趋势，说明这 3 种施用量浓度对砂壤土起到减渗的效果。

(3) 研究发现，在高 PAM 施用量(2g/m^2、5g/m^2、10g/m^2)条件下，砂土的多重分形特征参数值与实测入渗特征参数值呈显著正线性相关性，说明分形理论用于砂质土壤反映出的孔隙均匀性分布情况与实测的入渗数据反映的情况较为一致，这也验证了多重分形理论能够定量、准确地对砂质土壤孔隙结构状况进行刻画。

5.3　PAM 对坡地径流量和产沙量的影响试验研究

水流冲刷是降雨过程中土壤侵蚀的主要来源，也是土壤养分随地表径流流失的关键。坡面降雨过程中，在产流开始后，坡面逐渐积水形成薄层水流，对坡面土壤进行冲刷，逐渐形成细沟，导致坡面侵蚀量增大，从而使得土壤养分进一步流失。因此，研究水流冲刷对土壤养分向径流迁移的影响对探明坡面降雨过程中养分迁移规律至关重要。本章采用土槽的放水冲刷试验，通过设置不同放水量和 PAM 施用量处理，研究不同处理的径流、产沙、水动力参数以及养分流失规律，并分析径流率、径流含沙率与径流养分浓度的关系，为坡面土壤养分流失的研究和治理提供理论依据。

5.3.1　放水量和 PAM 对土壤产流-入渗的影响

1. 放水量对土壤产流-入渗的影响

冲刷试验中放水量对径流率和累积径流量的影响如图 5-15 所示，径流率随冲刷时间急剧增大，然后缓慢达到一个稳定状态。整个冲刷过程放水量大的径流率都大于放水量小的径流率，且径流率随放水量的增大而增大。取最后 10min 的三个径流率取平均值作为稳定径流。F1、F2 和 F3 处理稳定径流率分别为 5.24mL/s、8.91mL/s 和 12.10mL/s，F2 处理的稳定径流率较 F1 的增大了 70%，而 F3 处理的稳定径流率较 F1 的增大了 130.9%。

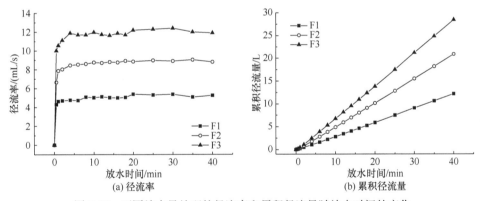

图 5-15　不同放水量处理的径流率和累积径流量随放水时间的变化

如图 5-15(b)所示，冲刷试验的累积径流量随放水时间的持续逐渐增大，即放水量越大，累积径流量增加速率越快。F1、F2 和 F3 处理累积径流量分别为 12.20L、20.87L 和 28.43L，F2 处理的累积径流量较 F1 处理的增大了 71.1%，F3 处理的累积径流量较 F1 处理的增大了 133%。对三个不同放水量处理的径流过程和累积径流过程进行配对 t 检验，各处理间的径流过程和累积径流过程都有显著性差异。

如图 5-16(a)所示，冲刷过程中土壤入渗率随放水时间逐渐减小，在放水初期土壤入渗率急剧下降，这主要是由于土壤在放水前为非饱和状态，需要吸收水分才能达到饱和，所以在放水初期土壤入渗率较大。随着放水时间的持续，土壤入渗率在冲刷后期基本达到稳定。把放水最后 10min 的土壤入渗率作为稳定入渗率，三种放水量处理的稳定差异不大，变化范围在 1.18～1.40。对不同放水量处理的入渗过程进行配对样本 t 检验，400mL/min、600mL/min 和 800mL/min 三种放水量处理的入渗过程之间没有显著性差异。F1、F2 和 F3 处理累积入渗量分别为3.7L、3.0L 和 3.4L。

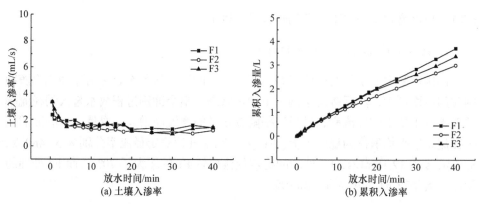

(a) 土壤入渗率　　　　　　　　(b) 累积入渗率

图 5-16　不同放水量处理的土壤入渗率和累积入渗量随放水时间的变化

2. PAM 对土壤产流-入渗的影响

不同 PAM 施用量的冲刷试验的径流率随放水时间的变化过程如图 5-17(a)所示。整体而言，所有处理的径流率都是随放水时间逐渐增大到一个稳定值。与对照处理(F2)相比，PAM 处理组(F2-P1、F2-P2、F2-P3 和 F2-P4)的径流率基本都低于对照处理。但是 PAM 处理对冲刷过程径流的减小不是随 PAM 施用量的增大而增大，在 PAM 施用量为 $1～2g/m^2$ 时，径流率随 PAM 施用量的增大而减小，在

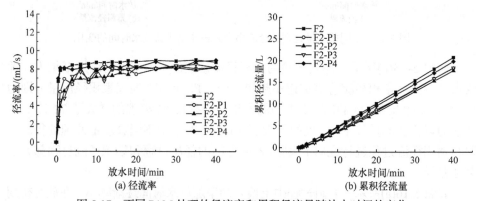

(a) 径流率　　　　　　　　(b) 累积径流量

图 5-17　不同 PAM 处理的径流率和累积径流量随放水时间的变化

PAM 施用量为 4～8g/m² 时，径流率随 PAM 施用量的增大而增大，当 PAM 施用量为 8g/m² 时土槽出口的径流过程与对照处理相差不大。

冲刷试验 PAM 处理的累积径流量如图 5-17(b)所示，各处理的累积径流量基本都呈线性增大，其斜率为随 PAM 浓度呈先减小后增大的趋势。F2、F2-P1、F2-P2、F2-P3 和 F2-P4 处理的累积径流量分别为 20.9L、18.4L、17.8L、18.5L 和 19.9L。

如图 5-18(a)所示，冲刷试验施加 PAM 后土壤的入渗率随放水时间逐渐减小。未施加 PAM 处理的 F2 入渗率在整个放水过程基本都小于施加 PAM 处理，这说明在冲刷条件下，施用 PAM 也能增加坡面入渗。如图 5-18(b)所示，F2 处理的累积入渗量最小，累积入渗量为 3.0L，F2-P2 处理的累积入渗量最大，为 6.1L，较 F2 处理约增大了 1 倍。F2-P1、F2-P3 和 F2-P4 的入渗总量在 3.9～5.4L，然而在 PAM 处理中，F2-P4 处理的累积入渗量最小，其主要原因是过多的 PAM 溶液会堵塞土壤孔隙，从而导致土壤入渗量减小。

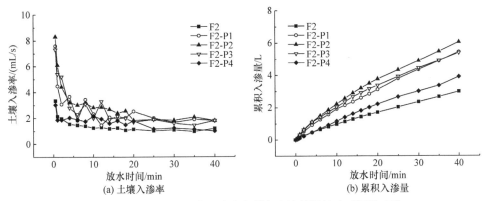

图 5-18　PAM 处理土壤入渗率和累积入渗量随放水时间的变化

3. 坡面流速

如图 5-19 所示，坡面径流稳定流速随放水量的增大而增大，而随 PAM 施用量的增大而减小。这是因为径流量的增大不会改变坡面土壤基本条件，在土壤表面粗糙度相同的状态下，放水量对流速起决定性作用；而当放水量不变时，在土壤表面施加 PAM 颗粒，PAM 颗粒随雨水溶解后会使土壤颗粒之间产生黏结作用，形成更多团聚体，增加了土壤的粗糙度，并且 PAM 溶液自身的黏性会增大径流与土壤表层的黏滞力，从而减小坡面流速。同时 PAM 溶液也会随径流流失，径流中混入 PAM 后会增大径流溶液本身的黏滞性，会进一步减小坡面流速，而 PAM 施用量越大，坡面对水流的黏滞力和径流自身的黏滞性都越大，所以坡面流速随 PAM 施用量的增大而减小。对放水量和坡面流速进行回归分析，发现放水量和坡面流速呈一致的线性关系，而 PAM 施用量与流速用指数函数描

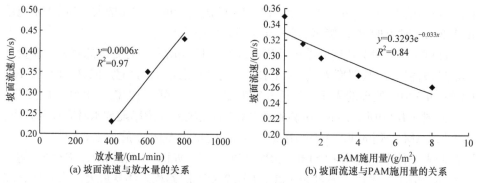

(a) 坡面流速与放水量的关系　　　(b) 坡面流速与PAM施用量的关系

图 5-19　不同处理的坡面流速

述相关度较好。

5.3.2　放水量和 PAM 对产沙的影响

1. 放水量对产沙的影响

如图 5-20 所示,放水开始的前 10min,径流含沙率随放水时间波动不大或者稳定增长,这是因为在冲刷初始阶段,坡面经过人为平整,水流床面比较平滑,侵蚀形式以面蚀为主,径流以薄层水流的形式平铺在土壤表面,水流剪切力较小,径流含沙率不大。由于坡面上总存在一定的坡面微地形起伏,坡面上径流逐渐汇集,开始从薄层水流逐渐转变为股流,此时进入细沟形成阶段。从细沟形成阶段进入细沟发育阶段,径流含沙率随放水时间的变化规律因放水量的变化而产生巨大的差异。在这一阶段,径流集于细沟中,不断侵蚀细沟的沟壁和源头,使沟蚀变长变宽,深度加大,直到形成一个较为稳定成熟的沟槽。在细沟形成过程中,会出现沟上端的土壤坍塌,而导致径流含沙率迅速增大,之后坍塌的土壤逐渐被侵蚀,之后再坍塌,再侵蚀,一步一步向坡面顶端形成细沟。在放水量较小(400mL/min)

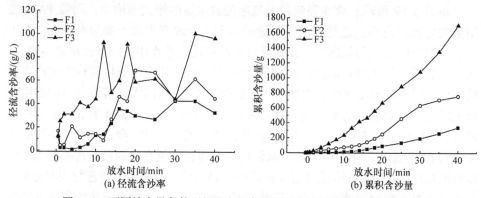

(a) 径流含沙率　　　　　　　(b) 累积含沙量

图 5-20　不同放水量条件下径流含沙率和累积含沙量随放水时间的变化

时，水流剪切力较小，细沟发育周期较长，沟蚀在横向与纵向的发育过程缓和，体现在径流含沙率变化上为从波谷到波峰的历时较长，且波峰峰值较小。当放水量增大到 600mL/min 时，从径流含沙率出现明显增长趋势的第 12min 到出现第一个波峰的第 35min，中间历时 23min，相比 400mL/min 放水量处理，周期明显缩短。当放水量增大到 800mL/min 时，不仅径流含沙率波峰峰值增大，且细沟发育周期大大缩短，相邻两个波峰的时间间隔平均为 5min 左右。由此可见，径流量增大导致径流剪切力增大，可以增大单个沟蚀的发育程度，缩短沟蚀发育周期。

如图 5-20 所示，放水量越大累积产沙量增加得越快，F1、F2 和 F3 处理累积含沙量分别为 340.5g、754.3g 和 1700.1g，F2 处理的累积产沙量较 F1 处理的增大 121.5%，而 F3 处理的累积产沙量较 F1 处理的增大 399.3%。

2. PAM 对产沙的影响

如图 5-21(a)所示，相比于对照处理(F2)，施加 PAM 可以减小径流中的含沙率，并且随着 PAM 施用量的增大，径流含沙率逐渐减小。PAM 减少径流对坡面的冲刷侵蚀作用的主要原因分为两个：一是增加土壤的抗侵蚀能力，在土壤表面施加 PAM 后，PAM 分子链的阴离子能吸附土壤颗粒，形成颗粒团聚体，从而提高土壤结构稳定性，并且 PAM 溶液的黏结性能可以黏结土壤颗粒，增强土壤的抗侵蚀能力；二是减小了径流的侵蚀能力，由于 PAM 的黏结性，增强径流溶液和土壤表层的黏结性，从而减小了坡面流速(图 5-19)，并且由于 PAM 对土壤结构的改善，在一定程度上也减小了坡面的径流量，从而减弱冲刷过程中的径流侵蚀能力。然而，当 PAM 施用量为 1g/m² 时，径流含沙率相对于未施加 PAM 处理减少得较少，其径流含沙率的变化趋势和未施加 PAM 处理的相类似，随放水时间呈先减小后增大的趋势，同时也形成细沟侵蚀和跌坎。这主要是由于 PAM 施用量太小，对土壤表层结构的团聚和黏结力不够抵挡径流剪切力的

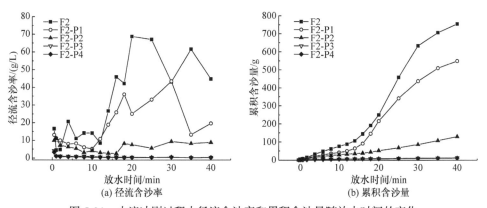

图 5-21　水流冲刷过程中径流含沙率和累积含沙量随放水时间的变化

侵蚀作用。而当在土壤表面施加 2g/m² 的 PAM 颗粒时，径流含沙率明显减小，土壤表面未出现较大沟蚀，但随着放水时间的持续在后期径流含沙率也略有增大。当 PAM 施加量达到 4～8g/m² 时，径流含沙率基本呈递减的趋势，除了放水初期土壤表层少量未被 PAM 团聚或者黏结的土壤颗粒被冲刷外，之后坡面径流几乎无法使土壤表面颗粒脱离，径流含沙率极低。

如图 5-21(b)所示，施加 1g/m²、2g/m²、4g/m²、8g/m² 的 PAM 颗粒，可以使最终径流累积含沙量相比于对照组分别减少 27.2%、82.8%、98.4%、98.6%。可见，在土壤表面施加 2g/m² 及以上的 PAM 颗粒，对减少地表径流冲刷侵蚀具有重要意义。

5.3.3　放水量和 PAM 施用量对养分流失的影响

1. 放水量对养分流失的影响

如图 5-22(a)所示，径流氨氮浓度在放水初期迅速下降，之后都有增长趋势。在放水初期土壤中氨氮浓度较高，且径流量也相对较小，所以在放水初期径流氨氮浓度相对较高。放水初期径流量迅速增大，土壤溶液氨氮浓度逐渐降低，从而使得径流氨氮浓度逐渐降低。在放水中后期随着侵蚀量的增大，径流中的氨氮浓度也有增大的趋势，这主要是由于侵蚀量增大，径流带走土壤的同时也使得这部分土壤溶液与径流充分混合，而使得径流氨氮浓度增大。

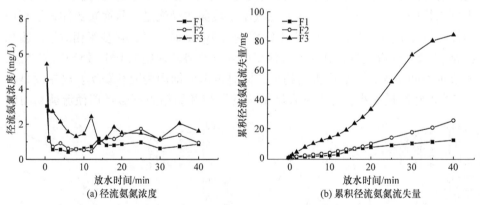

图 5-22　水流冲刷过程中放水时间对径流氨氮浓度和累积径流氨氮流失量的影响

放水量越大，径流氨氮浓度越大，且在放水中后期波动越大、越频繁。F1、F2 和 F3 处理的径流氨氮浓度在后期变化范围分别为 0.61～0.97mg/L、0.93～1.74mg/L 和 1.16～2.04mg/L。径流含沙率是影响径流氨氮浓度的重要因素，径流中泥沙含量的多少间接反映了径流氨氮流失的多少，随着放水量的增大坡面土壤流失增大(图 5-20(b))，所以径流中的氨氮浓度随放水量的增大而增大。径流氨氮浓度在中后期波动是由于土壤表面逐渐形成细沟,细沟里的侵蚀过程会产生跌坎,从而使得径流泥沙含量随放水时间波动,这也使得径流中氨氮浓度随放水时间波动,且在放水量较大时,细沟跌坎出现频率较高,所以径流氨氮浓度在放水量较大时波动较大。

如图 5-22(b)所示,3 个不同放水量处理的累积径流氨氮流失量随放水时间逐渐增大,且放水量越大增加速率越快。F1、F2 和 F3 处理的累积径流氨氮流失量分别为 12.14mg、25.66mg 和 84.27mg,F2 处理的累积径流氨氮流失量比 F1 处理的增大了 111.4%,F3 处理的累积径流氨氮流失量比 F1 处理的增大了 594.2%。

2. PAM 施用量对养分流失的影响

不同 PAM 处理的径流氨氮浓度如图 5-23(a)所示,PAM 处理的径流氨氮浓度也是在放水初期迅速下降,其原因也主要是放水初期土壤溶液中氨氮浓度最高,且径流量较小。而在放水中后期未施加 PAM 处理和施加 $1g/m^2$ 的 PAM 处理径流氨氮浓度增加趋势明显,且有不同程度的波动,PAM 施用量 $2g/m^2$ 以上的 PAM 处理基本变化不大。这主要是由于在 PAM 施用较小或未施加 PAM 时径流含沙率在中后期迅速增大(图 5-21(a)),且随着细沟的产生土壤侵蚀也逐渐向下层延伸,导致径流氨氮浓度较大。而在施加 $2g/m^2$ PAM 后径流含沙率急剧减少后基本不变(图 5-21(b)),且坡面无细沟产生,因此在后期 PAM 施用量大于 $2g/m^2$ 处理的径流氨氮浓度较小。

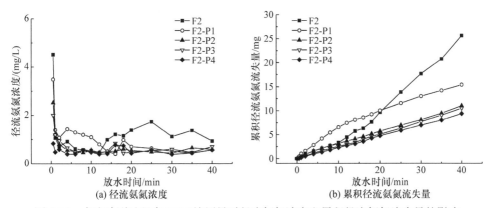

图 5-23　水泥冲刷过程中 PAM 施用量对径流氨氮浓度和累积径流氨氮流失量的影响

如图 5-23(b)所示,不同 PAM 施用量处理的累积径流氨氮流失量基本呈线性增大,其增长速率随 PAM 施用量的增大逐渐减小,但是在 PAM 处理的累积径流氨氮流失量在降雨前 20min 大于 F2 处理。F2、F2-P1、F2-P2、F2-P3 和 F2-P4 处理的累积径流氨氮流失量分别为 25.66mg、15.4mg、11.03mg、10.5mg 和 9.38mg。

施加 $1g/m^2$、$2g/m^2$、$4g/m^2$、$8g/m^2$ 的 PAM 颗粒，可以使最终累积径流氨氮流失量相比于对照组分别减少 40.0%、57.0%、59.1%、63.4%。

5.3.4　径流率、径流含沙率与养分浓度的关系

1. 径流率与径流含沙率的关系

如图 5-24 所示，径流含沙率与径流率之间存在二次函数关系，这表明在径流率较小时径流含沙率相对较大，这主要是因为产流初期径流率较小，在产流初期土壤表面比较疏松，而且细颗粒较多，容易随地表径流流失，并且径流也较小，所以在径流率较小时，径流含沙相对偏大。同时施用 PAM 处理在一定程度上减小了径流率，但显著减小了含沙量，所以在前半部分径流率较小时径流含沙率较低。之后径流率越大径流含沙率也越大，从不同放水量处理的累积径流产沙量与累积径流量也能得到这个结果。

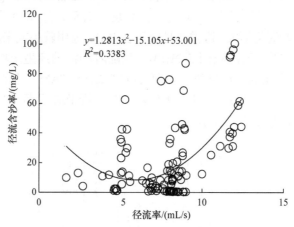

$$y=1.2813x^2-15.105x+53.001$$
$$R^2=0.3383$$

图 5-24　径流率与径流含沙率的关系

2. 径流率与径流氨氮浓度的关系

如图 5-25 所示，在放水量处理组中径流率和径流氨氮浓度呈指数递增趋势，而 PAM 处理组的径流氨氮浓度随径流率呈指数递减。这主要是由于在放水量组处理中径流含沙率较大，伴随土壤流失而流失的土壤溶液较多，土壤的侵蚀作用引起氨氮流失占主导地位，且径流含沙率随径流率的增大呈增大的趋势，所以径流中氨氮浓度随径流率的增大呈增大趋势。然而在 PAM 处理组中径流含沙率随径流率呈减少趋势，且在 PAM 施用量大于 $2g/m^2$ 后径流中含沙率很低，土壤侵蚀作用对径流氨氮浓度的作用减小，扩散作用占主导地位。所以在 PAM 处理组中径流氨氮浓度随径流率呈指数递减。将所有处理组的径流氨氮浓度和径流率进行

回归分析，发现采用二次函数对其拟合效果较好，其原因是径流较小时 PAM 处理的含沙率较高，养分浓度较大，所在径流率较小时呈递减趋势。

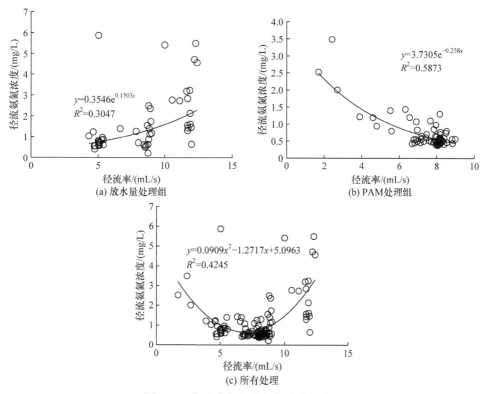

图 5-25　径流率与径流氨氮浓度的关系

3. 径流含沙率与径流氨氮浓度的关系

如图 5-26 所示，径流氨氮浓度随径流含沙率基本呈增大趋势，采用幂函数对其描述，$p < 0.05$，这说明径流含沙率可以作为径流氨氮浓度计算的特征指标。径流含沙率是评价径流侵蚀能力和土壤抗侵蚀能力的综合指标，径流侵蚀作用越强，伴随土壤流失的养分就越多，导致径流中养分浓度增大，所以在冲刷试验中径流氨氮浓度随径流含沙率呈幂指数递增的趋势。

4. 径流率、径流含沙率与径流氨氮浓度的关系

对径流率和径流含沙率与径流氨氮浓度进行回归分析，发现径流氨氮浓度和径流率、径流含沙率的幂次方呈线性关系。径流氨氮浓度可以用式(5-1)表示：

$$c_N = 1.15q^{-0.24}s^{0.22}, \quad R^2 = 0.32 \tag{5-1}$$

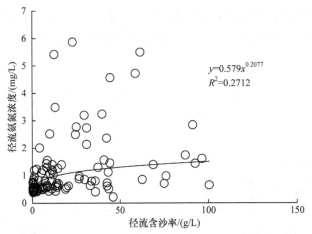

图 5-26　径流含沙率与径流氨氮浓度的关系

式中，c_N 为径流氨氮浓度，mg/L；q 为径流率，mL/s；s 为径流含沙率，g/L。

如图 5-27 所示，径流中氨氮和磷酸盐浓度关系满足式(5-1)。但是在径流氨氮浓度较大时计算的氨氮浓度偏离真实值较远，这主要是由于将 PAM 处理和放水量处理的试验结果都放在了一起考虑，二者的径流含沙率差异太大，采用最小二乘法最优求参后，在径流含沙率较大的 F3 处理的氨氮浓度偏离真实值较远。

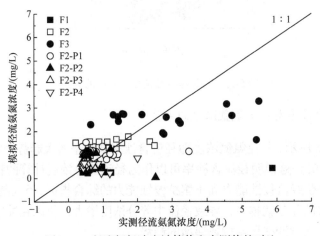

图 5-27　径流氨氮浓度计算值和实测值的对比

5.3.5　结论

通过三种放水量和五种 PAM 施用量处理的放水冲刷试验，分析了径流冲刷过程中坡面水土养分迁移规律，建立了冲刷过程中径流率、径流含沙率和径流氨氮浓度之间的关系，得到的结果如下：

(1) 径流率随放水量的增大呈增大趋势, 随 PAM 施用量的增大呈先减小后增大的趋势, 然而不同 PAM 处理的坡面流速随 PAM 施用量的增大而逐渐减小。

(2) 土槽放水量越大坡面侵蚀量和氨氮流失量越大, 施用 PAM 处理径流含沙率降低了 27.2%～98.6%, 累积径流氨氮流失量降低了 40.0%～63.4%。

(3) 未施用 PAM 处理的径流氨氮浓度与径流率呈显著正相关关系, 而 PAM 处理的呈负相关关系。径流氨氮浓度随径流含沙率的增大呈幂函数增大。

5.4 PAM 施用量和降雨强度对坡面水土养分迁移影响的试验研究

5.4.1 PAM 和降雨强度对坡面径流的影响

两种降雨强度和四种 PAM 施用量对整个降雨过程坡面径流系数的影响如图 5-28 所示, 降雨强度为 80mm/h 时的径流系数大于 50mm/h 降雨强度, 四种 PAM 施用量处理的径流系数在 80mm/h 降雨强度时比 50mm/h 降雨强度时大 30.1%～38.8%。这与 Abrol 等[13]的研究结果一致。朱元骏等[14]的研究表明, 降雨强度对坡面的入渗率影响不显著, 土壤入渗率主要与土壤质地和下垫面水文条件相关, 因此降雨强度较大时径流系数较大。

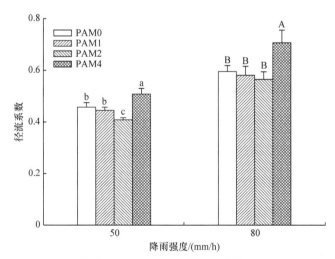

图 5-28　不同处理的径流系数(A、B、a、b、c 指显著水平, PAM0～PAM4 分别指施加 PAM 0～4g/m²)

两种降雨强度下, 不同 PAM 处理的降雨径流系数随 PAM 施用量的增大呈先减小后增大的趋势(图 5-28)。在降雨强度为 50mm/h 时, PAM 施用量为 2g/m² 时的径流系数较对照处理显著减小，减小了 10.6%，然而在降雨强度为 80mm/h 时 PAM 施用量为 $1g/m^2$、$2g/m^2$ 处理的与未施用 PAM 处理的径流系数没有显著性差异。但 PAM 施用量为 $4g/m^2$ 时的径流系数较其他处理都显著增加，两种降雨强度的径流系数分别增加了 10.9%和 18.7%。在对照处理中，相对较大的径流系数主要是由表层土壤结皮造成的，因为土壤结皮降低了表层土壤的渗透能力。在 PAM 处理的土壤中，PAM 溶液的黏结作用和吸附作用团聚了土壤小颗粒，增强了土壤团聚体的稳定性，并抑制了土壤表面的结皮形成，从而增大了土壤渗透率，减小了径流量。然而，过量地溶解 PAM 会堵塞土壤孔隙，在土壤表面形成一层类似于结皮的密封层，导致土壤孔隙率下降，从而导致入渗减小、径流增大。因此，在 $1g/m^2$ 和 $2g/m^2$ PAM 施用量下，径流系数相对较低，但在 PAM 施用量为 $4g/m^2$ 时径流系数显著增加。

如图 5-29 所示，所有处理的径流率随降雨的持续呈逐渐增大的趋势，在降雨初期径流率增速较快，开始降雨 20min 之后增速减慢。与径流系数类似，整个降雨过程中 80mm/h 降雨强度的径流率大于 50mm/h 时的径流率，施用 PAM 处理的径流率在 $1\sim2g/m^2$ 处理时基本小于或与对照处理差异不大，然而在施用 $4g/m^2$ 处理时径流率大于对照处理和施用 $1\sim2g/m^2$ PAM 处理。这说明在黄土地区应用化学调控措施减少径流量时应该考虑 PAM 的施用量，避免过量施用 PAM。

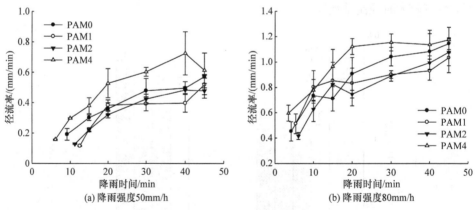

(a) 降雨强度50mm/h　　　　　　(b) 降雨强度80mm/h

图 5-29　不同处理的径流过程

两种降雨强度下各 PAM 处理的入渗率随降雨时间的变化情况如图 5-30 所示。由于在野外降雨过程中无法直接测量入渗率，且径流小区为裸地坡面，无植物截留，根据水量平衡原理，近似认为入渗率等于降雨强度减去径流率。如图 5-30 所示，各处理的入渗率随降雨时间基本呈递减趋势，50mm/h 降雨强度和 80mm/h 降雨强度的入渗率在未施用 PAM 处理时差异不大。施加 $1\sim2g/m^2$ PAM 处理的入渗率与对照处理有小幅增大，PAM 施用量为 $4g/m^2$ 处理的入渗率明显小于对照处理组。

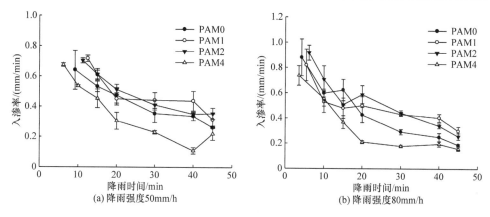

图 5-30　不同处理的入渗过程

5.4.2　PAM 和降雨强度对坡面径流黏度和流速的影响

　　不同 PAM 施用量的径流相对黏度和坡面流速的关系如图 5-31 所示。径流的相对黏度随着 PAM 施用量的增加而增加。这说明 PAM 会随径流流失，且为较大的 PAM 施用量会有较多 PAM 流失。坡面流速随 PAM 施用量增大而减小，在 4g/m² 处理的流速最小(0.10～0.12m/s)，不施用 PAM 处理的流速最大(0.23～0.26m/s)，而 1～2g/m² PAM 处理的流速为 0.12～0.17m/s。这可以解释为两个原因：一是 PAM 溶解在土壤表面增加了径流和土壤之间的黏结力和摩擦力；二是 PAM 增加了径流溶液的黏度，降低了径流速度。因此，径流速度随着 PAM 施用量的增加而降低。另外，流速与相对黏度之间的关系可以用幂函数很好地描述(图 5-31(b))。这表明径流相对黏度的增加会显著降低坡面流速。

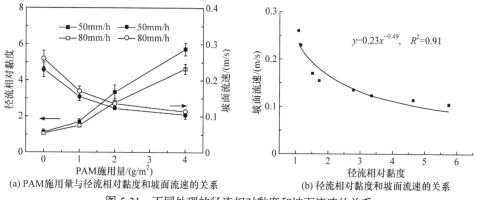

(a) PAM施用量与径流相对黏度和坡面流速的关系　　(b) 径流相对黏度和坡面流速的关系

图 5-31　不同处理的径流相对黏度和坡面流速的关系

5.4.3　PAM 和降雨强度对坡面产沙的影响

　　两种降雨强度下不同 PAM 处理径流含沙率随降雨时间的变化情况如图 5-32

所示，径流含沙率在产流开始后都有减小的趋势，而降雨强度为 50mm/h 时在产流中后期径流含沙率较稳定，降雨强度为 80mm/h 时在产流中后期径流含沙率则逐渐增大。在降雨初期径流含沙率较大主要是由雨滴击溅作用引起的。雨滴击溅作用导致土壤颗粒的分散，有更多的细颗粒随径流流失。然而，在雨滴击溅作用下，土壤表面逐渐形成结皮，增强了土壤的抗蚀性，所以径流含沙率在降雨初期逐渐减小。在降雨中后期，降雨强度为 50mm/h 的处理基本以面蚀为主，很少有细沟产生，所以径流含沙率处于较稳定的水平，但是在降雨强度为 80mm/h 的处理时随着降雨的持续坡面逐渐形成细沟，导致径流含沙率逐渐增大。

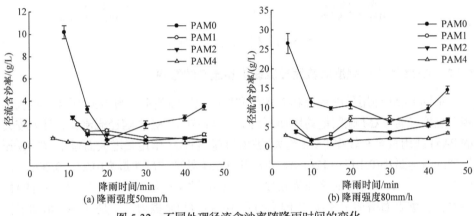

图 5-32 不同处理径流含沙率随降雨时间的变化

施加 PAM 处理后径流含沙率明显减小，尤其是在 PAM 施用量≥2g/m² 时，这说明在野外施用 PAM 能有效减小坡面降雨侵蚀，并且 PAM 施用量越大效果越好。主要原因还是 PAM 溶解后可以团聚土壤颗粒，改善土壤结构，抑制土壤结皮，同时 PAM 的黏结性增强了土壤的抗蚀性，从而导致坡面产沙量减少。

两种降雨强度下坡面的侵蚀率随 PAM 施用量的变化情况如图 5-33 所示，结果表明，降雨强度越大坡面侵蚀率越大，并且坡面侵蚀率随 PAM 施用量的增大呈减小的趋势。施用 1g/m² PAM 处理的侵蚀率与未施加 PAM 处理的相比减小 36%～49%，施用 2g/m² PAM 处理的侵蚀率与未施加 PAM 处理的相比减小 60%～63%，施用 4g/m² PAM 处理的侵蚀率与未施加 PAM 处理的相比减小 82%～93%。PAM 减小侵蚀率的机理主要有以下几个方面：①PAM 溶解后可以团聚土壤颗粒，改善土壤结构，抑制土壤结皮，减小坡面径流，从而减小侵蚀量；②PAM 的黏结性可以增强土壤的抗蚀性；③PAM 溶液自身的黏度会增大径流和土壤表面黏滞力，相当于增大坡面的粗糙度，降低坡面流速，从而减小坡面侵蚀。指数函数可以很好地描述坡面侵蚀率与 PAM 施用量的关系。整合降雨强度(r)与 PAM 施用量(R_{PAM})及坡面侵蚀率 e 的关系，可表示为式(5-2)：

$$e = 71r^4 \exp\left(-0.59R_{\mathrm{PAM}}\right) \tag{5-2}$$

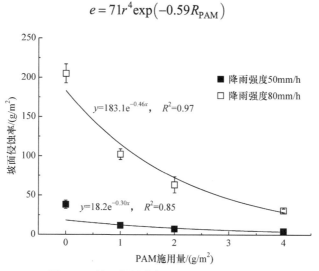

图 5-33　坡面侵蚀率与 PAM 施用量的关系

5.4.4　PAM 和降雨强度对坡面养分流失的影响

1. 对氨氮和磷酸盐吸附系数的影响

氨氮和磷酸盐的吸附量与 PAM 施用量的关系如图 5-34 所示。随着平衡溶液浓度的增加，氨氮和磷酸盐在土壤中的吸附量增加，增加速率随平衡溶液浓度的增大而减小。这主要是由于土壤表面吸附离子的点位随着吸附量的增加而减少，即使继续增大平衡溶液的浓度也无法吸附更多的离子。施加 PAM 能有效增加土壤对氨氮的吸附，但会减少土壤对磷酸盐的吸附。这种变化随平衡溶液浓度的增大逐渐增大，这是由于在平衡溶液浓度较小时土壤颗粒吸附离子的点位较多，PAM 虽然降低了土壤的吸附能力，但是仍有较多点位可以吸附溶液中的离子。

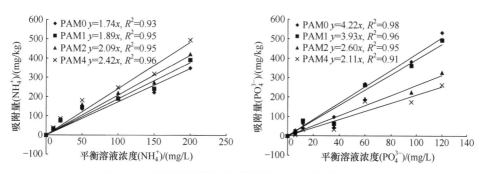

图 5-34　氨氮和磷酸盐的吸附量与 PAM 施用量的关系

为了得到吸附系数，一般采用 Freundlich 方程和 Langmuir 方程对试验数据进行拟合反求。但是也有许多研究已经发现吸附系数可以通过 Langmuir 等温线方程的切线来表示。在 Langmuir 等温线方程中，初始函数非常接近线性关系。因此，采用简单线性回归来反求 NH_4^+ 和 PO_4^{3-} 吸附系数(图 5-34 中方程斜率)。NH_4^+ 的吸附系数随 PAM 施用量的增加而增加，而 PO_4^{3-} 的吸附系数随着 PAM 施用量的增加而减小。在本研究中施用的是阴离子 PAM，PAM 上的阴离子电荷可吸附来自土壤、水或溶液中的带正电的营养离子。因此，与未施用 PAM 处理相比，施用 PAM 可以增加 NH_4^+ 的吸附能力，但是会降低 PO_4^{3-} 的吸附能力。

2. 对径流氨氮流失过程的影响

径流氨氮浓度随降雨时间的变化情况如图 5-35 所示，在初始径流期，氨氮浓度随着降雨时间增加急剧减小，在大约 20min 后缓慢下降到接近稳定值。在径流发生刚开始几分钟，径流中的氨氮浓度主要受径流速率和土壤中氨氮浓度的控制。在初始径流期，径流量迅速增加，随着降雨持续时间的延长，土壤表层氨氮浓度逐渐降低，因此 NH_4^+ 浓度在径流源急剧下降。在初始径流期，降雨强度为 50mm/h 的径流氨氮浓度高于降雨强度为 80mm/h 时。而在降雨强度为 80mm/h 时，径流中的养分浓度较早达到稳定。这主要是由于在强降雨强度条件下，坡面径流率较早地达到稳定。

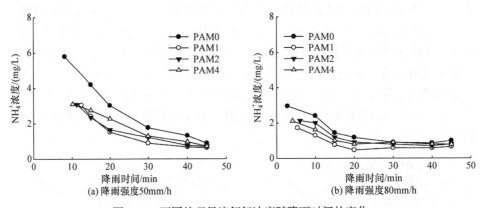

图 5-35　不同处理径流氨氮浓度随降雨时间的变化

施用 PAM 处理的径流氨氮浓度较对照处理有所降低(图 5-35)。相对于对照组，PAM 施用降低了径流的氨氮浓度 10.0%～44.3%。土壤溶质的流失主要是由于流动过程中雨滴飞溅和冲刷造成土壤侵蚀和分子扩散。随着 PAM 施用在土壤表面，侵蚀速率下降(图 5-35)，因此 PAM 施用后溶质从土壤向地表径流的迁移减少。尽管如此，PAM 的应用降低了坡面流速(图 5-31)，这增加了径流和表层土壤之间的接触时间，导致溶质从土壤溶液转移到径流中的机会增加。因此，PAM 处理为 $4g/m^2$ 时的径流氨氮浓度最终大于 PAM 处理为 $1g/m^2$ 和 $2g/m^2$ 时的。

　　两种降雨强度下，径流氨氮流失量随着 PAM 施用量的增加呈先减小后增大的趋势。PAM 施用量为 $1\sim2g/m^2$ 处理的径流氨氮流失量与对照处理相比显著减小。然而，随着 PAM 施用量的增加，泥沙中氨氮的流失量逐渐减少。径流氨氮流失量占坡面氨氮流失量的 54.65%～96.04%。径流氨氮流失比例随着降雨强度的增加而减小，但随着 PAM 施用量的增加而增加。泥沙氨氮流失量占氨氮总流失量的 3.96%～45.35%(表 5-7)，随着降雨强度的增加，泥沙氨氮流失量的比例增加，降雨强度 80mm/h 时泥沙中氨氮流失占比平均为 31.41%，而降雨强度 50mm/h 时泥沙中氨氮流失占比平均为 11.52%，这主要是由于随着降雨强度的增加，泥沙流失增加。泥沙中氨氮的流失量随着 PAM 施用量的增加而降低，这与随着 PAM 施用量的增加坡面产沙量的减少趋势密切相关，PAM 施用量为 $4g/m^2$ 时，泥沙中氨氮流失量下降了 82.81%～85.59%。坡面氨氮流失总量随降雨强度的增大而增大，随 PAM 施用量的增大呈先减小后增大的趋势。因此，黄土坡面施用 PAM 来控制坡面氨氮流失时应注意 PAM 的施用量不宜过大，在 $1\sim2g/m^2$ 时较为合适。

表 5-7　径流和泥沙中氨氮的流失量以及流失比例

降雨强度 /(mm/h)	PAM 施用量 /(g/m²)	径流氨氮流失量/mg	泥沙氨氮流失量/mg	氨氮流失总量/mg	径流氨氮流失比例/%	泥沙氨氮流失比例/%
50	0	112.34[b]	30.95[d]	143.29	78.40	21.60
	1	52.48[e]	9.24[e]	61.72	85.03	14.97
	2	97.32[d]	5.70[f]	103.02	94.47	5.53
	4	108.12[b]	4.46[f]	112.58	96.04	3.96
80	0	162.39[a]	134.73[a]	297.12	54.65	45.35
	1	101.77[b]	69.28[b]	171.05	59.50	40.50
	2	121.23[c]	44.30[c]	165.53	73.24	26.76
	4	154.51[a]	23.16[d]	177.67	86.96	13.04

注：同一列不同上标字母代表处理间差异在 0.05 水平下显著。

3. 对径流磷酸盐流失过程的影响

　　如图 5-36 所示，径流中磷酸盐的浓度随降雨时间的变化规律与氨氮浓度的类似。在初始径流期，径流磷酸盐浓度随着降雨时间急剧减少，在大约 20min 后缓慢下降到接近稳定值。在初始径流期，50mm/h 降雨强度的径流磷酸盐浓度高于 80mm/h 降雨强度时。试验过程中，在 80mm/h 的降雨强度下，径流中的养分浓度较早达到稳定。这主要是由于在高降雨强度下较早地稳定了径流速率。

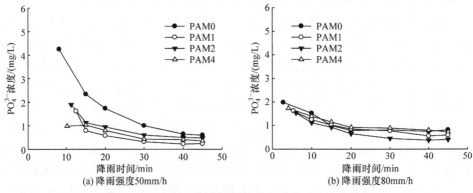

图 5-36 不同处理径流磷酸盐浓度随降雨时间的变化

随着 PAM 施用量的增加，径流中磷酸盐浓度逐渐降低(图 5-36)。相对于对照组，PAM 施用降低了径流中的磷酸盐浓度 2.9%～41.3%。土壤养分向径流迁移主要受到侵蚀作用和扩散作用的影响，在 PAM4 处理的土壤侵蚀很小，减少土壤侵蚀代入径流的养分，但是 PAM4 处理的径流流速很慢，增加了径流在坡面的作用时间，这也增大了径流与土壤养分相互扩散的概率，因此在 PAM4 处理的径流磷酸盐浓度相对其他 PAM 处理大。

在降雨强度为 50mm/h 时，PAM 施用量为 $0g/m^2$、$1g/m^2$、$2g/m^2$ 和 $4g/m^2$ 时，径流磷酸盐流失量分别为 131.34mg、54.21mg、64.50mg 和 136.62mg，随着 PAM 施用量的增加，其先减小后增大，见表 5-8。降雨强度为 80mm/h 时也有类似的趋势。通过显著性分析，在降雨强度 50mm/h 和 80mm/h 时径流磷酸盐流失在 PAM 施用量为 $0g/m^2$ 和 $4g/m^2$ 处理无显著性差异，其他处理与它们都有显著性的差异。随着 PAM 施用量的增加，泥沙中磷酸盐的流失量逐渐减少。坡面累积磷酸盐流失量随降雨强度的增大而增大，80mm/h 降雨强度的磷酸盐流失总量较 50mm/h 降雨强度的增大了 43.11%～258.00%。施用 PAM 处理显著减少了坡面累积磷酸盐流失量，且在 PAM 施用量为 $1～2g/m^2$ 时效果最好。

径流磷酸盐流失量占磷酸盐流失总量的 47.52%～95.33%。径流磷酸盐流失比例随降雨强度的增加而减小，但随着 PAM 施用量的增加而增加，而泥沙磷酸盐流失比例随降雨强度的增加而增大，随 PAM 施用量的增大而减小。降雨强度 80mm/h 时泥沙中磷酸盐流失占比平均为 38.73%，而降雨强度 50mm/h 时泥沙中磷酸盐流失占比平均为 15.71%，这主要是由于随着降雨强度的增加，泥沙流失增加。

不同处理的泥沙中磷酸盐流失量占比较氨氮的流失占比高，其主要原因是泥沙中磷酸盐的吸附系数大于氨氮的吸附系数(图 5-34)。

表 5-8　径流和泥沙中磷酸盐的流失量以及流失比例

降雨强度 /(mm/h)	PAM 施用量 /(g/m²)	径流磷酸盐 流失量/mg	泥沙磷酸盐 流失量/mg	累积磷酸盐 流失量/mg	径流磷酸盐 流失比例/%	泥沙磷酸盐 流失比例/%
50	0	131.34[b]	46.43[d]	177.77	73.88	26.12
	1	54.21[e]	13.86[f]	68.07	79.64	20.36
	2	64.50[d]	8.55[f]	73.05	88.30	11.70
	4	136.62[b]	6.69[f]	143.31	95.33	4.67
80	0	182.99[a]	202.10[a]	385.09	47.52	52.48
	1	139.77[b]	103.92[b]	243.69	57.36	42.64
	2	88.57[c]	66.45[c]	155.02	57.13	42.87
	4	170.35[a]	34.74[e]	205.09	83.06	16.94

注：同一列不同上标字母代表处理间差异在 0.05 水平下显著。

5.4.5　径流系数、侵蚀率与养分浓度的关系

1. 径流系数与侵蚀率的关系

如图 5-37 所示，在坡面降雨过程中径流含沙率可以近似用径流系数的指数函数表示，但是描述效果不是很好。径流系数增大，坡面流速增大，从而增加水流对坡面的剪切力，导致产沙量增大。但是径流系数又增大了径流量，径流含沙率是产沙量和产流量的比值，因此其关系并不是单调的，而是在降雨初期径流中含沙率相对较高，后期随着坡面流速的增大径流含沙率又逐渐增大。这也是采用单调指数函数来描述径流系数和产沙过程关系不好的原因。

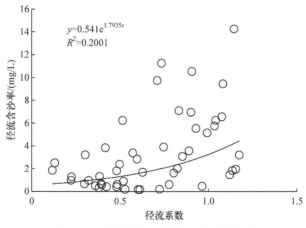

图 5-37　径流系数与径流含沙率的关系

2. 径流系数与养分浓度的关系

所有处理的径流氨氮浓度、磷酸盐浓度和径流系数的关系如图 5-38 所示，径

流氨氮浓度和磷酸盐浓度与径流系数呈幂函数关系，也表明径流系数可以作为一个特征指标来描述降雨过程中径流养分浓度的变化。径流氨氮浓度与径流系数的幂函数相关性要高于径流磷酸盐浓度与径流系数的相关性，这可能是由于氨氮浓度在试验土壤中的吸附系数小于磷酸盐的吸附系数，因此在用径流系数描述径流养分浓度变化过程时，应考虑土壤吸附对养分离子的吸附量。

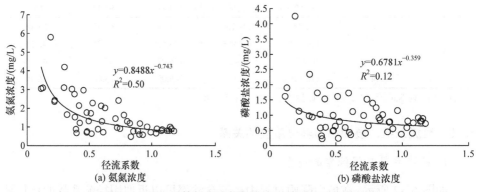

图 5-38　径流系数与径流氨氮浓度和磷酸盐浓度的关系

3. 径流含沙率与养分浓度的关系

各处理径流含沙率与径流氨氮浓度和磷酸盐浓度的关系如图 5-39 所示，由图可知，径流中养分浓度和径流含沙率的关系不紧密。

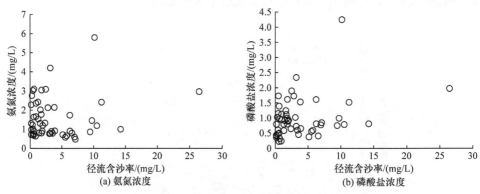

图 5-39　径流含沙率与径流氨氮浓度和磷酸盐浓度的关系

4. 径流率、径流含沙率与养分浓度的关系

对径流率和径流含沙率与径流养分浓度进行回归分析，发现径流养分浓度与径流率和径流含沙率的幂次方呈线性相关关系。径流养分浓度可以用式(5-3)和式(5-4)表示。

径流氨氮浓度(c_N)与径流率(q)和径流含沙率(s)的关系为

$$c_N = 0.86q^{-0.69}s^{0.18}, \qquad R^2 = 0.57 \qquad (5\text{-}3)$$

径流磷酸盐浓度(c_P)与径流率和径流含沙率的关系为

$$c_P = 0.48q^{-0.64}s^{0.33}, \qquad R^2 = 0.55 \qquad (5\text{-}4)$$

如图 5-40 所示，采用式(5-3)和式(5-4)可以较好地预测径流中氨氮和磷酸盐浓度。径流磷酸盐浓度与径流含沙率的幂指数明显大于氨氮浓度与径流含沙率的幂指数，说明径流磷酸盐浓度与径流含沙率的相关性高于氨氮浓度与径流含沙率的相关性。

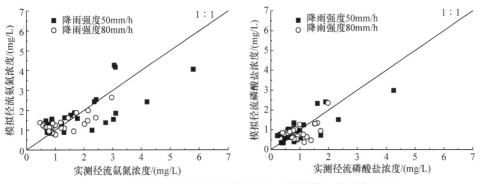

图 5-40　径流氨氮浓度和径流磷酸盐浓度计算值与实测值的对比

5.4.6　结论

本章通过两种降雨强度和四种 PAM 施用量处理的野外坡面降雨试验，分析了降雨过程中坡面水土养分迁移规律，建立了径流率、径流含沙率和养分浓度的关系，得到的结论如下：

(1) 施用 PAM 处理能有效减小坡面流速和产沙量，且随施用量的增大逐渐递减，但是坡面径流随 PAM 施用量的增大呈先减小后增大的趋势。

(2) 径流养分流失量随 PAM 施用量的增大先减小后增大，泥沙养分流失随 PAM 施用量的增大而减小，在试验的 5°坡面和 50mm/h 及 80mm/h 的降雨强度时坡面总的氨氮流失量与 PAM 施用量的增加呈先较小后增大的趋势，磷酸盐在 2g/m² 的 PAM 处理和 4g/m² 的 PAM 处理差异不大。因此，在野外坡面施用 PAM 减少坡面水土养分流失并不是施用量越大越好，应该控制在一定范围内，最后在 2g/m² 左右，不要超过 4g/m²。

(3) 径流率和径流含沙率的幂指数与径流中的养分浓度呈较好的线性关系，其可以作为评价坡面养分流失的特征指标，为建立坡面养分随径流迁移模型提供依据。

5.5 PAM 施用量和坡形对坡面水土养分迁移的影响

5.5.1 PAM 和坡形对坡面径流的影响

1. 产流时间

不同坡形及 PAM 施用量处理的初始降雨产流时间见表 5-9。从表中可以看出，施加 PAM 可以推迟坡面的初始产流时间，PAM 处理下不同坡形的平均产流时间为 7.9min，而未施用 PAM 处理的平均产流时间为 4.1min，施加 PAM 处理产流时间比未施用 PAM 处理的增大了 92.7%。这也表明在该地区施用 PAM 可以增加土壤的入渗。不施加 PAM 处理时，凸形坡面的初始产流时刻较直形坡和凹形坡提前，但施加 PAM 处理后凸形坡面的降雨产流初始时刻均大于直形坡和凹形坡。这表明 PAM 的应用和坡形对初始产流时刻存在相互作用，在凸形坡面施加 PAM 增加入渗的效果会更好。

表 5-9 不同坡形及 PAM 施用量处理的初始降雨产流时间 （单位：min）

PAM 施用量 /(g/m²)	坡形								
	凸形坡				直形坡	凹形坡			
	T1	T2	T3	T4	P	A1	A2	A3	A4
0	3.58	3.91	3.06	3.25	4.80	4.15	4.55	4.68	5.08
1	11.00	9.35	10.46	10.16	6.48	6.04	5.21	5.35	7.01

2. 坡形和 PAM 交互试验

如图 5-41 所示，不同处理的径流率都是降雨开始后随降雨时间逐渐增大，最后趋于稳定值。这主要是由于降雨过程中雨滴的击溅作用使得表层土壤不断分散、沉降、压实，进而形成结皮，土壤逐渐封闭，在径流开始时土壤颗粒较为松散，雨滴压实较为容易，因此径流增加速度较快，在结皮逐渐形成后，土壤的封闭过程减弱，径流增加速度减慢。在未施加 PAM 的处理中，不同坡形的径流差异不是很明显，这主要是因为在模拟降雨前 12 个小时对坡面进行了湿润处理，坡面含水量较大。在施加 PAM 处理中，凸形坡的径流率低于直形坡和凹形坡，但是凹形坡的径流率大于直形坡。在坡面施加 PAM 可以增加土壤团聚性，减少了封闭作用并抑制土壤结皮的形成，从而减少径流。但在不同坡形条件下施用 PAM 减少径流的效果有明细差异，在凸形坡上施用 PAM 减少径流更为明显，这也表明 PAM 处理和不同坡形之间存在相互作用。

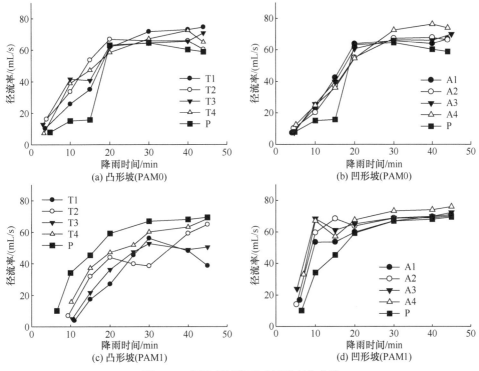

图 5-41　径流率随降雨时间的变化曲线

3. 径流总量

　　如图 5-42 所示，在未施用 PAM 处理的坡面径流总量基本为凸形坡>凹形坡>直形坡，而在施用 PAM 后凸形坡径流总量下降明显，而凹形坡与直形坡变化不大。未施加 PAM 处理的凸形坡和凹形坡的平均径流总量分别为 133.8L 和 126.0L，较直形坡径流总量 110.4L 分别增加了 21.2%和 14.1%。施加 PAM 处理后凸形坡和凹形坡的平均径流总量分别为 91.8L 和 146.1L，较直形坡径流总量 131.5L 分别

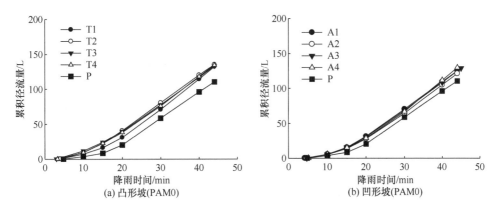

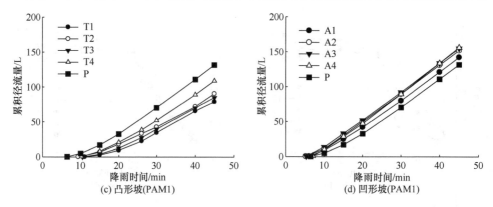

图 5-42　累积径流量随降雨时间的变化曲线

减少了 30.2% 和增加了 11.1%。PAM 对不同坡面形态的作用效果不一样,在凸形坡上的效果较好。

5.5.2　PAM 和坡形对坡面产沙的影响

1. 产沙过程

如图 5-43 所示,在未施加 PAM 处理中,不同坡形的径流含沙率基本呈逐渐增大到一个一定范围内波动的相对稳定值,含沙率基本为凸形坡>凹形坡>直形坡,且 T4 和 A4 处理的含沙率最大。这主要是凹凸都有坡度相对较大的坡段,在大坡度坡段容易产生细沟,从而产生沟蚀,使得径流中含沙率增大。而施加 PAM 处理后,径流中含沙率显著降低,且随降雨时间的延长呈先减小后增大的趋势。在土壤中施用 PAM 后,PAM 在雨水的作用下逐渐溶解,PAM 的黏结作用会维护土壤表层的团粒结构,同时形成一下新的团聚体,使得土壤的团聚体增多,或者增大团聚体的体积,增强了表层结构的稳定性,这也类似于在土壤表层形成一层保护膜,有效减少了土壤颗粒随径流的流失。在 PAM 处理中径流含沙率呈先减小后增大的趋势。这主要是由于降雨初期土壤表面松散的土粒和降雨击溅产生的细颗粒容易被径流带走,随着松散颗粒被带走和雨滴击溅,土壤表层结实,侵蚀产生就会迅速下降,但随着径流量的增大,径流的挟沙能力进一步加强,超过土壤表层的抗蚀能力,土壤表层的颗粒会被进一步剥离,从而产沙量增大。在施加 PAM 后,凸形坡的径流含沙率与直形坡的差异不大,但凹形坡的含沙率低于直形坡的含沙率,且随着凹陷程度的增大,径流中的含沙率降低。这主要是因为 PAM 增强了土壤的抗蚀性,抑制了细沟的产生,有效减少了凹凸形坡的产沙量,而凹形坡在坡面下端坡度较缓,径流流速相对较慢,径流中的泥沙会有一定的沉积,凹陷程度越大在坡面小坡段沉积作用越强。因此,在 PAM 处理下,凹形坡面的径流含沙率低于直形坡的径流含沙率。

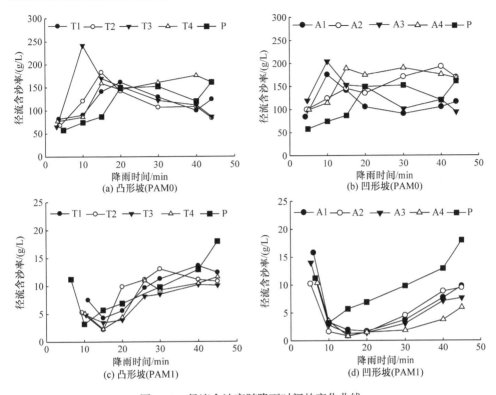

图 5-43　径流含沙率随降雨时间的变化曲线

2. 产沙总量

如图 5-44 所示，在凸形坡中，随着凸度的增大，坡面累积产沙量逐渐增大，未施用 PAM 的 T1、T2、T3 和 T4 处理的累积产沙量分别为 16.6kg、16.5kg、18.24kg 和 20.4kg；A1、A2、A3 和 A4 处理的累积产沙量分别为 13.6kg、19.6kg、15.8kg 和 22.7kg，总体来说是凹形坡的产沙量最大，凸形坡次之，最小的为直形坡，凸形坡的平均累积产沙量为 18.0kg，凹形坡的平均累积产沙量为 17.9kg，较直形坡

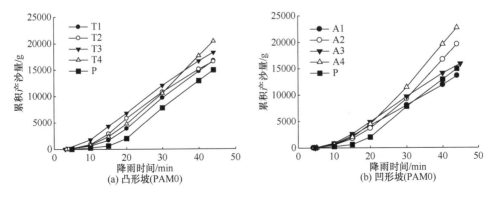

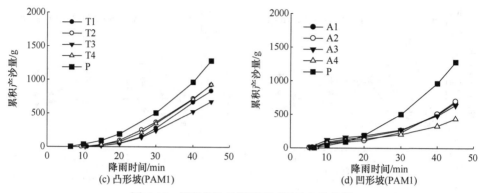

图 5-44　累积产沙量随降雨时间的变化曲线

累积产沙量 14.9kg 增大了 21% 和 20%。施用 PAM 后 9 个坡形处理的平均产沙量仅为 0.9kg，较未施用 PAM 处理的显著减少。在施加 PAM 处理中凹形坡面的累积产沙量最少，平均为 0.6kg，其次为凸形坡，累积产沙量为 0.8kg，直形坡的累积产沙量最大，为 1.3kg。施用 PAM 后，凹形坡面的平均累积产沙量较直形坡减少了 53.8%，凸形坡面的平均累积产沙量较直形坡减少了 38.5%。

5.5.3　PAM 和坡形对坡面养分流失的影响

1. 养分浓度

1) 氨氮

不同坡面形态和不同 PAM 处理的径流中氨氮浓度随降雨时间的变化曲线如图 5-45 所示。径流中氨氮浓度随降雨时间基本呈产流初期急剧减少之后缓慢递减的趋势。在未施加 PAM 处理凸形坡径流中的氨氮浓度高于直形坡的氨氮浓度，凹形坡和直形坡径流中氨氮浓度差异不明显，但大致为凹形坡的都低于直形坡的。这主要是因为凸形坡的坡度较大的地方在坡面的下半段，在这个位置径流已经累积了一定量，比较容易产生细沟，增加土壤侵蚀作用，使得带入径流中的养分增

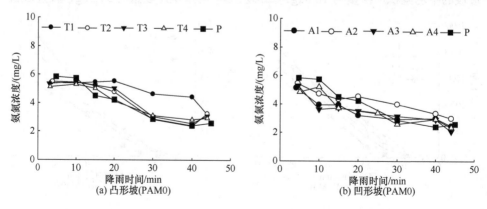

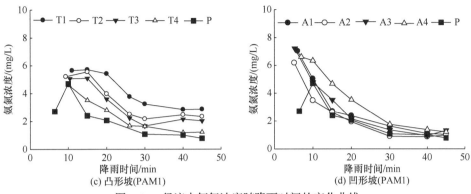

图 5-45 径流中氨氮浓度随降雨时间的变化曲线

多。在坡面施用 PAM 后，不同坡形处理之间径流中氨氮浓度差异更为明显，凸形坡和凹形坡径流中氨氮浓度均大于直形坡。但总体上施加 PAM 后，不同坡面形态处理径流中氨氮浓度均小于未施加 PAM 处理时。

采用完全混合层深度模型(简化为指数函数)，以及基于混合层的质量传递模型(简化为幂函数)的简化模型对试验结果进行拟合，具体拟合参数见表 5-10。两个模型都能较好地拟合各处理试验结果，但凹形坡和直形坡的拟合效果要优于凸形坡。在完全混合层深度模型中，假设表层只有一定厚度的土壤参与径流溶质的交换，由于降雨和土壤特征参数均相同，完全混合深度模型参数 b 只与混合层深度有关，b 值越大混合层深度越小。从数值上看，未施加 PAM 处理时，直形坡的混合层深度小于凸形坡和凹形坡，在施加 PAM 处理后，凹形坡的混合层深度小于凸形坡和直形坡，且在凸形坡面随着凸起程度的增加，坡面混合层深度逐渐减小。整体上施加 PAM 处理的 b 值比未施加 PAM 处理的要大，这表明施加 PAM 能减小坡面混合层深度。从拟合的决定系数可以看出，混合层深度模型更适合模拟在未施用 PAM 条件下不同坡面形态土壤中氨氮向径流中迁移的规律，而质量传递模型比完全混合层深度模型更适合于施加 PAM 时黄土地区的径流中氨氮浓度的模拟。

表 5-10 不同坡形及降雨强度径流氨氮浓度随降雨时间变化过程幂
函数、直属函数模拟参数及决定系数

PAM 施用量 /(g/m²)	坡形	拟合模型 $Y=ae^{-bt}$			拟合模型 $Y=ct^d$		
		a	b	R^2	c	d	R^2
0	T1	6.881	0.011	0.716	7.415	−0.152	0.459
	T2	6.432	0.020	0.800	10.473	−0.333	0.674
	T3	6.388	0.020	0.834	8.927	−0.275	0.689
	T4	5.886	0.017	0.912	8.318	−0.262	0.731

续表

PAM 施用量 /(g/m²)	坡形	拟合模型 $Y=ae^{-bt}$			拟合模型 $Y=ct^d$		
		a	b	R^2	c	d	R^2
0	P	6.682	0.024	0.951	13.662	−0.438	0.889
	A1	4.869	0.015	0.867	7.744	−0.281	0.932
	A2	5.626	0.013	0.949	8.169	−0.235	0.859
	A3	5.004	0.017	0.827	8.560	−0.319	0.828
	A4	5.394	0.019	0.852	9.633	−0.38	0.838
1	T1	7.663	0.024	0.900	26.096	−0.587	0.892
	T2	6.504	0.027	0.734	24.653	−0.645	0.798
	T3	6.368	0.030	0.701	33.783	−0.780	0.796
	T4	6.080	0.040	0.923	47.070	−0.981	0.970
	P	4.606	0.040	0.871	18.930	−0.800	0.803
	A1	7.212	0.047	0.931	42.829	−0.979	0.988
	A2	5.680	0.047	0.870	30.820	−0.951	0.958
	A3	7.175	0.047	0.882	38.707	−0.947	0.954
	A4	9.338	0.048	0.975	58.444	−1.001	0.953

2) 磷酸盐

如图 5-46 所示,径流中磷酸盐浓度随降雨时间呈逐渐减小的规律,且在产流初期减小速率较快。在未施用 PAM 的不同坡形处理中,径流中磷酸盐浓度为凸形坡>直形坡>凹形坡。施加 PAM 处理径流中磷酸盐浓度基本都低于未施用 PAM 处理时,这表明施用 PAM 可以减少坡面磷酸盐随径流的流失。在施加 PAM 处理中,同样,凸形坡径流中磷酸盐浓度高于直形坡和凹形坡,但是直形坡和凹形坡径流中磷酸盐浓度差异不明显。凸形坡径流中磷酸盐浓度高的原因主要还是在凸形坡下半段大坡段容易产生细沟,引起侵蚀加剧,从而导致径流中磷酸盐浓度较大。

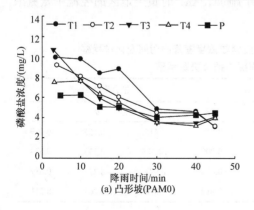
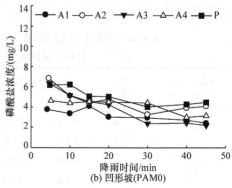

(a) 凸形坡(PAM0)　　　　　　(b) 凹形坡(PAM0)

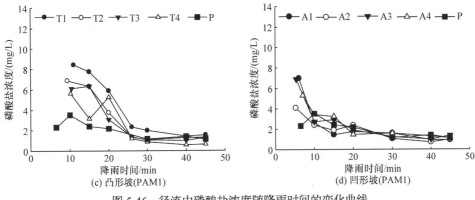

图 5-46　径流中磷酸盐浓度随降雨时间的变化曲线

对于径流中的磷酸盐，同样采用完全混合层深度模型(指数函数)，以及基于混合层的质量传递模型(幂函数)的简化模型对不同处理径流中磷酸盐浓度进行拟合，具体拟合参数和决定系数见表 5-11。从拟合参数 b 的数值上看，施加 PAM 有效减小了混合层深度，且对磷酸盐溶质的混合层深度，凹形坡的混合层深度较凸形坡大。未施加 PAM 处理径流中磷酸盐浓度采用完全混合层深度模型拟合较好，而在施加 PAM 情况下，采用质量传递模型来模拟径流中磷酸盐的浓度较为合适。因此，在预测径流中养分流失时，应根据不同坡面形态、水保措施选择以及养分类型选择合适的模拟模型。

表 5-11　不同坡形及降雨强度径流磷酸盐浓度随降雨时间变化过程幂
函数、直属函数模拟参数及决定系数

PAM 施用量 /(g/m²)	坡形	拟合模型 $Y=ae^{-bt}$			拟合模型 $Y=ct^d$		
		a	b	R^2	c	d	R^2
	T1	12.664	0.029	0.909	22.598	−0.452	0.697
	T2	10.072	0.024	0.950	18.579	−0.407	0.856
	T3	9.416	0.025	0.819	18.204	−0.431	0.930
	T4	8.413	0.022	0.852	13.514	−0.340	0.750
0	P	6.682	0.024	0.951	13.662	−0.438	0.889
	A1	4.048	0.011	0.779	5.232	−0.174	0.637
	A2	5.963	0.012	0.585	9.433	−0.252	0.778
	A3	6.905	0.028	0.937	15.888	−0.508	0.901
	A4	5.199	0.011	0.746	6.757	−0.176	0.542
	T1	15.395	0.058	0.888	334.580	−1.457	0.892
1	T2	9.887	0.054	0.741	157.970	1.334	0.823
	T3	9.448	0.055	0.750	195.670	−1.420	0.844

续表

PAM 施用量 /(g/m²)	坡形	拟合模型 $Y=ae^{-bt}$			拟合模型 $Y=ct^d$		
		a	b	R^2	c	d	R^2
	T4	10.880	0.071	0.840	349.970	−1.688	0.837
	P	3.397	0.025	0.775	8.219	−0.502	0.707
1	A1	4.569	0.039	0.709	23.887	−0.875	0.856
	A2	3.985	0.038	0.858	14.454	−0.742	0.875
	A3	5.170	0.039	0.768	23.261	−0.821	0.911
	A4	5.067	0.037	0.819	23.937	−0.814	0.913

2. 养分流失量

1) 氨氮

如图 5-47 所示，未施加 PAM 处理中累积径流氨氮流失量在凸形坡面最大，其次为凹形坡，直形坡的最小，施加 PAM 处理后减少了凸形坡和直形坡径流氨氮的流失量。对于未施加 PAM 处理组，凸形坡的平均累积径流氨氮流失量为 540mg，凹形坡的平均累积径流氨氮流失量为 420mg，直形坡的为 377mg，凸形

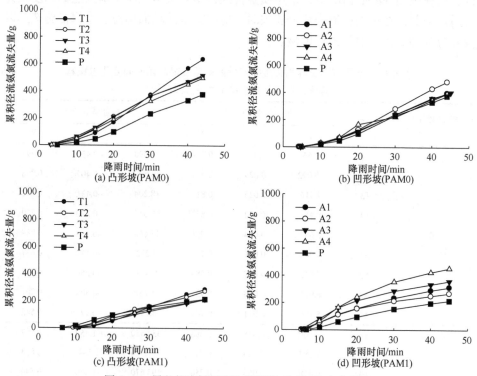

图 5-47　累积径流氨氮流失量随降雨时间的变化曲线

坡和凹形坡的平均累积径流氨氮流失量比直形坡的分别大 43%和 11%。而施用
PAM 后累积径流氨氮量在凸形坡、凹形坡、直形坡分别为247mg、349mg 和219mg,
与未施用 PAM 处理相比都有所降低,但直形坡和凸形坡减小了将近一半,这也
说明施用 PAM 对减少凸形坡和直形坡的径流氨氮流失效果较好。

2) 磷酸盐

不同处理累积径流磷酸盐流失量随降雨时间的变化如图 5-48 所示,在未施
用 PAM 处理中凸形坡的累积径流磷酸盐流失量都大于直形坡和凹形坡,而凹形
坡与直形坡的关系较为复杂,A1 和 A3 处理的累积径流磷酸盐流失量小于直形
坡,其他两个处理与直形坡差异不大,凸形坡平均累积径流磷酸盐流失量为
725mg,比直形坡的增加了 40%,凹形坡平均累积径流磷酸盐流失量为 463mg,
比直形坡的减少了 11%。施用 PAM 处理后,各坡形处理的累积径流磷酸盐流失
量都小于未施加 PAM 处理时,4 个凸形坡的累积径流磷酸盐流失量的平均值为
198mg,4 个凹形坡的累积径流磷酸盐流失量的平均值为 270mg,直形坡的累积
径流磷酸盐流失量的平均值为 225mg,分别较未施用 PAM 处理的减少了 73%、
42%、57%,这说明施用 PAM 对控制径流磷酸盐流失量在凸形坡施用效果最好,
其次为直形坡。

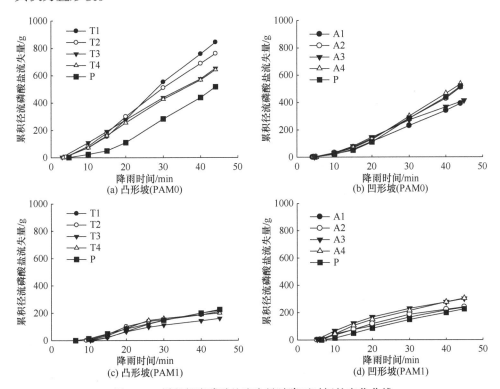

图 5-48　累积径流磷酸盐流失量随降雨时间的变化曲线

5.5.4 径流率、径流含沙率与养分浓度的关系

1. 径流率与养分浓度的关系

如图 5-49 所示，径流氨氮浓度和磷酸盐浓度与径流率的变化趋势一致，都为负相关关系，采用幂函数拟合两种关系相关度较好。这说明径流率可以作为一个特征指标来估算径流中养分的浓度。在径流刚开始时地表土壤的养分浓度较高，而此时径流率较小，另外，在产流初期径流含沙率较大，伴随土壤进入径流的养分也较多，所以在径流率较小时养分浓度较大。随着降雨的持续，径流率进一步增大，表层土壤的养分浓度也逐步降低，因此径流养分浓度逐步降低。

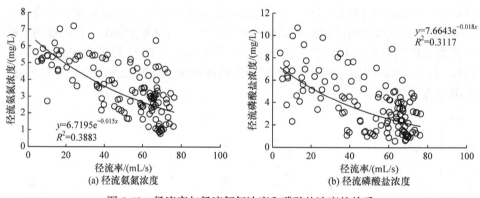

图 5-49　径流率与径流氨氮浓度和磷酸盐浓度的关系

2. 径流含沙率与养分浓度的关系

由于径流含沙率在未施用 PAM 处理和 PAM 处理的差异很大，未施用 PAM 处理和 PAM 处理的径流含沙率和养分浓度的关系如图 5-50 所示。在不同坡面形态条件下，径流含沙率和径流氨氮浓度和磷酸盐浓度的相关性不高。

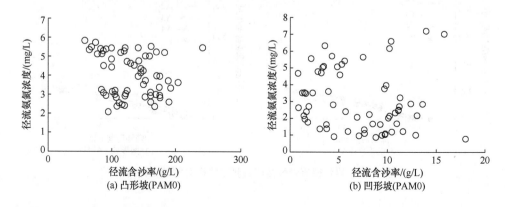

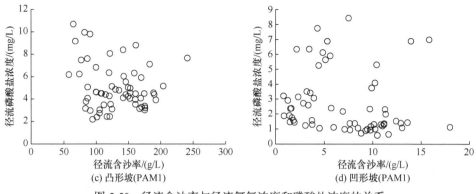

图 5-50　径流含沙率与径流氨氮浓度和磷酸盐浓度的关系

3. 径流率、径流含沙率与养分浓度的关系

对径流率和径流含沙率与径流养分浓度进行回归分析，发现径流养分浓度与径流率和径流含沙率的幂次方呈线性关系。径流养分浓度可以用式(5-5)和式(5-6)表示。

径流氨氮浓度与径流率和径流含沙率的关系为

$$c_N = 8.63 q^{-0.30} s^{0.06}, \quad R^2 = 0.39 \tag{5-5}$$

径流磷酸盐浓度与径流率和径流含沙率的关系为

$$c_P = 0.48 q^{-0.37} s^{0.16}, \quad R^2 = 0.48 \tag{5-6}$$

如图 5-51 所示，径流中氨氮浓度和磷酸盐浓度可以采用式(5-5)和式(5-6)进行描述。径流磷酸盐浓度与径流含沙率关系的幂指数明显大于氨氮浓度与径流含沙率关系的幂指数，说明径流磷酸盐浓度与径流含沙率的相关性大于氨氮浓度与径流含沙率的关系。回归公式在计算 PAM 处理的较小径流氨氮浓度时效果不是很好，导致回归方程相关度较低。

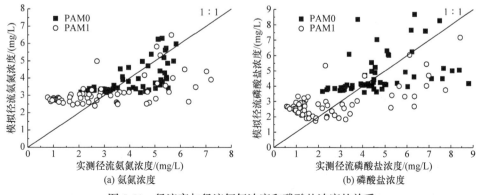

图 5-51　径流率与径流氨氮浓度和磷酸盐浓度的关系

5.5.5 结论

本节通过野外人工模拟降雨，对施加 PAM 后不同坡面形态的坡面降雨产流产沙以及养分流失特性进行了研究，结果表明：

(1) 不同坡面形态下，施加 PAM 能推迟坡面产流时间，并在一定程度范围内减少坡面径流。在凸形坡施加 PAM 减少径流效果最为明显。未施加 PAM 处理中，坡面的产沙量的大小为凸形坡>凹形坡>直形坡，而施加 PAM 后，坡面产沙量的大小大致为直形坡和凸形坡>凹形坡，施加 PAM 有效抑制了凹凸坡在大坡度坡段产生细沟侵蚀，而又会在小坡度坡段进行沉积，从而在凹凸坡面上减少产沙效果更为明显。

(2) 未施加 PAM 处理凸形坡氨氮和磷酸盐流失最多，径流中的浓度最高。施加 PAM 能减少氨氮和磷酸盐随径流的流失，无论有无 PAM 处理，坡面养分流失量的大小大致为凸形坡>凹形坡>直形坡。采用完全混合层深度模型和质量传递模型都能很好地反映坡面养分随径流的流失，但对凹形坡和直形坡的拟合效果要优于凸形坡。完全混合层深度模型在不施加 PAM 时应用在不同坡面形态的养分模拟更为合适，而质量传递模型在 PAM 处理条件应用能更好地模拟坡面土壤养分随径流的迁移。

(3) 通过分析径流率、径流含沙率和径流养分浓度的关系，建立了径流率、径流含沙率与养分浓度的回归方程，并且其计算值也能较好地反映养分浓度的真实值。

参 考 文 献

[1] Vogel H J, Roth K. Quantitative morphology and network representation of soil pore structure[J]. Advances in Water, 2001, 24(3-4): 233-242.

[2] Green V S, Stott D E, Norton L D, et al. Polyacrylamide molecular weight and charge effects on infiltration under simulated rainfall[J]. Soil Science Society of American, 2000, 64(5): 1786-1791.

[3] 员学锋. PAM 的保土、保肥及作物增产效应研究[D]. 杨凌: 西北农林科技大学, 2003.

[4] Agassi M, Shainberg I, Morin J. Effect of electrolyte concentration and soil sodicity on infiltration rate and crust formation[J]. Soil Science Society of America Journal, 1981, 45(5): 848-851.

[5] Sirjacobs D, Shainberg I, Rapp I, et al. Flow interruption effects on intake rate and rill erosion in two soils[J]. Soil Science Society of America Journal, 2001, 65(3): 828-834.

[6] Yu J, Lei T, Shainberg I, et al. Infiltration and erosion in soil treated with dry PAM and gypsum[J]. Soil Science Society of America Journal, 2003, 67(2): 630-636.

[7] 雷廷武, 袁普金, 詹卫华, 等. PAM 及波涌灌溉对水分入渗影响的微型水槽试验研究[J]. 土壤学报, 2004, 41(1): 140-143.

[8] Lentz R D. Inhibiting water infiltration with polyacrylamide and surfactants applications for

irrigated agriculture[J]. Journal of Soil and Water Conservation, 2003, 58(5): 290-300.

[9] 杨永辉, 武继承, 赵世伟, 等. PAM 的土壤保水性能研究[J]. 西北农林科技大学学报(自然科学版), 2007, 35(12): 120-124.

[10] Sojka R E, Lentz R D. Reducing furrow irrigation erosion with polyacrylamide(PAM)[J]. Journal of Production Agriculture, 1997, 10(1): 47-52.

[11] 陈渠昌, 雷廷武, 李瑞平, 等. PAM 对坡地降雨径流入渗和水力侵蚀的影响研究[J]. 水利学报, 2006, 37(11): 1920-1926.

[12] 张淑芬. 坡耕地施用聚丙烯酰胺防止水土流失试验研究[J]. 水土保持科技情报, 2001, (2): 8-19.

[13] Abrol V, Shainberg I, Lado M, et al. Efficacy of dry granular anionic polyacrylamide(PAM) on infiltration, runoff and erosion[J]. European Journal of Soil Science, 2013, 64(5SI): 699-705.

[14] 朱元骏, 邵明安. 含砾石土壤降雨入渗过程模拟[J]. 水科学进展, 2010, 21(6): 779-787.

第6章 土壤保水剂控释水肥及其对水肥利用的影响

6.1 试验材料与方法

6.1.1 保水剂吸释水肥性能的测试方法

1. SAP 吸释水性能试验

1) 试验材料

供试保水剂为法国爱森公司、北京汉力淼新技术有限公司生产的聚丙烯酰胺-丙烯酸钾交联共聚物，试验前对保水剂干胶颗粒进行筛分处理，分三个粒级>3.0mm、2.0～3.0mm、1.0～2.0mm。供试化学药剂为北京化学试剂公司生产的 NaCl、$CO(NH_2)_2$、KCl、NH_4Cl、$ZnCl_2$、$CaCl_2$、$MgCl_2$，供试水为中国科学院半导体研究所纯水站实验用去离子水。

2) 试验方法

采用一价阳离子盐分和尿素配制 0.02mol/L、0.04mol/L、0.08mol/L 三种溶液浓度，二价阳离子配制 0.01mol/L、0.02mol/L、0.04mol/L 三种溶液浓度，设置去离子水为对照，采用筛网过滤法，称取 1g 保水剂，分别以 1min、2min、4min、8min 的时间间隔(以后均以 8min 为时间间隔)进行过滤，称量保水剂凝胶质量，吸水倍率计算如式(6-1)所示：

$$S = (W_t - W_d) / W_d \tag{6-1}$$

式中，S 为吸水倍率；W_t 为 t 时刻的保水剂凝胶质量；W_d 为保水剂干胶质量。当相对吸水速率低于 0.0005g/(g·min)时试验停止，相对吸水速率的计算如式(6-2)所示：

$$V_{Rt} = (W_{t+1} - W_t) / (\Delta t \times W_t) \tag{6-2}$$

式中，V_{Rt} 为相对吸水速率；Δt 为时间增量。

2. SAP 吸释肥性能试验

1) 试验材料

采用北京汉力淼新技术有限公司生产的保水剂，主要成分为交联聚丙烯酰胺，0.9%NaCl 吸收量小于等于 50g/g。分别选用 0.8～1.6mm、1.6～3.5mm 和 3.5～

5.0mm 三种粒径。测定保水剂吸水倍率溶液选用磷酸二氢铵($NH_4H_2PO_4$)，选配溶液浓度分别为 0.02mol/L、0.04mol/L、0.08mol/L。试验设置 4 个重复，分别测定不同时刻、不同粒径的保水剂在不同浓度的溶液中反复溶胀的吸水倍率、离心保水率与离心滤液浓度的变化过程。

　　2) 试验方法

　　(1) 离心保水率。定义某转速离心一定时间后，保水剂吸水量与其溶胀平衡时吸水量的比值为其离心保水率。称取各处理充分溶胀后的保水剂凝胶放置于离心盒中，利用 CR22N 型高速离心机，在 20℃恒温下，分别在 1000r/min、2000r/min、…、11000r/min 的转速下各离心 1h 后称量。为与保水剂在农业中实际应用情况相结合，将离心机转速(r/min)换算为土壤吸力(cm)，计算公式如式(6-3)所示：

$$h = \frac{\rho_w \omega^2}{2g}(r_1^2 - r_2^2) \tag{6-3}$$

式中，h 为土壤吸力(压力水头)，cm；ρ_w 为水密度，取 $1g/cm^3$；ω 为角速度，rad/s；g 为重力加速度，取 $980cm/s^2$；r_1 为离心机轴心到离心盒中心径向距离，实测为 7.1cm；r_2 为离心机轴心到离心盒底部径向距离，实测为 4.5cm。

　　设定不同离心机转速对应土壤吸力情况见表 6-1。

表 6-1　不同离心机转速与土壤吸力对照

转速/(r/min)	角速度/(rad/s)	土壤吸力/cm	土壤吸力/MPa
1000	105	169	0.02
2000	209	674	0.07
3000	314	1517	0.15
4000	419	2697	0.27
5000	523	4214	0.42
6000	628	6069	0.61
7000	733	8260	0.83
8000	837	10789	1.08
9000	942	13655	1.37
10000	1047	16857	1.69
11000	1151	20398	2.04

　　保水剂某一时刻离心保水率计算公式为

$$Y = (m_3 - m_1)/(m_2 - m_1) \times 100\% \tag{6-4}$$

式中，Y 为离心保水率，%；m_1 为初始状态的保水剂的质量；m_2 为吸水饱和状态的保水剂的质量；m_3 为某一转速(土壤吸力)离心后保水剂水凝胶剩余质量，g。

(2) 离心滤液浓度。分别收集不同转速下的离心滤液，利用 Alliance Futura 流动分析仪测定滤液中 NH_4^+-N、PO_4^{3-}-P 的浓度。

6.1.2　保水剂微观形态结构及其分形特征的研究方法

1. 试验材料

试验选取了三种目前国内应用最为广泛的聚丙烯酸钠型(KH 型)、聚丙烯酰胺型(HLM 型)、聚丙烯酰胺-丙烯酸钾交联共聚物型(AS 型)聚合物类高吸水树脂产品。KH 型高吸水树脂选用河北省保定市科瀚树脂有限公司生产的科瀚 98 型高吸水树脂(它是一种对作物无毒、可生物降解、pH 中性的高分子聚合物)进行脱钠处理。HLM 型高吸水树脂选用北京汉力淼新技术有限公司生产的聚丙烯酰胺型高吸水树脂。AS 型高吸水树脂选用法国爱森公司的 STOCKOSORB 系列 KL 型高吸水树脂，为丙烯酰胺与丙烯酸钾盐共聚物。三种产品的结构式如图 6-1 所示，采用溶液聚合法进行样品制备，试验前进行筛分处理，分成小于 1mm、1～2mm、2～3mm、大于 3mm 四个粒级，选用粒径为 2～3mm 颗粒。

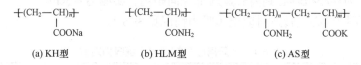

(a) KH型　　　　　(b) HLM型　　　　　(c) AS型

图 6-1　三种高吸水树脂的结构式

供试化学药剂为北京化学试剂公司生产的 KCl、NaCl、$CaCl_2$、$FeCl_3$、$FeCl_2$，供试水为北京屈臣氏蒸馏水有限公司生产的试验用去离子水。

2. 测试方法

1) 溶胀特征曲线

配制 0.01mol/L $CaCl_2$、$FeCl_3$、$FeCl_2$ 溶液，0.02mol/L NaCl 及 KCl 溶液，并设置去离子水作为对照。称取 1.00g 的高吸水树脂，放入溶液中吸水溶胀，分别以 1min、3min、8min 的时间间隔(以后均以 8min 为时间间隔)进行过滤，采用筛网(100 目)过滤法。称量高吸水树脂吸水凝胶质量，得到高吸水树脂在不同时刻的吸水倍率。吸水倍率与相对吸水速率的计算分别如式(6-1)和式(6-2)所示。

反复吸释水特征曲线则是将达到吸水溶胀平衡后的水凝胶，装入直径 120mm 培养皿中，再置于 60℃烘箱之中，在恒温条件下加热释水直至保水剂凝胶质量减少至 8.00g±0.50g 取出，以免释水殆尽破坏其网络结构，如此吸水、释水再吸水反复循环五次。

2) 内部微观形态结构扫描

设备选用日立 S-3500N 环境扫描电镜和 FEI Quanta 200 环境扫描电镜。AS 型、KH 型两种高吸水树脂干胶颗粒喷镀 Au 层后，置于 FEI Quanta 200 环境扫描电镜观察台上，在高真空条件下观察，加速电压为 30kV。HLM 型高吸水树脂干胶颗粒直接置于日立 S-3500N 环境扫描电镜观察台上扫描，加速电压为 4.6kV，真空度小于 1Pa。用刀片切取高吸水树脂水凝胶中间部分，置于日立 S-3500N 环境扫描电镜观察台上，迅速进行扫描、观察。为了减小误差，实际测试时，采用随机方法对每一个试样表面任意选取 5 个测试区域，然后对这 5 个测试区域分别进行测试，获得 5 个 SEM 图片，由于图片获取不可避免地存在对比度不明显及偏光的问题，故先将每张图片转换成 8 级灰度图，经过对比度及偏光等图像处理。

3. 孔隙网络边界分形及分形维数

分形几何以自然界和非线性系统中大量出现的不光滑、不规则的几何形体为研究对象，旨在定量描述不宜采用经典欧氏几何描述的复杂形体。分形维数定量描述了分形的复杂程度，是描述分形的特征量。主要对高吸水性树脂水凝胶内部结构中孔隙截面边界的分形维数进行分析，采用小岛法进行计算。小岛法是根据测度关系求分形维数的方法。Mandelbrot 指出：

$$\alpha_D(\varepsilon) = \frac{L^{1/D}(\varepsilon)}{A^{1/2}(\varepsilon)} \tag{6-5}$$

式中，L 为孔隙周长；A 为孔隙面积；D 为分形维数；$\varepsilon = \eta / L_0$，其中 η 为绝对测量尺度，L_0 为初始图形的周长；在固定尺度 η 的情况下，$\alpha_D(\varepsilon)$ 为常数，$\alpha_D(\varepsilon)$ 只与选择的尺度有关，而与图形的大小无关。对式(6-5)两边取对数得

$$\lg L(\varepsilon) = D \lg \alpha_D(\varepsilon) + \frac{D}{2} \lg A(\varepsilon) = C + \frac{D}{2} \lg A(\varepsilon) \tag{6-6}$$

式中，C 为常数。在高吸水树脂水凝胶电镜图片中分别测量每个孔隙的周长和面积，面积和周长的双对数绘图所得斜率的 2 倍即分形维数 D。运用 Image-Pro 软件对各个二值化处理后的 SEM 图片进行测试分析，测试计算出各试样表面各个孔隙面积、周长。

6.1.3 保水剂对土壤物理性质影响及时效性的研究方法

1. SAP 对土壤物理性质的时效性

1) 试验材料

供试土壤来自于北京市昌平区的大辛峰果园，土质属于砂壤土，取 20~60cm 土层的土壤，土壤容重为 1.44g/cm³，土壤呈中性(pH=7)，饱和质量含水率为

21.72%。

供试聚丙烯酸钠(sodium polyacrylate)，采用河北省保定市科瀚树脂有限公司生产的科瀚98，外观为白色颗粒，粒径小于0.02mm。

供试PAM采用北京汉力淼新技术有限公司生产的BJ201-S型SAP，外观为白色颗粒，粒径小于0.02mm。

试验用水使用去离子水。

2) 试验方法

试验地点在中国农业大学土壤物理实验室，试验进行约180天(2005年11月1日～2006年5月29日)。试验采用两种SAP常水分条件和同种SAP变水分条件的方法，同时与未施加SAP的土壤进行对比，施加SAP的土壤中SAP的施用量为SAP与干土的质量比为1∶2000，具体试验布置见表6-2。

表6-2 试验布置

试验处理	SAP类型	土壤水分条件
1	聚丙烯酰胺	60%～100%的砂壤土田间持水率
2	聚丙烯酸钠	60%～100%的砂壤土田间持水率
3	聚丙烯酸钠	100%的砂壤土田间持水率
CK	—	—

试验中将土壤装于圆柱形容器，按照实地土壤的容重1.44g/cm³压实，容器由PVC制成(直径 d=250mm)，底部密封，顶部敞开，土层厚度 h=60cm。常水分条件的试验处理(田间持水率为100%)使用保鲜膜覆盖，然后用松紧带固定，并用凡士林密封。变水分条件的试验处理(田间持水率为60%～100%)顶部敞口，采用称重法观测土壤水分，待水分接近于田间持水率60%时进行灌水，使含水率达到田间持水率。所有土柱均置于室内，室内平均温度25℃。每隔15天取土柱测定一次土壤参数，每个试验处理3个重复。对照区只测定一次土壤参数。饱和含水率采用室内环刀法测定，饱和导水率采用常水头法测定，扩散率采用水平土柱法测定。

3) 土壤饱和导水率 K_s 的测定

使用饱和导水率测定仪专用环刀采集原状土，土壤饱和后，以固定水头高差向土壤供水，当出水稳定后，根据达西定律方程计算：

$$q = K_s \frac{\Delta H}{L} \tag{6-7}$$

得

$$K_s = \frac{L}{\Delta H} q = \frac{Q}{At} \cdot \frac{L}{\Delta H} \tag{6-8}$$

式中，q 为水流通量；K_s 为土壤饱和导水率；ΔH 水头高差，cm；L 为土样高度，cm；Q 为水的出流量；A 为土样断面积，cm^2；t 为时间，min。

4）非饱和土壤水分扩散率 $D(\theta)$ 的测定

非饱和土壤水分扩散率是重要的土壤水分运动参数之一，它是指单位含水率梯度下通过单位面积的水流通量。扩散率是土壤含水率 θ 或基质势 φ_m 的函数，如式(6-9)所示，式中 $K(\theta)$ 为非饱和土壤导水率。D-θ 函数关系必须通过试验测定。本书采用水平土柱吸渗法测定非饱和土壤水分扩散率：

$$D(\theta) = \frac{K(\theta)}{C(\theta)} = K(\theta) \Big/ \frac{\mathrm{d}\theta}{\mathrm{d}\varphi_m} \tag{6-9}$$

做一个厚度较小(小于 10cm)的水平土柱，组合长度为 100cm 左右，密度均匀，且有均匀的初始含水率，并使水分在土柱中做水平运动，忽略重力作用，作为一维水分流动的微分方程和定解条件为

$$\frac{\partial \theta}{\partial t} = \frac{\partial}{\partial x}\left[D(\theta)\frac{\partial \theta}{\partial x}\right] \tag{6-10}$$

$$\theta = \theta_a, \quad x > 0, \quad t = 0 \tag{6-11}$$

$$\theta = \theta_b, \quad x = 0, \quad t > 0 \tag{6-12}$$

式(6-11)为初始条件，即土柱有均匀的初始含水率 θ_a。式(6-12)为进水端的边界条件，即土柱始端边界含水率始终保持在 θ_b(接近饱和含水率)。方程(6-10)在上述定解条件下，求出其解析解，即可得出 $D(\theta)$ 的计算公式。该方程为非线性偏微分方程，求解比较困难。采用 Boltzmann 变换，可将其转化成常微分方程求解。解出 $D(\theta)$ 的计算公式为

$$D(\theta) = -\frac{1}{2}\frac{\mathrm{d}\lambda}{\mathrm{d}\theta}\int_{\theta_a}^{\theta_b}\lambda\mathrm{d}\theta \tag{6-13}$$

式中，λ 为 Boltzmann 变换的参数，$\lambda = xt^{-1/2}$。进行水平土柱吸渗试验时，在 t 时刻测出土柱的含水率分布，并计算出各个 x 点的 λ 值，就可以绘制出 $\theta = f(\lambda)$ 关系的试验曲线，由此曲线可求出相应于不同 θ 值的 $\dfrac{\mathrm{d}\theta}{\mathrm{d}\lambda}$ 值，应用式(6-13)，可以计算出 $D(\theta)$。最后得出 $D(\theta)$ 和 θ 的关系曲线，拟合曲线得出关系式。

试验在用有机玻璃制成的水平土柱吸渗试验槽中进行，土柱为圆柱形，内径 5cm，每节长 5cm，共 19 节，壁厚 0.5cm，总长度为 95cm，试验装置如图 6-2 所示。

为保证土柱均匀，密度一致，试验之前，先将扰动土样放在试验大厅进行自然风干、破碎和过筛(孔径 2mm)，并取土样用烘干法测定其初始含水率。进水端

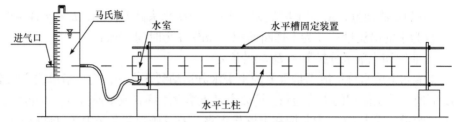

图 6-2　水平土柱试验装置示意图

水室采用马氏瓶供水,将马氏瓶进气口位置进行调节,使其与土柱中央位置在同一水平线上,即不允许水头高差的存在。土壤入渗时只靠土壤本身的吸力,固定马氏瓶位置,然后开启马氏瓶发泡开关和出水口开关,并记录时间,不断观察湿润锋的前进情况,待湿润锋前进到整个土柱的 4/5 左右时停止供水,记录结束时间,并从湿润锋开始迅速取土,测定土柱含水率分布。

2. 含 SAP 土壤吸水及产生孔隙改变的研究

1) 试验材料

供试土壤来自北京市大兴区水电中心试验点和中国农业大学东区试验区,土质分别属于砂壤土和壤土,取 20～60cm 土层的土壤,土壤呈中性(pH=7)。

对供试的两种土样进行粒径分析,按照美国土壤分类法对供试土壤进行分类,结果见表 6-3。

表 6-3　土壤颗粒特征

土样编号	颗粒质量分数/%			土壤质地	土壤容重 /(g/cm³)
	黏粒(<2μm)	粉粒(2～50μm)	砂粒(50～2000μm)		
大兴区水电中心 试验点	7.96	39.47	52.57	砂壤土	1.49
中国农业大学东 区试验区	9.95	46.74	43.31	壤土	1.55

供试 SAP 采用河北省保定市科瀚树脂有限公司生产的科瀚 98,外观为白色颗粒,粒径小于 0.02mm。容器为 PVC 圆筒,外径 250mm,内径 239～240mm,高约 80mm。

2) 试验方法

SAP 与干土的质量比分别为 1∶5000、1∶2000、1∶1000、1∶500。土壤(质量)含水率 θ 以 0.1 为起点,增加幅度为 0.05,增加至土体不再膨胀为止(即 0.1、0.15、0.2、0.25、0.3、0.35、0.4、0.45、0.5、…),试验布置见表 6-4。

表 6-4 试验布置

土壤类型	SAP 与干土的质量比	土壤(质量)含水率/(g/g)			
	1∶5000				
砂壤土	1∶2000				
	1∶1000	0.1	0.15	0.2	…
	1∶500				
	1∶5000				
壤土	1∶2000				
	1∶1000	0.1	0.15	0.2	…
	1∶500				

3) 试验步骤

根据不同土壤中土的重量配比 SAP，按表 6-4 中试验布置进行配比并搅拌均匀，按土壤原状土容重压实，每个容器装土 40mm。按照不同的含水率计算土壤的用水，使用滴头向容器中均匀滴水，直至达到规定的土壤(质量)含水率，用薄膜覆盖，防止蒸发。静止放置 24h 后，用环刀法测定其容重，通过对容重的测定推算孔隙率，试验设置 3 个重复，并即时称取重量，计算出湿重，然后将其放入烘箱中烘干，再次称取其干重，求出干容重和土壤含水率，如此反复。

6.1.4 保水剂对土壤水分运动过程影响的研究方法

供试土壤取自北京市庞各庄，保水剂为爱森保水剂。

滴灌点源入渗的自制设备如图 6-3 所示，供水滴头位于土壤表面，间距为 60cm，滴头流量分别为 2.2L/h、3.4L/h 和 4.0L/h。保水剂与土的混合比为 0.6%。时域反射仪(time domain reflectometer，TDR)探头的水平间距 15cm，垂直层距 15cm。在土槽上方设计了两个风扇，以增加灌水后的土壤水分蒸发。入渗开始后，用秒表计时，TDR 监测土壤含水率，监测时间间隔为 10min，并按照先密后疏的原则观测土壤湿润体水平方向和垂直方向的入渗距离随时间变化过程，定时描绘不同入渗时刻所对应的湿润锋的位置和形状。

面源入渗的自制装置如图 6-4 所示，土箱长×宽×高为 100cm×30cm×120cm，一面为透明 PVC 材料，用于观察湿润锋，其他面为不透明 PVC。土箱进水口位于土层上方 3cm 处，出水口位于土层上方 2cm 处，为 2cm 定水头入渗。装土过程中，在土箱中部预埋中子仪，在土箱底部铺设 20cm 厚的砂滤层，向上依次为 20cm 土层、20cm 保水剂与土壤拌和层，厚 20cm。保水剂有大于 3mm、2~3mm、1~2mm 三种粒径，保水剂干胶与土混合的重量比为 0.1%。保水剂在去离子水中溶胀充分后，在自然条件下风干表面的水分，然后与土层混合。水分入渗开始后，用秒表计时，每 8min 用记号笔记录湿润锋运移及马氏瓶水量变化，用量筒测土箱尾部的出流量，一直到湿润锋运移到砂滤层，停止试验。在蒸发过程中，用电扇加速蒸发，每隔 5 天，在 17:00 用中子仪测土壤含水率，每隔 10 天用土钻分层取土，用烘干法标定中子仪读数。

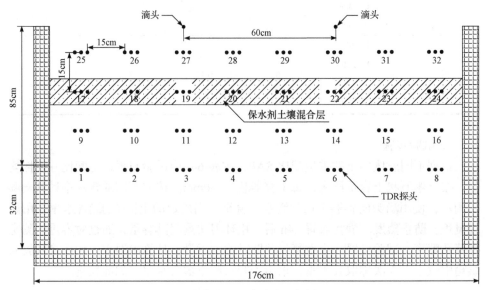

图 6-3　滴灌点源入渗试验设备剖面图

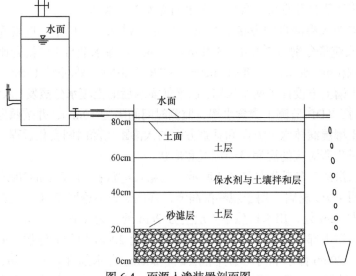

图 6-4　面源入渗装置剖面图

6.1.5　保水剂作用下土壤一维垂直入渗动态模拟的研究方法

1. 试验材料

该试验采用河北省保定市科瀚树脂有限公司生产的科瀚 98 型 SAP，外观为白色颗粒，粒度为 40 目，该产品化学成分为进行脱钠处理的聚丙烯酸钠 SAP。供试土壤取自北京市昌平区大辛峰果园，取 20～60cm 土层的土壤。选择四个土样，用激光粒度仪进行颗粒分析，按美国土壤分类法，供试土壤的分类结果见表 6-5。

表 6-5　激光衍射土壤颗粒特征

土壤类型	颗粒质量分数/%		
	黏粒(<2μm)	粉粒(2～50μm)	砂粒(50～2000μm)
砂壤土	8.46	37.43	54.11

2. 试验方法

试验采用土柱试验，历时 4 个月(2005 年 11 月 1 日～2006 年 3 月 1 日)。土柱使用 SAP 和土壤的均匀混合物，SAP 与干土的质量比为 1：5000。土壤与 SAP 的混合物放入土柱中，土柱尺寸使用矩形 PVC 制成(长×宽×高=30cm×20cm×60.5cm)，混合物厚度 h=60cm，按照实地土壤的容重(1.44g/cm³)压实，并测定混合物的初始扩散率。

用 TDR 测定土壤水分，并将土壤水分控制在原状土壤田间持水率的 60%～90%，待水分接近 60%田间持水率时进行灌水。

每隔 15 天进行一次土壤入渗测定。测定前将土壤烘干，按照原容重装入容器后，进行入渗试验研究，同时测定土壤的扩散率。根据测定的扩散率 $D(\theta)$ 拟合出施入 SAP 后土壤的 $D(\theta,T)$，同时根据时间 T=0、30、60、90、120(单位为天)的入渗数据和土壤的扩散率 $D(\theta,T)$，推求相应时段的 $K(\theta)$，然后拟合出 $K(\theta,T)$，代入入渗公式：

$$\frac{\partial \theta}{\partial t} = \frac{\partial}{\partial z}\left[D(\theta,T)\frac{\partial \theta}{\partial z}\right] - \frac{\partial K(\theta,T)}{\partial z} \tag{6-14}$$

式(6-14)是施用 SAP 后土壤入渗的一般表示形式，用此公式对时间 T=15、45、75、105(单位为天)的入渗试验进行模拟，并对试验结果进行分析比较，验证模型。试验中对未施加 SAP 的土壤也进行了土壤入渗研究。

3. 数据采集

土壤水分采用 TDR 进行观测。入渗研究时，每 0.5h 测定一次土壤水分分布。扩散率采用水平土柱法测定。

6.1.6 保水剂与氮磷肥配施对玉米生长及养分吸收的研究方法

避雨桶栽试验于 2016 年 6～10 月在中国农业大学通州试验站日光温室进行。供试玉米品种为郑单 958(属高产、稳产、紧凑型中熟玉米杂交种)。供试土壤取自试验站日光温室南侧空地耕层 0～20cm 土壤，为粉质黏壤土(砂粒、粉粒、黏粒质量分数分别为 26.45%、60.57%、12.98%)，容重为 1.4g/cm³，田间持水率为 27.46%。土壤全氮含量为 0.49g/kg，全磷含量为 0.61g/kg，有机质含量为 4.17g/kg，碱解氮含量为 52.4mg/kg，有效磷含量为 4.6mg/kg，速效钾含量为 63.6mg/kg，pH 为 8.7，土壤肥力属于 V 级水平。土壤经风干、剔除植物残体后过 2mm 筛备用。供试保水剂购自北京汉力淼新技术有限公司，白色透明颗粒，主要成分为交联聚丙烯酰胺，在去离子水中溶胀平衡后吸水倍率为 597g/g，0.9% NaCl 吸收量≤50g/g，粒径为 0.8～1.6mm。

在相同保水剂施用量 1.68g/盆前提下，试验设置 5 种不同的氮磷肥配比(N 与 P 质量比为 1∶4、2∶3、1∶1、3∶2、4∶1)，以不施保水剂为对照 CK(N 与 P 质量比为 1∶1)，共计 6 个处理，每个处理 8 个重复。各处理布置详见表 6-6。保水剂播前与 10～15cm 的土壤均匀混合。氮肥品种为尿素(N 质量分数为 46.4%)，分别在播前(基施)和抽穗期(随水追施)按照 1∶1 施入土壤，磷肥为过磷酸钙(P_2O_5 质量分数为 18%)，钾肥为硫酸钾(K_2O 质量分数为 52%)，磷钾肥为基肥，考虑实际大田施用情况，基肥播前与 0～20cm 土壤均匀混合后一次性施入。采用塑料盆装土(上、下底内径和高分别为 29cm、37cm 和 40cm)，每盆装干土 48.10kg(填土容重为 1.4g/cm³)。为保证良好的通气条件，在每盆底部均匀设置 3 个 2cm 的通气孔与碎石反滤层(图 6-5)。

表 6-6 夏玉米桶栽试验处理 (单位：g/盆)

处理	因素			
	SAP 施用量	施氮量	施磷量	施钾量
CK	0	2.89	2.89	2.31
T1	1.68	1.16	4.62	2.31
T2	1.68	2.31	3.47	2.31
T3	1.68	2.89	2.89	2.31
T4	1.68	3.47	2.31	2.31
T5	1.68	4.62	1.16	2.31

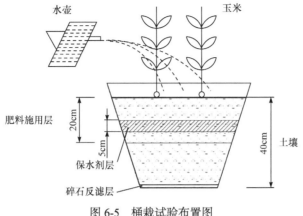

图 6-5 桶栽试验布置图

夏玉米于 2016 年 6 月 29 日播种，10 月 29 日收获，生育期 123 天。每盆播种 5 粒玉米种子，7 月 7 日(三叶期)间苗至 2 株均匀的小苗。试验期间每 6～7 天利用称重法控水，保持轻微的干旱胁迫(田间持水率为 65%～75%)。

在玉米生长过程中每 7 天测定各处理株高、叶面积变化情况。生育期内共进行 4 次破坏性取样，取样时间分别为拔节期(8 月 26 日)、抽穗期(9 月 5 日)、灌浆期(10 月 9 日)和成熟期(10 月 29 日)。取样时，玉米沿土壤表面剪断，地上部烘干后测定其干重、植株中全氮和全磷的含量，地下部分 0～10cm、10～15cm 和 15～40cm 分层测定土壤中无机氮(NH_4^+-N、NO_2^--N)、有效磷含量。

株高、叶面积采用卷尺、游标卡尺测量计算；土壤无机氮含量采用连续流动分析仪测定。参照《土壤农化分析》：植株全氮含量采用 H_2SO_4-H_2O_2 蒸馏法测定；植株全磷含量采用 H_2SO_4-H_2O_2 钒钼黄分光光度法测定；土壤中有效磷含量采用碳酸氢钠法测定。

6.2 保水剂的吸释水肥特性

6.2.1 保水剂在不同植物营养离子溶液中的吸水特性

1. 保水剂吸水曲线

图 6-6 为不同粒径保水剂颗粒在去离子水中的溶胀特征曲线。从图中可以看出，保水剂粒径越小，达到溶胀平衡的时间越短。粒径为 1～2mm 的保水剂颗粒仅需要 15min 左右就能达到溶胀平衡，2～3mm 粒径保水剂需要 140min 左右，大于 3mm 粒径的保水剂则需要 200min。原因在于相同质量下，粒径越小，表面积

越大，与水的接触面积也就越大，致使小粒径保水剂颗粒在 15min 左右就能迅速溶胀，达到饱和，大粒径颗粒在初始迅速吸水，表层溶胀，内层则形成一层"夹心层"，阻止水分的进一步进入，致使吸水速率下降。

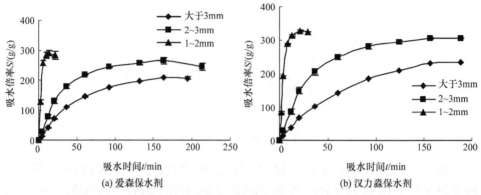

(a) 爱森保水剂　　　　　(b) 汉力淼保水剂

图 6-6　不同粒径保水剂颗粒在去离子水中的溶胀特征曲线

图 6-7～图 6-12 为不同粒径保水剂颗粒在同浓度(0.02mol/L)、不同阳离子溶液中的溶胀特征曲线。从图中可以看出，尿素对保水剂颗粒的吸水速率几乎无影响，而离子溶液的影响则较大，且二价离子的影响要强于一价离子。其原因在于尿素是分子型肥料，溶液中无离子，致使保水剂溶胀几乎不受影响，但是由于溶液中仍会存在少量离子，所以会有微小影响。在离子溶液，尤其是在高价离子溶液中，离子的"屏蔽"作用更强烈，阻碍网络结构的舒展，致使保水剂的溶胀性能显著下降。

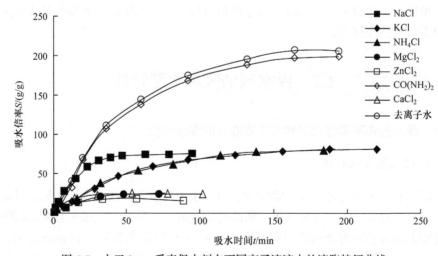

图 6-7　大于 3mm 爱森保水剂在不同离子溶液中的溶胀特征曲线

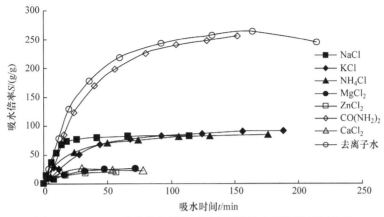

图 6-8　2～3mm 爱森保水剂在不同离子溶液中的溶胀特征曲线

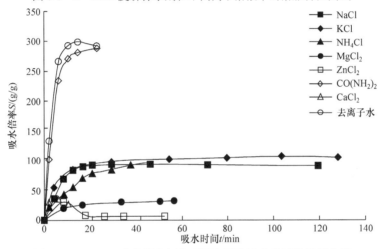

图 6-9　1～2mm 爱森保水剂在不同离子溶液中的溶胀特征曲线

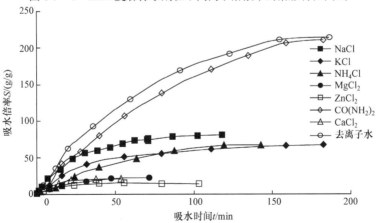

图 6-10　大于 3mm 汉力森保水剂在不同离子溶液中的溶胀特征曲线

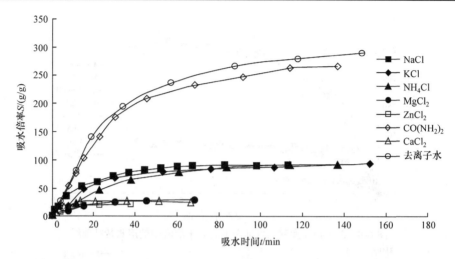

图 6-11　2～3mm 汉力淼保水剂在不同离子溶液中的溶胀特征曲线

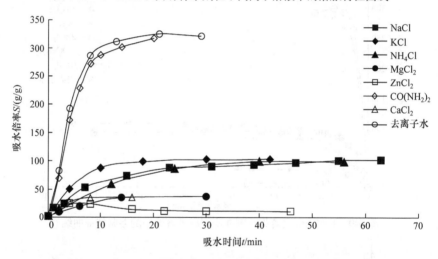

图 6-12　1～2mm 汉力淼保水剂在不同离子溶液中的溶胀特征曲线

大于 3mm 保水剂颗粒在不同浓度 NaCl 溶液和 CaCl₂ 溶液中的溶胀特征曲线分别如图 6-13 和图 6-14 所示。从图中可以看出，溶液中阳离子浓度对保水剂溶胀性能的影响显著。当 Na⁺浓度为 0.02mol/L 时，溶胀性能已经受到很大影响，当浓度进一步增大时，降低梯度与 0～0.02mol/L 降低程度相比有所减缓。在 Ca²⁺浓度为 0.01mol/L 时，溶胀性能已经大为降低，当浓度进一步增大时，降低梯度与 0～0.01mol/L 降低程度相比有所减缓。其他粒径保水剂在其他离子溶液中也呈现出相同的性质。这些变化说明保水剂溶胀对离子非常敏感，很小的离子浓度就会对其产生较大影响，当浓度进一步增大时，下降趋势变缓。

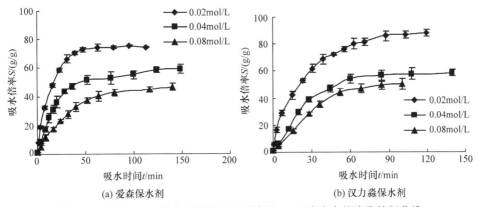

图 6-13 大于 3mm 保水剂颗粒在不同浓度 NaCl 溶液中的溶胀特征曲线

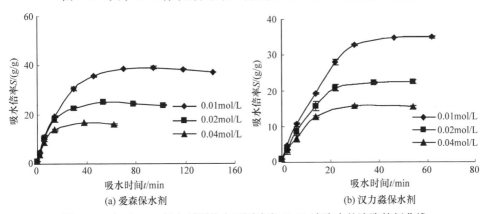

图 6-14 大于 3mm 保水剂颗粒在不同浓度 CaCl₂ 溶液中的溶胀特征曲线

2. 保水剂吸水溶胀的相变过程

图 6-15～图 6-18 给出了粒径 1～2mm 保水剂在 CaCl₂、ZnCl₂ 溶液(浓度为

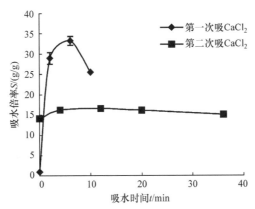

图 6-15 1～2mm 爱森保水剂在 0.02mol/L CaCl₂ 溶液中的溶胀特征曲线

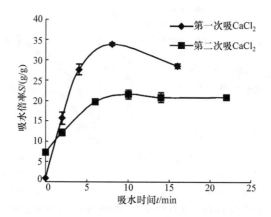

图 6-16　1～2mm 汉力淼保水剂在 0.02mol/L CaCl₂ 溶液中的溶胀特征曲线

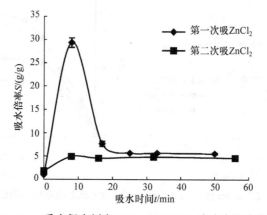

图 6-17　1～2mm 爱淼保水剂在 0.02mol/L ZnCl₂ 溶液中的溶胀特征曲线

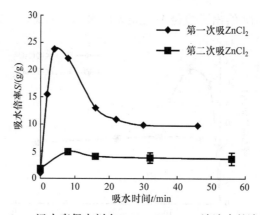

图 6-18　1～2mm 汉力淼保水剂在 0.02mol/L ZnCl₂ 溶液中的溶胀特征曲线

0.02mol/L)中出现的体积相变情况,即溶胀达到一定水平后,吸水倍率急剧减少。可能原因是:保水剂粒径很小,表面积大,因此瞬间吸水膨胀,Zn^{2+}、Ca^{2+}的半径与其他阳离子相比比较大,水合作用小,正电荷受水分子的屏蔽作用小,对凝胶网络上的负离子基团的吸引力较大,抑制了凝胶网络的扩张,甚至致使膨胀的凝胶网络收缩,即发生了体积相变现象。而大颗粒的保水剂由于含有的高分子量多,凝胶网络的抵抗能力强,所以不会出现相变现象。这提醒人们,在施用保水剂时,一定要避免小粒径保水剂施用在含有 Zn^{2+}、Ca^{2+}的环境中。

3. 保水剂饱和吸水倍率及其影响因素

影响保水剂吸水能力的因素主要包括吸水材料的种类、组成、分子量、交联度、环境温度、离子溶液类型、离子溶液浓度、pH等。本次试验主要考虑室温条件下离子溶液类型、离子溶液浓度以及保水剂粒径三种因素对保水剂饱和吸水倍率的影响,统计结果见表 6-7。从表中可以看出,离子溶液对保水剂饱和吸水倍率的影响顺序为去离子水<$CO(NH_2)_2$<KCl<NaCl<NH_4Cl<$MgCl_2$<$CaCl_2$<$ZnCl_2$,阳离子对保水剂吸水倍率的影响达极显著水平,二价阳离子对保水剂吸水倍率的影响远高于一价阳离子。随着离子溶液浓度增加,保水剂吸水倍率降低,保水剂吸水倍率迅速递减的离子浓度区间位于 0~0.02mol/L。另外,从表中还可以看出,无论在去离子水中还是在离子溶液中,均呈现出相同的规律,即保水剂颗粒越小,平衡吸水倍率越大,且差异达显著水平。其实,相同材料、工艺制成的保水剂颗粒,粒径应该只会对溶胀速率产生影响,而不会影响平衡吸水倍率。出现这种差异的原因主要是测试手段的缺陷。不同粒径的吸水倍率不同,这对于保水剂溶胀性能评价无疑会造成极大的阻碍。

表 6-7 保水剂的吸水倍率实测值

溶液类型	浓度/(mol/L)	吸水倍率实测值(爱森保水剂)/(g/g)			吸水倍率实测值(汉力森保水剂)/(g/g)		
		>3mm	2~3mm	1~2mm	>3mm	2~3mm	1~2mm
去离子水	—	208.36	264.26	288.92	254.20	310.61	327.90
NaCl	0.02	75.60	82.52	90.51	88.16	96.32	101.78
	0.04	59.50	62.01	68.57	58.97	65.13	71.39
	0.08	48.04	51.32	58.57	51.59	53.28	61.04
KCl	0.02	81.58	92.13	103.19	73.91	98.92	103.26
	0.04	59.64	64.43	76.80	57.49	73.65	78.37
	0.08	41.04	51.33	68.77	49.02	59.55	65.36
NH_4Cl	0.02	79.93	85.20	92.34	73.28	96.84	99.50
	0.04	57.26	63.62	68.57	54.12	66.42	73.22
	0.08	40.32	45.63	51.49	32.95	43.76	55.47

溶液类型	浓度 /(mol/L)	吸水倍率实测值(爱森保水剂)/(g/g)			吸水倍率实测值(汉力森保水剂)/(g/g)		
		>3mm	2~3mm	1~2mm	>3mm	2~3mm	1~2mm
$CO(NH_2)_2$	0.02	207.16	262.16	284.76	252.14	309.72	325.14
	0.04	204.36	258.35	277.03	248.74	303.93	318.68
	0.08	200.67	252.68	262.38	237.34	290.56	302.68
$ZnCl_2$	0.01	29.64	31.91	49.44	30.39	33.86	40.17
	0.02	17.92	20.89	29.39	16.61	22.04	23.80
	0.04	11.78	12.82	11.08	9.70	12.73	17.23
$CaCl_2$	0.01	39.05	40.07	52.10	34.94	43.69	43.37
	0.02	24.96	25.46	33.21	22.49	28.07	34.12
	0.04	16.60	19.58	20.38	15.69	20.16	21.10
$MgCl_2$	0.01	30.80	37.12	44.25	32.99	41.17	48.26
	0.02	24.09	26.51	30.21	24.45	30.35	36.59
	0.04	16.07	18.42	21.24	17.30	21.54	25.91

6.2.2　保水剂吸水能力测试及评价方法

针对上述问题，本节提出一种保水剂溶胀性能测试的新方法，即通过合理的测试工具，确定合理的控制要素点，并联合保水剂溶胀动力学模型计算其理论最大吸水能力。

1. 保水剂溶胀性能测试方法及模型

保水剂的溶胀是一个复杂的过程，通常包括三个连续的过程：首先水分子进入凝胶内部；然后凝胶中高分子链发生松弛；最后整个高分子链在水中伸展，凝胶网络溶胀。干胶溶胀初期($M_t / M_\infty \leqslant 60\%$)的动力学过程可用式(6-15)进行描述：

$$(W_t - W_d) / (W_{max} - W_d) = kt^n \tag{6-15}$$

式中，W_{max}为凝胶达到溶胀平衡的湿胶质量；k为网络结构参数；t为溶胀时间；W_d为干胶质量；W_t为t时刻的湿胶质量。n为溶胀特征指数：①当$n \leqslant 0.5$时，水的扩散满足 Fickian 模型；②当$n \geqslant 1.0$时，属大分子链松弛扩散过程；③当$0.5 < n < 1.0$时，水的扩散属于 non-Fickian 扩散，扩散速率与大分子链松弛速率相当。对式(6-15)两边求对数，则可得

$$\ln[(W_t - W_d) / (W_{max} - W_d)] = \ln k + n \ln t \tag{6-16}$$

对式(6-16)经线性回归，由斜率得n。

凝胶扩散速率可用 Scott 二阶溶胀动力学模型进行描述:

$$\frac{\mathrm{d}W_t}{\mathrm{d}t} = K(W_{\max} - W_t)^2 \tag{6-17}$$

式中, K 为速度常数。

经过变换, 式(6-17)可变为

$$\frac{\mathrm{d}W_t}{K(W_{\max} - W_t)^2} = \mathrm{d}t \tag{6-18}$$

在积分范围[0, t]和[0, W_t]内对式(6-18)进行积分, 得

$$\int_0^{W_t} \frac{\mathrm{d}W_t}{K(W_{\max} - W_t)^2} = \int_0^t \mathrm{d}t \tag{6-19}$$

则

$$\frac{1}{W_{\max} - W_t} - \frac{1}{W_{\max}} = Kt \tag{6-20}$$

即

$$W_t = Kt(W_{\max} - W_t)W_{\max} \quad \text{或} \quad W_t = KW_{\max}^2 t - KW_{\max}W_t t \tag{6-21}$$

令 $K = 1/(AW_{\max}^2)$, $B = 1/W_{\max}$, 则式(6-21)可变为

$$W_t = \frac{t}{A} - \frac{BW_t t}{A} \quad \text{或} \quad AW_t = t - BW_t t \tag{6-22}$$

则保水剂凝胶溶胀度的倒数与溶胀时间的关系可转变为

$$t/W_t = A + Bt \tag{6-23}$$

这里的 A 和 B 是两个常数, 它们的物理意义解释如下: 在一个相当长的溶胀时间内, 若 $Bt \gg A$, 则有 $B = 1/W_t = 1/W_{\max}$, 即它是凝胶达到溶胀平衡时吸水量的倒数。相反, 在一个很短的时间内, 若 $A \gg Bt$, 则 $\lim\limits_{t \to 0}(\mathrm{d}W_t/\mathrm{d}t) = 1/A$, 通过回归分析, 则截距 A 为零。

对式(6-23)求导, 即

$$\mathrm{d}[t/(A + Bt)] = \mathrm{d}W_t \tag{6-24}$$

则

$$\frac{\mathrm{d}W_t}{\mathrm{d}t} = \frac{A}{(A + Bt)^2} \tag{6-25}$$

式(6-25)与式(6-18)是等价的, 则说明吸水速率仅为吸水时间的函数。

2. 保水剂吸水动力学过程模拟

图6-19～图6-24为运用Scott二阶动力学模型对不同粒径保水剂在去离子水、NaCl溶液及CaCl₂溶液中溶胀过程进行模拟的结果。从图中可以看出，该模型能较理想地对保水剂溶胀过程进行模拟，相关性较高。模拟直线方程斜率的倒数为保水剂理论最大吸水倍率，在排除试验误差的条件下，不同粒径保水剂颗粒的理论最大吸水倍率相等，即粒径对其最大吸水倍率无影响。另外，从前面的分析可知，模拟直线方程常数项的倒数为保水剂颗粒的初始溶胀速率。从图中还可以看出，粒径越小，初始溶胀速率越大，即颗粒小的溶胀快。这也与实际情况相符，因为相同质量的保水剂，粒径越小，表面积越大，与水的接触面积也就越大，吸水越快。另外，值得注意的是，1～2mm粒径的保水剂颗粒在CaCl₂溶液中，在几分钟内迅速吸水溶胀达到平衡而发生相变现象，致使数据点太少而无法用该模型进行模拟。因此，这里只对较大颗粒的溶胀过程进行了模拟。在ZnCl₂溶液中

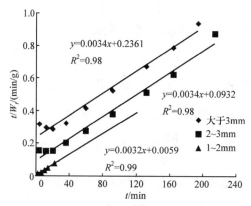

图6-19　爱森保水剂在去离子水中的溶胀模拟(Scott二阶动力学模型)

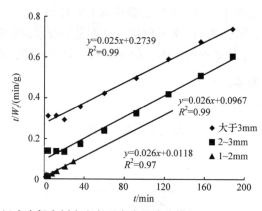

图6-20　汉力森保水剂在去离子水中的溶胀模拟(Scott二阶动力学模型)

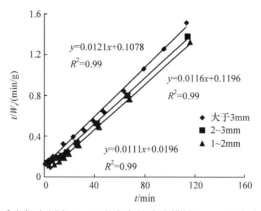

图 6-21　爱森保水剂在 NaCl 溶液中的溶胀模拟(Scott 二阶动力学模型)

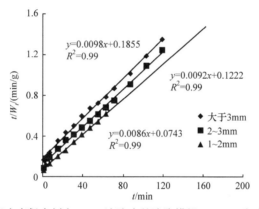

图 6-22　汉力森保水剂在 NaCl 溶液中的溶胀模拟(Scott 二阶动力学模型)

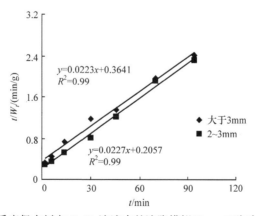

图 6-23　爱森保水剂在 CaCl₂ 溶液中的溶胀模拟(Scott 二阶动力学模型)

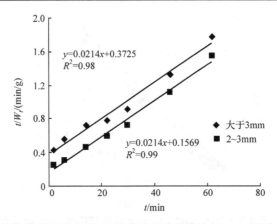

图 6-24　汉力森保水剂在 CaCl$_2$ 溶液中的溶胀模拟(Scott 二阶动力学模型)

也出现了同样情况。

　　图 6-25～图 6-30 为运用 Fickian 模型对保水剂在去离子水及 NaCl、CaCl$_2$ 溶液中的吸水过程进行模拟，发现保水剂的溶胀特征指数 n 都在 0.5～1.0，遵循 non-Fickian 模型，说明水分子的扩散速率与聚合物网络的松弛速率基本在同一个数量级或溶剂的扩散速率大于聚合物网络的松弛速率，保水剂溶胀是水分子运动与保水剂分子网络结构向溶剂中扩散共同作用的结果。与前面一样，1～2mm 粒径保水剂在 CaCl$_2$ 溶液中由于数据点太少无法模拟。在 ZnCl$_2$ 溶液中也出现了同样的情况。

　　采用 Fickian 模型及 Scott 二阶动力学模型对不同粒径保水剂颗粒在其他溶液中溶胀的模拟结果见表 6-8。从表中可以看出，两种模型模拟决定系数(R^2)都在 0.9 以上，进而证实了两种模型描述保水剂吸水溶胀过程的可行性。另外，在各种溶液中都显示出粒径对保水剂最大溶胀能力影响很小，可以忽略不计。且离子溶液

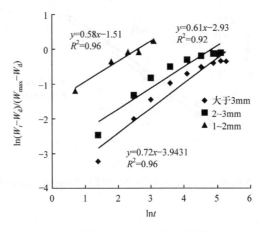

图 6-25　爱森保水剂在去离子水中的溶胀模拟(Fickian 模型)

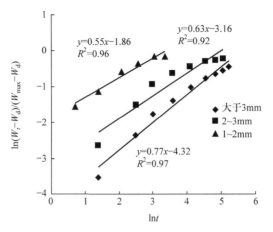

图 6-26　汉力淼保水剂在去离子水中的溶胀模拟(Fickian 模型)

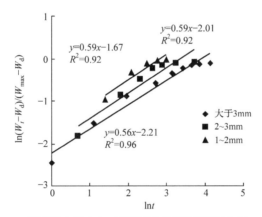

图 6-27　爱森保水剂在 NaCl 溶液中的溶胀模拟(Fickian 模型)

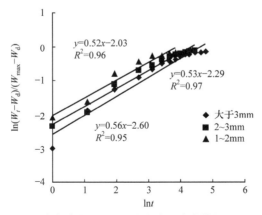

图 6-28　汉力淼保水剂在 NaCl 溶液中的溶胀模拟(Fickian 模型)

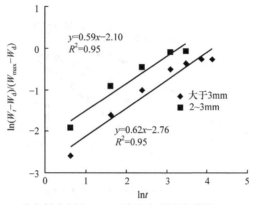

图 6-29 爱森保水剂在 CaCl₂ 溶液中的溶胀模拟(Fickian 模型)

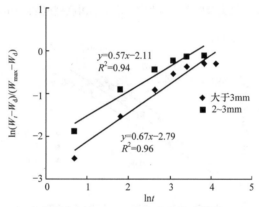

图 6-30 汉力森保水剂在 CaCl₂ 溶液中的溶胀模拟(Fickian 模型)

对保水剂饱和吸水倍率的影响顺序为去离子水$<CO(NH_2)_2<KCl<NaCl<NH_4Cl<MgCl_2<CaCl_2<ZnCl_2$。从表中还可以看出，在各种溶液中均体现出小颗粒的初始溶胀速率高于大颗粒，且不同溶液中的溶胀速率也存在较大差别。尿素中的溶胀速率最大，其次是 KCl、NH₄Cl，而在 MgCl₂、ZnCl₂ 溶液中则急剧降低，几乎停滞，这也与离子对吸水倍率的影响规律一致。另外，虽然两种保水剂的不同粒径颗粒在溶胀过程中的溶胀特征指数都在 0.5～1.0，满足 non-Fickian 扩散过程，但汉力森保水剂普遍比爱森保水剂要大，且溶胀特征指数越来越接近于 1，说明汉力森保水剂的溶胀过程更倾向于大分子网络扩散。究其原因，可能是汉力森保水剂中的凝胶体交联密度低于爱森保水剂，网络结构更易于向溶液中舒展、扩散。

表 6-8　不同粒径保水剂的理论最大吸水倍率

溶液类型	粒径/mm	爱森保水剂					汉力森保水剂				
		吸水特征			溶胀特征指数		吸水特征			溶胀特征指数	
		1/B	1/A	R^2	n	R^2	1/B	1/A	R^2	n	R^2
KCl	—	109.89	7.68	0.99	0.59	0.93	90.09	2.30	0.99	0.61	0.96
	2~3	108.70	3.48	0.99	0.68	0.95	113.64	4.13	0.99	0.60	0.95
	1~2	105.26	52.91	0.99	0.65	0.92	103.64	10.32	0.98	0.65	0.94
NH_4Cl	>3	114.94	1.60	0.98	0.62	0.93	138.89	1.38	0.95	0.95	0.98
	2~3	105.19	9.78	0.99	0.56	0.93	128.21	3.17	0.98	0.98	0.93
	1~2	107.58	38.34	0.97	0.63	0.94	117.54	12.58	0.96	0.96	0.94
$CO(NH_2)_2$	>3	287.74	3.66	0.98	0.82	0.92	395.47	4.75	0.97	0.97	0.95
	2~3	292.53	18.57	0.98	0.77	0.93	389.60	15.83	0.96	0.96	0.93
	1~2	298.44	92.44	0.97	0.61	0.93	400.53	79.88	0.97	0.97	0.96
$ZnCl_2$	>3	23.92	1.10	0.99	0.57	0.98	27.01	2.62	0.99	0.99	0.93
	2~3	26.53	1.46	0.98	0.52	0.96	29.50	2.46	0.98	0.98	0.92
	1~2	—	—	—	—	—	—	—	—	—	—
$MgCl_2$	>3	35.34	1.22	0.96	0.67	0.91	35.09	1.24	0.99	0.99	0.93
	2~3	35.84	1.17	0.94	0.77	0.94	42.02	1.49	0.95	0.95	0.93
	1~2	34.01	2.35	0.92	0.92	0.94	39.68	6.56	0.96	0.96	0.92

注：溶液的浓度为 0.02mol/L；1/B 表示理论最大吸水倍率，g/g，1/A 表示初始溶胀速率，g/(g·min)。

　　结合表 6-7 和表 6-8 可知，实测值和模拟值都呈现出盐分类型、浓度对保水剂吸水倍率的影响规律相同，即去离子水<$CO(NH_2)_2$<KCl<NaCl<NH_4Cl<$MgCl_2$<$CaCl_2$<$ZnCl_2$，吸水倍率递减浓度区间在 0~0.02mol/L，再次验证了该模型的正确性。但在各种相同的盐分溶液中，模拟值显著大于实测值，且在实测值中，小颗粒的吸水倍率也比大颗粒的高。从图 6-25~图 6-30 的 Fickian 模型模拟效果来看，模型在模拟后期，实测值低于模拟值，各溶液中情况相同。造成上述现象的原因在于保水剂在溶胀过程中存在溶解现象。作者对试验结束后干胶质量进行称量，发现质量均有不同程度的减小，见表 6-9。

表 6-9　试验结束后保水剂干重

溶液类型	浓度/(mol/L)	爱森保水剂/g			汉力森保水剂/g		
		>3mm	2~3mm	1~2mm	>3mm	2~3mm	1~2mm
去离子水	0.00	0.68	0.64	0.66	0.62	0.72	0.62

溶液类型	浓度/(mol/L)	爱森保水剂/g			汉力淼保水剂/g		
		>3mm	2~3mm	1~2mm	>3mm	2~3mm	1~2mm
CaCl₂	0.01	0.81	0.78	0.71	0.84	0.83	0.78
	0.02	0.81	0.79	0.74	0.82	0.83	0.82
	0.04	0.81	0.80	0.73	0.84	0.85	0.83
CO(NH₂)₂	0.02	1.04	1.06	1.08	1.00	1.04	0.92
	0.04	1.32	1.40	1.40	1.16	1.34	1.46
	0.08	1.88	2.10	1.10	1.48	1.78	1.60
NH₄Cl	0.02	0.71	0.69	0.65	0.76	0.71	0.68
	0.04	0.73	0.68	0.66	0.76	0.72	0.69
	0.08	0.75	0.71	0.67	0.77	0.74	0.71
NaCl	0.02	0.82	0.83	0.80	0.87	0.84	0.82
	0.04	0.90	0.83	0.89	0.88	0.93	0.92
	0.08	0.92	0.84	0.89	0.87	0.93	0.94
KCl	0.02	0.85	0.83	0.81	0.76	0.83	0.76
	0.04	0.82	0.80	0.79	0.82	0.77	0.89
	0.08	0.81	0.76	0.81	0.80	0.88	0.84

上述情况说明，保水剂在溶胀过程中：一方面水还未扩散到保水剂内核，三维网络结构还未完全扩展开；另一方面，外表的保水剂分子可能已经转变为凝胶，分散到溶剂中成为溶液。因此，根据分子量及网络结构计算出来的保水剂的理论最大吸水倍率在实际操作中是得不到的，实测所得都不是保水剂的最大吸水能力。在尿素溶液中，试验结束后保水剂干重却增加了，可能原因是保水剂吸附了大量的尿素，也从一个侧面说明了保水剂和尿素混合施用是一种较佳的保水型缓释肥耦合方式。

6.2.3　保水剂释水特征研究

对于保水剂，吸水能力很重要，释水能力对其应用效果也同样重要。为此，将不同粒径保水剂在不同植物营养离子溶液中溶胀平衡后，置于内径 120mm 培养皿中，在 60℃恒温条件下，每两小时称重一次，研究其在加热条件下的释水特性，结果如图 6-31 和图 6-32 所示。从图 6-31 中可以看出，保水剂前期释水较均匀，后期每小时的释水量逐渐降低，趋于稳定。可能是前期释放的是吸持的自由水，后期开始释放结合水。爱森保水剂在去离子水及一价阳离子盐溶液中每小时释水 3.3g±0.2g，汉力淼保水剂则为 4g±0.4g，说明爱森保水剂的持水性比汉力淼保水剂强；在二价阳离子盐溶液中基本都在 2.3g±0.1g，说明二价阳离子的吸持增

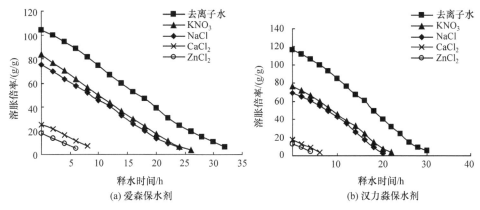

图 6-31　大于 3mm 保水剂颗粒在不同盐溶液中的释水特征曲线

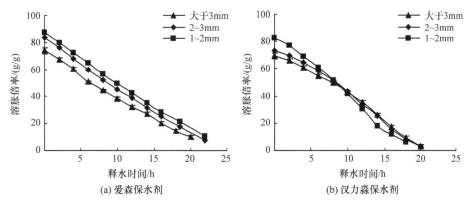

图 6-32　不同粒径保水剂颗粒吸持 0.02mol/L KCl 溶液后的释水特征曲线

强了保水剂的持水性能。

从图 6-32 中可以看出，对于不同粒径的保水剂，颗粒越大，持水性越强。原因是颗粒越大，水分受到保水剂三维网络结构的作用力越大，释出的路径越长，导致释水相对困难。这里仅研究了保水剂在加热条件下的释水特性，保水剂在其他条件下，尤其在土壤中，在根系作用下的释水特性还需要进一步的研究，这对于保水剂效能的发挥具有极其重要的意义。

6.2.4　保水剂释肥特征研究

1. 离心保水率

保水剂的保水性能是指其内部的亲水结构和水分子相互作用的强度，也就是保持水分不被离析的能力。保水剂的吸水和失水特性共同决定了其保水能力。由图 6-33 可以看出，保水剂吸持水分的能力随转速(土壤吸力)的增大不断减小。随

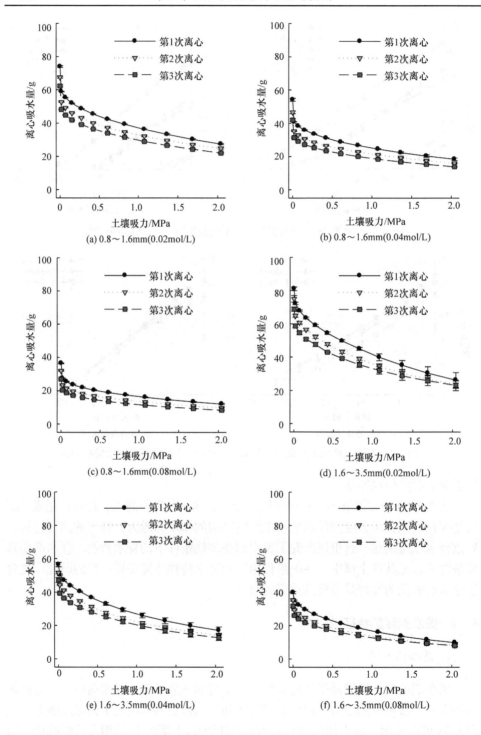

(a) 0.8～1.6mm(0.02mol/L)

(b) 0.8～1.6mm(0.04mol/L)

(c) 0.8～1.6mm(0.08mol/L)

(d) 1.6～3.5mm(0.02mol/L)

(e) 1.6～3.5mm(0.04mol/L)

(f) 1.6～3.5mm(0.08mol/L)

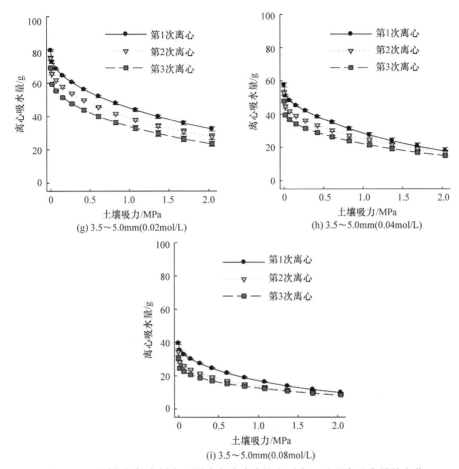

(g) 3.5～5.0mm(0.02mol/L)　　　　(h) 3.5～5.0mm(0.04mol/L)

(i) 3.5～5.0mm(0.08mol/L)

图 6-33　不同粒径保水剂在不同浓度溶液中饱和后离心过程中吸水量的变化

转速(土壤吸力)增加每小时的释水量逐渐降低，在 1000r/min 转速下(土壤吸力为 0.02MPa)离心 1h 能够释出较多的水分，在 2000～11000r/min 转速(土壤吸力为 0.07～2.04MPa)下释水速率较 1000r/min(土壤吸力为 0.02MPa)明显降低。对累积释水量进行方差分析和多重比较(p<0.05)发现，其随溶液浓度、离心次数增加显著降低；在粒径方面由大到小依次为 1.6～3.5mm、3.5～5.0mm、0.8～1.6mm。

　　对保水剂每次离心后最终离心保水率(表 6-10)进行方差及 Duncan 多重比较(p<0.05)分析可知，保水剂粒径、溶液浓度对其离心保水率有显著影响；保水率在粒径方面的影响由大到小整体表现为 0.8～1.6mm、3.5～5.0mm、1.6～3.5mm，在浓度方面的影响由大到小表现为 0.02mol/L、0.04mol/L、0.08mol/L，与离心次数并未表现出显著差异。结合释水量变化规律，1.6～3.5mm 保水剂相较其他两种粒径释水效果更优。

表 6-10 最终离心保水率试验结果

粒径/mm	溶液浓度/(mol/L)	离心保水率/%		
		第1次离心	第2次离心	第3次离心
0.8~1.6	0.02	$(37.15\pm0.28)^{Aab}$	$(36.78\pm0.72)^{Aa}$	$(35.45\pm0.93)^{Ba}$
	0.04	$(34.09\pm1.51)^{Abc}$	$(34.32\pm0.87)^{Aab}$	$(33.04\pm0.66)^{Aab}$
	0.08	$(33.31\pm1.08)^{Ac}$	$(30.91\pm0.47)^{Bc}$	$(30.92\pm0.98)^{Bb}$
1.6~3.5	0.02	$(32.48\pm5.67)^{Ac}$	$(31.56\pm3.55)^{Abc}$	$(33.68\pm4.67)^{Aab}$
	0.04	$(30.12\pm2.79)^{Ac}$	$(27.32\pm2.13)^{Ad}$	$(26.89\pm2.94)^{Ac}$
	0.08	$(24.59\pm0.30)^{Ad}$	$(23.31\pm0.99)^{Ae}$	$(25.20\pm1.75)^{Ac}$
3.5~5.0	0.02	$(40.66\pm1.83)^{Aa}$	$(37.07\pm2.56)^{Ba}$	$(34.05\pm2.25)^{Bab}$
	0.04	$(30.84\pm2.94)^{Ac}$	$(32.09\pm2.40)^{Abc}$	$(31.60\pm1.34)^{Ab}$
	0.08	$(25.07\pm0.29)^{Bd}$	$(25.67\pm1.32)^{Bde}$	$(27.52\pm1.26)^{Ac}$

注：不同大写字母表示同一行处理间差异显著($p<0.05$)，不同小写字母表示同一列处理间差异显著($p<0.05$)。

2. 离心滤液养分浓度变化

由图 6-34(图中 S1、S2、S3 分别代表 0.8~1.6mm、1.6~3.5mm、3.5~5.0mm 粒径的保水剂；C1、C2、C3 分别代表 0.02mol/L、0.04mol/L、0.08mol/L 浓度的 $NH_4H_2PO_4$ 溶液；F1、F2、F3 分别代表第 1 次、第 2 次、第 3 次溶胀后的离心过

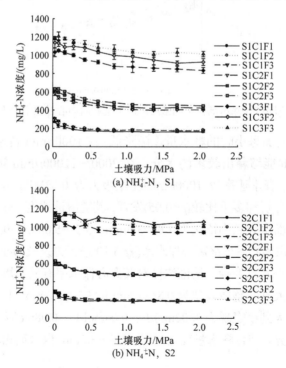

(a) NH_4^+-N，S1

(b) NH_4^+-N，S2

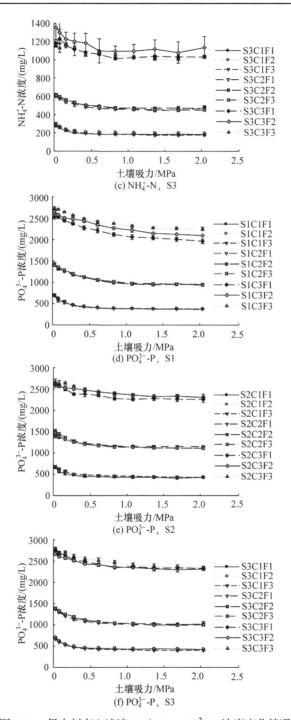

图 6-34　保水剂离心滤液 NH_4^+-N 、PO_4^{3-}-P 浓度变化情况

程)可以看出，保水剂离心释水滤液中 NH_4^+-N 、 PO_4^{3-}-P 的浓度与其吸水溶液浓度成比例增长，且随着转速(土壤吸力)的增大，离心滤液浓度呈逐渐减小的趋势。低转速(土壤吸力)下保水剂离心滤液的浓度相对较大，这说明在低转速(土壤吸力)条件下，保水剂能够释放更多的养分离子，在转速(土壤吸力)逐渐增大时，保水剂释放的离子浓度呈下降趋势。

对离心过程滤液平均离子浓度进行方差分析发现，保水剂粒径、溶液浓度与离心次数均对其有显著影响($p<0.05$)。进一步通过 Duncan 多重比较($p<0.05$)可知，离心滤液中 NH_4^+-N 浓度随粒径与吸水溶液浓度增加显著增加；与离心次数关系由大到小整体表现为第 2 次离心、第 3 次离心、第 1 次离心，但后两次离心过程差异不显著。离心滤液中 PO_4^{3-}-P 浓度随吸水溶液浓度增加显著增加，与粒径关系由大到小整体表现为 1.6～3.5mm、3.5～5.0mm、0.8～1.6mm，但两种大粒径之间差异不显著；与离心次数关系由大到小整体表现为第 3 次离心、第 2 次离心、第 1 次离心，但前两次离心过程差异不显著。

表 6-11 反映了保水剂离心滤液 NH_4^+-N 、 PO_4^{3-}-P 总累积量的变化情况，结合方差分析，保水剂粒径、吸水溶液浓度与离心次数均会对离心滤液中 NH_4^+-N 、 PO_4^{3-}-P 总累积量产生显著影响($p<0.05$)。由 Duncan 多重比较($p<0.05$)进一步分析可知，离心滤液中 NH_4^+-N 总累积量随保水剂吸水溶液浓度的增加显著增加；在粒径方面整体表现为 1.6～3.5mm>3.5～5.0mm>0.8～1.6mm，但两种较大粒径之间差异不显著；在离心次数方面整体表现为第 1 次离心>第 2 次离心>第 3 次离心，但前两次离心之间差异不显著。离心滤液中 PO_4^{3-}-P 总累积量随吸水溶液浓度增加显著增加，随离心次数增加显著减少；在粒径方面表现为 1.6～3.5mm>3.5～5.0mm>0.8～1.6mm。综上所述，1.6～3.5mm 粒径保水剂较其他两种粒径而言在同样条件下能够释放更多的养分离子。

6.2.5　结论

针对目前保水剂溶胀性能测试方法混乱，且对其溶胀性能无评价指标的情况，通过查阅大量关于其溶胀性能测试方法的文献，并结合自身系统试验，得出以下结论：

(1) 运用 Scott 二阶动力学模型对保水剂的吸水溶胀过程进行模拟，依据模型参数计算出保水剂的理论最大吸水能力。结果表明，粒径对理论最大吸水能力无影响。通过对比模拟值与实测值，两者都表现出相同的离子影响规律，即去离子水<$CO(NH_2)_2$<KCl <$NaCl$ <NH_4Cl <$MgCl_2$ < $CaCl_2$< $ZnCl_2$。这从一个侧面证明了模型的正确性。通过试验结束后测量干胶质量，发现其质量减少，证明保水剂在溶

表 6-11　保水剂离心滤液 NH_4^+-N、PO_4^{3-}-P 总累积量的变化情况

粒径/mm	溶液浓度/(mol/L)	NH_4^+-N 总累积量/mg			PO_4^{3-}-P 总累积量/mg		
		第 1 次离心	第 2 次离心	第 3 次离心	第 1 次离心	第 2 次离心	第 3 次离心
0.8~1.6	0.02	(9.73±0.16)[Bg]	(10.30±0.17)[Ae]	(9.72±0.39)[Bh]	(23.65±0.22)[Af]	(22.88±0.30)[Bh]	(21.43±0.74)[Ch]
	0.04	(17.88±0.52)[Ae]	(16.43±0.62)[Bd]	(15.85±0.38)[Bf]	(43.38±1.13)[Ad]	(36.78±1.23)[Bf]	(34.15±0.95)[Cf]
	0.08	(23.64±0.50)[Ac]	(23.73±0.79)[Ab]	(21.13±0.57)[Bc]	(56.91±1.35)[Ab]	(54.57±1.48)[Bc]	(47.68±1.39)[Cc]
1.6~3.5	0.02	(11.54±1.01)[Af]	(11.72±0.57)[Ae]	(10.77±0.94)[Ag]	(26.89±2.59)[Ae]	(26.38±1.42)[Ag]	(24.59±2.00)[Ag]
	0.04	(20.79±0.23)[Ad]	(19.63±0.49)[Bc]	(18.69±0.69)[Cd]	(50.35±0.98)[Ac]	(46.71±1.08)[Bd]	(43.69±1.76)[Cd]
	0.08	(29.93±0.62)[Ab]	(29.72±0.37)[Aa]	(25.54±0.37)[Ba]	(72.26±1.95)[Aa]	(67.13±0.96)[Ba]	(59.70±1.15)[Ca]
3.5~5.0	0.02	(9.85±0.47)[Ag]	(10.98±0.87)[Ae]	(10.06±0.63)[Agh]	(23.89±1.12)[Af]	(25.09±1.75)[Agh]	(22.92±1.02)[Agh]
	0.04	(20.05±0.75)[Ad]	(19.09±1.02)[Ac]	(17.34±0.40)[Bc]	(44.73±1.09)[Ad]	(41.99±2.04)[Bc]	(38.77±1.02)[Ce]
	0.08	(32.46±0.90)[Aa]	(30.83±4.09)[Aa]	(24.22±0.88)[Bb]	(73.92±1.85)[Aa]	(63.56±5.18)[Bb]	(57.04±2.52)[Cb]

注: 不同大写字母表示同一行同一处理间差异显著($p<0.05$), 不同小写字母表示同一列同一处理间差异显著($p<0.05$)。

胀过程中存在溶解现象，溶解导致模拟值大于实测值，并且在实测值中，粒径对吸水倍率影响显著。上述情况均表明在实测过程中，得到的吸水倍率值并非保水剂的理论最大吸水倍率，且这是在试验中得不到的。通过上述测试方法、控制因素及 Scott 二阶动力学模型完全可以对保水剂的溶胀性能进行测试与评价，这无疑有助于推动保水剂产品性能评价的标准化进程和生产应用推广。

(2) 利用 Fickian 模型对保水剂溶胀过程中的水分扩散过程进行模拟，发现水分向大分子内的扩散过程属于 non-Fickian 过程，即保水剂溶胀是水分子向大分子内部扩散与大分子网络向溶剂中舒展扩散共同作用的结果。另外，由于汉力森保水剂中凝胶体交联结构不及爱森保水剂，内部三维网络结构更易于向溶剂中扩散，表现出溶胀特征指数明显大于爱森保水剂，并且有向大分子网络松弛扩散过程演变的趋势。

(3) 保水剂在 60℃ 恒温条件下，前期释水均匀，每小时释水为 3～4g，大颗粒的保水性强于小颗粒。

(4) 保水剂释水时滤液中 NH_4^+-N、PO_4^{3-}-P 的浓度整体随转速(土壤吸力)增大呈减小的趋势；养分离子累积释放量表现出随溶液浓度增加而增加、随离心次数增加呈现出减少的趋势；粒径为 1.6～3.5mm 的保水剂在相同溶液浓度、相同离心次数下大多能够释放出较多 NH_4^+-N、PO_4^{3-}-P。

6.3 保水剂微观形态结构及其分形特征

6.3.1 保水剂的吸水溶胀特征

利用 100 目筛网法对 HLM 型、AS 型、KH 型三种高吸水树脂在去离子水中的吸水溶胀特征曲线如图 6-35 所示。HLM 型高吸水树脂在去离子水中五次反复吸释水的溶胀特征曲线如图 6-36 所示，分别标记为 T1～T5。从图 6-35 中可以看出，达到平衡时 KH 型高吸水树脂吸水倍率最高(413.9g/g)，AS 型高吸水树脂次之(287.4g/g)，HLM 型高吸水树脂最低(229.2g/g)。HLM 型高吸水树脂达到平衡的时间最快(84min)，AS 型高吸水树脂次之(116min)，KH 型高吸水树脂最慢(180min)。初始阶段 KH 型高吸水树脂的吸水速率最高，而 HLM 型高吸水树脂最低，中间阶段顺序恰好相反。从图 6-36 中可以看出，HLM 型高吸水树脂在去离子水中的吸水倍率均呈倒 U 形分布，前三次的吸水倍率依次增大，然后随即开始降低，但后四次的吸水倍率均高于第一次。

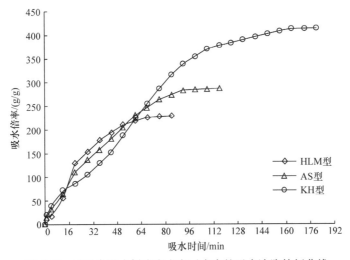

图 6-35　三种高吸水树脂在去离子水中的吸水溶胀特征曲线

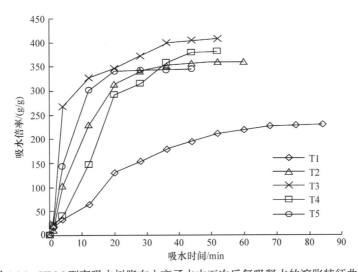

图 6-36　HLM 型高吸水树脂在去离子水中五次反复吸释水的溶胀特征曲线

6.3.2　保水剂干胶颗粒和水凝胶表面微形态结构特征

　　三种高吸水树脂干胶颗粒和吸去离子水后水凝胶表面微形态结构扫描结果分别如图 6-37~图 6-39 所示。从图 6-37 中可以看出，KH 型高吸水树脂干胶颗粒表面光滑，存在较大的孔隙；HLM 型高吸水树脂干胶颗粒表面为较规则的条纹状，各条之间有凹陷；AS 型高吸水树脂干胶颗粒表面极不规整，高低起伏不平，并伴随明显的褶皱现象，局部地方也呈条纹状排列。由图 6-38 和图 6-39 可以看出，KH 型高吸水树脂水凝胶为经典的蜂窝状立体交联网络结构，网络骨架为聚丙烯酸，孔隙大小分布呈现出极大的非均匀性；HLM 型高吸水树脂干胶条纹消失，呈现出一个个形状及大小各异的蜂窝状立体交联网格膜结构，是在离子电荷斥力作用下，将条纹结构"撑开"而形成的；AS 型高吸水树脂水凝胶微形态结构与 HLM 型高吸水树脂相似，但表面膜破裂较多，属于介于三维网格膜结构和网络结构间的过渡类型。

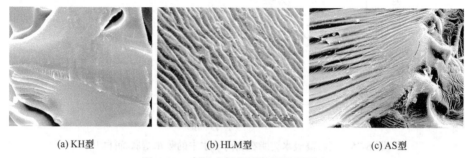

(a) KH型　　　　　　(b) HLM型　　　　　　(c) AS型

图 6-37　高吸水树脂干胶颗粒微形态

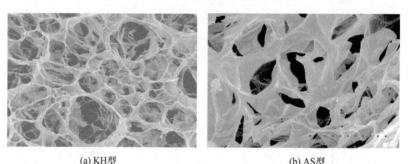

(a) KH型　　　　　　　　　　(b) AS型

图 6-38　KH 型和 AS 型高吸水树脂在去离子水中溶胀后水凝胶微形态结构

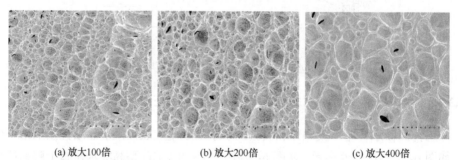

(a) 放大100倍　　　　　(b) 放大200倍　　　　　(c) 放大400倍

图 6-39　HLM 型高吸水树脂在去离子水中溶胀后水凝胶微形态结构

　　从图 6-39 还可以看出，在放大 100～400 倍条件下，不同放大倍率图像间存在极大的相似性。利用图像分析方法对图像中孔隙边界的 lg$A$-lg$L$ 的相关关系进行分析(图 6-40)，相关性极高(R^2 都在 0.85 以上)。孔隙网络边界分形维数计算结果分别为 1.3702、1.3494、1.3848，偏差较小，在 2.56%以内，一致性良好，具有明显的标度不变性，即 HLM 型高吸水树脂水凝胶具有分形特征。对 AS 型、KH型高吸水树脂水凝胶内部结构特征分析表明(图 6-41)，两种高吸水树脂水凝胶也

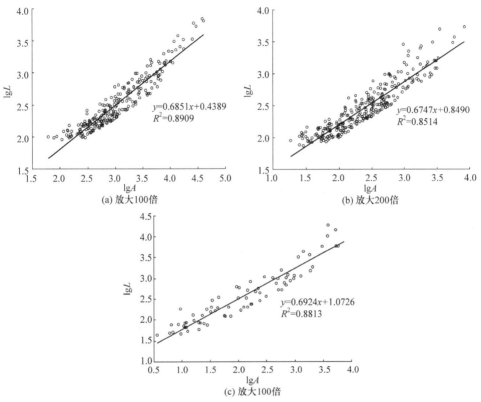

$y=0.6851x+0.4389$
$R^2=0.8909$

(a) 放大100倍

$y=0.6747x+0.8490$
$R^2=0.8514$

(b) 放大200倍

$y=0.6924x+1.0726$
$R^2=0.8813$

(c) 放大100倍

图 6-40　HLM 型高吸水树脂水凝胶孔隙边界分形维数计算

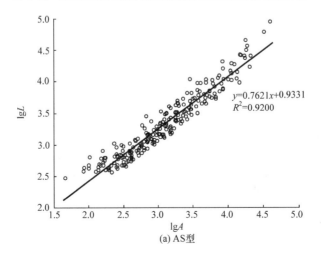

$y=0.7621x+0.9331$
$R^2=0.9200$

(a) AS型

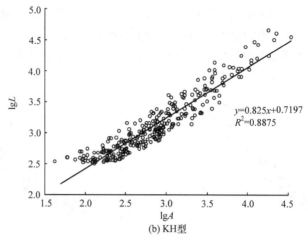

(b) KH型

图 6-41 AS 型高吸水树脂和 KH 型高吸水树脂水凝胶孔隙边界分形维数计算

同样具有分形特征，分形维数分别为 1.5242 和 1.6500。

6.3.3 反复吸释水保水剂水凝胶内部结构微形态特征

图 6-42 显示了 HLM 型高吸水树脂在第 3 次、第 5 次反复吸释水后水凝胶微形态结构的变化，结合图 6-39(c)可以看出，水凝胶内部呈现三维网格膜结构中的膜全部破裂，表现为三维网络结构形式，这表明反复吸释水条件下 HLM 型高吸水树脂水凝胶的物理结构存在由网格膜结构向网络结构变化的过程。从图 6-42 中还可以看出，HLM 型高吸水树脂第一次吸水速率明显低于其他吸水处理时，而第 2～5 次吸水速率差异不显著，这表明 HLM 型高吸水树脂在第二次吸水时膜结构就已经破裂。对两幅图像孔隙边界分形特征的分析结果表明(图 6-43)，第 3 次、第 5 次反复吸释水后的分形维数分别为 1.2100、1.1226，而第 1 次的分形维数为 1.3848；从 5 次反复吸释水后水凝胶分形特征变化情况来看，随着反复吸释水次数的增加，截面孔隙边界分形维数逐渐减少。

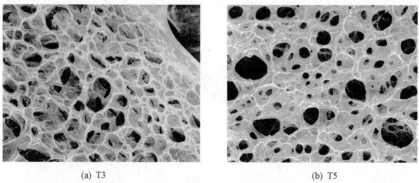

(a) T3   (b) T5

图 6-42 反复吸释水条件下 HLM 型高吸水树脂水凝胶微形态结构变化

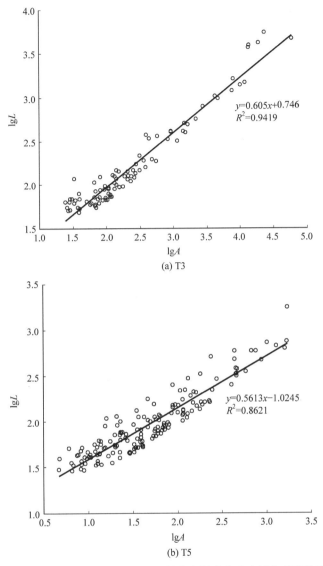

图 6-43　反复吸释水条件下高吸水树脂水凝胶孔隙边界分形维数计算

6.3.4　阳离子对保水剂水凝胶内部结构的影响

图 6-44 和图 6-45 分别显示了 HLM 型高吸水树脂分别在一价(Na^+、K^+)和高价(Fe^{2+}、Fe^{3+})阳离子溶液中第一次溶胀后的微形态结构。从图中可以看出，水凝胶的蜂窝状立体交联网格膜结构和分形特征已不存在，五种阳离子对水凝胶的影响存在不同的微形态特征：Na^+ 水凝胶界面的"褶皱"现象十分明显(图 6-44(a))；K^+ 水凝胶存在明显的脉络结构(图 6-44(b))，部分膜结构破裂，内部结构存在自相似

特性；Fe^{2+}水凝胶内部膜结构破裂呈絮状分布(图 6-45(a))；Fe^{3+}水凝胶呈现出犬牙交错的景象。

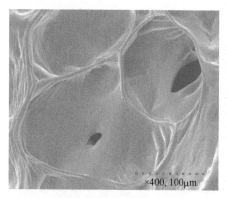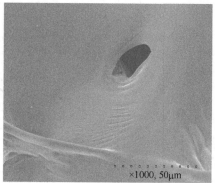

(a) Na$^+$

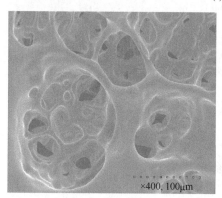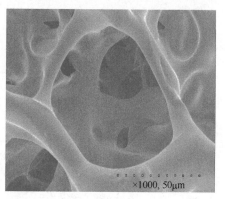

(b) K$^+$

图 6-44　HLM 型高吸水树脂在一价阳离子溶液中溶胀后的微形态结构

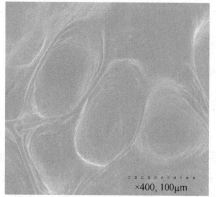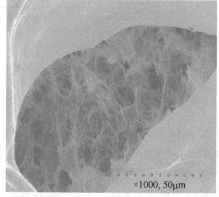

(a) Fe^{2+}

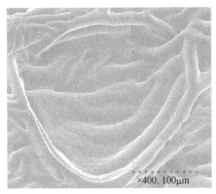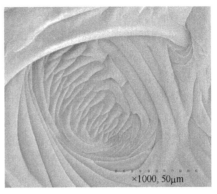

(b) Fe³⁺

图 6-45　HLM 型高吸水树脂在高价阳离子溶液中溶胀后的微形态结构

6.3.5　讨论

高吸水树脂迅速地吸收自重十几倍乃至上千倍的液态水而呈凝胶状，具有吸水容量大、吸水速度快、保水能力强且无毒无味等优越性能，在农业园林、土木建筑、食品加工、石油化工及医疗卫生等领域得到广泛应用，更显示出极为广阔的发展前景。它的吸水、保水特性与机理一直是众多研究人员、生产厂家乃至用户都极为关注的问题，已成为高吸水树脂研究领域的前沿和热点问题。

超强吸水剂的吸水机理与相应的分子结构有关，对于交联结构的吸水树脂的吸水机理，目前为人们所接受的是离子网络结构理论，主要依靠高吸水树脂的三维空间网络将大量自由水储存在高吸水树脂内部，高吸水树脂内部微观形态结构将直接影响它的吸水机理和吸水性能。作者课题组成员利用环境扫描电镜法证实了 KH 型高吸水树脂水凝胶为经典的蜂窝状立体交联网络结构，这与众多研究人员的研究结果相同；发现 HLM 型高吸水树脂水凝胶具有三维网格膜结构，AS 型高吸水树脂水凝胶为网络结构和网格膜结构间的过渡类型。从这一角度来看，高吸水树脂吸水速度应该为 KH 型>AS 型>HLM 型。同时课题组成员对三种高吸水树脂干胶颗粒表面微形态结构扫描的结果也显示，KH 型高吸水树脂干胶颗粒表面存在孔洞，水分子通过这些孔洞迅速进入高吸水树脂内部，达到溶胀平衡的时间大为缩短；HLM 型高吸水树脂干胶颗粒表面呈条纹状，水分主要依靠毛细作用进入高吸水树脂内部，达到平衡的时间应该相对较长。然而，大量的理论分析和试验研究表明，离子型吸水树脂吸水倍率高而吸水速率比较慢，非离子型吸水树脂吸水速率比较快而吸水倍率低。KH 型高吸水树脂属离子型吸水树脂，HLM 型高吸水树脂属非离子型吸水树脂，课题组成员利用试验也证实了 KH 型高吸水树脂吸水速率慢而吸水倍率高，达到吸水平衡的时间需要 180min；HLM 型高吸水树脂吸水速率快而吸水倍率低，达到平衡需要的时间仅为 84.0min。三种高吸水树脂吸水溶胀特征曲线的研究结果显示，初始阶段 KH 型高吸水树脂的吸水速率最高，HLM 型高吸水树脂吸水速率最低，中间阶段顺序恰好相反。产生这种现象的主要原因在于高吸水树脂是一种含有各种亲水性基团、低交联度的高聚物，吸水初期主要通过毛细管和扩散等物理作用在颗粒表面吸水，形成的水凝胶进一步阻碍了水分子渗透到高吸水树脂颗粒中心，这一过程主要受干胶颗粒表面微形态特征的控制。而在吸水溶胀过程中主要受高吸水树脂交联网络在水溶液的扩散作用控制，离子型高吸水树脂主要靠渗透压来完成吸水过程，非离子型高吸水树脂则是靠亲水基团的亲水作用来完成，因此非离子型高吸水树脂在水溶液中具有更高的扩散性能，吸水速度较快。

　　反复吸释水特性与机理一直是高吸水树脂在农业和园林绿化应用领域的重要问题。在反复吸释水条件下，HLM 型高吸水树脂在去离子水中的吸水倍率均呈倒U 形分布，前三次的吸水倍率依次增大，然后随即逐渐降低，第三次吸水倍率最高。一方面，高吸水树脂的吸水能力是高分子离子电荷相斥而引起的伸展和由交联网络的弹性应力阻止扩张共同作用的结果，随着反复吸释水次数的增加，交联网络弹性模量降低，弹性回复力减小，这使得随着高吸水树脂反复吸释水次数增加而吸水倍率增加。另一方面，高吸水树脂在溶胀过程中存在表面溶解现象，最外层高吸水树脂分子可能已经转变为凝胶，分散到溶剂中成为溶液。反复吸释水条件下 HLM 型高吸水树脂水凝胶的物理结构存在由网格膜结构向网络结构变化的过程，膜结构物质的破裂也意味着更容易发生网络骨架的断裂和高吸水树脂溶解，随着吸水次数的增加而引起溶解量增大，干物质量逐渐降低。在实际操作过程中无法对溶解量进行计量，干物质仍然按照初始值(一般为 1g)进行计算，因而吸水倍率计算值偏低。这两种因素的共同作用使得反复吸释水条件下 HLM 型高吸水树脂在去离子水中的吸水倍率均呈倒 U 形分布。

　　利用环境扫描电镜法对高吸水树脂水凝胶表面微形态特征的研究显示，水凝胶由网络骨架结构和许多大小、形状各不相同的孔隙交织而成，具备一定程度的自相似性和精细结构，具有分形特征。孔隙截面边界、孔隙尺寸及分布是描述与表征孔隙微观结构的重要特征参数，孔隙截面边界形状可描述孔隙的规则特性，一定面积的孔隙周长能够反映孔隙几何形态。孔隙截面的周边曲线长度越长，表明孔隙边界曲折程度越大，孔隙几何形状越不规则，结构越复杂，分形维数越大。随着反复吸释水次数的增加，高吸水树脂交联网络的弹性回复力降低，孔隙边界越来越光滑，孔隙分布越均匀，孔隙边界越规则，水分在孔隙中流动阻力越小，从而引起高吸水树脂的吸水速率、吸水倍率、孔隙边界分形维数均随着吸水次数的增加而增加。各种阳离子类型对水凝胶内部微观结构的影响效应也呈现多样性，并未呈现分形特征，主要是由于各种阳离子的引入，在分子内部增加了交联点，使凝胶结构发生缠结。

6.3.6　结论

研究可以得出以下四点结论：

(1) KH 型高吸水树脂吸水倍率最高，HLM 型高吸水树脂吸水速率最快，AS 型高吸水树脂处于中间。初始阶段 KH 型高吸水树脂的吸水速率最高，而 HLM 型高吸水树脂最低，主要受干胶颗粒表面微形态控制。中间阶段则 HLM 型高吸水树脂吸水速率最高，而 KH 型高吸水树脂吸水速率最低，主要受高吸水树脂交联网络在水溶液的扩散作用控制。

(2) 吸去离子水后，KH 型高吸水树脂水凝胶为经典的蜂窝状立体交联网络结构，HLM 型高吸水树脂水凝胶为交联网格膜结构，AS 型高吸水树脂水凝胶属于介于三维网格膜结构和网络结构间的过渡类型。各种阳离子溶液显著影响 HLM 型高吸水树脂水凝胶微形态结构特征，呈现唯一性和多样性，这主要是由于各种阳离子的引入，在分子内部增加交联点，使凝胶结构发生缠结。

(3) 反复吸释水条件下 HLM 型高吸水树脂在去离子水中的吸水倍率均呈倒 U 形分布，第三次吸水倍率最高，主要受反复吸释水条件下交联网络弹性回复力降低和水凝胶表面聚合物溶解两种因素共同作用。HLM 型高吸水树脂在第二次吸水膜结构就已经破裂，反复吸释水条件下 HLM 型水凝胶结构存在由网格膜结构向网络结构变化的过程，进而引起了水分进入水凝胶内部模式的变化。

(4) 三种高吸水树脂水凝胶孔隙网络边界具有分形特征，分形维数在 1.35～1.65，HLM 型<AS 型<KH 型。随着反复吸释水次数的增加，孔隙边界越来越光滑，孔隙分布越均匀，孔隙边界越规则，截面孔隙边界分形维数逐渐降低，T1(1.3848)>T3 (1.2100)>T5(1.1226)。

6.4　保水剂对土壤物理性质的影响及时效性

6.4.1　容重测定方法的比较分析

由于试验的特殊性，本试验采用了高度较低的小环刀(直径 52.0mm、高 10.0mm)法对施用 SAP 的土壤的容重进行了测定，为了保证试验的精度，对此方法与目前广泛认可的大环刀(直径 50.0mm、高 50.9mm)法进行了比较分析，结果见表 6-12。从表中可以看出，用大环刀法和小环刀法测定的数值具有较高的一致性。预报值与实测值之间最大离差为 0.013，最小离差为 0.002，平均离差为 0.0067，因此小环刀法测得的试验数据可信。

表 6-12　大环刀法与小环刀法容重数据比较分析

参数	土壤容重								
	低			中			高		
大环刀法测定土壤容重/(g/cm³)	1.446	1.454	1.449	1.505	1.501	1.510	1.545	1.554	1.548
小环刀法测定土壤容重/(g/cm³)	1.443	1.441	1.447	1.492	1.509	1.502	1.540	1.552	1.542
离差	0.003	0.013	0.002	0.013	0.008	0.008	0.005	0.002	0.006
平均离差				0.0067					

6.4.2　施入保水剂土壤饱和含水率的时效性分析

对不同处理土壤饱和含水率的测定结果如图 6-46 所示。从图中可以看出，土壤中施用 SAP 后土壤的饱和含水率明显增加，最高土壤饱和含水率可提高 12.87%，但随着 SAP 埋在土壤中时间的增加，饱和含水率呈现下降趋势，说明随着 SAP 埋在土壤中时间的增加，其保水性能在逐渐下降。

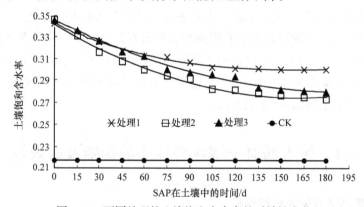

图 6-46　不同处理的土壤饱和含水率的时效性变化

从不同成分的 SAP 在土壤田间持水率的 60%～100%水分条件下分析，处理 1(PAM)和处理 2(ASC)在施用初期对土壤饱和含水率增强的能力相近。但随着它们施入土壤中时间的增加，处理 2 下降得比处理 1 快。曲线的趋势显示，处理 1 中 SAP 的使用寿命高于处理 2。通常人们过分注重 SAP 在自由状态下的吸水倍率，而忽略了农业用 SAP 施入土壤中使用的事实，导致将 SAP 自由状态下的吸水倍率与实际应用时的吸水倍率混淆，这种认识是错误的。SAP 施入土壤中，其吸水倍率要受土壤质地、土壤密度、土壤酸碱性及本身颗粒大小等多种因素的影响。

本试验中，在 SAP 施用初期最高增加土壤保水能力为 0.1287g/cm³。

从相同成分(ASC)的 SAP 在不同水分条件下分析，随着它们埋入土壤中时间的增加，处理 2 下降的趋势比处理 3 快，究其原因是处理 2 经过多次灌水导致 SAP 在土壤中反复吸水和释水，从而影响了其吸水保水的性能。从试验后期的结果看，虽然处理 3 下降趋势慢于处理 2，但其差距正逐渐缩小，不同水分条件对 ASC 的饱和含水率有一定的影响。

从图 6-46 还可以看出，土壤中施用了 SAP，土壤的保水能力增加，即持水性能增加，对于施用 SAP 的土壤，植物从土壤中吸收水分的能力必然受到影响，但从前面的研究可以发现，SAP 所增强的吸水能力，90%是能够被作物吸收利用的，所以施用 SAP 后，不会出现与植物争水的情况。

6.4.3　施入保水剂土壤饱和导水率的时效性分析

土壤饱和导水率是评价介质孔隙透水性能好坏的指标。为比较任何水温下饱和导水率的大小，通常以水温为 10℃时的土壤饱和导水率(K_{10})作为标准，可由公式把任一水温下土壤饱和导水率 K 换算成水温为 10℃时的值(K_{10})，以下均是换算成水温为 10℃时的土壤饱和导水率。

对不同处理的土壤饱和导水率的测定结果如图 6-47 所示。从图中可以看出，土壤中施用 SAP 后，土壤的饱和导水率降低，但随着 SAP 埋在土壤中时间的增加，饱和导水率呈现上升趋势。施入 SAP 的土壤，由于 SAP 在溶胀过程中体积不断膨胀，使土壤中大孔隙不断减少，从而导致土壤饱和导水率下降，但随着 SAP 吸水保水性能的下降，这种堵塞土壤孔隙的能力也逐渐下降，这是曲线呈现上升趋势的原因。从导水率的分析可以发现，土壤中施用 SAP 后，土壤的饱和导水率下降，实际上起到了抑制土壤中水分运动的作用。

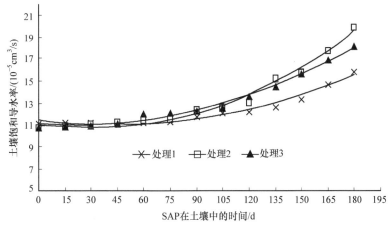

图 6-47　不同处理的土壤饱和导水率的时效性变化

从不同成分的 SAP 在土壤田间持水率 60%～100%的水分条件下分析，处理 1 (PAM)和处理 2(ASC)随着施入土壤中时间的增加，处理 2 增加的趋势较快，说明处理 2 施用的 SAP 性能下降较处理 1 快，处理 1 在应用中具有相对较长的应用效果。

从相同成分(ASC)的 SAP 在不同水分条件下分析，随着它们埋入土壤中时间的增加，处理 2 的土壤导水率增加趋势比处理 3 明显，这是因为处理 2 经过多次灌水影响了 SAP 的性能。

6.4.4　施入保水剂土壤扩散率的时效性分析

对照土壤扩散率和处理 2(ASC，60%～100%田间持水率)土壤扩散率的测定结果如图 6-48 和图 6-49 所示。图 6-48 是普通土壤的扩散率曲线，它是一条指数函数曲线($D = 0.0055e^{21.15\theta}$)；图 6-49 是施入 SAP 后土壤的扩散率，它是一个曲面，

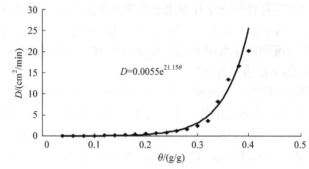

图 6-48　试验用土壤的扩散率曲线

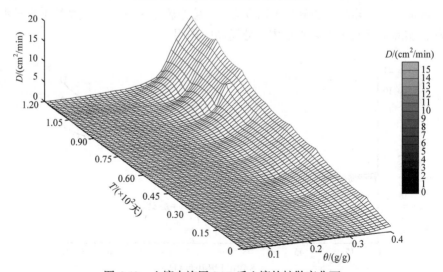

图 6-49　土壤中施用 SAP 后土壤的扩散率曲面

这个扩散率曲面中 T 坐标轴数值×100 就是实际施入土壤中的时间,扩散率共观测了 120 天,其中 $D_{120} = 0.0054e^{20.548\theta}$。从整个曲面看,随着 SAP 施入土壤中时间的增加,SAP 吸水、释水性能下降,扩散率呈现逐渐扩展的趋势,认为其扩散率趋势向对照土壤扩散率的曲线扩展,并以对照土壤扩散率曲线为终点。

6.4.5　施入保水剂土壤容重的时效性分析

土壤容重可以反映土壤的孔隙状况和松紧程度,是土壤理化性质的一项重要指标。为此,试验中对 SAP 与土壤不同质量配比的混合物的容重进行了研究。因为不同水分条件下 SAP 的膨胀情况不同,所以施用 SAP 土壤的干容重与其含水率也有关系,试验结果如图 6-50～图 6-53 所示。

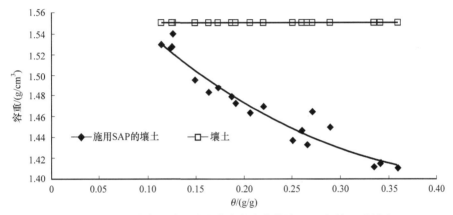

图 6-50　施用 SAP 后土壤容重随土壤含水率的变化曲线(SAP 与壤土质量为 1∶5000)

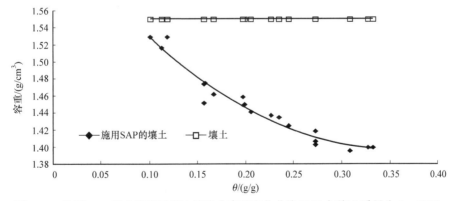

图 6-51　施用 SAP 后土壤容重随土壤含水率的变化曲线(SAP 与壤土质量为 1∶2000)

从壤土与 SAP 四个混合情况的容重变化趋势可以看出,土壤中施用保水剂后,土壤容重降低,同时土壤的容重也随着土壤含水率的增加而降低,容重减小,土壤总孔隙度就会增大。由此说明,SAP 的施用可以降低土壤容重,改善土壤通

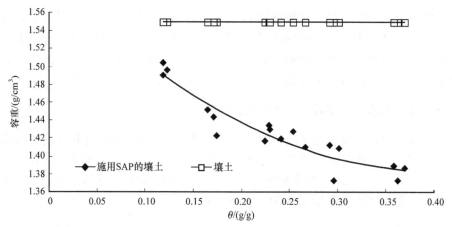

图 6-52　土壤中施用 SAP 后土壤容重随土壤含水率的变化曲线(SAP 与壤土质量为 1∶1000)

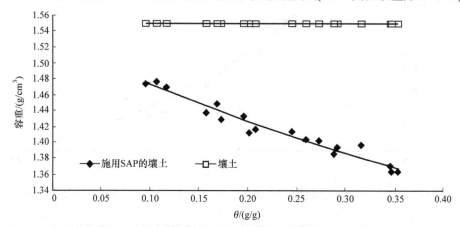

图 6-53　土壤中施用 SAP 后土壤容重随土壤含水率的变化曲线(SAP 与壤土质量为 1∶500)

透性,同时也导致土壤的膨胀。

6.4.6　结论

通过上述研究,可以得出以下结论:

(1) 土壤中施用 SAP 后土壤的饱和含水率明显增加,但随着 SAP 埋在土壤中时间的增加,饱和含水率呈下降趋势。在 SAP 施用初期,最高增加土壤保水能力为 0.1287g/cm。土壤中施入 PAM 和 ASC 后,在相同水分条件下(60%～100%土壤田间持水率),施入 PAM 的土壤相对施入 ASC 的土壤饱和含水率下降得慢。相同成分(ASC)的 SAP 在不同水分条件下,随着埋入土壤中时间的增加,60%～100%土壤田间持水率的处理经过多次灌水导致 SAP 在土壤中反复吸水和释水,影响了其吸水保水性能,所以其下降的趋势比 100%土壤田间持水率快。

(2) 土壤中施用 SAP 后,土壤的饱和导水率降低。随着 SAP 施入土壤中时间的增加,SAP 吸水保水性能下降,饱和导水率呈上升趋势。不同成分的 SAP 在 60%～100%土壤田间持水率的水分条件下,PAM 和 ASC 随着施入土壤中时间的增加,ASC 增加的趋势较快,说明 ASC 性能下降较 PAM 快,PAM 的作用时间相对较长。相同成分(ASC)的 SAP 在不同水分条件下随着埋入土壤中时间的增加,60%～100%土壤田间持水率的处理比 100%土壤田间持水率的处理饱和导水率增加的趋势明显。

(3) 普通土壤的扩散率是一条指数函数曲线,$D = 0.0055e^{21.15\theta}$,施入 SAP 后土壤的扩散率是一个曲面,并且随着 SAP 施入土壤中时间的增加,SAP 吸水、释水性能下降,扩散率呈逐渐扩展的趋势,其扩散率趋势向对照土壤扩散率的曲线扩展,并以对照土壤扩散率曲线为终点。

6.5　保水剂对土壤水分运动过程的影响

6.5.1　保水剂对滴灌入渗土壤水分运移的影响

1. 滴灌点源入渗湿润锋的变化

滴灌入渗的水平湿润距离 $R(t)$ 和垂向入渗深度 $L(t)$ 是湿润体的两个重要特征值,掌握特定土壤、不同滴头流量条件下,土壤湿润体特征值与入渗时间的关系,是确定滴灌毛管田间布置方式和滴头间距的重要依据。

1) 湿润锋的径向(水平方向)变化

不同滴头流量条件下,不同土层深度的水平湿润距离与灌水时间的关系如图 6-54 和图 6-55 所示。由图 6-54 可以看出,由于入渗边界为变边界积水的点源入渗,地表有积水,因此在同一滴头流量情况下,土壤表层的水平湿润锋增长速度很快。由于滴头流量的大小直接决定着地表积水范围,滴头流量对壤土的水平湿润锋的发展影响较大。在同一时段内,随着滴头流量的增加,水平方向湿润锋随之增大。但不同流量情况下,径向湿润锋的扩展趋势相同,所以分析保水剂对土壤水分入渗和再分布影响时,以其中一种流量(Q=3.4L/h)作为研究对象即可。

从图 6-55 可以看出,表层土壤水平湿润距离随灌水时间增加而不断增大,但增大的速率逐渐趋于稳定,这主要是由于随着入渗时间的延长,地表积水面积不断增加,积水面到湿润锋边缘处的基质势梯度急剧减小,导致水平湿润锋的推进速率随着入渗时间的延长迅速变小,逐渐趋于稳定。对于保水剂与土壤混合层,在滴灌开始后 30min,水分到达此层。由于保水剂超强的吸水性能,此层的湿润锋推进速率非常大。与表层土壤相比,保水剂层土壤湿润锋推进速率增加较快。

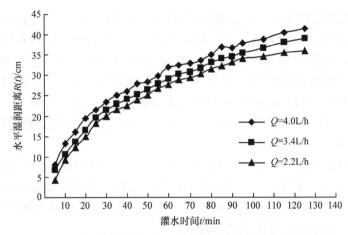

图 6-54　土壤表层不同流量下水平湿润距离和灌水时间的关系

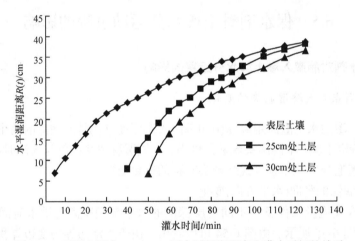

图 6-55　不同土层在 Q=3.4L/h 下水平湿润距离和灌水时间的关系

在开始灌水 125min 后，保水剂层中部(即 25cm 处土层)的水平湿润距离已经和表层水平湿润距离基本持平。由于保水剂的超强吸水能力，保水剂层更像一个新水源，致使保水剂下面土层的湿润锋推进速率较大，但低于保水剂层。此层水平湿润距离随灌水时间的变化规律同保水剂层一致。

　　2) 湿润锋的垂向变化

　　图 6-56 为流量 Q=3.4L/h 条件下垂直湿润距离与灌水时间的关系。从图中可以看出，滴灌开始 30min 后，水分在垂直方向运移超过 20cm，达到保水剂层。灌溉开始 50min 后，水分在垂直方向运移超过 30cm，运动到保水剂层下层。水分经过 0~20cm、20~30cm 及 30cm 以下土层时，垂直入渗深度 $L(t)$ 和灌水时间 t 均呈线性关系，R^2 均在 0.98 以上。表层 0~20cm 土层水分垂向运移速率最大，

主要是由于滴灌灌水器位于土表，表层积水，随着灌溉时间延长，重力势梯度逐渐增加，使得垂向运移速率越来越大。而 20～30cm 土层由于保水剂的存在，使得此层大量吸水，水分垂向运动受到阻碍，速率有所减慢。保水剂下层，即 30cm 土层以下，由于灌溉水大量储存在 20～30cm 土层，运移到此层的水分大量减少，所以此层的水分垂向运移速率最小。在保水剂的作用下，水分垂向运移速率从表层向下逐渐减少,这有利于阻止水分不断向下运移而导致作物根系无法吸收利用。

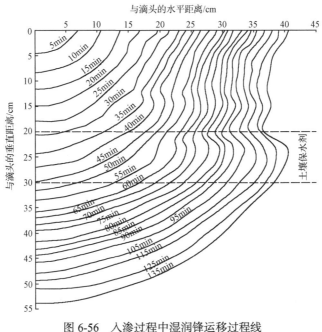

图 6-56　入渗过程中湿润锋运移过程线

2. 滴灌点源入渗湿润体形状的变化

如图 6-56 所示，在入渗的起始阶段，滴灌入渗形成的土壤湿润体体积随着入渗时间的增加而显著增加，此后，随着体积的不断增加，积水面逐渐到达湿润锋边缘处，基质势梯度急剧减小，导致湿润体增大的速率逐渐变小。

对同一滴头流量而言，在入渗开始阶段，湿润锋在水平方向上的推进速率显著高于垂向，随着时间延长，二者差异逐渐变小，到后期表现出垂向接近或超过水平方向。出现这一现象的原因在于：入渗初期，水分运动的主要驱动力是土壤基质势梯度，并且在入渗初期有地表积水的形成，促使水平方向湿润锋的推进速率高于垂向。随着入渗时间的延长，重力驱动土壤水分运动的相对重要性逐渐增强，此时地表积水的范围已达到稳定状态，从而导致湿润锋在垂向上的推进速率接近甚至超过水平方向。因此，当滴头流量较大时，在入渗初期，由于供水强度较大，地表积水区域增加，致使水平方向上水分扩散速率加快，土壤湿润体的形状为半个椭球体。随着入渗时间的延长，重力作用变大，垂向的水分入渗速率相对增加，土壤湿润体的形状开始向半球体发展。在滴灌开始30min后，入渗水分开始到达保水剂层。由于保水剂的水分径向入渗速率明显大于垂向入渗，所以随着灌水时间的延长(约50min以后)，在20～30cm土层(保水剂层)开始出现水平方向的凸变，湿润体形状发生了改变。

3. 土壤含水率的时空分布

滴灌点源入渗过程中不同时刻土壤含水率分布如图6-57所示。从图中可以看出，灌溉初期，水从点源入渗中心逐渐向四周移动，土壤含水率随与中心距离的

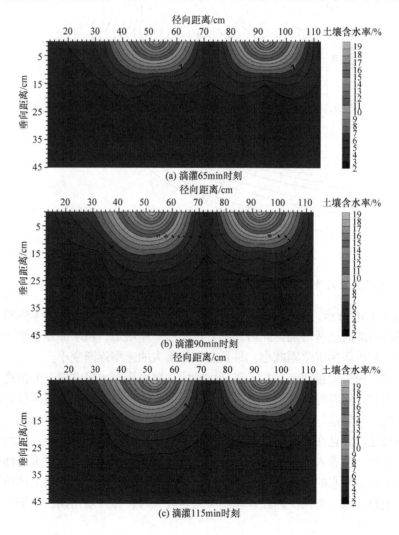

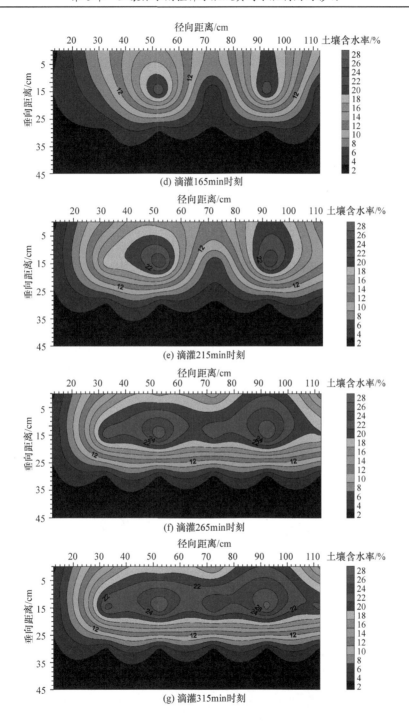

(d) 滴灌165min时刻

(e) 滴灌215min时刻

(f) 滴灌265min时刻

(g) 滴灌315min时刻

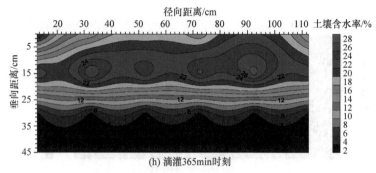

(h) 滴灌365min时刻

图 6-57 灌水过程中土壤剖面含水率分布图

增大而减小。随着灌溉时间的延长，垂向土壤含水率的增长速率大于径向，保水剂层土壤大量吸水。在滴灌 365min 停止灌溉时，保水剂层土壤含水率最高，保水剂下层土壤含水率随时间增加较慢，但增长梯度较大。

蒸发过程中的土壤含水率变化如图 6-58 所示。从图中可以看出，蒸发前后，各层土壤含水率的分布发生了变化。蒸发前土壤最大含水率位于保水剂层，保水剂上层也较高，而保水剂下层则处于最低水平。蒸发 4 天后，保水剂层平均含水率有所降低，但仍为最大，而表层土壤由于蒸发强度最大，土壤含水率降低较多。保水剂下层土壤，由于保水剂层含水率较高，在水分再分布过程中，保水剂层下方土壤含水率仍有增加。停止灌溉 9 天后，土壤含水率最大值仍为保水剂层，保

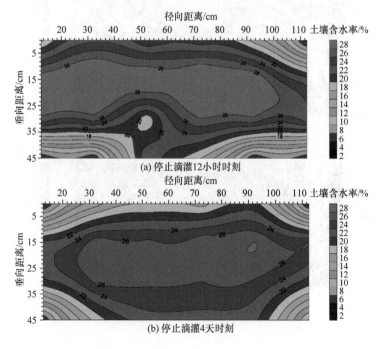

(a) 停止滴灌12小时时刻

(b) 停止滴灌4天时刻

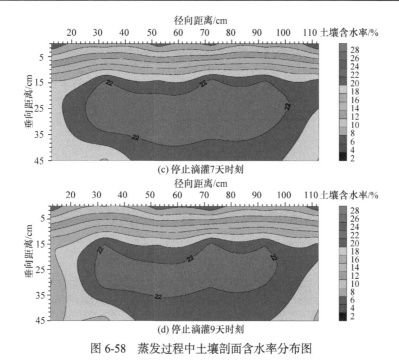

图 6-58　蒸发过程中土壤剖面含水率分布图

水剂下层土壤含水率也较大，而表层由于蒸发剧烈，土壤含水率梯度较大，且含水率最低。

6.5.2　保水剂对面源入渗土壤水分运移的影响

1. 对土壤水分入渗的影响

1) 第一次入渗的变化

图 6-59(a)和(b)表示各处理累积入渗量及湿润锋距离随入渗时间的变化过程曲线。从图 6-59(a)中可以看出，当水分到达保水剂拌施层前，在上层土壤中运动时，各处理的累积入渗量与时间的变化规律一致，为非线性过程。在 40min 左右，保水剂处理的累积入渗量与时间关系出现明显的转折，由非线性关系转变为线性关系，且线性关系较佳，而对照未出现较大转折，与前段入渗衔接较好。各处理的累积入渗量无显著差异，均为 170mm 左右。所不同的是，粒径大于 3mm 的保水剂处理，入渗量达 170mm 时所用时间为 240min，粒径小于 3mm 的处理，需要 260min，对照 CK 则为 350min。观察湿润锋的变化发现(图 6-59(b))，在前段入渗时间内，即 30min 左右，湿润锋运移规律是相同的。但到了入渗后期，则产生了明显的差别。湿润锋运移由大到小速度依次为大于 3mm、2～3mm、1～2mm、CK。这些变化说明，拌施保水剂改变了施用保水剂层及其下层的入渗过程，提高

了土壤水分的初次入渗量。其原因可能是，保水剂凝胶强度较大，且表面无水分，与土壤不能完全结合成为整体，使土壤中的大孔隙或者孔洞数量增多，且保水剂和土壤的结合面比土壤与土壤的结合面更有利于水分的入渗。保水剂还能将入渗的水分"截留"，这对于田间利用雨水、灌溉水、防止径流及土壤侵蚀无疑是极为有利的。

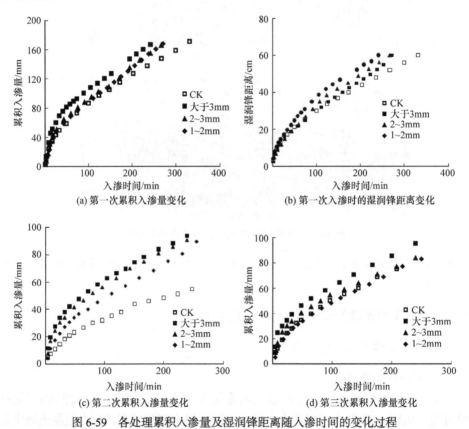

图 6-59　各处理累积入渗量及湿润锋距离随入渗时间的变化过程

2) 第二、三次入渗的变化

从图 6-59(c)可以看出，拌施保水剂处理的累积入渗量均高于对照，且相对于第一次入渗，处理与对照的差别更大。保水剂处理的累积入渗量为 90mm 左右，而对照仅有 50mm，几乎相差一倍。这一方面是因为保水剂凝胶在吸水、释水过程中的膨胀、收缩对土壤孔隙及结构的影响，另一方面是由于拌施保水剂处理的蒸发速率高于对照，导致在第二次入渗试验开始前，拌施保水剂的土壤含水率低于对照 5%~6%，不同入渗初始含水率也导致了对照的累积入渗量低于保水剂拌施处理。从图 6-59(d)可以看出，在第三次入渗过程中，保水剂处理与对照的累积入渗量差距与第二次入渗的差别不大。粒径大于 3mm 的累积入渗量为 90mm，其他两个保水剂处理为 75mm，对照约为 70mm。与第二次入渗所不同的是，粒径在 3mm 以下的保水剂处理与对照的入渗规律几乎一致，只有粒径大于 3mm 的处理仍显现出差异。这说明大于 3mm 粒径保水剂颗粒在第三次入渗过程中仍有一定的作用效果。

2. 对土壤水分蒸发的影响

1) 对土壤水分初次蒸发的影响

初次入渗结束后，土壤水分进入蒸发过程中的土壤含水率随时间的变化曲线如图 6-60 所示。从图 6-60(a)中可知，蒸发第 5 天，施加保水剂处理的土壤含水率显著高于对照，在保水剂施加层 20～40cm 处出现了一个水分峰值，最大出现在 30cm 处，比对照高出约 10%。原因可能是：施加保水剂后，保水剂拌施层本身土壤容重就小于纯土，导致该层的入渗率较其他层大。另外，保水剂凝胶与土壤结合的紧密程度要低于土壤与土壤之间的结合紧密程度，也导致该层的入渗率要高于其他土层。以上原因造成水分在保水剂拌施层运动较快，水分沿着保水剂凝胶与土壤的接触面运动，甚至可能会出现"大孔隙流"。当水分运动到下层均质土层时，均质土层的入渗率低于保水剂拌施层，相当于形成了一个阻水层，水分在保水剂拌施层"滞留"时间长，使土层吸水充分，导致保水剂拌施层土壤的含水率高。蒸发第 10 天(图 6-60(b))，各处理的含水率变化与第 5 天时相似，只是保水剂拌施层以下的土壤含水率也明显大于对照，这与滴灌点源入渗时的变化相近。第 15 天，出现 40cm 以上土层的含水率降低剧烈，含水率低于对照。在蒸发过程中，保水剂拌施层出现了较多孔洞与裂隙，土层也下降了 2～3cm。这说明保水剂凝胶释水收缩，初始膨胀占据的土壤空间形成较大孔洞，土壤结构整体上发生了改变，这些孔洞和裂隙成为水分运动的良好通道，导致水分运动加速，含水率降低显著。在 40cm 处存在一个分界面，蒸发到 40 天时，40cm 以下的土壤含水率仍高于对照，但 40cm 以上土层的土壤含水率均低于对照，且下降趋势十分明显，对照反而变化不显著。这说明，为土壤施加保水剂，既能够增加入渗，也

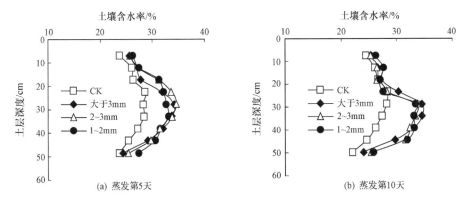

(a) 蒸发第5天　　　　　　　　　　　　　(b) 蒸发第10天

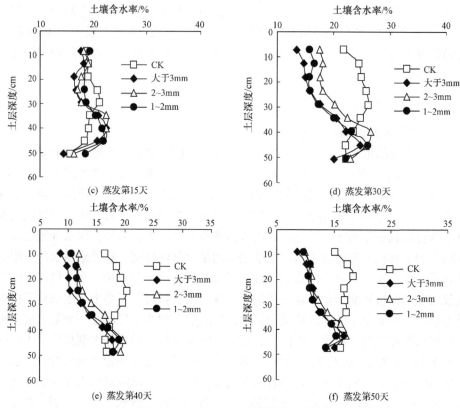

图 6-60　土壤水分初次蒸发过程曲线

会促进蒸发，而且拌施的保水剂粒径越大，促进入渗和蒸发的效果越明显。可能原因是粒径越大，凝胶强度越大，对土壤的挤压、收缩影响越大。

2) 对土壤水分第二次蒸发的影响

图 6-61 所示为土壤水分第二次蒸发过程。从图中可以看出，由于第二次入渗初期的土壤含水率高于初次入渗时的含水率，第二次的累积入渗量相对于初次显著降低，这也造成了两次蒸发过程的差异。蒸发第 5 天时，保水剂处理的中间层土壤含水率比对照高 4%。与初次蒸发过程第 5 天相比，对照土层含水率降低 1%～2%，拌施保水剂处理土壤含水率降低 4%～5%。原因在于第一次蒸发过程中，保水剂释水收缩，导致土壤沉降，进一步"压迫"保水剂凝胶，第二次入渗过程中，保水剂吸水溶胀，但由于土层压力较大，保水剂吸水膨胀不充分，所以对土壤含水率影响不如初次显著。蒸发进行到第 10 天，保水剂拌施层 35cm 以上含水率降低显著，比对照低 3%，下层仍比对照高 3%左右。说明在蒸发过程中，保水剂拌施层仍和初次蒸发过程一样，表现为一个分界层的作用，与下层土壤形成了一个干湿交界面，上层与保水剂拌施层蒸发较快，含水率降低较多，下层土壤水分运

动缓慢。蒸发到第 40 天，40cm 土层以上的土壤含水率在各处理间的差异已不显著。在后续的蒸发过程中，40cm 以上土层的含水率变化趋于一致，40cm 土层以下，保水剂处理的土壤含水率仍较高，且在蒸发过程中，土层并未出现塌陷，裂隙密度及大小与初次蒸发过程相比都显著减小。

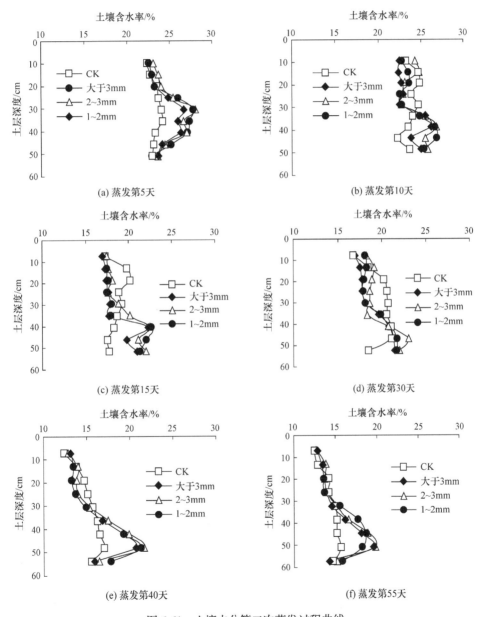

图 6-61 土壤水分第二次蒸发过程曲线

6.6 保水剂与氮磷肥配施对玉米生长及养分吸收的影响

6.6.1 保水剂与不同氮磷肥配比对植株生长的影响

1. 株高、叶面积

玉米的株高、叶面积是判断其生长发育情况的重要指标。由表 6-13 可知，各处理植株生育期平均株高表现为 T3>CK=T4>T1>T5>T2，叶面积大小表现为 T3>CK>T1>T2>T4>T5。氮磷肥施用比例不协调均会对株高、叶面积产生抑制作用。T3 处理施用量对株高、叶面积的增长效果最好，平均株高较 CK 和其他氮磷肥配施处理分别提高了 3.36%和 3.36%~7.19%，叶面积较 CK 和其他氮磷肥配施处理分别提高了 5.36%和 6.76%~29.26%。

表 6-13 保水剂与不同氮磷肥配比对株高、叶面积的影响

处理	株高/cm				叶面积/cm^2			
	拔节期	抽穗期	灌浆期	成熟期	拔节期	抽穗期	灌浆期	成熟期
CK	87.3^a	153.5^a	153.9^a	153.8^a	679.53^b	2422.04^{ab}	2341.11^a	2117.91^a
T1	86.5^a	150.4^a	150.4^a	150.0^a	646.22^b	2430.32^{ab}	2328.04^a	2057.06^a
T2	86.5^a	147.7^a	146.7^a	147.7^a	647.76^b	2301.76^{ab}	2198.77^{ab}	1674.11^a
T3	90.2^a	159.0^a	158.4^a	159.2^a	764.26^a	2657.89^a	2484.09^a	2059.52^a
T4	87.6^a	153.5^a	153.5^a	153.6^a	688.42^{ab}	2401.59^{ab}	2089.03^{ab}	1601.92^a
T5	87.4^a	148.6^a	149.0^a	149.2^a	668.96^b	2101.15^b	1888.95^b	1503.72^a

注：同一列不同字母表示各处理间差异显著($p<0.05$)。

2. 地上部干物质

玉米产量在一定范围内与干物质积累量呈正相关关系。由表 6-14 看出，在拔节期施用保水剂各处理的干物质积累大于对照处理 CK($p<0.05$)，这说明保水剂对植株拔节期的生长具有积极效应。追肥后，干物质积累迅速上升，随追肥量增大整体呈先增大后减小的趋势，T3 处理能获得较大的干物质积累量，施肥比例不合理会不同程度抑制植株干物质积累。处理 T3 生育期内平均地上干物质积累量较 CK 和其他氮磷肥配施处理分别提高了 16.69%、13.79%~27.61%。表明保水剂与氮磷肥合理配施对玉米地上部的干物质积累具有积极的作用，为高产提供了物质基础。

表 6-14　保水剂与不同氮磷肥配比对玉米地上干重的影响

处理	拔节期/(g/盆)	抽穗期/(g/盆)	灌浆期/(g/盆)	成熟期/(g/盆)
CK	13.54ᵃ	44.81ᵃ	65.95ᵃᵇ	94.99ᵇ
T1	17.20ᵃ	34.68ᵇᶜ	62.85ᵃᵇ	87.17ᵇ
T2	18.49ᵃ	32.14ᶜ	62.89ᵃᵇ	87.01ᵇ
T3	18.63ᵃ	44.45ᵃ	78.87ᵃ	113.93ᵃ
T4	19.09ᵃ	39.41ᵃᵇ	70.37ᵃᵇ	95.99ᵃᵇ
T5	17.57ᵃ	41.26ᵃᵇ	61.85ᵇ	90.76ᵇ

注：同一列不同字母表示各处理间差异显著($p<0.05$)。

6.6.2　保水剂与不同氮磷肥配比对植株养分吸收的影响

氮、磷、钾三种养分中，玉米对氮素吸收量最多，对磷素吸收量最少。玉米对土壤有效养分的吸收和转运影响了干物质积累，进而影响产量。从表 6-15 可以看出，植株含氮量随时间逐渐增大，且各时期都随氮肥施用量增大整体表现出先增大后减小的趋势。拔节期，由于根系相对较浅，施用保水剂各处理植株含氮量较 CK 有显著性提高($p<0.05$)，分别提高了 30.30%、45.45%、51.52%、45.45%和36.36%，氮肥施用量对植株含氮量没有显著影响($p>0.05$)。追肥后各处理植株氮素含量较拔节期提高，处理 T3 的氮素含量较其余处理显著提升($p<0.05$)。施用保水剂能够促进植株对土壤中氮的吸收，各生育期 T3 较 CK 处理植株含氮量分别提高了 51.52%、4.82%、17.89%、22.66%。

表 6-15　保水剂与不同氮磷肥配比对玉米植株含氮量的影响

处理	拔节期/(g/盆)	抽穗期/(g/盆)	灌浆期/(g/盆)	成熟期/(g/盆)
CK	0.33ᵇ	0.83ᵃ	0.95ᵃᵇ	1.28ᵇ
T1	0.43ᵃᵇ	0.65ᵇᶜ	0.89ᵇ	1.12ᵇ
T2	0.48ᵃ	0.58ᶜ	0.86ᵇ	1.58ᵃ
T3	0.50ᵃ	0.87ᵃ	1.12ᵃ	1.57ᵃ
T4	0.48ᵃ	0.74ᵃᵇᶜ	1.02ᵃᵇ	1.27ᵇ
T5	0.45ᵃᵇ	0.74ᵃᵇᶜ	0.96ᵃᵇ	1.25ᵇ

注：同一列不同字母表示各处理间差异显著($p<0.05$)。

由表 6-16 可以看出，夏玉米植株含磷量随时间逐渐累积，各时期随磷肥施用量增大呈现出先增大后减小的趋势，氮磷肥配比不合理会不同程度抑制植株中磷的累积。在拔节期，由于保水剂创造的良好根际水肥条件，施保水剂各处理植株含磷量显著高于未施保水剂处理 CK($p<0.05$)，其余各处理间(T1～T5)没有显著性差异($p>0.05$)。其余时期，除 T3 处理外，不同氮磷肥配比处理并未表现出显著性差异($p>0.05$)。施用保水剂(T3)相较未施保水剂(CK)处理,促进了植株中磷的积累,各生育期较 CK 分别提高了 47.33%、9.73%、18.86%、40.52%。施用保水剂能够显著提高植株含氮(磷)量,而在此基础上合理配施氮肥和磷肥,能使植株对氮、磷元素的吸收达到最大化。

表 6-16 保水剂与不同氮磷肥配比对玉米植株含磷量的影响

处理	拔节期/(mg/盆)	抽穗期/(mg/盆)	灌浆期/(mg/盆)	成熟期/(mg/盆)
CK	31.12[b]	67.86[ab]	135.52[a]	141.07[b]
T1	44.17[a]	74.49[a]	120.04[a]	149.72[b]
T2	43.01[a]	49.25[b]	114.06[a]	152.27[ab]
T3	45.85[a]	74.46[a]	161.08[a]	198.23[a]
T4	43.94[a]	56.95[ab]	140.04[a]	163.27[ab]
T5	40.59[a]	65.14[a]	112.43[a]	150.34[b]

注: 同一列不同字母表示各处理间差异显著($p<0.05$)。

6.6.3 保水剂与不同氮磷肥配比对土壤养分的影响

硝态氮、铵态氮是土壤无机氮的主要组成部分,有效磷是土壤中能被植株吸收利用的磷成分。作为土壤中氮、磷素的速效养分,了解保水剂与不同氮磷肥配比作用条件下土壤无机氮、有效磷分布的影响对植株生长、土壤养分有效性具有重要意义。

1. 土壤无机氮含量

夏玉米生育期土壤无机氮含量随土壤深度分布情况如图 6-62 所示,其含量总体表现为抽穗期>拔节期/灌浆期>成熟期。由于植株拔节期快速生长对土壤养分的消耗,无机氮含量相对较小。在抽穗期追肥后,土壤无机氮含量明显上升。而后,随着夏玉米生长、干物质积累与灌水对无机氮的淋溶作用,土壤无机氮含量逐渐下降。各处理 15～40cm 土壤无机氮含量在各生育期都出现了积聚的现象。CK、T2、T3、T4 和 T5 处理生育期平均无机氮含量较 T1 处理分别提高了 51.30%、16.58%、43.52%、44.04%和 68.91%。过少施氮会导致土壤中无机氮含量过小,从而影响作物生长,增施氮肥能够提高土壤中无机氮的含量,但施氮过多导致无机氮在土壤剖面累积,由于硝态氮在土壤中容易运移,而铵态氮又可以向硝态氮转化,增加了无机氮的淋溶风险。

T3 与 CK 处理相比,施用保水剂后,在拔节期与灌浆期 10～15cm 无机氮含量较低,抽穗期(追肥后)和成熟期含量较高。结合灌水施肥条件与植株含氮量变化规律,施用保水剂在吸持无机氮的同时又能促进植株对氮素的吸收利用。

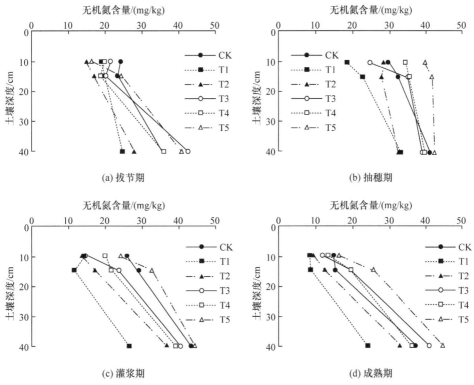

图 6-62 保水剂与不同氮磷肥配比对土壤无机氮含量影响

2. 土壤有效磷含量

由图 6-63 可以看出，土壤有效磷在生育期内呈低—高—低变化，随施磷量增加呈增大的趋势。处理 CK、T1、T2、T3、T4 生育期土壤有效磷含量较 T5 分别提高了 138.03%、281.69%、87.32%、146.48%和 78.87%。各处理土壤有效磷含量最高值都出现在抽穗期或灌浆期。在成熟期，CK～T5 各处理土壤平均有效磷含

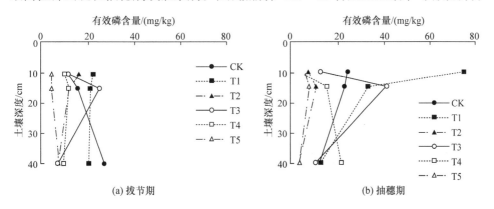

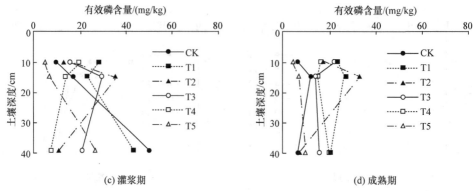

(c) 灌浆期　　　　　　　　　　　　　　　　(d) 成熟期

图 6-63　保水剂与不同氮磷肥配比对土壤有效磷含量影响

量分别为 7.2mg/kg、20.6mg/kg、16.6mg/kg、15.0mg/kg、14.7mg/kg 和 6.0mg/kg,
磷累积量随施磷量增大而增大,较播种前 4.6mg/kg 表现出不同程度的累积效应。
这说明过量施用磷肥可能会使磷素在土壤中富集。施用保水剂能够有效提高土壤
中有效磷含量,T3 处理在施用保水剂后,土壤 10~15cm 有效磷含量在拔节期、
抽穗期、灌浆期和成熟期较 CK 处理分别提高了 62.50%、74.24%、73.51%和
18.63%,生育期内平均提高了 57.22%,结合植株含磷量的变化规律,施用保水剂
提高土壤有效磷含量的同时促进了植株对磷的吸收利用。

6.6.4　保水剂与不同氮磷肥配比对玉米耗水量、产量及水分利用效率的影响

由表 6-17 可以看出,除 T3 处理,其余各处理玉米耗水量较 CK 均有不同程
度下降,这种现象可能是施用保水剂后减少了土壤的无效蒸发造成的。结合土壤
养分与干物质变化情况,T3 处理耗水量增大的原因可能是保水剂与氮磷肥均衡施
用促进了植株的生长与对水分的吸收利用。

表 6-17　不同氮磷肥配比对玉米产量及水分利用效率的影响

处理	耗水量/(kg/盆)	产量/(g/盆)	WUE/(g/盆)
CK	34.41[ab]	94.99[b]	2.76[ab]
T1	33.40[bc]	87.17[b]	2.61[b]
T2	32.14[c]	87.01[b]	2.71[b]
T3	36.14[a]	113.93[a]	3.15[a]
T4	33.93[bc]	95.99[ab]	2.83[ab]
T5	33.99[bc]	90.76[b]	2.67[b]

注:WUE 指水分利用效率;同一列不同字母表示各处理间差异显著($p<0.05$)。

夏玉米产量随施氮(磷)量增大(减小)整体表现为先增大后减小的趋势,由大到

小依次为 T3>T4>CK>T5>T1>T2。T3 处理产量显著大于其他处理($p<0.05$)，与 CK 相比增产 19.94%，较 T1、T2、T4 和 T5 处理分别增产 30.70%、30.94%、18.69% 和 25.53%。由此可以看出，施用保水剂较不施保水剂能使夏玉米增产，且保水剂与氮磷肥均衡施用(T3 处理)能使夏玉米产量达到最大。

各处理 WUE 随施氮(磷)量增加(减小)表现为先增大后减小的趋势，由大到小依次具体表现为 T3>T4>CK>T2>T5>T1，氮磷肥施用比例相差越大，WUE 越小。T3 处理植株 WUE 较其他处理显著提高($p<0.05$)，与 CK 相比提高了 14.13%，较 T1、T2、T4 和 T5 处理分别提高 20.69%、16.24%、11.31% 和 17.98%。

由表 6-18 相关性分析可知，夏玉米产量的形成与植株含氮量呈显著的正相关关系($p<0.05$)，与植株含磷量呈极显著正相关关系($p<0.01$)；水分利用效率与株高、植株含氮(磷)量呈极显著正相关关系($p<0.01$)，与叶面积、产量呈显著正相关关系($p<0.05$)。保水剂与氮磷肥合理配施，促进植株生长及其对养分的吸收利用，是提高玉米产量与水分利用效率的有效途径。

表 6-18　不同处理植株生理指标、土壤养分与产量、水分利用效率的相关性

项目	PH	LA	PW	PN	PP	SN	SP	Y	WUE
PH	1	0.864**	0.806**	0.465	0.553	0.328	−0.011	0.397	0.733**
LA		1	0.663*	0.364	0.513	−0.088	0.395	0.261	0.601*
PW			1	0.483	0.474	0.322	−0.116	0.560	0.559
PN				1	0.756**	0.306	−0.298	0.692*	0.802**
PP					1	0.035	0.162	0.714**	0.815**
SN						1	−0.769**	0.194	0.307
SP							1	−0.095	−0.129
Y								1	0.624*
WUE									1

注：PH 为株高；LA 为叶面积；PW 为干物质；PN 为植株含氮量；PP 为植株含磷量；SN 为土壤无机氮含量；SP 为土壤有效磷含量；Y 为产量；WUE 为水分利用效率。

**表示极显著相关($p<0.01$)，*表示显著相关($p<0.05$)。

6.6.5　讨论

目前，关于保水剂与氮肥或磷肥单独配合施用效果已进行了大量研究，但保水剂与不同氮磷肥配比研究仍然较少。本节研究了保水剂与不同配比的氮磷肥施用于土壤耕层对玉米生长的影响，结果表明，氮磷肥均衡施用结合保水剂保蓄水肥的作用，能够促进植株生长与养分吸收。已有研究表明，在生长后期维持一定的叶面积有助于增产[1]。Islam 等[2]发现在亏缺灌溉条件下，施用 SAP 处理的株高

和叶面积分别显著增加 41.6%和 79.6%。本节发现，T3 处理生育期内玉米的株高、叶面积均高于不施保水剂及其他氮磷肥配比处理，为增产创造了条件。同时，夏玉米植株干物质与含氮(磷)量随生育进程逐渐累积，且在各生育期内随施用氮(磷)肥量增多呈先增大后减小的趋势。T3 处理能使植株含氮(磷)量在各生育期达到最大，且收获时地上部干物质大于其他处理，这可能是由于植株在不同生育期对氮磷肥吸收量不同所导致的[3]。

已有研究表明，生育期内土壤平均无机氮、有效磷含量随氮(磷)肥施用量增大而增大[4,5]，本节也得到了同样的结论。研究发现，施入保水剂(T3)较未施保水剂处理(CK)，生育期内 0～40cm 土壤平均无机氮含量减少 5.42%，有效磷含量提高 3.55%。结合植株氮(磷)含量可知，施用保水剂提高了土壤养分的有效性。杜建军等[6]、黄震等[7]研究表明，土壤中施用保水剂后能明显降低氮、磷累积淋失量。本节发现，T3 与 CK 处理相比，在拔节末期与灌浆期 10～15cm 无机氮含量较少，这可能是因为 T3 处理在 10～15cm 施埋了保水剂后，创造了良好的水分与养分条件，促进了植株干物质积累与对氮素的吸收利用；而抽穗期(追肥后)和成熟期含量较大，这可能是因为在灌水施肥后，由于保水剂对土壤水分和养分的吸持能力，保水剂层土壤养分含量明显升高，而在成熟期，可能是由于玉米接近停止生长，且灌浆期后，随着灌水次数的不断增多，水分对无机氮的淋溶作用造成了这种现象。T3 处理与 CK 处理相比，土壤 10～15cm 有效磷含量在各生育期都有所提高，平均提高了 57.22%，与无机氮变化规律并不相同。产生这种现象可能由以下几点原因共同产生作用：一是磷肥全部基施且在土壤中不易运移；二是作物吸收磷素的含量小于吸收氮素的含量[8]；三是保水剂施用后，能够活化土壤中难溶性磷[6]；四是保水剂对养分离子的吸持作用。

玉米的产量在一定范围内随施氮、磷量增加而增加，过少施肥导致土壤中有效养分减少，从而导致产量的降低；而当施肥量超过某一阈值后，会对植株生长产生抑制作用，使其干物质积累变化不明显，导致产量降低[1,9]。合理施用氮肥或磷肥能够显著提高玉米的产量，且与保水剂配施效果更好。本节发现，保水剂与氮磷肥均衡施用后，植株干物质积累在各生育期相较其他处理均能达到较大值，且收获时产量较其他处理提高了 18.69%～30.94%，氮磷肥施入不均衡都会导致玉米产量有不同程度的下降。本节与程闯胜等[10]得出的施用保水剂能够使玉米增产 11%～20%相比，产量提高更多。通过植株、土壤指标与产量的相关性分析得到利用保水剂蓄水保肥的特性，与氮磷肥均衡施用，通过促进植株生长(株高、叶面积、干物质积累)，提高养分吸收能力(植株含氮、磷量)是提高其产量与水分利用效率的主要途径。

6.6.6　结论

本节得到如下结论：

(1) 保水剂与氮磷肥均衡施用(T3 处理)能够提高玉米的株高、叶面积，生育期平均株高较 CK 和其他氮磷肥配施处理分别提高了 3.36%和 3.36%～7.19%，叶面积较 CK 和其他氮磷肥配施处理分别提高了 5.36%和 6.76%～29.26%，同时促进了干物质积累，生育期平均干物质积累较 CK 和其他氮磷肥配施处理分别提高了 16.69%和 13.79%～27.61%，为夏玉米高产提供了必要条件。

(2) 保水剂与氮磷肥均衡施用(T3 处理)能够使植株的氮(磷)累积量达到最大，生育期内植株氮累积量较 CK 和其他氮磷肥配比处理分别提高了 20.00%和 15.91%～32.47%，磷累积量较 CK 和其他氮磷肥配比各处理分别提高了 27.71%和 18.66%～33.75%。施用保水剂(T3 处理)较未施用保水剂(CK 处理)相比，生育期内土壤平均无机氮含量减少 5.42%，有效磷含量提高 3.55%。

(3) 在本试验条件下，保水剂与氮磷肥均衡施用(T3 处理)可以得到最大玉米产量 113.93g/盆，相对于 CK 和其他氮磷肥配比处理，收获时产量分别提高了 19.94%和 18.69%～30.94%。

综上所述，保水剂与氮磷肥均衡施用(施 SAP 1.68g/盆，施氮 2.89g/盆，施磷 2.89g/盆)较其他处理能够提高玉米的株高、叶面积；促进干物质形成的同时，也促进了玉米植株中氮、磷的累积，收获时产量与 WUE 显著提高。本试验结果为华北地区施用保水剂条件下的夏玉米氮磷肥施用配比提供了参考。

参 考 文 献

[1] 王云奇, 陶洪斌, 杨利华, 等. 氮肥管理对夏玉米冠层结构和氮肥吸收利用的影响[J]. 玉米科学, 2013, 21(3): 125-130.

[2] Islam M R, Hu Y, Mao S, et al. Effectiveness of a water-saving super-absorbent polymer in soil water conservation for corn (Zea mays L.) based on eco-physiological parameters[J]. Journal of the Science of Food & Agriculture, 2011, 91(11): 1998-2005.

[3] 杜红霞, 吴普特, 王百群, 等. 施磷对夏玉米土壤硝态氮、吸氮特性及产量的影响[J]. 西北农林科技大学学报(自然科学版), 2009, 37(8): 121-126.

[4] 栗丽, 洪坚平, 王宏庭, 等. 施氮与灌水对夏玉米土壤硝态氮积累、氮素平衡及其利用率的影响[J]. 植物营养与肥料学报, 2010, 16(6): 1358-1365.

[5] Zhang W, Chen X X, Liu Y M, et al. The role of phosphorus supply in maximizing the leaf area, photosynthetic rate, coordinated to grain yield of summer maize[J]. Field Crops Research, 2018, 219: 113-119.

[6] 杜建军, 苟春林, 崔英德, 等. 保水剂对氮肥氨挥发和氮磷钾养分淋溶损失的影响[J]. 农业环境科学学报, 2007, 26(4): 1296-1301.

[7] 黄震, 黄占斌, 李文颖, 等. 不同保水剂对土壤水分和氮素保持的比较研究[J]. 中国生态农

业学报, 2010, 18(2): 245-249.

[8] 张颖. 不同产量类型春玉米养分吸收特点及其分配规律的研究[J]. 玉米科学, 1997, 5(3): 70-72.

[9] 王宜伦, 刘天学, 赵鹏, 等. 施氮量对超高产夏玉米产量与氮素吸收及土壤硝态氮的影响[J]. 中国农业科学, 2013, 46(12): 2483-2491.

[10] 程闯胜, 任树梅, 杨培岭, 等. 保水剂对大田雨养玉米水肥利用效率影响的试验研究[J]. 灌溉排水学报, 2014, 33(6): 141-144.

第7章 植物抗蒸腾剂调控气孔开度及其对作物生理的影响

利用植物抗蒸腾剂调控作物气孔开度是降低作物奢侈蒸腾的有效途径之一。同时，其能有效促进植株地上部分生长发育，增加绿叶片数，延缓株体中、底层叶片的衰老速度，增大植株叶面积和单位叶面积的干重，加快叶片叶绿素的合成速率，提高叶片内叶绿素的含量，植物体内多种酶活性也有所提高，从而增强植物的光合作用和呼吸强度，这样有利于作物体内糖分和干物质的积累及向果实的转移，影响果实细胞分裂与膨大，既能显著提高作物的产量，又能显著改善作物的品质。

7.1 试验材料与方法

7.1.1 抗蒸腾剂型喷施浓度调控作物生长及水肥利用的试验方法

1. 试验方法

试验于 2008 年 3～7 月在中国农业大学水利与土木工程学院楼温室内进行。试验盆高 20cm，上、下口内径分别为 26cm 和 15cm，容积为 0.41L。供试植物为栀子花。盆内装有由泥炭、腐殖质和壤土组成的土壤，相应的体积比例为 2∶3∶5，盆栽植物选取叶大、花期长的栀子花，于 3 月 28 日购得长势良好的植株 50 盆。栀子花叶片形态对水分亏缺敏感，试验前每隔 2～3 天用 100mL 的小量筒缓慢向盆内塑料板两侧均匀补充水分，处理前保证在试验温室里已培养 3 周，以保证其充分适应温室生长环境，且长势良好，选择生长大小一致的 30 盆进行试验。

抗蒸腾剂选用目前中国应用最为广泛的黄腐酸(FA)和改性的丙烯酸(CA)两种类型，按照原药液与清水体积比不同进行处理水平设置。黄腐酸设置了 1∶200、1∶300、1∶400、1∶500 四个处理水平，分别记录为 FA200、FA300、FA400、FA500；改性的丙烯酸设置了 1∶10、1∶12、1∶15 三个处理水平，分别标记为 CA10、CA12、CA15；设置一个对照处理，标记为 CK；每个处理设置 3 个重复。另外设置了一个黄腐酸局部喷施处理，主要用于观察局部喷施(喷施时另外一半用塑料薄膜覆盖)黄腐酸时植株不同部位叶片行为的反应，以了解代谢型抗蒸腾剂对气孔行为调控的途径，黄腐酸药液与水体积比为 1∶300，分别标记为 FAP 和 FACK。本次试验做了两次喷施处理，每次喷施时选取在 16:00 之后进行，且叶片正反两面都要喷施且喷匀喷透，喷量以刚从叶片上滴落雾滴为宜。

2. 日耗水量与灌水量

第二次喷施后每天 18:00～18:30 定时用电子天平称重，计算各处理栀子花逐日耗水量，称重后补充当日的耗水量，计算并记录每天的耗水量与灌水量。

3. 孔形态观察及形态学参数

用 SEM 技术对各处理栀子花叶片的表面结构进行扫描观察。选取第二次喷施处理后 5 天左右的叶片作为电镜试验样本。各浓度处理取生长整齐一致的栀子花各 1 株，对其叶片进行电镜取样，叶片取样部位分别为植株被试剂喷到的上、中、下三部分中的叶片中心处。用锋利刀片截取以中脉为对称轴、0.5cm×0.5cm 大小的叶片及 0.2cm 厚的假茎。样本离体后立即投入预冷的 2.5%戊二醛中进行固定。2h 后用 0.1mol/L、pH 为 7.2 的磷酸盐缓冲溶液(phosphate buffered saline，PBS) 清洗 3 次；再依次用 30%、50%、70%、80%、90%、100%的梯度浓度丙酮脱水，每次 30min。用乙酸异戊酯在 4℃下置换 30min，再在 LGJ-10 型冷冻干燥机上进行干燥。观察面朝上，用双面胶带纸粘在铜样台上。于离子溅射仪上喷镀黄金，喷镀条件 I=5mA，t=5min，最后置于 FEI Quanta 200 环境扫描电子显微镜下观察、摄影并记录。每个叶片样本拍 2 张 2000 倍照片，选择 5 个气孔以测量气孔大小，利用 UV-G 显微粒度分析软件测量气孔开度。

4. 光合速率、蒸腾速率、气孔导度

用 LI-6400R 光合测量仪测定栀子花叶片光合速率(P_n)、蒸腾速率(T_r)和气孔导度(G_s)等参数。测量日选取第一次喷施后的第 1 天、第 2 天、第 15 天和第二次喷施后的第 4 天、第 18 天。各浓度处理取生长整齐的栀子花各 1 株，每株自上而下各选取 5 片叶面平整光洁、长势良好、大小一致的叶片作为测量叶片并作标记。每天 14:00～15:00 测量，每种浓度 5 个叶片的数据取平均值作为该种浓度的测定值。

7.1.2 抗蒸腾剂型喷施方式调控作物生长及水肥利用的试验方法

1. 试验材料

供试土壤：试验用土取自北京通州南瓜观光园中国农业大学试验基地温室大棚内耕层土壤(0～30cm)，土壤质地为壤土，容重为 1.28g/cm³，田间持水率为

28.8%。土壤初始化学指标如下：全氮、全磷、全钾含量分别为 1.26g/kg、0.76g/kg、22g/kg；有效氮、有效磷、有效钾含量分别为 85.5mg/kg、41.1mg/kg、203mg/kg，有机质含量为 18.1g/kg，阳离子交换量为 9.87cmol/kg。将土样风干后，过 2mm 标准筛，筛出 2mm 以下的土粒供试验用，将筛分后的干土与肥料混拌均匀(11kg 干土与尿素 1g、硫酸钾 1.9g、磷酸二铵 1.5g)后分层(每 5cm 一层)装入花盆内(直径 30cm、高 25cm)，填土容重为 1.3g/cm³，肥料用量是按照当地传统施用量进行折算后使用的。

供试黄腐酸：试验用黄腐酸购自新疆汇通旱地龙腐植酸有限责任公司，是一种目前市场上常用的农用黄腐酸，属于腐植酸的一种，呈褐色液体状，易溶于水。

供试玉米：供试玉米品种为京科糯 2000，属于中早熟品种。

2. 试验处理

试验选用黄腐酸喷施浓度为300倍液(质量比)，按照表7-1试验设计进行喷施，喷施方式为：叶面全喷、叶面交替半喷，喷施次数为 1、2、3 次，共 6 个 FA 处理，同时设置未喷施黄腐酸的对照处理，共 7 个处理，每个处理 4 个重复。叶面全喷实现方法为：每次喷施时，用喷壶自上而下均匀地将黄腐酸喷施至玉米每一片叶片上，直至叶片有少量液滴滴下。叶面交替半喷实现方法为：每次喷施时，用塑料膜覆盖住玉米一半数量的叶片，防止黄腐酸喷施到这一区域的叶片上，喷施的量与全喷时每片叶片上的量相同，待下次喷施时，将上一次喷施过的叶片用塑料膜覆盖住，喷施另外一半叶片，如此反复交替进行喷施。

表 7-1　玉米盆栽 FA 处理

处理	冠层喷施方式	次数	喷施量
CK	0	0	0
Fj1	交替半喷	1	以叶面上有少量液体滴下为准
Fj2	交替半喷	2	以叶面上有少量液体滴下为准
Fj3	交替半喷	3	以叶面上有少量液体滴下为准
Fq1	全喷	1	以叶面上有少量液体滴下为准
Fq2	全喷	2	以叶面上有少量液体滴下为准
Fq3	全喷	3	以叶面上有少量液体滴下为准

注：叶面全喷处理，每次喷施玉米植株所有的叶片；叶面交替半喷处理，每次只喷施玉米植株一半数量的叶片，并且每次喷施的位置交替变化。

3. 试验和测试方法

盆栽试验在北京通州南瓜观光园中国农业大学试验基地温室大棚内进行。将

5 粒种子均匀分散开埋入花盆内(直径 30cm、高 25cm),待出苗后进行间苗和定植。玉米 2 天后出苗,此时进行定植,剔除各处理间的弱苗,挑选一株各处理长势基本一致的苗移栽至盆中间位置,在苗期前期保证水分供给充分。

　　玉米生长期内控水 3 次,对玉米进行轻度水分胁迫(65%~75%田间持水率),非控水处理时期土壤水分均控制在 75%~85%田间持水率,保证供水比胁迫时期高出 10%左右。第一次控水时间为苗期后期至拔节期初期,第二次控水时间为大喇叭口初期至抽雄中期,第三次控水时间为吐丝末期至灌浆初期。黄腐酸按试验设计要求在每个控水期的第一天进行喷施。各处理土壤养分本底值一致,在玉米拔节期初期追施尿素,追施量参考当地追肥用量为 140kg/hm²(按常规用量折算到每盆用量为 1g 尿素),保证玉米生长期内的养分供给。

　　土壤含水率及耗水测试在每天上午 8:00~9:00 采用称重法进行测定,电子秤采用 TC30KH 电子天平,精度为 d=1g。

　　玉米生理指标测试从三叶期开始,每隔 2~5 天进行一次测试。①株高:将玉米叶子捋起后,用卷尺量出叶片最高点到盆内土面的高度。②株径:用游标卡尺测量。③叶面积:用直尺量出叶片的长度和叶片的最大宽度,玉米植株叶面积可根据经验公式 S=0.75LB 计算,其中 S 为叶面积,L 为叶片长度,B 为叶片最大宽度。

　　在玉米收获后进行实收测产,折算为每公顷产量。

7.2　抗蒸腾剂型喷施浓度调控作物生长及水肥利用

7.2.1　抗蒸腾剂对日耗水量的影响

　　对于喷施抗蒸腾剂后栀子花日耗水量变化的统计结果如图 7-1 所示。从图中

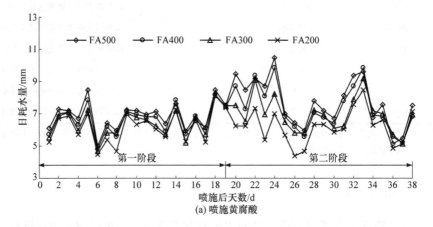

(a) 喷施黄腐酸

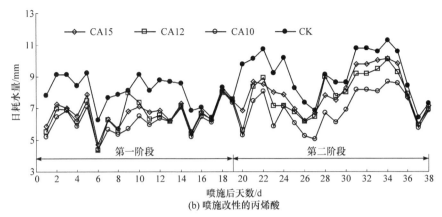

图 7-1　喷施抗蒸腾剂后栀子花日耗水量变化

可以看出，试验期间温室盆栽栀子花日耗水量在 4.0～11.5mm，临界最大耗水量在 11.3mm 以上。各处理条件下盆栽栀子花的日耗水量差异较明显，整体来看，两种抗蒸腾剂都显示出随着喷施浓度的增加而日耗水量逐渐降低，较对照日耗水量降低 0.1～4.6mm，说明抗蒸腾剂处理对抑制栀子花的蒸腾进而降低植株的耗水量效果明显，但随着喷施浓度增加而日耗水量并未呈现线性变化规律。对于黄腐酸，FA200、FA300 较 FA400、FA500 效果更为显著，而 FA400、FA500 间差异不明显。对于改性的丙烯酸 CA10 较 CA12、CA15 呈现明显差异，而 CA12、CA15 之间差异不明显。

7.2.2　抗蒸腾剂对叶片气孔微观形态结构的影响

利用扫描电镜对栀子花气孔行为的研究发现，其气孔主要分布在叶片背面，叶表面分布极其微小。两种抗蒸腾剂对叶片微形态及其参数影响的统计结果分别如表 7-2 和图 7-2 所示。两种抗蒸腾剂对气孔微观形态结构都有显著影响，气孔开度较对照低 12.83%～78.38%。黄腐酸抗蒸腾剂随着喷施浓度的增加，气孔开度迅速降低，但并未随着喷施浓度的增加气孔呈比例变化，而在 FA200 和 FA300 浓度下发现气孔的非均匀关闭现象。改性的丙烯酸同样也随着喷施浓度的增加而气孔开度降低，但各处理间不如黄腐酸处理的差异显著，同样也未出现气孔的非均匀关闭现象。

表 7-2　两种抗蒸腾剂对栀子花叶片气孔开度的影响

项目	FA500	FA400	FA300	FA200	CA15	CA12	CA10	CK
气孔开度/μm²	6.25±1.02	5.76±0.73	3.98±0.76	1.55±0.55	5.68±0.74	5.57±0.41	5.35±0.61	7.17±0.54
降幅/%	12.83	19.67	44.49	78.38	20.78	22.32	25.38	—

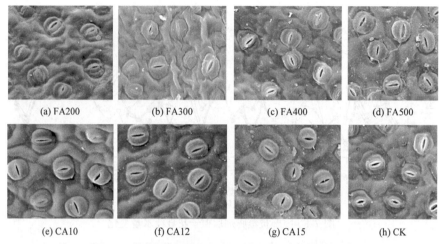

(a) FA200	(b) FA300	(c) FA400	(d) FA500
(e) CA10	(f) CA12	(g) CA15	(h) CK

图 7-2　抗蒸腾剂对栀子花叶片气孔微观结构的影响

7.2.3　抗蒸腾剂对叶片光合、蒸腾及水分利用效率的影响

试验中连续 5 次于每日 14:00～15:00 测定了两种抗蒸腾剂不同喷施浓度下的叶片光合速率、蒸腾速率和水分利用效率等指标，测定结果见表 7-3。从表 7-3 中可以看出，黄腐酸抗蒸腾剂表现出低浓度促进栀子花叶片光合作用，而高浓度对光合作用表现出强烈的抑制作用。对于蒸腾作用则表现出随着喷施浓度的增加呈降低的趋势。从叶片尺度水分利用效率来看，FA300 是较为适宜的喷施浓度。喷施改性的丙烯酸对光合速率、蒸腾速率具有一定的抑制作用，但光合速率各处理水平与对照间的差异不显著，这表明改性的丙烯酸透光性强。蒸腾速率随着喷施浓度的增加而迅速降低，叶片水分利用效率随着喷施浓度的增加而增加，从这一角度来看，CA10 是较为合适的喷施浓度。

表 7-3　喷施抗蒸腾剂条件下栀子花叶片光合速率、蒸腾速率及水分利用效率

项目	处理	测量日期					均值
		4 月 28 日	4 月 29 日	5 月 13 日	5 月 19 日	6 月 2 日	
P_n/[μmol CO$_2$ /(m^2·s)]	FA500	7.990	4.220	5.539	4.165	4.120	5.207
	FA400	8.530	4.420	6.357	7.182	4.137	6.125
	FA300	9.100	4.430	7.046	5.029	4.270	5.975
	FA200	4.270	1.580	2.594	2.111	4.240	2.959
	CA15	6.850	3.400	4.422	3.176	4.030	4.376
	CA12	6.890	3.300	4.659	3.378	4.120	4.469
	CA10	6.720	3.170	4.448	2.937	4.020	4.259
	CK	6.970	3.440	4.791	3.039	4.370	4.522

续表

项目	处理	测量日期					均值
		4 月 28 日	4 月 29 日	5 月 13 日	5 月 19 日	6 月 2 日	
T_r/[mmol H$_2$O/(m^2·s)]	FA500	1.605	2.280	1.637	1.322	2.843	1.937
	FA400	1.410	1.861	1.221	1.050	2.630	1.634
	FA300	1.186	1.342	0.986	0.881	2.860	1.451
	FA200	0.756	0.954	0.767	0.688	2.830	1.199
	CA15	1.390	1.660	1.771	0.981	2.680	1.696
	CA12	1.275	1.580	1.042	0.800	2.680	1.475
	CA10	1.010	1.140	0.757	0.898	2.760	1.313
	CK	2.145	2.710	2.214	0.819	2.730	2.124
WUE/(μmol CO$_2$/mmol H$_2$O)	FA500	0.049	0.104	0.090	0.020	0.086	0.070
	FA400	0.017	0.042	0.020	0.010	0.055	0.029
	FA300	0.019	0.043	0.010	0.009	0.081	0.032
	FA200	0.133	0.093	0.035	0.015	0.075	0.070
	CA15	0.035	0.043	0.014	0.023	0.065	0.036
	CA12	0.097	0.058	0.011	0.021	0.085	0.054
	CA10	0.104	0.119	0.004	0.017	0.101	0.069
	CK	0.033	0.039	0.020	0.016	0.062	0.034

注: 4 月 28 日、4 月 29 日和 5 月 13 日分别为第一次喷施抗蒸腾剂后的第 1 天、第 2 天、第 15 天; 5 月 19 日、6 月 2 日分别为第二次喷施后的第 4 天、第 18 天。

综合两次喷施来看, 喷施抗蒸腾剂后 15 天(5 月 13 日)各处理水平对蒸腾速率的影响还表现出显著差异, 而 18 天后(6 月 2 日)各处理水平则未表现出显著差异。以此判断, 两种抗蒸腾剂的持效性为 15~18 天, 所以其喷施间隔周期应该为 15~18 天。

7.2.4　局部喷施黄腐酸对叶片气孔行为的影响

对局部喷施黄腐酸抗蒸腾剂 4 天后的蒸腾速率的三次测量结果见表 7-4, 气孔微观结构如图 7-3 所示。从表 7-4 和图 7-3 中可以看出, FAP 的蒸腾速率和气孔开度显著小于 FACK, 平均气孔开度分别为 4.05% 和 6.96%, 说明局部喷施黄腐酸对同株未喷施部位蒸腾速率和气孔开度的影响极小, 可以忽略不计。而局部喷施黄腐酸的受喷部位叶片的蒸腾速率和气孔开度与全面喷洒处理 FA300 叶片间的差异较小。

表 7-4　局部喷施黄腐酸对叶片蒸腾速率的影响 (单位：mmolH₂O/(m² · s))

处理	测量时间		
	10:30	12:30	14:30
FA300	0.611	0.665	0.681
FAP	0.637	0.612	0.664
FACK	0.826	0.973	0.840
CK	0.857	0.953	0.819

注：测量时间为 5 月 19 日，局部处理第一次喷施时间与上述处理的第二次喷施时间相同。

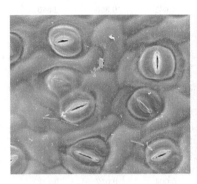 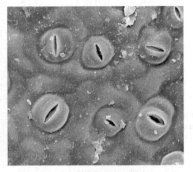

(a) FAP　　　　　　　　　　　　　　　　(b) FACK

图 7-3　局部喷施黄腐酸对栀子花叶片气孔微观结构的影响

7.2.5　讨论

气孔不仅是水分蒸腾的主要通道，也是光合作用所需 CO_2 和呼吸作用所需 O_2 的通道，因此还要考虑减小气孔开度或关闭气孔时是否会严重影响植物的光合和呼吸作用的问题。研究发现，在一定的太阳辐射强度范围内，光合速率与蒸腾速率呈线性关系，但是当作物达到光饱和点之后，光合速率不再随蒸腾速率的增加而增加，此时再提高蒸腾速率，对光合速率已不产生作用，超过光饱和点的蒸腾速率的增加量为奢侈蒸腾[1,2]。因此，从理论上说，通过合适的调控措施，降低这部分奢侈蒸腾并不影响光合作用。理论和实践都证明，在一定条件下应用抗蒸腾剂，适当减小气孔开度或关闭一部分气孔，可以显著降低植物的蒸腾作用，对光合和呼吸及其他代谢活动并没有明显的不利影响[3]。本节利用黄腐酸和改性的丙烯酸两种抗蒸腾剂降低作物奢侈的叶片气孔蒸腾，发现黄腐酸在低浓度下可以促进叶片光合作用，而在高浓度下才表现出强烈的抑制作用，对于蒸腾作用则表现出随着喷施浓度的增加呈降低的趋势。事实上，作物生产与水分的关系历来是国内外研究的热点和难点，作物节水栽培追求的目标是产量和水分利用效率尽可能的高值，但事实上大量的研究表明，水分利用效率高值往往是在中等供水条件下获得的，当作物的水分利用效率达到最高时，作物的产量并没有达到最大值；而当作物产量达到最高时，作物的水分利用效率却已开始下降，两者之间存在一种不同步现象[4-6]。本节结果表明，作物生长关键期喷施适量的黄腐酸抗蒸腾剂可以提高光合速率(主要是提高了多种酶的活性及叶绿素含量引起的)，可以使叶片气孔开度显著减小，而蒸腾速率明显下降，水分利用效率显著增大，各指标日变化的测定结果也表现出相似的规律，这为实现作物产量和水分利用效率大幅度同步提高提供了一条有效的途径。目前中国已有大量在粮食作物、蔬菜、瓜果上喷施黄腐酸获得抗旱增产的生产实践的报道。抗蒸腾剂防护剂也可以在不显著降低叶片光合速率的条件下显著降低蒸腾速率，从而实现大幅度提高水分利用效率的目的。但由于成膜型抗蒸腾剂对 CO_2 和 H_2O 没有选择性，施用量太大可能会导致光合、呼吸严重受阻，以及膜过厚对 CO_2 透性差引起膜下 CO_2 浓度低而导致膜下气孔开度加大，反而促进了作物蒸腾作用。比较而言，黄腐酸效果较好，资源丰富，价格便宜，无毒无污染，是很有前途的抗蒸腾剂。

蒸腾作用是水通过叶气孔腔汽化，在叶-气系统水势差的驱动作用下扩散进入大气的过程[7,8]。在一般情况下气孔蒸腾占蒸腾量的 80%～90%，气孔的重要功能是根据水分平衡和光合需要调节其开度大小，从而实现对蒸腾作用的调控，Cowan 和 Farqher 近年来提出植物能通过气孔开闭来优化水分利用的气孔最优化调控理论，这是近年来气孔生理生态认识的一个大发展。喷施抗蒸腾剂为田间实施气孔最优化调控提供了一种有效的途径。通过气孔关闭减少叶片的气体交换有两种可能的方式：一种是叶片上的所有气孔都按一定比例减小其开度；另一种是一部分气孔保持其开度，而另一部分气孔完全关闭。前一种方式称为比例控制，而后一种方式称为二元控制，即气孔不均匀关闭现象。叶片上气孔不均匀关闭现象的证实以及它与光合、蒸腾关系的揭示是近年来研究气孔生理生态领域的又一重大进展，这一现象是近年来在研究作物"午休"和 CO_2 倍加问题时所发现的[9,10]。近年来已有水分亏缺、低空气湿度、强光和疾病感染以及施用 ABA 等多种环境胁迫因素可以引起气孔不均匀关闭的报道。本节发现，在高浓度条件下喷施黄腐酸也存在气孔的非均匀关闭现象，而在低浓度条件下则不存在类似现象。另外，局部喷施黄腐酸对未喷施部位蒸腾速率的影响极小，可以忽略不计；而局部喷施黄腐酸的受喷部位叶片的蒸腾速率与全面喷洒处理叶片间的差异不显著。这说明黄腐酸对叶片气孔行为的调控直接发生在叶片内部，对 ABA 内源激素水平的间接作用可以忽略不计。

本节虽然对喷施抗蒸腾剂后叶片气孔行为及水分利用效率的变化方面取得了一定进展，但与实际应用还有较大差距，还有许多问题需要解决：①各种植物对不同抗蒸腾剂的适宜浓度和剂量的要求；②喷施抗蒸腾剂的持效性及其与环境条件的关系；③同时具备代谢型和成膜型两种抗蒸腾剂特点的复合型抗蒸腾剂的研制；④植物种类和特点与抗蒸腾剂有效性的关系等。

7.2.6　结论

通过本节发现，温室盆栽栀子花喷施适量的黄腐酸和改性的丙烯酸可以降低其气孔开度 12.83%～78.38%，大幅度降低气孔蒸腾速率，日耗水量降低 0.1～4.6mm，随着喷施浓度的增加而效果更为显著。但喷施黄腐酸并未随着喷施浓度的增加气孔开度呈比例变化，在 FA200 和 FA300 浓度下发现气孔的非均匀关闭现象，黄腐酸对叶片气孔行为的调控是直接作用于叶片喷施部位，对 ABA 内源激素水平的间接作用可以忽略不计。喷施改性的丙烯酸各处理间不如黄腐酸处理的差异显著，也未出现气孔的非均匀关闭现象。喷施低浓度黄腐酸可以促进光合作用，而高浓度却表现出强烈的抑制作用。在作物关键期喷施黄腐酸可实现大幅度提高作物产量和水分利用效率的协同发展，以及在田间实施气孔最优化调控提供了一种有效的途径，喷施 1∶300(药剂∶水质量比)是较为适宜的喷施浓度。喷施改性的丙烯酸也可以在不显著降低光合速率的条件下大幅度提高栀子花叶片尺度水分利用效率，1∶10(药剂∶水质量比)是较为适宜的喷施浓度；两种抗蒸腾剂的持效性为 15～18 天。

7.3　抗蒸腾剂型喷施方式调控作物生长及水肥利用

7.3.1　对玉米生理生长的影响

1. 株高

由图 7-4 可以看出，7 个处理的玉米植株株高的整体趋势呈现出：逐渐递增至最大值，然后保持基本不变直至收获。在苗期，所有处理的株高差异不大，株高平均增长速率较小，拔节初期增长速率增大，玉米开始快速长高。在此阶段，CK 株高最大，其他处理间差异不明显；拔节中后期，处理间株高开始产生较明显差异；拔节中后期至抽雄初期，各处理株高均以稳定速率增大，所有处理达到株高峰值。

株高峰值从大到小的顺序为：Fj2、Fj3、CK、Fq2、Fq3、Fq1、Fj1。各 FA 处理和 CK 比较可得出，Fj2 比 CK 的增高最多，增幅为 0.97%，其余处理株高均比 CK 小，Fj1 比 CK 降低最多，减幅为 10.25%。

从全生育期的株高均值看来，从大到小的顺序为 Fj3、CK、Fj2、Fq2、Fq3、Fq1、Fj1。各处理与 CK 比较可得，Fj3 处理比 CK 增加最多，增幅为 0.71%，Fj1 比 CK 减小最大，减幅为 10.98%。

由株高峰值与全生育期均值比较结果来看，Fq2、Fq3、Fq1、Fj1 四个处理的峰值和均值均小于 CK 处理。FA 处理对玉米株高的影响呈现出促进作用较小，反而在一定程度上抑制了玉米株高的现象。喷施一次稀释 500 倍的黄腐酸后，对玉米株高没有显著影响，可能是 FA 的喷施浓度对于玉米(300 倍液)较高，因而产生了一定的抑制株高生长的效应。

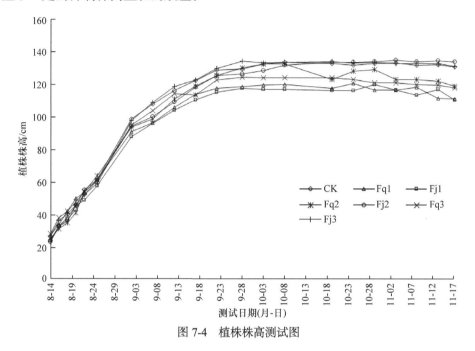

图 7-4 植株株高测试图

2. 株径及果实径粗

由图 7-5 可以看出，7 个处理的株径整体呈现出先增大后减小的趋势，除了拔节初期至大喇叭口初期这段时间内株径增长速率相对较快，其他生育阶段株径增长或者减小速率都很缓慢。苗期各处理间株径大小差别不大，呈缓慢增长；苗期后期至拔节初期，株径增长速率剧增，喷 1 次处理中，Fq1 大于 Fj1，喷 2 次处理中，Fj2 大于 Fq2，喷 3 次处理中，Fj3 大于 Fq3，分析原因可能是交替半喷这种喷施方式合理地调节了玉米叶片的气孔开度，既满足了玉米叶片与外界气体的交换，即光合作用的条件，又抑制了叶片的蒸腾作用，促使光合作用积累的干物质更多地分配到了株径部位；大喇叭口初期至抽雄中期，各个处理株径增长缓慢，从大到小的顺序为 CK、Fq3、Fj3、Fq1、Fj1、Fq2、Fj2。从株径均值来看，从大到小的顺序为 CK、Fq2、Fj2、Fq3、Fq1、Fj3、Fj1。各 FA 处理均小于 CK 对照处理。黄腐酸处理表现出对株径有一定程度的抑制作用。

从图 7-6 可以看出，玉米果实的直径变化呈逐渐增大的趋势，其中，Fq1、Fj1分别出现了果实径粗突然下降的趋势，这可能是由于测量时样本的选择出现了问题，果实直径减小的这几个处理中的重复中玉米长势不好，直径较小，拉低了平均值造成的，从图中可以清晰地看出，果实径粗大小顺序为 Fj3、Fq2、Fj2、CK、Fq3、Fq1、Fj1。Fj3、Fq2、Fj2 分别比 CK 直径增大 26.53%、20.73%、15.91%；其余处理比 CK 减幅为 9.34%～35.39%。由比较结果可以看出，不同 FA 处理对

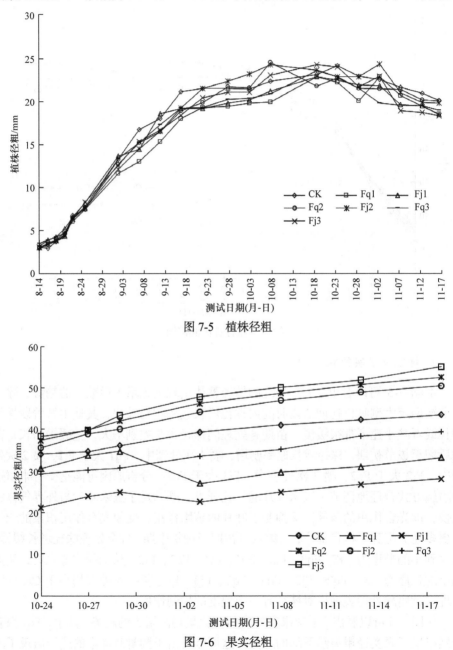

图 7-5　植株径粗

图 7-6　果实径粗

玉米果实径粗作用不一样，既有增长作用，也有抑制作用。总体来看，交替半喷对果实径粗呈现出了促进生长的作用，而全喷中只有两次喷施处理表现出促进果实直径生长的作用。

3. 叶面积

从图 7-7 可以看到，所有处理的玉米叶面积呈先增长再降低的趋势，苗期由于叶片发育刚开始，叶面积很小，拔节初期至抽雄中期，叶面积增长速率增大，叶面积开始剧增，且各处理间叶面积开始产生较明显的差异；抽雄中后期直至成熟期，叶面积处于下降的阶段。苗期，7 个处理的叶面积差别极小，并且处于缓慢增加的趋势，CK 的叶面积最大，小于 $500 cm^2$；拔节初期叶面积开始出现差别，直至拔节中期，CK 叶面积和增长速率均大于其他处理，全喷处理中，Fq3 最大，Fq2 次之，Fq1 最小；交替半喷处理中，Fj3 最大，Fj2 次之，Fj1 最小，说明随着 FA 喷施次数增多，叶面积也增大；大喇叭口初期，处理增长速率基本保持稳定，从叶面积峰值来看，从大到小的顺序依次为 Fj3、Fq2、Fj2、Fq3、CK、Fj1、Fq1。各 FA 处理与 CK 比较可得出，Fj3、Fq2、Fj2、Fq3 分别比 CK 增加了 12.09%、10.55%、5.99%、1.22%，Fj1、Fq1 分别比 CK 减少了 14.96%、17.54%，从叶面积均值来看，从大到小的顺序为 CK、Fj3、Fq2、Fj2、Fq3、Fq1、Fj1，FA 处理

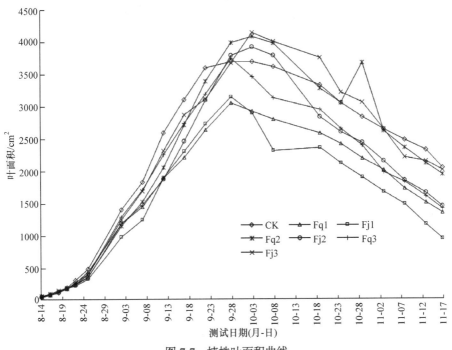

图 7-7　植株叶面积曲线

都比 CK 要小，减幅为 0.51%～30.78%；灌浆期之后，各处理由于叶片开始退化失去功能，叶面积逐渐降低。

7.3.2 对玉米产量及水分利用效率的影响

表 7-5 列出了不同 FA 处理下玉米生育期内耗水总量、产量及水分利用效率的情况。从表中可以看出，FA 处理后，玉米耗水量有不同程度的下降，下降的幅度在前面小节中已有体现，而产量和水分利用效率均有不同程度的提升。从产量来看，从大到小依次是处理 Fq3、Fq2、Fj3、Fj2、Fq1、Fj1、CK，各处理与 CK 比较，增幅最大的处理为 Fq3，比 CK 产量增加了 23.27%，增幅最小的处理是 Fj1，仅增加了 1.87%，Fq3 和 Fq2 增幅都在 20% 以上，增产效果明显，Fj3 和 Fj2 增幅在 10%～20%，单从产量方面来看，全喷处理比交替半喷处理增产效果明显。原因可能是全喷处理中黄腐酸使叶片中叶绿素含量增加，光合强度增大，干物质积累分配到果实的比例更大，就有助于玉米高产，无论是喷一次、喷两次还是喷三次处理中，其产量都是全喷处理大于交替半喷处理，而且无论是全喷还是交替半喷处理中，产量大小顺序为喷三次大于喷两次，喷两次大于喷一次。因此得出结论，全喷相比交替半喷对玉米的增产效应更明显，而且在一定范围内，黄腐酸用量的增加有助于产量的形成。对不同处理的产量进行显著性检验，多重比较结果显示各处理产量之间差异不显著($p > 0.05$)。单因素方差分析结果显示组间差异也不显著，即 FA 处理对夏玉米的产量没有造成显著性的影响，分析原因可能是处理设置的水平范围较小，导致组间差异达不到显著水平，或者是重复数据间平行性差所造成的影响。但是在本试验条件下产量仍然呈现出一定的规律性，具有一定的参考价值。

表 7-5 不同 FA 处理下玉米生育期内耗水总量、产量及水分利用效率

处理	生育期耗水总量/(m³/hm²)	产量/(kg/hm²)	水分利用效率/(kg/m³)
CK	2768.18	7318.50±812.7	2.64
Fq1	2320.56	7538.10±2095.4	3.25
Fq2	2628.69	8922.00±1289.8	3.39
Fq3	2547.06	9021.60±157.4	3.54
Fj1	2293.68	7455.60±764.0	3.25
Fj2	2442.37	8461.20±804.4	3.46
Fj3	2320.99	8566.50±658.0	3.69

就玉米的水分利用效率而言，从大到小依次为 Fj3、Fq3、Fj2、Fq2、Fj1(Fq1)、CK。各 FA 处理与 CK 对比，增幅为 23.11%～39.77%。在 1、2、3 次喷施处理中，

交替半喷处理的水分利用效率均大于等于全喷处理，原因可能是全喷处理使得玉米植株在生长前期的营养生长过于旺盛，耗水量相对交替半喷有所增大，同时，交替半喷这种方式对气孔的开合控制也比全喷处理要更合理，这是因为交替半喷处理既能发挥黄腐酸对叶片气孔的关闭作用，减少蒸腾，又不至于过度关闭气孔而限制了气孔与外界气体的交换，同样能满足光合作用所需的 CO_2 等气体原料，使蒸腾作用与光合作用达到更合理的平衡比例，同时，交替进行喷施的方式保证了玉米叶片均衡发展的要求，避免出现不同区域的叶片生长状况相差较大的畸形发育。这将更有利于玉米干物质积累和分配，使得节水和增产两者的综合效应更好，所以交替半喷的水分利用效率高；两种喷施方式的水分利用效率均随着喷施次数的增加而提高。

7.3.3　对玉米土壤养分利用的影响

从表 7-6 分析得出，全氮、全磷、全钾的含量上，整体上 FA 处理小于 CK，表明喷施黄腐酸促进了玉米对养分的吸收利用。从有效磷来看，只有 Fq1 和 Fj2 大于 CK；从有效钾看，所有 FA 处理均大于 CK；从碱解氮来看，除了 Fj1、Fq1，其余四个处理均大于 CK，说明黄腐酸提高了土壤的供氮水平，但是随着喷施方式和次数的变化，这种效果会产生差异。2 次和 3 次喷施处理比 1 次喷施处理的供氮水平要高。各处理相互比较，Fj3 处理的全磷、全钾含量很低，全氮、有效磷含量中等，碱解氮含量较其他处理都高，有效钾含量偏低，由此来看，Fj3 对磷、钾利用率比较高，氮肥利用率一般，土壤中氮的可被利用能力较强，故 Fj3 对氮素的利用效果较好。

表 7-6　成熟期盆栽土壤养分情况

处理	全氮含量 /(g/kg)	全磷含量 /(g/kg)	全钾含量 /(g/kg)	有效磷含量 /(mg/kg)	有效钾含量 /(mg/kg)	碱解氮含量 /(mg/kg)
Fj1	0.95	0.67	2.12	43.1	175.0	74.8
Fj2	0.86	0.87	2.09	90.4	125.0	95.2
Fj3	0.86	0.78	2.00	56.5	82.4	127.0
Fq1	0.94	0.80	2.02	80.7	189.0	79.0
Fq2	0.69	0.81	2.16	54.9	152.0	106.0
Fq3	0.75	0.80	2.07	36.8	72.4	98.7
CK	1.05	0.85	2.35	73.5	42.7	87.0

氮肥的利用率从大到小为 Fq2、Fq3、Fj3(Fj2)、Fq1、Fj1、CK，变化幅度为22.79%～49.26%，这与产量的大小关系一致，分析氮肥的偏生产力(partial factor productivity，PFP)，大小顺序也与产量一致。由此说明了黄腐酸在一定程度上促

进了玉米对氮肥的吸收利用，有助于产量的增加。

7.3.4　结论

本节结论如下：

(1) 试验结果表明，喷施黄腐酸后，各 FA 处理玉米生育期内耗水总量相比 CK 均有不同程度的减少，Fj1 耗水最少，减幅为 17.14%，体现了黄腐酸一定程度上抑制植株蒸腾的作用；喷施次数相同的条件下，全喷处理的耗水总量均大于交替半喷的耗水总量，分析原因可能是黄腐酸本身所含的营养物质对玉米生理生长(主要是根系)起到了促进作用，而全喷比交替半喷的量要大，从而根系发育状况比交替半喷要好，根系吸水能力比交替半喷强，因而耗水较交替半喷要大，喷施黄腐酸后各处理与 CK 相比节水幅度在 5%~17.14%，节水效果较为明显。

(2) 玉米地上部分的生理生长方面，从株高、株径、叶面积来看，交替半喷处理发育状况基本上要优于全喷处理,分析原因是 2 次或者 3 次交替半喷过程中，该处理的叶片气孔处于交替开闭的状态，这样既减少了耗水，同时又不影响气孔和外界进行气体的交换，因而相比全喷更能促进玉米地上部分的生长，而一次交替半喷事实上没有体现出叶片气孔交替开闭的效应，所以在 1 次喷施处理中交替半喷和全喷的差别不明显。但是，所有 FA 处理与 CK 比较，地上部分生理生长呈现出了基本都弱于 CK 的现象，分析原因可能是设置的黄腐酸喷施浓度过大或者试验过程中测试差异所致，造成了黄腐酸处理出现抑制玉米冠层生长的现象。

(3) 喷施黄腐酸提高了玉米的产量及水分利用效率。产量方面，最大产量的处理为 Fq3，比 Fj3 增加 5.31%，水分利用效率大小顺序依次为 Fj3、Fq3、Fj2、Fq2、Fj1(Fq1)、CK，比较得出，喷施次数越多，水分利用效率越高，而且在 3 次喷施和 2 次喷施处理中，交替半喷大于全喷处理；1 次喷施处理中，全喷和交替半喷几乎没有差异。分析原因可能是在 1 次喷施处理中，交替半喷所造成的叶片气孔开闭的效应没有发挥作用,但 2 次或者 3 次喷施处理随着喷施次数的增加，交替开合的作用变得明显，与上述第二点生理生长的结论一致，交替半喷的效率要大于全喷处理。3 次交替半喷的水分利用效率最高。

(4) 产量上，最大产量处理 Fq3 比 Fj3 增加了 5.31%,但耗水量上，Fq3 比 Fj3 多出 9.74%,从节水增产综合效应出发，本试验条件下效果最优的处理为 Fj3。

参 考 文 献

[1] 张坚强, 刘作新. 化学制剂在节水农业中的应用效果[J]. 灌溉排水学报, 2001, 20(3): 73-75.

[2] 孟兆江, 段爱旺, 王景雷, 等. 调亏灌溉对冬小麦不同生育阶段水分蒸散的影响[J]. 水土保持学报, 2014, 28(1): 198-202.

[3] 罗志鸿, 何生根, 冼锡金, 等. 栀子切叶瓶插期间蒸腾速率、气孔导度和气孔开度的变化[J].

仲恺农业工程学院学报, 2015, 28(4): 12-15.

[4] 王彩绒, 田霄鸿, 李生秀. 沟垄覆膜集雨栽培对冬小麦水分利用效率及产量的影响[J]. 中国农业科学, 2004, 37(2): 56-62.

[5] Kiziloglu F M, Sahin U, Kuslu Y, et al. Determining water-yield relationship, water use efficiency, crop and pan coefficients for silage maize in a semiarid region[J]. Irrigation Science, 2009, 27(2): 129.

[6] Condon A G, Richards R A, Rebetzke G J, et al. Improving intrinsic water-use efficiency and crop yield[J]. Crop Science, 2002, 42(1): 122-131.

[7] 王孟本, 李洪建, 柴宝峰, 等. 树种蒸腾作用、光合作用和蒸腾效率的比较研究[J]. 植物生态学报, 1999, 23(5): 401.

[8] Boulard T, Wang S. Greenhouse crop transpiration simulation from external climate conditions[J]. Agricultural & Forest Meteorology, 2000, 100(1): 25-34.

[9] 王焘, 郑国生, 邹琦. 干旱与正常供水条件下小麦光合午休及其机理的研究[J]. 华北农学报, 1997, 12(4): 48-51.

[10] 郑国生, 王焘. 田间冬小麦叶片光合午休过程中的非气孔限制[J]. 应用生态学报, 2001, 12(5): 799-800.

第 8 章　化控节水防污制剂协同调控技术的 理论基础及通用技术模式

鉴于目前我国农业化控节水防污技术领域以单一技术的研究为主，综合集成技术的研究较少的现状，本章首先提出一种基于农业化控节水防污制剂联合应用的协同调控的理论模式，分析水分经土壤-植物-大气连续系统的行为机制，建立多途径调控水分传输的框架模式，为通过农业化控制剂协同作用、实现水分高效利用和减轻肥料污染的实践奠定理论基础，同时对化控协同调控技术对作物的影响效应进行深入分析。

8.1　理　论　基　础

8.1.1　农业水文循环系统多界面耦合理论

田间土壤水循环和平衡、土壤水分对植物的有效性、土壤-植物水分关系等都是以土壤-植物-大气连续体(soil-plant-atmosphere-continuum，SPAC)的水分运移为基础的。在这个连续体中，水总是从能量高处向能量低处运动，水分经由土壤到达植物根部，通过植物根系从周围土壤吸收水分，并输送到茎部，经由茎部到达叶部，在叶部的胞间孔隙中蒸发，水汽穿过气孔腔和其他孔洞，流向与叶面接触的片流层，穿过它再进入湍流边界层，最后转移到外界大气层中参与大气的湍流交换。SPAC 系统包括作物根系生长发育所处的土壤层、含土壤水及与之有联系的地下潜水、作物体本身和作物体所在的大气空间环境。SPAC 系统中水分运行、转化规律是节水农业的基本研究问题，是实现农业高效用水调控的基本途径。SPAC 系统是一个复合系统，水分在其中的运行是连续的，贯穿于土壤、作物和大气三者之间。灌溉水、降水进入农田后在 SPAC 系统中的运动过程是由多个系统组成的耦合系统，系统耦合过程中存在一系列的系统界面。水分在 SPAC 系统中运行往返通过的界面包括作物-大气、土壤-大气、土壤-根系、潜水层-土壤层等之间的多界面。这一系列农业水文循环系统研究内容包括水源、输水、田间水分动态、作物和大气中的水分运动等反复的过程，并且在这些过程中有一系列能量和动量驱动因子。节水农业中的灌溉节水技术、农艺节水措施和大田的节水管理与调控等的实施都有赖于对农业水文循环系统水分运动规律的深刻了解，实现农业节水界面调控对于实现农业节水增产和缓解当前用水矛盾具有理论和实践意义。

SPAC 系统中的水分因自然和人为的作用必然要和地下水与地表水相联系。但若将根区土壤-作物视为一个整体，水分的来源是大气降水、地下水的上升和人为输入的地表水和地下水(如灌溉)等；土壤水的散失，则包括直接由土面蒸发到大气、通过根系吸水进入植物体后蒸腾到大气中，以及由土壤层下渗到地下水层之中。也就是说，水分进入农田后主要有地表径流、土壤表面蒸发、植株叶面蒸腾以及深层渗漏四个方面消耗途径，其耗水的调控也是整个农业节水的关键所在。农田土壤水分消耗包括土壤蒸发和作物蒸腾两部分。前者属物理过程，与作物产量的形成没有直接关系，对作物生长发育来说是一种无效损耗；作物蒸腾主要受制于生物学因素的影响，直接用于植株形态建立、产量形成或生物学过程，与作物的生物学产量、经济产量形成有着直接关系，尽管并非多多益善，但它却是作物正常生长发育必不可少的一种水分消耗。减少棵间土壤蒸发的物理损耗，将节省下来的水分储存于土壤中供作物根系吸收利用，提高作物生理需水在腾发耗水中的比例，是提高土壤储水有效利用率的关键。因此，改进土壤湿润方式，在不影响作物蒸腾的条件下保持土壤表层干燥是减少棵间土壤蒸发的一种主要措施。

8.1.2　作物真实节水新理论

如何真正提高水资源的有效利用率，推进水资源的可持续开发和保护，已经成为世界各国共同面对的紧迫问题。传统的农业节水主要依靠工程措施来提高灌溉水利用率，并把因灌溉水利用率提高而减少的渠系和田间渗漏量、渠道退水量以及田间排水量统归为节水量。事实上，在采取工程措施前，这些节水量中的一部分并未损失，只是以不同形式被下游或生态环境所利用。因此，传统节水量不是真正意义上的节水量，只有那些通过采取各种措施减少的无效蒸腾蒸发量，才能称为真实节水量。

农业真实节水量一般分为资源型真实节水量和效率型真实节水量两大类。在某一区域内，采取节水增产措施后，其平均单位面积农田净耗水量及其相关区域地表水和地下水的无效流失量，在同等作物结构和产量水平条件下，比采取节水措施前所减少的水量，称为农田平均单位面积的资源型真实节水量。在某一区域内，采用节水增产措施后，由于农田水分利用效率的提高，与节水前相比，在取得同等总产量条件下农田净耗水量的减少量，称为效率型真实节水量。资源型真实节水量主要着眼于减少农田净耗水量和地表、地下水无效流失量，以达到保持水资源可持续利用的目的；效率型真实节水量则主要着眼于提高作物生理蒸腾过程中的光合速率，以达到降低同等产量的净耗水量或以同等净耗水量获取更高产出量的目的。例如，灌溉渠道防渗处理、土渠输水改低压管灌、一般地面灌溉改微喷灌和滴灌、一般沟畦灌改膜灌、大畦灌溉改小畦灌溉、旱作常规灌溉等节水灌溉措施减少了输、排水渠道(水面、土面)及侧渗带的无效蒸发量，减少了农田由于过多灌水引起的无效蒸发量，提高了灌水质量，使作物单产和农田水分利用效率提高，使一部分无效腾发量成为有效腾发量，并形成作物产量，其同等产量条件下的相对节水量属效率型真实节水量。对于秸秆覆盖栽培技术、地膜覆盖栽培技术、免耕栽培技术、深耕与中耕松土蓄水保墒技术、雨后或灌后保墒技术、增施土壤保水剂技术等农田蓄水保墒节水措施利用土壤积蓄降水量，减少土面无效蒸发量，改善作物根层土壤水分、养分、温度状况，以达到节水增产的目的。而对于推广抗旱节水高产型良种、科学施肥、抗旱剂调控、非充分供水调控等节水措施主要通过抑制作物蒸腾速率、减慢土壤水分消耗、提高抗旱能力和光合效率、促进根系活力的作用，而实现资源型真实节水。

8.1.3　气孔最优化调节理论

陆生植物在长期进化过程中所形成的特有的气孔结构作为植物与环境之间气体和水分交换的门户，既避免了干旱下植物水分的过度散失，又保证了植物光合作用的进行，因而在植物生命活动中起着极其重要的作用，长期以来一直受到人们的极大关注。气孔的重要功能是根据水分平衡和光合需要调节其开度大小，开度用气孔阻力(s/cm)表示，而气孔阻力的大小依赖于环境和植物内部状态，外部主要受光照、温度、湿度、CO_2及水供应的影响。

叶片气孔蒸腾公式可简单地写为

$$T = (e_0 - e_a) / (r_a - r_s) \tag{8-1}$$

式中，e_0和e_a分别为叶片和空气水汽浓度；r_a和r_s分别为边界层和气孔的水汽扩散阻力。由于气孔能够对叶子和根部所处的环境做出响应，并且这一控制系统是可变的，因而是蒸腾的重要控制者。

在研究作物水分利用效率(WUE)时可采用公式：

$$WUE = P_n / T_r = [(c_a - c_i)(r_a + r_s)] / [(e_0 - e_a)(r_a' + r_s' + r_m')] \tag{8-2}$$

推出

$$WUE = [(c_a - c_i)(r_a + r_s)] / [(e_0 - e_a)(1.36r_a + 1.56r_s + r_m')] \tag{8-3}$$

式中，c_a和c_i分别为大气CO_2浓度和胞间CO_2浓度；r_a'、r_s'、r_m'分别为CO_2边界层阻力、气孔扩散阻力和叶肉内扩散阻力。比较光合作用，吸收CO_2阻力要大很多，因此在其他因子不受气孔阻力r_s上升影响时T_r比P_n下降大，但气孔阻力增大是否可以提高作物WUE现仍有争议。因此，植物在漫长的进化过程中逐渐演化出各种适应水分亏缺的结构和机制，尽可能地实现对水分利用的最优化。植物对水分利用最优化的调节有长期和短期之分。长期调节是指在几天或更长的时间内，植物通过改变叶片光合能力、叶面积和光合产物在根条间的分配对水分利用进行调节。

8.1.4　作物节水增产调质理论

目前我国蔬菜和果树生产观念发生了较大的转变，由计划经济指导下的单一种植模式转变为市场调节下的商品经济模式，管理者和生产者日益注重市场变化，商品外观有了明显改善，口感、风味越来越适宜消费者的需求，果品质量有较大幅度的提高。特别是随着我国加入世界贸易组织以及对无公害农业发展形式的需要，果蔬质量及其安全日益引起人们的高度关注。因此，如何改善果蔬品质将是未来很长一段时间内的重点课题，随着世界果蔬产量与质量的竞争日趋激烈，如何提高果蔬品质成为我国目前乃至很长一段时间内果蔬生产的重要问题，现代果蔬生产由数量速度型向质量效益型转变刻不容缓。作物品质与品种、施肥、气候、水分、生长环境等多种因素有关，而水分是实现对作物品质改善的介质。有关研究表明，在作物某些生育阶段，通过控制水分，改善植株代谢，促进光合产物的增加，可以改善产品品质。例如，灌水虽然增加了西红柿产量，却降低了果实内糖、有机酸等可溶物的含量；在桃树营养生长季节，仅维持较低水平的土水势，而在果实膨大期实行频繁的灌水，可以节约大量的用水，同时也改善了水果的品质。因此，如何实现节水、增产、调质三重效应的协同提高技术已成为现代果蔬生产中的前沿和热点问题，从作物生理角度出发提出的生物调节措施具有广阔的前景。生物调节根据作物的生理生化过程，在作物生长发育的某些时期施加一定程度的水分亏缺和化学制剂，影响作物的代谢及光合产物在不同组织器官之间的分配模式，使同化物从营养器官向生殖器官的分配增加，改善产品品质(果实内糖、有机酸、维生素 C 等可溶物的含量以及干物质的含量增加)，达到节水不减产或增产的目的。

8.2　通用技术模式

土壤-作物系统中水分循环是一个涉及多界面的复杂过程，如将作物根区土壤和作物视为一个有机整体，水分主要通过地表径流、土壤表面蒸发、植株叶面蒸腾以及深层渗漏四种途径消耗。以全面调控系统水分消耗，进而提高农田水分利用效率为根本目的，引入表土改良剂、土壤保水剂和植物抗蒸腾剂三种化控节水防污制剂，将其进行联合应用，提出农业节水防污化学协同调控技术，其通用技术模式如图 8-1 所示。该技术模式是农田水分循环各个耗水环节与三种农用节水

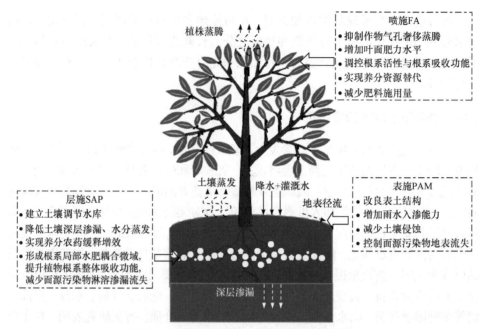

图 8-1　农业节水防污化学协同调控技术模式

防污化学制剂作用机制相协调的技术模式。通过该模式，可达到立体、全面调控土壤和作物水分及养分状况的目的，其调控原理如下。

(1) 表土改良剂。表土改良剂具有改善土壤结构、增加雨水入渗、减少地表径流的功能。目前有矿物质制剂、腐殖质制剂以及人工合成制剂三种类型，主要施于作物根区近地面层。

(2) 土壤保水剂。土壤保水剂具有反复吸水功能，可缓慢释放水分供植物吸收利用，具有提高土壤保水、防止深层渗漏、延长有效水利用时间，进而形成土壤水分调节微型水库的功能，已成为高效利用雨水、灌溉水的一种新型真实节水技术。目前常用的保水剂主要有淀粉/聚丙烯酸盐接枝聚合物、交联羧甲基纤维素以及聚丙烯酸盐化合物三种类型，主要施于作物根区土壤。

(3) 植物抗蒸腾剂。植物吸收的水分仅有 1%用于制造有机物质，其余主要用于蒸腾。一般情况下，光合速率随气孔开度增加而增加，但气孔开度达到某一值时，光合速率增加不再显著，而蒸腾速率则随气孔开度增大而线性增加。基于此，可利用 FA 来调控气孔开度至临界阈值以实现不牺牲作物光合产物累积而使节水量最大的目的。目前植物抗蒸腾剂主要有代谢型、薄膜型、反射型三种类型，主要采用叶面喷施。

综上所述，表土改良剂的施用可改善地表土壤结构，增加雨水和肥料入渗，进而增加作物根区土壤含水率。土壤保水剂的施用将入渗过程中多余的水分和养分吸收、储存起来，形成一个根区微型调节水库，增加根区土壤含水率和养分含量。植物抗蒸腾剂的使用可以减少作物蒸腾，增强作物生理功能，提高作物对水肥的利用效率。所提出的农业节水防污化学协同调控技术体系的构建应针对不同地形条件要求，主要考虑减少农业面源污染和减轻水土流失程度，并以节水、增产、调质为目标进行技术配置。

1. 平原区果树节水、面源污染防治综合技术模式

在平原区果园应用 SAP+FA 组合，主要考虑减少面源污染、节水、增产和调质，提出化学调控最佳模式如下。

针对作物：樱桃、苹果等。制剂施用模式：SAP 为对称坑施，施用量为 $260\sim300kg/km^2$；FA 为叶面喷施，喷施浓度为 $300\sim400$ 倍液，在作物关键生育期喷施，遇到干旱可加喷。水肥控制模式：底肥施足，追施速效肥时可比传统用量减少 30% 左右，灌水量可减少 25% 左右。农药控制模式：农药宜同 FA 喷施同时进行，用量比传统用量减少 30% 左右。补充灌溉制度：对于平水年，在果树全生育期内灌溉 5 次，分别是 4 月下旬灌水 1 次、5 月灌水 3 次、6 月中下旬灌水 1 次，每次灌溉水量为 $135m^3/km^2$，封冻期(11 月)灌水 $600m^3/km^2$。对于枯水年，在果树全生育期内灌溉 7 次，分别是 4 月下旬灌水 1 次、5 月灌水 4 次、6 月中下旬灌水 2 次，每次灌溉水量为 $135m^3/km^2$，封冻期(11 月)灌水 $600m^3/km^2$。对于特枯水年，在果树全生育期内灌溉 8 次，分别是 4 月下旬灌水 2 次、5 月灌水 4 次、6 月中下旬灌水 2 次，每次灌溉水量为 $390m^3/km^2$，封冻期(11 月)灌水 $600m^3/km^2$。

2. 水源保护区农田面源污染防治综合技术模式

在水源保护区应用 SAP+FA+PAM 组合，主要考虑减少坡面径流和面源污染、节水、增产和调质，提出化学调控最佳模式如下。

针对作物：雨养型玉米、果树等。制剂施用模式：SAP 采用沟施方式，施用量为 $93.45kg/km^2$(玉米)或 $150kg/km^2$(果树)，在播种时施入；FA 施用量为 $4.6kg/km^2$，在作物关键生育期进行喷施，浓度 300 倍液，遇干旱可加喷；PAM 在坡面撒施，施用量宜为 $5\sim10kg/km^2$(视坡度而定)。肥料控制模式：氮肥施肥量为 $350\sim400kg/km^2$。农药控制模式：农药宜同 FA 喷施同时进行，用量比传统用量减 30%。

3. 山区坡地果园面源污染防治综合技术模式

在山区坡地果园区应用 SAP+PAM 组合，主要考虑减少面源污染和水土流失、节水、增产和调质，两种制剂均发挥重要作用，可结合 FA 进行抗旱应用，提出化学调控最佳模式如下。

针对作物：雨养型板栗、杏、梨等。制剂施用模式：PAM 在坡面撒施，施用量宜为 5～10kg/km²(视坡度而定)；SAP 为对称沟施，施用量宜为 150kg/km²。肥料控制模式：底肥施足，追施速效肥时可比传统用量减少 15%～25%。农药控制模式：农药宜同 FA 喷施同时进行，用量比传统用量减少 20%～30%。其他控制模式：在降雨月份可结合秸秆覆盖措施同时使用。

4. 山区梯田果园面源污染防治综合技术模式

在山区梯田果园区应用 SAP+FA 组合，主要考虑减少面源污染、节水、增产和调质，可结合 PAM 在不同梯级田块进行使用，提出化学调控最佳模式如下。

针对作物：大桃、苹果等。制剂施用模式：SAP 为对称坑施，施用量为 270kg/km²，200～300 倍液 FA 浓度，在作物关键生育期喷施，单级梯田可在田面范围撒施 PAM，双数级梯田可在作物根系区上方土表撒施 PAM，PAM 用量 4～6kg/km²。水肥控制模式：底肥施足，追施速效肥时可比传统用量减少 25%左右，灌水量可减少 20%左右。农药控制模式：农药宜同 FA 喷施同时进行，用量比传统用量减少 30%左右。

8.3　化学协同调控对作物的影响效应

作物生理功能(光合速率、蒸腾速率、气孔导度、内源激素分泌和根系吸水等)及根系发育(根长密度、根重密度、根氮浓度等)情况均对作物干物质的形成产生重要影响，是评价作物生长状况的主要参考指标[1,2]。大量研究表明，化学调控技术的应用对作物光合速率、蒸腾速率、气孔导度、根系长度和根系活力等都会产生影响，进而对土根系统中水分的运移和利用发挥调控作用。因此，探索玉米生理功能和根系发育对于化学调控的响应关系在揭示化控制剂应用条件下土根系统中水分的运移机制有着重要意义。同时，对其调控机制的准确掌握，也是建立适用于化控制剂应用条件下根系吸水模型的先决条件。

内源激素作为参与贯穿作物生理生长及干物质产出全过程的重要物质，目前已被国内外广大学者认为是起到调控作物根冠发育、影响作物光合性能和水分利用等方面至关重要的影响因素[3-5]。内源激素对环境条件改变的灵敏性在作物生命活动中起着重要的调节功能，作物可能以内源激素作为正负信号，对细胞内各种代谢过程进行有效调控，例如，ABA 作为正信号，而 IAA、GA 和 ZR 作为负信号；此外，IAA、GA、iPA、ZR、茉莉酸和水杨酸等均能促进叶片中可溶性蛋白质含量、RuBP 羧化酶及蔗糖转化酶活性的提高,进而提高叶片的光合能力,使植株生长势增强,从而提升作物对水分的利用效率。同时,内源激素参与作物生理过程的调控方式十分复杂,调控作物生长的激素效应不仅仅是单一激素的作用效果而致,多种激素的协同调控效应也起到十分明显的作用。

基于此,主要针对土壤含水率、根长密度、根氮质量密度、玉米根系吸水等在土壤剖面的分布特征,玉米光合速率、蒸腾速率及叶面气孔导度大小,玉米根及叶中内源激素分泌等几个方面来开展研究,重点探索化学调控对单种内源激素分泌及多种内源激素比值的影响效应,并深入分析内源激素分泌同叶面气孔导度、根长密度、根氮质量密度之间的关系,从作物生理层面(单种内源激素调控和多种内源激素协同调控)提出化控制剂对玉米土根系统水分运移的调控机制。

8.3.1 根系指标及根系吸水对调控的响应

1. 根系形态

如图 8-2 所示,三个保水剂的处理与对照 CK 相比,根系干重在拔节期与抽雄期均有一定程度的增加。在拔节期,SAP 与 SAP15 处理与 CK 有显著差异,而在

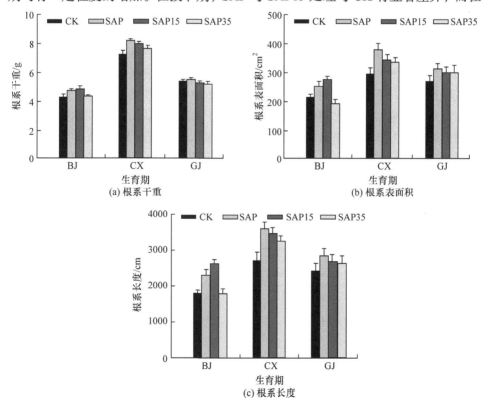

图 8-2 玉米根系总体形态特征(BJ 代表拔节期, CX 代表抽雄期, GJ 代表灌浆期)

抽雄期三个处理与 CK 都呈显著差异。在灌浆期，四个处理间的根系干重差异不显著。

保水剂处理增加了根系表面积，SAP 和 SAP15 处理在三个生育期对表面积都具有显著影响，尤其在抽雄期，SAP 和 SAP15 比 CK 总表面积分别增加了 29.1% 和 16.7%。而 SAP35 在拔节期与 CK 相比未有显著差异，而随着根系的不断向下生长，SAP35 的保水剂与根系产生了相互作用，因此促进了根系表面积的增大，在抽雄期和灌浆期较 CK 增加了 13.8%、10.4%，差异均显著。

保水剂对根系长度的影响有着类似的规律。在拔节期和抽雄期，SAP 较 CK 根系长度增加 33.4%、32.2%，SAP15 则增加了 51.6%、27.4%，差异均达到显著水平。而 SAP35 对根系长度的影响较小，只在抽雄期对根系长度有显著性差异，增加了 19.5%。

表 8-1、表 8-2、表 8-3 分别表示在各生育期玉米根系干重、表面积、长度在不同土层深度中所占的百分比。从根系干重看，各处理在不同深度下根系分配比例有很多的共同特点。在拔节期，由于在生长初期，根系干重基本集中在 0～20cm，比例可达 80% 以上；在抽雄期和灌浆期，由于根系下部的逐渐发育，20cm 以下根系所占比例逐渐增大，根系干重比例已经持平甚至超过 20cm 以上的土壤。保水剂对根系干重的影响只有在拔节期 SAP15 处理中，对 0～10cm、10～20cm 根系干重比例产生显著影响($p<0.05$)，增加了保水剂埋施层的干重比例。从根系表面积和根系长度看，在不同土壤深度的分配比例也会体现根系生长的情况，即随着根系生长发育，下部的比例会增大。SAP15、SAP35 在拔节期和抽雄期根系表面积在保水剂埋施层所占比例要显著($p<0.05$)大于 CK。根系长度在不同土层的分配比例的处理间差异要更明显。在拔节期，三个保水剂处理在 10～20cm、20～30cm 土层的分配比例要显著($p<0.05$)高于对照；在灌浆期，三个保水剂处理在 30～40cm 土层的根系长度所占比例要显著小于 CK。

表 8-1　不同土壤深度各生育期玉米根系干重所占百分比　　(单位：%)

处理	拔节期				抽雄期				灌浆期			
	0～10cm	10～20cm	20～30cm	30～40cm	0～10cm	10～20cm	20～30cm	30～40cm	0～10cm	10～20cm	20～30cm	30～40cm
CK	64	19	17	1	27	16	45	12	26	21	36	17
SAP	65	20	11	4	37	13	39	11	34	16	32	18
SAP 15	53*	32*	11	4	43	12	35	10	28	17	33	22
SAP 35	60	22	17	1	32	16	41	11	27	18	39	16

*表示各处理间呈显著差异($p<0.05$)，下同。

表 8-2　不同土壤深度各生育期玉米根系表面积所占百分比　（单位：%）

处理	拔节期				抽雄期				灌浆期			
	0~10cm	10~20cm	20~30cm	30~40cm	0~10cm	10~20cm	20~30cm	30~40cm	0~10cm	10~20cm	20~30cm	30~40cm
CK	63	21	12	4	21	27	37	15	33	27	19	20
SAP	68	21	7	4	29	20	33	18	39	26	20	15
SAP15	59*	30*	8	3	25	34*	29	12	27	34	19	19
SAP35	50*	24	18*	8*	19	22	39	20*	25	34	24	16

表 8-3　不同土壤深度各生育期玉米根系长度所占百分比　（单位：%）

处理	拔节期				抽雄期				灌浆期			
	0~10cm	10~20cm	20~30cm	30~40cm	0~10cm	10~20cm	20~30cm	30~40cm	0~10cm	10~20cm	20~30cm	30~40cm
CK	56	28	8	8	37	30	22	12	26	23	29	22
SAP	44*	35*	16*	6	35	24	31	10	32	26	31	11*
SAP15	42*	34*	15*	9	34	33	25	8	31	37	28	4*
SAP35	50	28	20*	3*	33	27	32	7	31	32	27	10*

如表 8-4 所示，将玉米根系按不同直径进行统计分析，三个保水剂处理在各生育期直径小于 0.5mm 的根系比例均高于 CK，尤其灌浆期的 SAP 与 SAP15 处理，与 CK 相比，直径小于 0.5mm 的根系比例达到了极显著水平($p<0.01$)，说明保水剂对玉米细根系的生长效应是十分显著的。细根系的长度所占比例也有不同程度增加，但差异不明显，只有 SAP 处理在三个生育期，直径小于 0.5mm 的根系较 CK 均有显著差异($p<0.05$)。从整个生育期看，所有处理直径小于 0.5mm 的根系表面积和长度所占比例均呈现先增加后减小的规律(抽雄期最大)，这也能在一定程度上表明根系生长的总体规律。

表 8-4　小于 0.5mm 直径根系所占总表面积或总长度百分比　（单位：%）

处理	表面积			长度		
	拔节期	抽雄期	灌浆期	拔节期	抽雄期	灌浆期
CK	49	62	43	73	81	76
SAP	60*	74*	69**	85*	92*	89*
SAP15	65*	71*	68**	84*	88	84
SAP35	51	68*	55*	71	84	82

*表示各处理间呈显著差异($p<0.05$)，**表示各处理间呈极显著差异($p<0.01$)，下同。

由表 8-5、表 8-6 可以看出,在各生育期,各处理直径小于 0.5mm 根系的表面积和长度所占比例一般只在各处理保水剂埋施层附近深度产生显著差异($p<0.05$)。各处理 20~40cm 土壤细根系表面积和长度所占比例在整个生育期也总体呈先增加后减小的趋势,这与同位素频率分析得到的玉米主要吸水深度具有较好的一致性。

表 8-5 不同土壤深度下直径小于 0.5mm 根系表面积所占百分比 (单位:%)

处理	拔节期				抽雄期				灌浆期			
	0~10cm	10~20cm	20~30cm	30~40cm	0~10cm	10~20cm	20~30cm	30~40cm	0~10cm	10~20cm	20~30cm	30~40cm
CK	42	59	61	61	56	61	67	60	41	53	42	34
SAP	55	65	79*	82*	62*	72*	77*	89*	62*	75*	74*	67*
SAP 15	63*	70*	53	73*	54	71*	79*	86*	72*	72*	63*	60*
SAP 35	42	52	63	74*	49	64	69	88*	52	48	59*	67*

表 8-6 不同土壤深度下直径小于 0.5mm 根系长度所占百分比 (单位:%)

处理	拔节期				抽雄期				灌浆期			
	0~10cm	10~20cm	20~30cm	30~40cm	0~10cm	10~20cm	20~30cm	30~40cm	0~10cm	10~20cm	20~30cm	30~40cm
CK	62	83	91	95	74	84	85	88	79	78	71	77
SAP	84*	81	94	96	93*	89*	91*	98*	83	94*	89*	92
SAP 15	81*	86*	89	87	87*	87*	92*	84	82	85*	83*	89
SAP 35	62	74	86	88	75	85	90*	93*	84	81	79*	87*

2. 根长密度及根氮质量密度

1) 根长密度

图 8-3 分别为未施加化控制剂的对照组(CG)、化控制剂充分灌溉组(SFI)和各化控制剂处理组(C-S1、C-S2、C-SF1、C-SF2)在玉米播种后第 15~45 天的根长密度剖面分布情况。从图中可以看出,随着土层深度的增加,根长密度逐渐减小,SFI 条件下的根长密度处于较高水平,CG 的根长密度处于较低水平,各化控制剂处理组相较于对照组,在距离播种不同时间及不同土层表现出不同的规律。通过分析发现,在 0~20cm 土层区域内,相较于 CG,C-S1 在第 15 天、第 21 天、第 27 天、第 33 天、第 39 天、第 45 天时提高根长密度平均为 30.0%、16.6%、20.3%、4.0%、2.9%、−6.0%,C-S2 在第 15 天、第 21 天、第 27 天、第 33 天、第 39 天、第 45 天时提高根长密度平均为 15.9%、17.4%、14.3%、3.4%、−6.9%、−8.3%,

C-SF1 在第 15 天、第 21 天、第 27 天、第 33 天、第 39 天、第 45 天时提高根长密度平均为 28.6%、25.5%、20.0%、6.1%、2.2%、−5.8%，C-SF2 在第 15 天、第 21 天、第 27 天、第 33 天、第 39 天、第 45 天时提高根长密度平均为 22.6%、13.0%、15.9%、5.2%、−1.0%、−6.0%。从化控制剂处理组相较于对照组提升根长密度的变化趋势(总方差为 0.016)来看，化控制剂的应用对于玉米根系前期根长密度的增加起到了很大的作用，但随着玉米的生长，化控制剂处理组对于玉米根系根长密度增加的提升作用逐渐减弱。

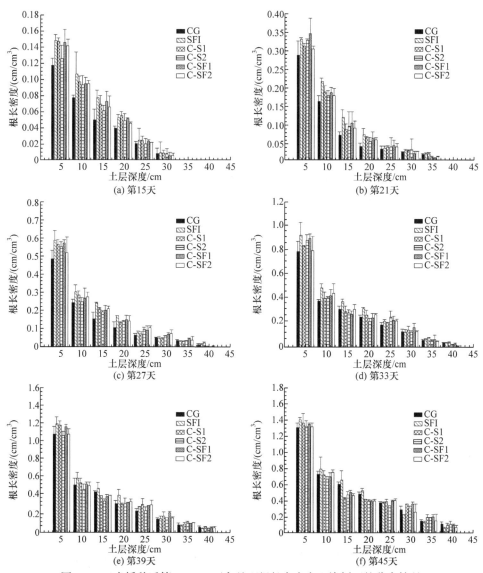

图 8-3　玉米播种后第 15～45 天各处理根长密度在土壤剖面的分布情况

如图 8-4 所示，在 20～40cm 土层区域内，各化控制剂处理组对根长密度也表现为一定的提升作用。相较于对照组，C-S1 在第 15 天、第 21 天、第 27 天、第 33 天、第 39 天、第 45 天时提高根长密度平均为 17.1%、18.9%、7.1%、15.4%、22.8%、12.7%，C-S2 在第 15 天、第 21 天、第 27 天、第 33 天、第 39 天、第 45 天时提高根长密度平均为–0.8%、5.9%、16.4%、11.9%、7.9%、2.6%，C-SF1 在第 15 天、第 21 天、第 27 天、第 33 天、第 39 天、第 45 天时提高根长密度平均为 2.7%、–7.1%、26.5%、17.9%、27.4%、14.1%，C-SF2 在第 15 天、第 21 天、第 27 天、第 33 天、第 39 天、第 45 天时提高根长密度平均为–0.7%、1.3%、34.2%、0.0%、19.1%、–4.0%。从化控制剂处理组相较于 CG 提升根长密度的变化趋势(总方差为 0.012)来看，C-S1 和 C-S2 对于根长密度的影响较为平稳，而 C-SF1 和 C-SF2 对于根长密度的影响波动性明显。这说明 SAP 和 FA 对于根长密度的影响效应并不一致，其与这两种制剂的应用方式不同有一定的关系。

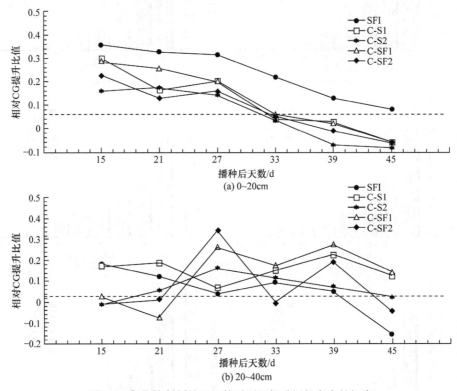

图 8-4 各化控制剂处理组较对照组提升根长密度的幅度

2) 根氮质量密度

图 8-5 分别为未施加化控制剂的对照组(CG)、化控充分灌溉组(SFI)和各化控制剂处理组(C-S1、C-S2、C-SF1、C-SF2)在玉米播种后第 15～45 天的根氮质量

密度剖面分布情况。从图中可以看出，随着土层深度的增加，根氮质量密度也呈逐渐减小的趋势，SFI 和各化控制剂处理组的根氮质量密度基本均高于 CG。通过分析发现，在 0～20cm 土层区域内，相较于 CG，C-S1 在第 15 天、第 21 天、第 27 天、第 33 天、第 39 天、第 45 天时提高根氮质量密度平均为 7.7%、17.1%、16.3%、24.0%、21.9%、27.4%，C-S2 在第 15 天、第 21 天、第 27 天、第 33 天、第 39 天、第 45 天时提高根氮质量密度平均为 4.9%、19.3%、14.4%、30.7%、

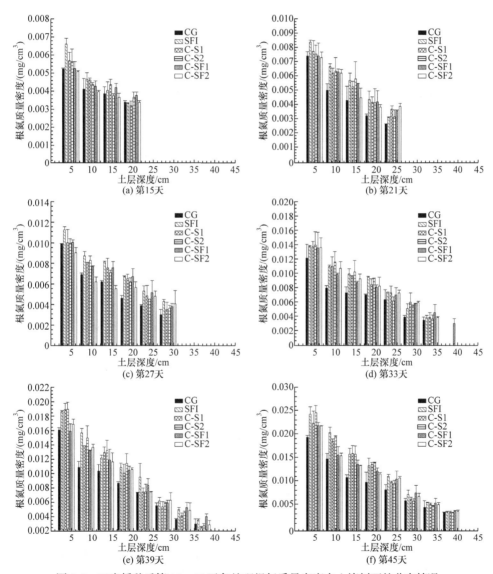

图 8-5　玉米播种后第 15～45 天各处理根氮质量密度在土壤剖面的分布情况

28.1%、33.6%，C-SF1 在第 15 天、第 21 天、第 27 天、第 33 天、第 39 天、第 45 天时提高根氮质量密度平均为 5.6%、17.1%、15.8%、16.8%、12.4%、14.8%，C-SF2 在第 15 天、第 21 天、第 27 天、第 33 天、第 39 天、第 45 天时提高根氮质量密度平均为-2.7%、9.5%、-4.2%、21.1%、15.3%、13.0%。从化控制剂处理组相较于 CG 提升根氮质量密度的变化趋势(总方差为 0.009)来看，在玉米生长前期(第 15 天)，各化控制剂处理组对于根氮质量密度的提升并不明显，但随着玉米的生长，从总体趋势上看，各化控制剂处理组稳步提升了根氮质量密度。

在 20～40cm 土层区域内，相较于 CG，C-S1 在第 21 天、第 27 天、第 33 天、第 39 天、第 45 天时提高根氮质量密度平均为 37.2%、21.2%、24.8%、-0.3%、10.6%，C-S2 在第 21 天、第 27 天、第 33 天、第 39 天、第 45 天时提高根氮质量密度平均为 17.5%、17.8%、10.8%、5.8%、6.2%，C-SF1 在第 21 天、第 27 天、第 33 天、第 39 天、第 45 天时提高根氮质量密度平均为 33.4%、29.1%、48.0%、21.5%、21.1%，C-SF2 在第 21 天、第 27 天、第 33 天、第 39 天、第 45 天时提高根氮质量密度平均为 45.0%、28.5%、24.1%、10.5%、17.3%。在第 15 天时由于根系量较少无法测试根氮浓度，因此未在图中列出根氮质量密度的数值。从化控制剂处理组相较于 CG 提升根氮质量密度的变化趋势(总方差为 0.012)来看，C-S2 和 C-SF2 对其影响相对较为平稳，而 C-S1 和 C-SF1 对其影响表现出一定的波动性，但从变化幅度上看低于化控制剂对根长密度的影响。

3. 根系吸水规律

1) 土壤剖面水分分布

图 8-6 分别为未施加化控制剂的对照组(CG)、化控制剂充分灌溉组(SFI)和各化控制剂处理组(C-S1、C-S2、C-SF1、C-SF2)在玉米播种后第 15～45 天 5 个灌水初、末期的土壤剖面含水率分布情况。从图中可以看出，与 CG 和 SFI 相比，每次灌水后，各化控制剂处理组在深度 20cm 以上的土层内表现出较高的土壤含水率分布，而在深度 20cm 以下的区域可以看到含水率骤减现象，这与化控制剂的施用方式有关。从试验数据来看，试验期内共灌水 5 次，每次灌水后在 0～20cm 土层范围内，均表现出各化控制剂处理组土壤含水率平均值大于对照组的情况。从各次灌水情况来看，在第 1 次灌水后(6 月 3 日)，各化控制剂处理组较之 CG 在 0～20cm 土层范围内提高含水率幅度为 6.7%～15.1%，第 2 次灌水后(6 月 9 日)提升的幅度为 2.8%～7.9%，第 3 次灌水后(6 月 16 日)提升的幅度为 9.7%～11.9%，第 4 次灌水后(6 月 22 日)提升的幅度为 8.1%～14.1%，第 5 次灌水后(6 月 28 日)提升的幅度为 4.1%～10.2%。在 20～40cm 区域内，各化控制剂处理组的土壤含水率平均值较之 CG 均有不同程度的降低，这与实际情况也是相符的，因为保水剂毕竟不是造水剂，当大量水分被吸持在土层上部区域时，必然会导致土层下部

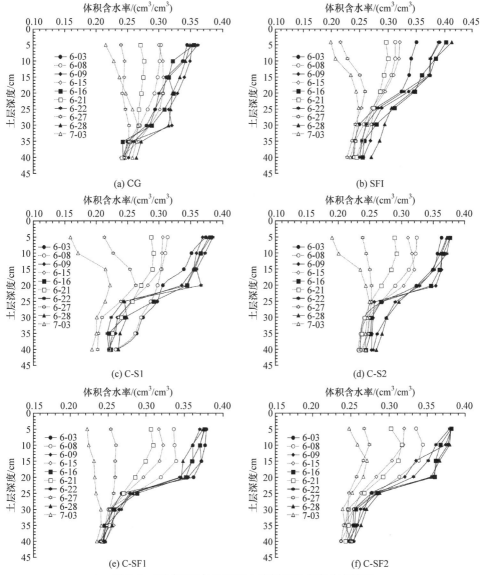

图 8-6　不同历时各处理的土壤剖面含水率分布情况

区域内含水率的下降。

从吸水末期(灌水 5 天后)的土壤剖面含水率分布来看，无论是 0～20cm 还是 20～40cm 土层，各化控制剂处理组的土壤含水率平均值基本上均表现为低于 CG 的现象。在这里还是以 0～20cm 土层为例，除第 1 个吸水末期(6 月 8 日)C-SF1 和 C-SF2 出现较低(2.4%～3.0%)的提升土壤含水率的现象外，在第 2 个吸水末期(6 月 15 日)，各化控制剂处理组降低含水率幅度为 7.9%～9.8%，在第 3 个吸水末期(6 月 21 日)降低含水率幅度为 7.3%~14.4%，在第 4 个吸水末期(6 月 27 日)降低含水率幅度为 19.1%~25.6%，在第 5 个吸水末期(7 月 3 日)降低含水率幅度为 22.5%~35.7%。

　　2) 土壤剖面根系吸水

　　图 8-7 分别为未施加化控制剂的对照组(CG)、化控制剂充分灌溉组(SFI)和各化控制剂处理组(C-S1、C-S2、C-SF1、C-SF2)在玉米播种后第 15~45 天 5 个灌

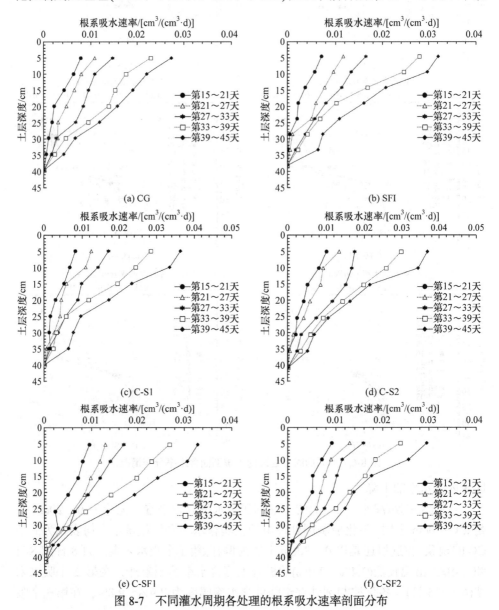

图 8-7　不同灌水周期各处理的根系吸水速率剖面分布

水周期的根系吸水值剖面分布情况，其也作为理论值来拟合参数，并对后文中的根系吸水模型模拟值进行校正，该理论值是通过第 5 章提出的基于水力参数为时变函数的根系吸水反求估算方法计算出的。在进行本节计算时的反求方法参数选取为：时间步长 1000 步，距离步长 0.125(5cm/40cm)，仪器精度 w=0.01，迭代误差控制在 $1×10^{-5}$，CG 的土面蒸发强度 E 根据实测数据为 0.026cm/天，SFI 为 0.030cm/天，C-S1 为 0.027cm/天，C-S2 为 0.029cm/天，C-SF1 为 0.027cm/天，C-SF2 为 0.026cm/天。

从图中变化规律可以看出，CG 根系吸水速率较低，SFI 的根系吸水速率最大，其他各化控制剂处理组的根系吸水速率处于二者之间。从不同灌水周期各土层化控制剂处理组根系吸水速率较对照提升幅度情况来看(表 8-7)，在 5～20cm 土层基本表现出各化控制剂处理组吸水速率大于 CG 的规律，而从 25～35cm 土层的情况来看，各化控制剂处理组和 CG 在根系吸水速率上则互有大小。从整体趋势上看，SAP 的用量越大，根系吸水越强，而 FA 的应用则在一定程度上会抑制根系吸水。

表 8-7　不同灌水周期各土层化控制剂处理组根系吸水速率较对照提升幅度(单位：%)

吸水时段	土层深度/cm	SFI	C-S1	C-S2	C-SF1	C-SF2
第 15～21 天	5	0.179	0.039	0.245	0.129	0.133
	10	0.166	0.061	0.240	0.194	0.085
	15	0.138	0.215	0.172	0.533	0.172
	20	0.359	0.329	0.811	1.079	1.228
	25	0.483	−0.101	0.336	0.120	0.644
	30	−0.427	0.173	0.888	1.347	1.184
	35	−0.675	1.979	−0.942	−0.313	0.625
第 21～27 天	5	0.387	0.136	0.188	0.125	0.157
	10	0.565	0.362	0.126	0.402	0.099
	15	0.532	−0.109	0.268	0.399	0.136
	20	0.586	−0.091	0.150	0.626	0.361
	25	1.128	0.351	0.321	0.793	0.881
	30	−0.543	−0.104	−0.531	0.161	−0.144
	35	−0.569	−0.692	−0.640	−0.614	−0.529
第 27～33 天	5	0.435	0.146	0.148	0.085	0.045
	10	0.582	0.298	0.476	0.219	0.011
	15	0.545	0.032	0.552	0.176	0.051
	20	0.235	0.050	0.338	0.027	0.079
	25	0.097	−0.173	0.063	−0.120	0.083
	30	0.886	0.388	0.288	0.788	0.890
	35	0.302	−0.333	0.379	−0.166	−0.644

续表

吸水时段	土层深度/cm	SFI	C-S1	C-S2	C-SF1	C-SF2
第33~39天	5	0.567	0.228	0.259	0.107	0.012
	10	0.795	0.361	0.420	0.230	0.018
	15	0.414	0.266	0.255	0.214	0.034
	20	−0.051	−0.167	−0.006	−0.039	−0.093
	25	−0.063	−0.387	−0.053	−0.143	0.027
	30	0.162	−0.307	0.244	−0.136	0.047
	35	0.247	−0.001	0.409	−0.814	0.342
第39~45天	5	0.509	0.313	0.308	0.143	0.054
	10	0.734	0.502	0.510	0.317	0.128
	15	0.399	0.208	0.093	0.202	−0.102
	20	0.308	0.081	0.001	0.151	−0.146
	25	0.182	−0.195	−0.137	0.066	−0.021
	30	0.432	0.144	−0.004	−0.102	0.321
	35	0.939	0.486	0.162	−0.414	−0.389

4. 根系吸水定量

近年来氢氧稳定同位素技术发展迅速,已成为研究植物水分关系的重要手段。由于其在水体循环中存在明显的分馏现象,可以作为天然示踪剂。水分在进入土壤后,主要通过土壤蒸发和作物蒸腾两种方式散失到大气中,前者会造成氢氧同位素的富集,而后者在通过植物根系吸收水分到从叶表面蒸腾出去前,同位素的组分都不会发生改变,因此植物体内的同位素丰度可以看成不同土壤深度水分同位素丰度的组合结果,由此可以确定根系的主要吸水深度。因此,可以利用该技术来研究植物根系的吸水特性。

本试验利用氢氧稳定同位素技术,通过盆栽和田间试验采集的土壤水和玉米茎水样本,研究化学调控对玉米根系吸水规律的影响,再结合盆栽试验中得出的根系形态特征,进一步讨论化学调控对玉米根系的作用机理。

1) 盆栽氢氧稳定同位素

图 8-8~图 8-10 所示的频率统计图说明在玉米各生育期不同土壤深度的土壤水贡献比例不同,通过在不同深度施加保水剂对玉米的吸水过程产生影响。

如图 8-8 所示,在拔节期,CK 处理各深度土壤水的贡献比例相对较离散,在 0~10cm、10~20cm、20~30cm 都有可能占到较高比例,达到 0.5,但是 30~40cm 的比例是较小的;而与 CK 相比,SAP 与 SAP15 不同深度土壤水的贡献比例都较集中,SAP 处理在 0~20cm 的土壤水贡献比例达到 80%以上(将 0~10cm、10~20cm 土层可能的最小水分贡献比例相加求得,下同),20~40cm 贡献比例极少,

0~20cm 成为主要吸水深度，同样 SAP15 在 0~20cm 的吸水比例达到 76%以上；而 SAP35 未呈现出这样的规律，在 0~10cm 可能的贡献比例较分散，而 10~20cm、20~30cm 两层土壤水的贡献比例均较小。

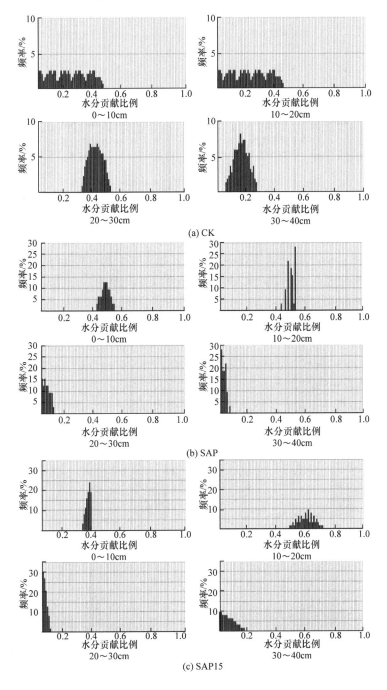

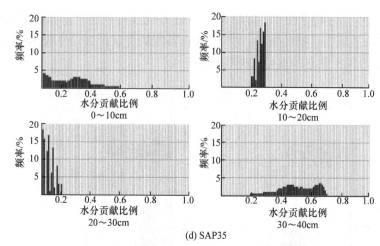

(d) SAP35

图 8-8　拔节期不同深度土层供水比例频率统计图

图中每张子图横坐标水分贡献比例是指相应土层深度对根系水分贡献比例的所有可能值(0～1)，
纵坐标频率表示在该深度范围内特定水分贡献比例的出现频率，下同

　　如图 8-9 所示，在抽雄期，CK 的主要吸水深度为 20～40cm，水分贡献比例达到 70%以上；SAP 处理的主要吸水层也开始下移，20～30cm 的供水比例达到 56%；SAP15 处理在 10～20cm、30～40cm 的贡献比例有一个明显的峰值，分别在 33%和 34%的可能性最大，0～10cm 的贡献比例最大为 28%，但其可能性随比例递减，说明其贡献比例很小，这同样表明在该处理下，玉米根系的主要吸水深度下移，但由于保水剂在 10～15cm 埋施，增加了该层的供水比例；SAP35 由于水分集中在 30～35cm，而根系又往下部发育，30～40cm 成为主要吸水层，供水比例达到 44%～65%。

　　如图 8-10 所示，在灌浆期，CK 的主要吸水深度上移，且频率很大，0～20cm 土壤水的贡献比例达到了 69%以上。同样，SAP 处理的主要吸水深度上移至 10～

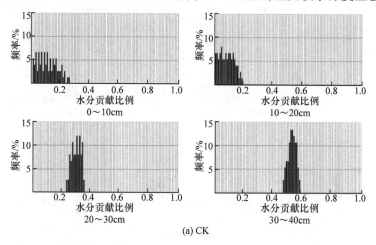

(a) CK

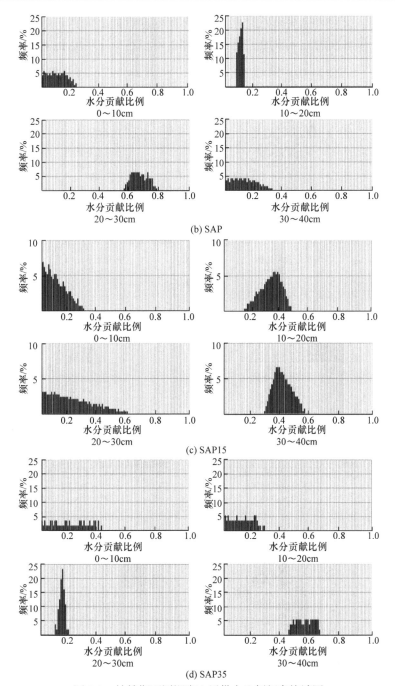

图 8-9　抽雄期不同深度土层供水比例频率统计图

20cm，贡献比例在 47%～68%。SAP15 处理在 0～10cm 的土壤水贡献比例最大，在 47%～71%，但该处理下面几层土壤水的贡献比例也处于近似频率，不能忽略其贡献作用，这两组保水剂处理对比 CK 不同深度贡献比例的可能性组合较多，可能是由于保水剂的施入增加了土壤含水率，可以在一定程度上减缓根系生长变

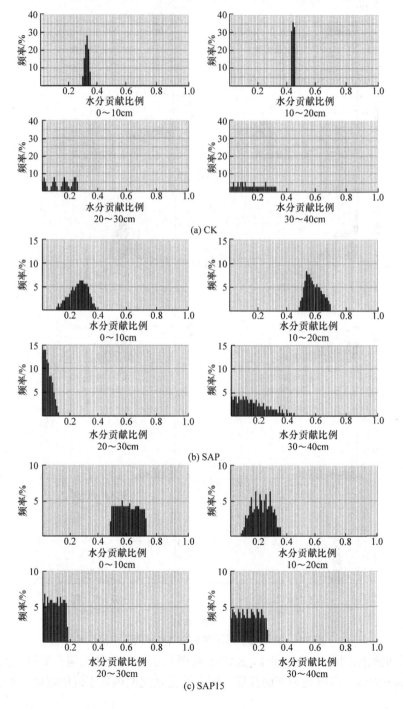

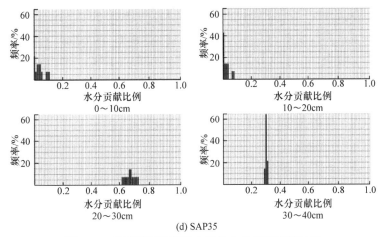

(d) SAP35

图 8-10　灌浆期不同深度土层供水比例频率统计图

化对吸水带来的影响，使得根系吸水更均匀。而 SAP35 由于上层土壤含水较少，根系吸水主要深度在 20~30cm，供水比例在 60%~71%，但并非在保水剂的埋施层，说明根系的主要吸水深度在该时期是具有上移趋势的。

图 8-11~图 8-13 所示的氢氧同位素丰度分布图表明，不同土壤深度的氢氧同

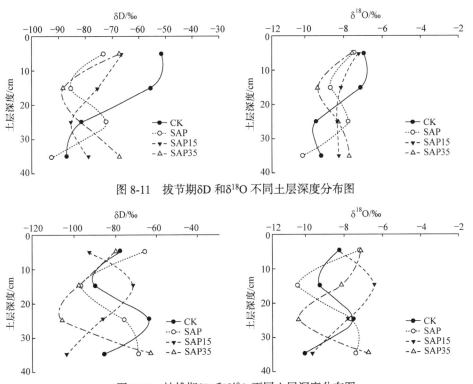

图 8-11　拔节期 δD 和 δ¹⁸O 不同土层深度分布图

图 8-12　抽雄期 δD 和 δ¹⁸O 不同土层深度分布图

位素丰度变化范围大，这为上述同位素频率统计分析提供了适用条件。而本试验中测定的地下水同位素平均丰度为δD=−87.85‰，δ¹⁸O=−9.62‰，在拔节期与灌浆期，在表层土壤中，由于水分的蒸发，氢氧同位素均出现了一定程度的富集，在拔节期和灌浆期均为 CK 富集程度最高，SAP 最低，可见保水剂的施用可以减少土壤水分的蒸发，而在拔节期至抽雄期，由于玉米的需水量较大，根系吸水活跃，生理活动强烈，导致氢氧同位素的丰度变化幅度很大。

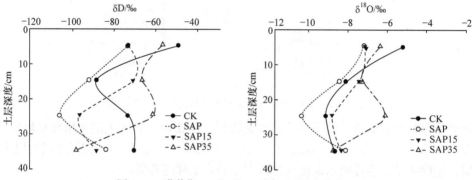

图 8-13　灌浆期δD 和δ¹⁸O 不同土层深度分布图

2) 大田氢氧稳定同位素

由图 8-14 可以看出，在拔节期，四个处理的主要吸水深度均在 0～20cm 土

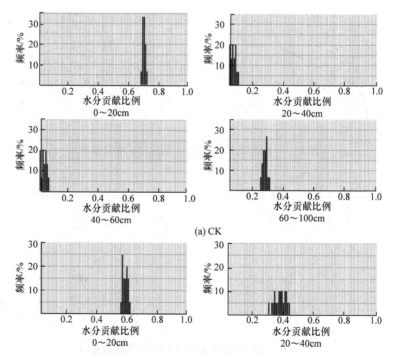

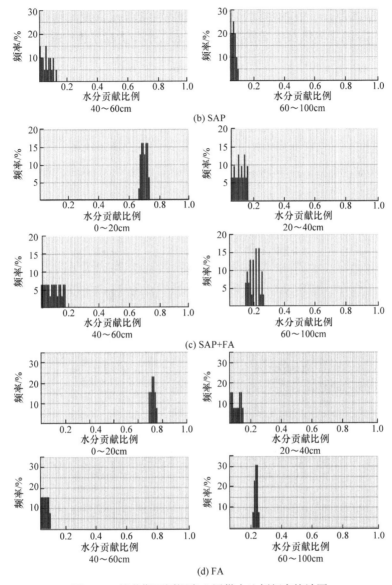

图 8-14　拔节期不同深度土层供水比例频率统计图

层，且贡献比例均很高，范围分别在 69%～73%、56%～62%、67%～74%、74%～79%。在 20～40cm 土层，除了 SAP 在该层的吸水比例较高，达到了 26%～41%，其余三个处理均是很低的贡献率。40～60cm 土层在拔节期各处理的贡献率均在 20%以下。而 60～100cm 土层对施用了保水剂的 SAP+FA、SAP 两个处理的水分贡献率最低，分别为 10%～22%、0%～5%，对照处理 CK 在该层的贡献比例最大，达到了 21%～27%，FA 处理在各层的贡献比例都与 CK 十分接近。

如图 8-15 所示，在抽雄期，四个处理的主要吸水深度均明显下移，CK、SAP+FA、FA 的主要供水层下移到 20～40cm，水分贡献比例范围分别为 57%～

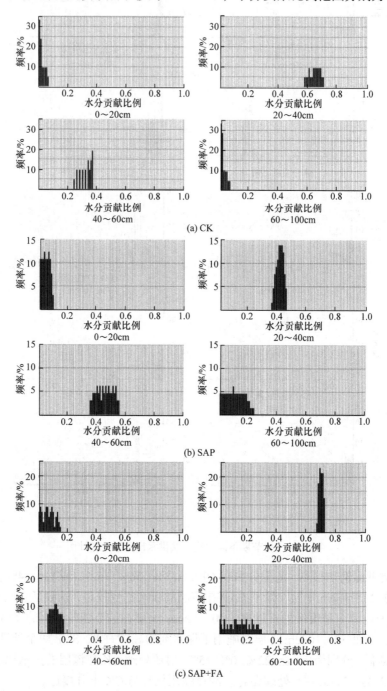

(a) CK

(b) SAP

(c) SAP+FA

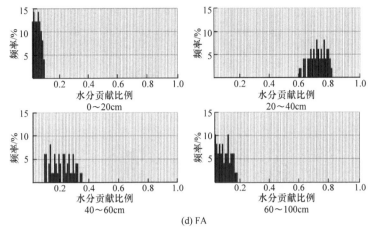

(d) FA

图 8-15　抽雄期不同深度土层供水比例频率统计图

70%、66%~71%、57%~80%，而 SAP 则是在 20~40cm、40~60cm 均达到较高比例，分别为 34%~45%、34%~54%，都是主要供水层。此时，0~20cm 土层的贡献比例已经较小。在 40~60cm 土层，CK 和 SAP 两个处理的吸水比例较高，达到 24%~37%、34%~54%。在 60~100cm 土层，四个处理的贡献比例均很小，可能范围分别为 0~6%、0~22%、0~28%、0~14%，且频率均很低。

如图 8-16 所示，在灌浆期，各处理中 0~20cm 土层的水分贡献比例明显又

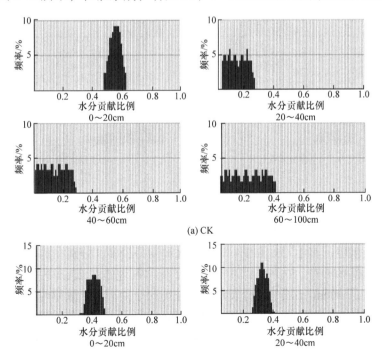

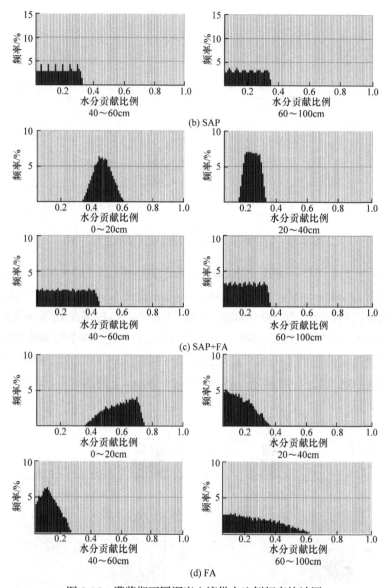

图 8-16 灌浆期不同深度土壤供水比例频率统计图

有所增大，范围分别为 48%～63%、30%～48%、31%～58%、33%～72%，重新成为主要吸水层，其中 CK 和 FA 对该层水利用得最多，分别在贡献比例 57%、69%时达到频率峰值。SAP+FA 和 SAP 由于保水剂埋施在 25cm 左右土壤深度，直接导致 20～40cm 土层的水分贡献比例较另两个处理高，频率峰值分别在贡献比例为 24%、30%时达到峰值。四个处理 40cm 以下土壤水分贡献比例分布均呈现低频率的平稳分布状态，这样的分布可能表明该部分根系是在较均匀且很微小地吸收水分，而不是像拔节期和抽雄期一样频率分布较集中，说明根系的活跃性已经较弱。

图 8-17~图 8-19 所示为不同生育期的氢氧同位素丰度分布图，其呈现出不同的形态，其中 T1~T4 分别代表处理 SAP+FA、SAP、CK、FA。在拔节期，四个处理在不同土层深度的氢氧同位素丰度分布均呈现出类似的规律。在土壤表层氢氧同位素由于水分蒸发等因素均出现了不同程度的富集，而没有施用保水剂的 CK、FA 两个处理富集程度在 40cm 深度以上土壤富集程度更高，可能是由于保水剂的施用抑制了水分的蒸发，减小了另两个处理的同位素富集程度。在抽雄期和灌浆期，可能由于多次降水以及玉米的生理活动强烈，处理间的同位素组分差异很大。在抽雄期，依然是未施加保水剂的两个处理在 40cm 以上土壤氢氧同位素富集程度更高。到了灌浆期，同位素组分的梯度变化更加复杂，没有明显的处理间规律。但是对比表层土壤，深层土壤的同位素组分还是较为稳定的。

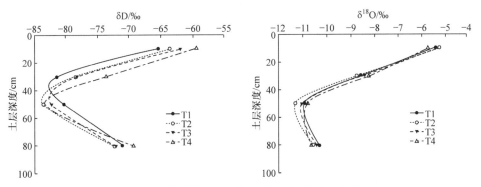

图 8-17　拔节期 δD 和 δ¹⁸O 不同土层深度分布图

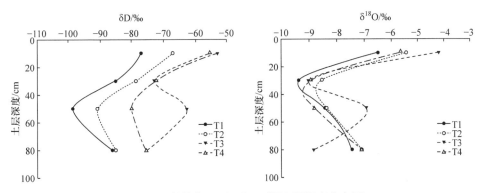

图 8-18　抽雄期 δD 和 δ¹⁸O 不同土层深度分布图

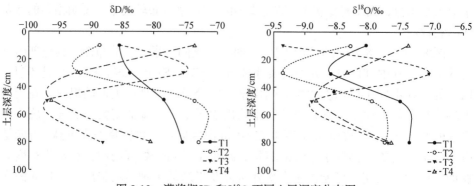

图 8-19 灌浆期δD 和δ^{18}O 不同土层深度分布图

8.3.2 作物光合生理性能对调控的响应

图 8-20 分别为未施加化控制剂的对照组(CG)、化控制剂充分灌溉组(SFI)和各化控制剂处理组(C-S1、C-S2、C-SF1、C-SF2)在第 3 个灌水周期灌溉初期(6 月 15日)的光合速率(P_n)、蒸腾速率(T_r)、气孔导度(G_s)、水分利用效率 WUE(P_n/T_r)日变化情况。从图中趋势可以看出，CG、SFI、C-S1、C-S2 在 12:00 或多或少出现了"光合午休"现象。此时，从对应 12:00 时刻的蒸腾速率和气孔导度数据可以发现，

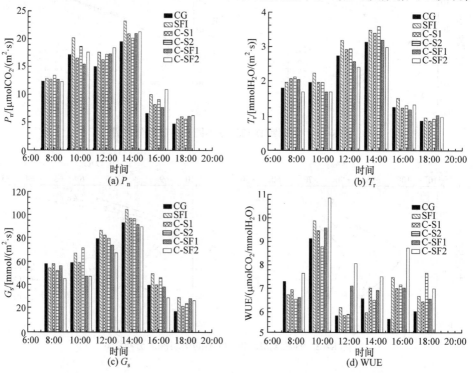

图 8-20 灌溉初期(6 月 15 日)光合特征参数

CG、SFI、C-S1、C-S2 的蒸腾速率和气孔导度也处于较高的状态。而此时，C-SF1、C-SF2 在 12:00 时刻并未观察到明显的"光合午休"现象，相应的蒸腾速率和气孔导度相较于其他处理也处于较低的状态。这说明 FA 的应用在一定程度上降低了气孔导度和蒸腾速率，并减轻了玉米的"光合午休"现象。比较各处理间的相对大小可以发现，日平均光合速率值大小排序为 SFI>C-SF2>C-S2>C-S1>C-SF1>CG，SFI、C-S1、C-S2、C-SF1、C-SF2 较 CG 提升光合速率的平均值分别为 18.5%、7.0%、11.6%、6.5%、15.0%；日平均蒸腾速率值大小排序为 SFI>C-S2>C-S1>CG>C-SF1>C-SF2，SFI、C-S1、C-S2、C-SF1、C-SF2 较 CG 提升蒸腾速率的平均值分别为 13.4%、5.9%、9.3%、−0.5%、−5.8%；日平均气孔导度值大小排序为 SFI>C-S2>C-S1>CG>C-SF1>C-SF2，SFI、C-S1、C-S2、C-SF1、C-SF2 较 CG 提升气孔导度的平均值分别为 12.8%、3.5%、6.8%、−3.0%、−11.8%；日平均水分利用效率 WUE(P_n/T_r)大小排序为 C-SF2> C-SF1> C-S2>SFI> C-S1> CG，SFI、C-S1、C-S2、C-SF1、C-SF2 较 CG 提升水分利用效率的平均值分别为 5.5%、5.1%、6.0%、8.3%、23.5%。从结果可以看出，化控制剂的应用提高了作物光合速率和水分利用效率，SAP 在提高光合作用的同时还提升了作物蒸腾速率和气孔导度，FA 则在一定程度上抑制了蒸腾速率和气孔导度，SAP 和 FA 体现出了联合调控的协同作用效应。

图 8-21 分别为 CG、SFI 和各化控制剂处理组在第 3 个灌水周期灌溉末期(6 月 21 日)的光合速率(P_n)、蒸腾速率(T_r)、气孔导度(G_s)、水分利用效率 WUE(P_n/T_r)日变化情况。从图中可以看出，与在灌溉初期的情况不同，CG、SFI、C-S1、C-S2、C-SF1、C-SF2 在测试期间均未出现"光合午休"现象，各处理组光合速率、蒸腾速率、气孔导度的日变化情况较为接近，这可能与测试时的风速、叶面温度等因素有关。"光合午休"是否出现与气象条件密切相关，一般在温度高于光合作用的最适温度时才会出现，其过高的光照辐射值促使作物通过一系列光保护机制来耗散掉过剩的光能，从而引起作物净光合速率的下降。比较各处理间的相对大小可以发现，日平均光合速率值大小排序为 SFI>C-S2>C-SF2>C-SF1>C-S1>CG，SFI、C-S1、C-S2、C-SF1、C-SF2 较 CG 提升光合速率的平均值分别为 22.1%、10.2%、16.2%、13.9%、15.8%；日平均蒸腾速率值大小排序为 C-S2>C-S1>SFI>CG>C-SF1>C-SF2，SFI、C-S1、C-S2、C-SF1、C-SF2 较 CG 提升蒸腾速率的平均值分别为 4.5%、5.3%、20.5%、−6.7%、−9.3%；日平均气孔导度值大小排序为 C-S2>SFI>C-S1>CG>C-SF1>C-SF2，SFI、C-S1、C-S2、C-SF1、C-SF2 较 CG 提升气孔导度的平均值分别为 13.8%、3.9%、20.3%、−2.5%、−5.4%；日平均水分利用效率 WUE(P_n/T_r)大小排序为 C-SF2>C-SF1>C-S1>SFI>CG>C-S2，SFI、C-S1、C-S2、C-SF1、C-SF2 较 CG 提升水分利用效率的平均值分别为 9.0%、11.7%、−4.9%、22.6%、34.4%。结果表明，灌溉末期 SAP 和 FA 在作物光合生理上的作用与灌溉

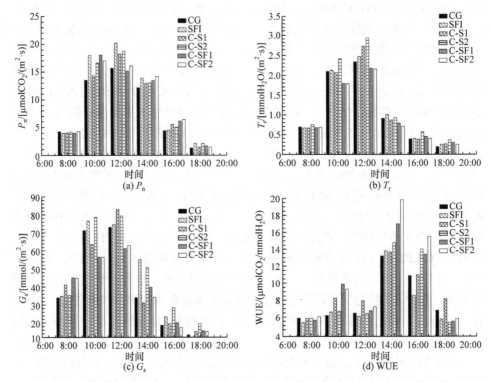

图 8-21　灌溉末期(6 月 21 日)光合特征参数

初期所体现出的影响效应基本一致。

图 8-22 分别为 CG、SFI 和各化控制剂处理组在第 1、3、5 个灌水周期(6 月 3~9 日、6 月 15~21 日、6 月 28 日~7 月 3 日)上午光合速率(P_n)、蒸腾速率(T_r)、气孔导度(G_s)、水分利用效率 WUE(P_n/T_r)的变化情况，图中所示数据为上午 3 个时间点(8:00、10:00、12:00)测试的平均值。从图中变化趋势可以看出，灌溉末期的各项光合特征参数值均低于灌溉初期，说明土壤含水率对于光合速率、蒸腾速率和气孔导度等都会造成一定影响。然而，由于作物光合特征参数值受气象条件的影响很大，因此其还需要进一步的研究加以验证。从各处理间的差异来看，无论是化控制剂单独应用还是联合应用，其都对保证作物正常生理特性起到了一定的有益作用。数据分析表明，就光合速率而言，SFI 在灌溉初期较 CG 提升的幅度为 10.3%~35.6%，在末期提升幅度为 7.5%~31.4%；C-S1 和 C-S2 在灌溉初期提升的幅度分别为 2.0%~30.2%和 9.4%~22.9%，在末期提升的幅度分别为 7.4%~19.9%和 9.9%~30.6%；C-SF1 和 C-SF2 在灌溉初期提升的幅度分别为 2.1%~18.5%和 8.4%~17.9%，在末期提升的幅度分别为-1.0%~15.2%和 11.7%~14.8%。就蒸腾速率而言，SFI 较 CG 在灌溉初期提升的幅度为 8.2%~48.7%，在末期提

升的幅度为 2.5%~23.8%；C-S1 和 C-S2 在灌溉初期提升的幅度分别为-0.3%~
25.3%和 4.3%~34.0%，在末期提升的幅度分别为-16.6%~6.4%和-1.9%~21.4%；
C-SF1 和 C-SF2 在灌溉初期提升的幅度分别为-3.0%~11.1%和-10.8%~15.5%，
在末期提升的幅度分别为-13.1%~3.8%和-11.6%~5.7%。就气孔导度而言，SFI
较 CG 在灌溉初期提升的幅度为 5.9%~28.0%，在末期提升的幅度为 4.5%~
27.7%；C-S1 和 C-S2 在灌溉初期提升的幅度分别为-6.8%~7.3%和 0.6%~10.8%，
在末期提升的幅度分别为-5.4%~5.4%和-4.0%~24.1%；C-SF1 和 C-SF2 在灌溉初
期提升的幅度分别为-9.5%~-0.1%和-18.3%~-3.9%，在末期提升的幅度分别为
-17.6%~-1.7%和-9.7%~-7.9%。就水分利用效率而言，SFI 较 CG 在灌溉初期提
升的幅度为-8.8%~1.9%，在末期提升的幅度为-1.2%~22.9%；C-S1 和 C-S2 在
灌溉初期提升的幅度分别为-4.7%~7.4%和-8.3%~4.9%，在末期提升的幅度分别
为 2.9%~43.9%和-1.0%~12.0%；C-SF1 和 C-SF2 在灌溉初期提升的幅度分别为
3.7%~6.7%和 2.1%~21.6%，在末期提升的幅度分别为-4.6%~32.5%和 8.6%~
26.8%。从结果分析可知，无论是灌溉初期还是末期，SAP 单独应用、SAP 和 FA
联合应用均能在一定程度上提升作物光合速率和水分利用效率；就蒸腾速率和气孔

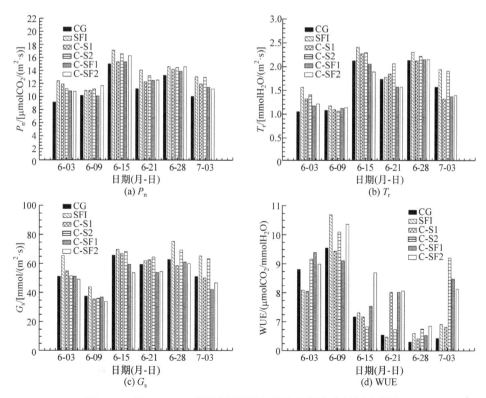

图 8-22 第 1、3、5 个灌水周期的初期和末期光合特征参数值

导度而言, SAP 单独应用在灌溉初期主要表现为提升的态势, 在末期提升的态势有所降低, 而 SAP 及 FA 的联合应用则主要表现为明显抑制气孔导度和部分抑制蒸腾作用。

8.3.3 作物内源激素分泌对调控的响应

本节主要针对四种特征内源激素 ZR、ABA、GA、IAA 和三种常见的多种激素协同调控方式 ZR/ABA、ZR/IAA、ABA/(ZR+GA+IAA)来开展研究。就单种激素而言[6,7], ZR 为细胞分裂素, 可以促进细胞分裂、扩大, 延缓衰老和促进营养物质转移; ABA 为脱落酸, 起到抑制气孔开度的作用; GA 为赤霉素, 具有促进作物伸长生长及开花的作用; IAA 为生长素, 具有促进作物生长的作用。就多种激素协同调控而言[8,9], ZR/ABA 表现为拮抗作用, 其对气孔调控起到一定的影响作用; ZR/IAA 表现为协同作用, 其对根冠发育产生一定的影响作用; ABA/(ZR+GA+IAA)也表现为拮抗作用, 其与根系生长密切相关。对内源激素的分析主要选取了 5 个灌水周期中的第 1、3、5 个周期来进行深入分析和探讨, 在每个周期对灌溉初期和末期玉米根和叶中激素情况进行测试。

1. 根中内源激素的响应

图 8-23 和图 8-24 分别为未施加化控制剂的对照组(CG)和化控制剂处理组(C-S1、C-SF1)在玉米不同生育期的根中内源激素含量和内源激素含量比值的情况。从图中各处理的变化趋势可以看出, C-S1、C-SF1 对不同内源激素及内源激素含量比值的影响规律不一致。就 ZR 而言, 相较于 CG, C-S1 和 C-SF1 对其的影响效应主要表现为在灌溉初期和末期均增加了 ZR 含量。就 ABA 而言, 灌溉初期其含量的平均值低于灌溉末期, 说明水分亏缺促进了 ABA 的产生, 在 6 月 3 日和 6 月 9 日发现 C-SF1 处理的 ABA 含量偏高, 在中后期的情况则显示 C-S1、C-SF1 处理组的含量均小于 CG。就 GA 而言, 并未体现出明显的规律性。就 IAA

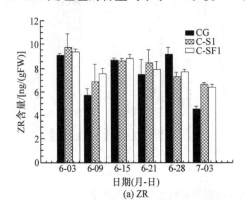

(a) ZR

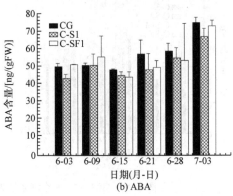

(b) ABA

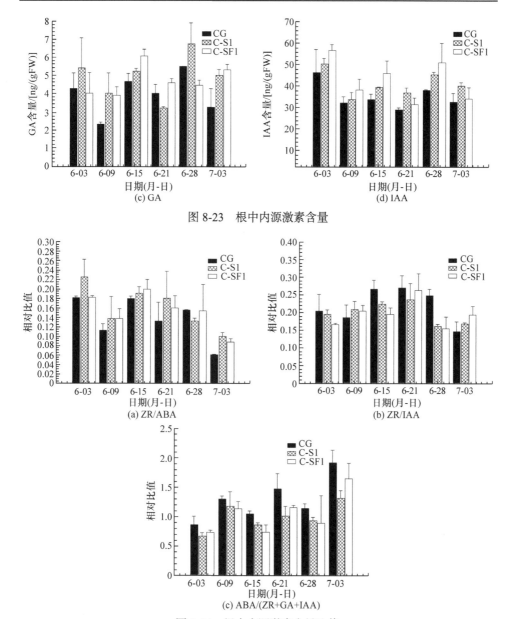

图 8-23　根中内源激素含量

图 8-24　根中内源激素含量比值

而言，可以发现水分亏缺降低了其含量，灌溉末期的含量值均低于灌溉初期，但相较于 CG，C-S1 和 C-SF1 处理组均提高了 IAA 含量。

就 ZR/ABA 而言，其比值增大表明作物体内水分亏缺减缓，比值减小则表明作物体内水分亏缺加剧，在 3 个灌溉初期，各处理比值情况互有大小，但在 3 个灌溉末期均表现为 C-S1 和 C-SF1 处理组增加其比值。就 ZR/IAA 而言，其比值增大，促进叶、芽的分化，比值减小则促进作物根系的生长，在3个灌溉初期，主要变现为C-S1和C-SF1处理降低其比值，在灌溉末期(7月3日)，则主要表现为C-S1和C-SF1处理增加其比值。就ABA/(ZR+GA+IAA)而言，比值增大抑制作物生长，比值减小促进作物的生长，在本试验中，无论是灌溉初期还是灌溉末期，均表现为C-S1和C-SF1处理降低其比值。

表8-8为根中各内源激素含量之间，内源激素同根长密度、根氮质量密度和气孔导度间的相关关系。从分析结果可以看出，各内源激素之间存在一定的显著性相关关系，各内源激素含量比值之间也存在一定的显著性相关关系。就本书研究的重点而言，主要探讨内源激素同根系功能和光合性能之间的关系。从相关性分析发现，ZR同根长密度之间呈现显著相关关系，ABA、ZR/ABA、ABA/(ZR+GA+IAA)同根长密度(RLD)之间呈现极显著相关关系，ZR、ABA/(ZR+GA+IAA)同根氮质量密度(RNMD)之间呈现显著相关关系，ZR、ZR/ABA同气孔导度之间呈现显著相关关系。

表8-8 根中内源激素含量与根长密度、根氮质量密度和气孔导度的相关性

项目	X_1	X_2	X_3	X_4	X_5	X_6	X_7	RLD	RNMD	G_s
X_1	1	-0.712^{**}	0.391	0.562^*	0.928^{**}	0.387	-0.844^{**}	-0.536^*	-0.497^*	0.507^*
X_2		1	-0.085	-0.338	-0.893^{**}	-0.345	0.848^{**}	0.778^{**}	0.724^{**}	-0.301
X_3			1	0.359	0.283	-0.021	-0.373	0.229	0.277	0.414
X_4				1	0.526^*	-0.531^*	-0.743^{**}	-0.265	-0.235	0.190
X_5					1	0.345	-0.902^{**}	-0.664^{**}	-0.621^{**}	0.481^*
X_6						1	-0.029	-0.230	-0.221	0.329
X_7							1	0.613^{**}	0.542^*	-0.356
RLD								1	0.988^{**}	0.180
RNMD									1	0.174
G_s										1

注：X_1代表ZR，X_2代表ABA，X_3代表GA，X_4代表IAA，X_5代表ZR/ABA，X_6代表ZR/IAA，X_7代表ABA/(ZR+GA+IAA)，RLD代表根长密度，RNMD代表根氮质量密度，G_s代表气孔导度。

**表示在0.01水平(双侧)上极显著相关，*表示在0.05水平(双侧)上显著相关。

2. 叶中内源激素的响应

图8-25和图8-26分别为CG和化控制剂处理组(C-S1、C-SF1)在玉米不同生育期的叶中内源激素含量及内源激素含量比值的情况。从图中各处理含量情况可以看出，其变化规律与根中相比有较大的差异。就ZR而言，C-S1无论在灌溉初期还是灌溉末期都明显高于CG，C-SF1与CG的含量几乎相当。就ABA而言，C-S1的含量整体处于较低的水平，C-SF1与CG互有大小，在灌溉初期CG的含

量较低，C-SF1 处理组含量较高，而在灌溉末期则整体表现为 CG 较高。就 GA 而言，与根中的情况相似，并未体现出明显的规律性。就 IAA 而言，无论在灌溉初期还是末期，C-S1 和 C-SF1 都在一定程度上提高了其含量。

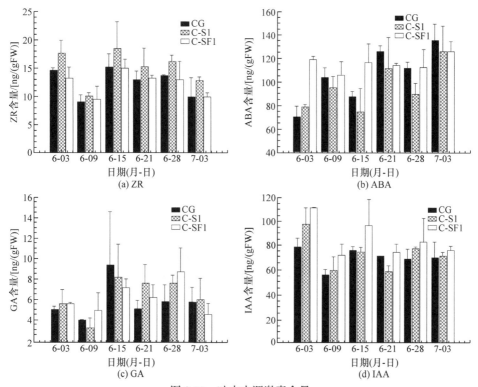

图 8-25　叶中内源激素含量

就多种激素的协同作用效应来看，叶中的比值变化与根中也有一定的区别。就 ZR/ABA 而言，相较于 CG，C-S1 明显增大了比值，C-SF1 与对照组差异不大，但在第 1 个灌溉初期(6 月 3 日)和第 3 个灌溉初期(6 月 15 日)都明显小于 CG。就 ZR/IAA 而言，其同 ZR/ABA 的变化规律较为一致，而 C-SF1 在第 1 个灌溉初期(6 月 3 日)、第 3 个灌溉初期(6 月 15 日)和第 5 个灌溉初期(6 月 28 日)表现为明显小于 CG。就 ABA/(ZR+GA+IAA)而言，其同根中的情况相似，C-S1、C-SF1 处理组均降低了其比值。

表 8-9 为叶中各内源激素含量之间，内源激素同根长密度、根氮质量密度和气孔导度间的相关关系。从分析结果可以看出，与根中规律相同的是，各内源激素之间存在一定的显著性相关关系，各内源激素与内源激素含量比值之间也存在一定的显著性相关关系。然而，各内源激素与根长密度、根氮质量密度和气孔导度之间的相关性与根中规律有较大不同。结果表明，ABA/(ZR+GA+IAA)同根长

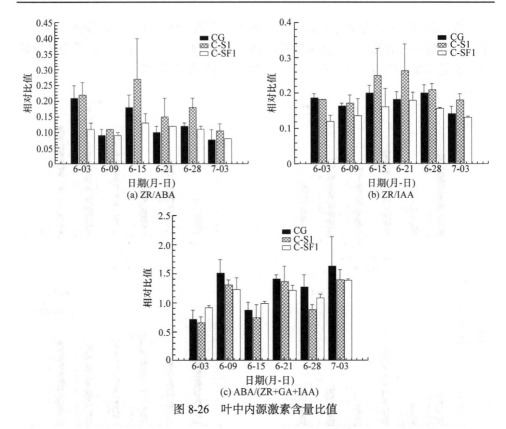

图 8-26　叶中内源激素含量比值

密度之间呈现显著相关关系($p<0.05$)，ABA 同根长密度之间呈现极显著相关关系($p<0.01$)，ABA、ABA/(ZR+GA+IAA)同根氮质量密度之间呈现显著相关关系($p<0.05$)，ZR/ABA 同气孔导度之间呈现显著相关关系($p<0.05$)，ZR、GA、ZR/IAA 同气孔导度之间呈现极显著相关关系($p<0.01$)。

表 8-9　叶中内源激素含量与根长密度、根氮质量密度和气孔导度的相关性

项目	X_1	X_2	X_3	X_4	X_5	X_6	X_7	RLD	RNMD	G_s
X_1	1	−0.572*	0.647**	0.403	0.884**	0.677**	−0.779**	−0.181	−0.145	0.795**
X_2		1	−0.175	−0.053	−0.855**	−0.470*	0.779**	0.624**	0.585*	−0.152
X_3			1	0.221	0.452	0.480*	−0.423	0.193	0.225	0.837**
X_4				1	0.248	−0.377	−0.629**	−0.244	−0.244	0.241
X_5					1	0.645**	−0.848**	−0.389	−0.357	0.541*
X_6						1	−0.249	−0.013	0.028	0.615**
X_7							1	0.525*	0.483*	−0.416
RLD								1	0.988**	0.180

续表

项目	X_1	X_2	X_3	X_4	X_5	X_6	X_7	RLD	RNMD	G_s
RNMD									1	0.174
G_s										1

注：X_1 代表 ZR，X_2 代表 ABA，X_3 代表 GA，X_4 代表 IAA，X_5 代表 ZR/ABA，X_6 代表 ZR/IAA，X_7 代表 ABA/(ZR+GA+IAA)，RLD 代表根长密度，RNMD 代表根氮质量密度，G_s 代表气孔导度。

**表示在 0.01 水平(双侧)上极显著相关，*表示在 0.05 水平(双侧)上显著相关。

8.3.4　讨论

1. 土壤剖面水分分布及根系吸水速率

本节中根系吸水速率为通过前文提出的玉米根系吸水源汇项反求估算方法的计算值。由于该计算值由两个连续实测含水率剖面通过迭代求解获取，其严重依赖于土壤含水率剖面测试的准确性。土壤含水率剖面的变化趋势也直接决定了根系吸水速率的变化规律。从对土壤剖面含水率分布规律的分析中可以看出，在灌溉后的初期，各化控制剂处理组在深度 20cm 以上的土层内表现出较高的土壤含水率分布，而在深度 20cm 以下的区域可以看到含水率骤减现象。这是由于本试验中的 SAP 主要施入 20cm 以上的根系区域中，灌水后水分被 SAP 吸持在这些土层内，导致 20cm 以上的土层出现高水分区域，进入底层的水分减少而使得 20cm 以下土层含水率骤减。然而，在灌水 5 天后，各化控制剂处理组的土壤含水率平均值基本上均表现为低于对照组的现象。这说明化控制剂的应用不仅起到蓄持水分的作用，还一定程度上提升了作物对土壤剖面水分的消耗，有利于土壤水分的高效利用。从距离播种不同时间水分降低的幅度来看，与对照相比，随着玉米的生长，SAP 单独处理的 C-S1 和 C-S2 土壤含水率降低的幅度逐渐变大。这一方面是因为玉米生长所需水分越来越多，另一方面也说明 SAP 促进土壤水分消耗是一个逐渐增强的过程，可能是由于其逐步增强了作物的生理吸水功能，如增强了根系活力和根系生物量[10,11]，从而提高了作物吸收水分的能力。然而，与 SAP 单独处理情况不同的是，SAP 和 FA 联合处理下的 C-SF1 和 C-SF2 并未表现出比对照组更为明显的含水率降低幅度，说明 FA 的应用起到了抑制根系吸水的作用。就土壤剖面玉米根系吸水速率的分布来看，从整体趋势上表现为 SAP 的用量越大，根系吸水越强，而 FA 的应用则在一定程度上抑制了根系吸水，这与前文对土壤剖面含水率分布情况的分析结论较为一致。

2. 根系发育特征

化控制剂的应用对玉米根系发育的影响是本书所要重点探讨的一个方面，其直接关系到后面根系吸水模型的构建。本节主要研究了 SAP 单独，SAP、FA 联合应用条件下对玉米根系根长密度和根氮质量密度的影响效应。从结果中可以发现，在 SAP 施入 0～20cm 土层区域内，化控制剂的应用对玉米根系前期根长密度的增加起到了很大的作用，其相对充足的水分保证了根系的快速生长，有利于玉米苗期获取水分。同时，还可以发现，随着玉米的生长，化控制剂处理组对玉米根系根长密度增加的提升作用逐渐减弱，第 39～45 天，甚至出现抑制玉米根系根长密度增加的现象。这是因为 SAP 施入土壤，为根系提供了一个较为充足的水分环境，在玉米根系生长初期可以促进其根系的生长。然而，也正是由于土壤水分条件较好，SAP 所营造的富水微域可提供作物生长所需的充足水分，其根系不需要深扎或扩展生长来吸取更多水分，导致其后期根系生长减缓。在未施入 SAP 的 20～40cm 土层区域内，各化控制剂处理组对根长密度的提升效果明显减弱，这是因为该区域土壤内没有施入 SAP，且上层土壤中由于 SAP 的吸持作用，使进入该区域土壤中的水分减少，其对根系密度的提升产生不利影响。同时还可以看到，在有 SAP 施入的 0～20cm 土壤中，根长密度的变化由于受到 SAP 和 FA 的共同影响，根系密度提升的效应较为平稳，主要是因为 SAP 较土壤能够提供更为稳定的水分保蓄和释放能力，可使该土层墒情保持稳定而连续的变化状态。未施入 SAP 的 20～40cm 土壤中，根长密度的变化主要受 FA 的调控，而 FA 是每隔 5 天喷施一次，其作用效果的变化比较剧烈，因此其对根长密度影响的波动性也更为明显。

就化控制剂对根氮质量密度的影响而言，在玉米生长前期的提升作用并不明显，但随着玉米的生长，发现除了 C-SF2 在第 27 天出现降低根氮质量密度以外，各化控制剂处理组在其他时间均提升了根氮质量密度，在第 33～45 天甚至出现 C-S2 处理高于化控充分灌溉处理的情况。而且与化控制剂对根长密度提升作用逐渐减弱和明显波动不同的是，无论是施入 SAP 的 0～20cm 土层，还是未施入 SAP 的 20～40cm 土层，其对根氮质量密度的提升作用更为稳定。这表明化控制剂对根氮质量密度的提升不仅是一种较持续和稳定的作用，且 SAP 施用量越大(C-S2 为 SAP 施用量最大的处理)，其提升幅度越大。相较于根长密度，根氮质量密度变化所体现的规律与前面对根系吸水的研究结果较为一致。

3. 光合生理性能

就作物光合生理性能而言，无论是灌溉初期，还是灌溉末期，化学调控在作物光合生理上所体现出的作用效应基本一致。SAP 单独应用，SAP、FA 联合应用均能在一定程度上提升作物光合速率；就蒸腾速率和气孔导度而言，SAP 单独应用在灌溉初期主要表现为提升的态势，在灌溉末期提升的态势有所降低，这是因为 SAP 施用后，在灌溉初期保蓄了大量水分，使根系层土壤保持了较高的含水率，缓解了干旱胁迫对作物生理造成的压力，维持了叶面气孔较大的开度，促进了作物的蒸腾速率，而随着作物生长对水分的消耗，土壤水分逐渐亏缺对作物生理造成了胁迫，从而使作物产生生理抗逆反应而减小了叶面气孔开度，使作物水分的散失减少。SAP、FA 联合应用则主要表现为明显抑制气孔导度和部分抑制蒸腾作用，主要是因为 FA 对叶面气孔开度的抑制作用，使气孔导度减小，并在一定程度抑制了作物蒸腾作用。这里可以看到的是，SAP 和 FA 的联合应用表现出了协同作用效应，即 SAP 起到增大光合速率和气孔导度的同时，FA 则起到减小作物蒸腾速率和气孔导度的效果，二者的协同作用效应促使作物光合作用增强，从而合成更多干物质，同时又减少了水分的散失，实现了对水分的高效利用。本节对水分利用效率的分析也证实了这一结论，SAP、FA 的联合应用在提高水分利用效率上发挥了明显的协同作用效应。就 SAP 单独应用而言，其虽然增强了光合速率(P_n)，但同时也增强了蒸腾速率(T_r)，这导致水分利用效率 WUE(P_n/T_r)在某些时间(6 月 3 日 C-S2、6 月 21 日 C-S2、6 月 15 日 C-S1、6 月 3 日 SFI、6 月 9 日 SFI)出现降低的情况，且从结果中可以看出，SAP 施用量更大的 C-S2 以及 SAP 充分灌溉的处理出现这种降低趋势的情况更多，这也说明较大的土壤含水率对蒸腾速率的促进不容忽视，可能造成水分的无效散失，在实际的灌溉决策中应加以充分重视。另外，SAP、FA 的联合应用由于同时增强光合速率并减弱蒸腾速率，除 6 月 9 日 C-SF1 表现为降低趋势，其余各处理在各时段均表现为提高作物水分利用效率，且较对照组提升的幅度最高可达 34.4%，可见化学联合调控在作物水分利用效率提升上的效果显著。

4. 内源激素分泌

大量研究表明，作物内源激素作为作物生命活动中不可或缺的物质，其对环境条件改变具有灵敏的响应，被视为逆境胁迫(干旱、冻害、盐害、营养不良等)环境下作物的抗逆分子信号。在本节中，化学制剂应用条件下作物内源激素的分泌是本书重点探讨的内容之一，其在揭示化学制剂调控玉米根系发育(根系吸水)和叶面气孔开度(作物蒸腾)，进而影响土根系统中水分运移的机制上扮演着重要的角色。就本书而言，主要的胁迫因素是水分(土壤养分、盐分、温度等在试验中控制为适宜状态)，因此选取了同干旱胁迫相关的内源激素进行研究。考虑到内源激素分泌的瞬时性，为避免选择单一激素带来的不确定性及测试误差可能对本书所探讨内容造成的干扰，本节选取了四种主要的抗旱内源激素进行联合分析，并选用三种较为常用的内源激素组合模式进行综合对比分析，通过多种激素联合分析及激素组合模式分析的方法在最大限度上减轻内源激素瞬时性带来的不利影响，力图为化学制剂调控水分运移的机制提供可靠解释。

就根中内源激素的分泌而言，虽然 GA 并未体现出明显的规律性，但化学调控降低了灌溉初期 ZR 含量和灌溉后期 ABA 的含量，提高了 IAA 的含量。ZR 的结果说明水分亏缺在一定程度上抑制了细胞的分裂，而化控制剂的应用起到了维持细胞分裂的作用；ABA 的变化结果可能是由于早期根系对土壤水分的消耗不大，各处理间土壤水分亏缺的差异较小，且 C-SF1 处理叶面所喷施 FA 中的 ABA 向下运输到根系导致其早期的 ABA 含量较高，而后期化控制剂处理组的 ABA 含量降低则说明其起到了缓解水分亏缺的作用；IAA 的变化结果则说明化控制剂的应用可以在一定程度上促进作物生长。另外，化学调控增加了灌溉末期 ZR/ABA 和 ZR/ IAA 比值，降低了 ABA/(ZR+GA+IAA)比值。ZR/ABA 的结果说明化控制剂的应用有效缓解了水分亏缺对作物生长造成的限制，从而使作物相较于对照组处于适应的水分消耗状态，保持对水分的持续利用；ZR/IAA 的结果说明化控制剂的应用在土壤含水率较高的时候是促进根系的生长，在土壤含水率较低时为促进冠层的发育；ABA/(ZR+GA+IAA)的结果说明化控制剂的应用促进了作物的生长。

就叶中内源激素的分泌而言，GA 也未体现出明显的规律性。从总体上来看，SAP 单独应用，SAP、FA 联合应用对 ZR 和 ABA 的影响效应不一致，其中 SAP 单独应用提高了 ZR 含量，SAP、FA 联合应用则对 ZR 影响不大，而 SAP 单独应用使 ABA 含量减少，SAP、FA 联合应用在灌溉初期表现为增加 ABA，在灌溉末期则表现为减少 ABA，SAP 单独应用和 SAP、FA 联合应用则均表现为提高 IAA 含量。ZR 的结果说明 SAP 的应用起到促进细胞分裂的作用，而 FA 起到抑制细胞分裂的作用，FA 由于直接喷施于叶面，所以同根中的情况相比，这种抑制作用在叶片激素含量变化过程中表现明显；ABA 的变化结果是因为灌溉初期土壤水分亏缺程度较低，对照组叶中释放的 ABA 较少，C-SF1 处理中施用的 SAP 虽然能缓解水分亏缺而降低 ABA，但喷施在叶面的 FA 本身含有 ABA，其会在一定程度上增加叶中 ABA 含量，而在灌溉末期，水分亏缺使得对照组叶中的 ABA 大量释放；IAA 的结果表明化控制剂的应用有促进作物生长的作用。另外，SAP 单独应用明显增大了 ZR/ABA 比值，SAP、FA 联合应用对 ZR/ABA 比值则与对照组差异不大，ZR/IAA 比值的变化同 ZR/ABA 比值的变化较为相似，而 SAP 单独应用和 SAP、FA 联合应用均表现为降低 ABA/(ZR+GA+IAA)比值，同根中情况相似。ZR/ABA 的结果表明 SAP 的应用能够减少叶中 ABA 的产生，促进作物生长和气孔开放，而 FA 的应用在含水率较高时能一定程度上增加 ABA 并减小气孔开放，避免作物过多失水；ZR/IAA 同 ZR/ABA 的变化规律较为一致，说明 SAP 在一定程度上促进了叶片发育而抑制了根系生长，FA 在含水率较高时对根系的发育起到了促进作用；ABA/(ZR+GA+IAA)的结果表明化控制剂的应用起到了促进作物生长的效果。

综合分析根中和叶中内源激素变化规律同根系发育、气孔导度之间的关系可以发现，对于根长密度、根氮质量密度和气孔导度的影响不仅仅是单一激素的调控作用，还受多种内源激素的共同调控。无论是根中还是叶中，ABA、ABA/(ZR+

GA+IAA)均同根长密度和根氮质量密度有显著性相关关系($p<0.05$)，无论根中还是叶中，ZR、ZR/ABA 均同气孔导度有显著性相关关系($p<0.05$)，说明 SAP 和 FA 主要是通过调控内源激素 ABA、ABA/(ZR+GA+IAA)在作物中的分布，进而实现对根系功能的调控。此外，SAP 和 FA 则通过调控 ZR、ZR/ABA 在作物中的分布来实现对叶面气孔的调控。

8.4 本 章 小 结

本章主要针对玉米生理功能及根系发育对化学调控的响应机制进行了深入研究，重点探索了化控制剂应用条件下土壤含水率、根系吸水、根长密度和根氮质量密度在土壤剖面上的分布特征，以及玉米光合生理性能、内源激素在不同灌溉时期的变化规律，主要结论如下：

(1) 每次灌溉初期，各化控制剂处理组较对照组在 SAP 施入土层内表现出较高的土壤含水率分布，其提高含水率幅度为 2.8%～15.1%，而在 SAP 施入层以下的区域则出现含水率骤减现象；化控制剂的应用提升了作物对土壤剖面水分的消耗，有利于土壤水分的高效利用，各化控制剂处理组在灌溉末期的土壤平均含水率基本均表现出低于对照组的现象，幅度为 7.3%～35.7%，且化学调控促进土壤水分消耗是一个逐渐增强的过程。

(2) 对照组根系吸水值较低，化控充分灌溉处理组的根系吸水值最大；在 SAP 施入层基本表现出各化控制剂处理组吸水计算值大于对照组的规律，而从 SAP 施入层以下区域的情况来看，各化控制剂处理组和对照组在根系吸水计算值上则互有大小；从整体趋势上看，SAP 用量越大，根系吸水越强，而 FA 的应用则在一定程度上抑制根系吸水。

(3) 在 SAP 施入层，化控制剂的应用对玉米前期根长密度的增加起到了很大作用，但随着玉米的生长，其对玉米根长密度增加的提升作用逐渐减弱，而化控制剂对根氮质量密度的作用效应与根长密度相反，其表现为逐渐提升根氮质量密度，且作用效应更为稳定；在 SAP 施入层以下区域，化控制剂对根长密度影响的规律性不明显，但可以发现 SAP 和 FA 联合处理下根长密度的波动性较大，而化控制剂对根氮质量密度的影响从总体上来看是逐渐减小的，且波动性较小。

(4) 盆栽试验中，玉米在整个生育期的主要吸水深度有先下降后上升的趋势，拔节期 0～20cm，抽雄期 20～40cm，灌浆期 0～20cm。保水剂的吸水保肥特性与根系的向水向肥特性相互作用，使得其能加速或延缓根系主要吸水深度变化，但不能改变这个趋势。田间尺度下玉米根系在拔节期、抽雄期、灌浆期的主要吸水深度分别为 0～20cm、20～40cm、0～20cm。保水剂能增加细根系(直径小于 0.5mm)

的比例，从而显著促进根系的生长发育并提高根系的吸水能力。

(5) 对照组、化控充分灌溉组和 SAP 单独处理组均出现了"光合午休"现象，且其蒸腾速率和气孔导度也都处于较高的状态，而 SAP 和 FA 联合处理组并未观察到明显的"光合午休"现象，相应的蒸腾速率和气孔导度相较于其他处理也处于较低的状态；无论在灌溉初期还是在灌溉末期，SAP 的应用在增强光合速率的同时也一定程度上提升了气孔导度和蒸腾速率，而 FA 的应用则明显减小了气孔导度，抑制了蒸腾速率；总体来说，SAP 和 FA 联合应用在增强光合速率的同时在一定程度上抑制了蒸腾速率。

(6) 玉米根长密度、根氮质量密度和气孔导度不仅仅受单一激素的调控作用，还受多种内源激素的共同调控，无论根中还是叶中，ABA、ABA/(ZR+GA+IAA) 均同根长密度和根氮质量密度有显著性相关关系($p<0.05$)，而 ZR、ZR/ABA 均同气孔导度有显著性相关关系($p<0.05$)，说明 SAP 和 FA 的应用主要是通过调控内源激素 ABA、ABA/(ZR+GA+IAA)在作物中的分布，进而实现对根系功能的调控，另外则通过调控 ZR、ZR/ABA 在作物中的分布来实现对气孔的调控。

参 考 文 献

[1] Smith D L, Hamel C. Crop Yield: Physiology and Processes[M]. Berlin: Springer, 1999.

[2] 王建林, 关春法. 高级作物生理学[M]. 北京: 中国农业大学出版社, 2013.

[3] Cowan I R, Raven J A, Farquhar W H, et al. A possible role for abscisic acid in coupling stomatal conductance and photosynthetic carbon metabolism in leaves[J]. Australian Journal of Plant Physiology, 1982, 9(4-5): 489-498.

[4] Larkindale J, Knight M R. Protection against heat stress-induced oxidative damage in arabidopsis involves calcium, abscisic acid, ethylene, and salicylic acid[J]. Plant Physiology, 2002, 128(2): 682-695.

[5] 张明生, 谢波, 谈锋. 水分胁迫下甘薯内源激素的变化与品种抗旱性的关系[J]. 中国农业科学, 2002, 35(5): 498-501.

[6] 李合生. 现代植物生理学[M]. 北京: 高等教育出版社, 2002.

[7] 马文涛, 樊卫国. 不同种类柑橘的抗旱性及其与内源激素变化的关系[J]. 应用生态学报, 2014, 25(1): 147-154.

[8] David H, Michail, Paul D, et al. Clonal variation in amino acid contents of roots stems and leaves of aspen Populous tremuloides michx. as influenced by diurnal drought stress[J]. Tree Physiology, 1991, 8(4): 337-350.

[9] 韩瑞宏, 张亚光, 田华, 等. 干旱胁迫下紫花苜蓿叶片几种内源激素的变化[J]. 华北农学报, 2008, 23(3): 81-84.

[10] 张翠翠, 刘松涛, 郭书荣. 保水剂对土壤和棉花根系生长发育的影响[J]. 中国农学通报, 2007, 23(5): 487-490.

[11] 杨永辉, 武继承, 吴普特, 等. 保水剂用量对小麦不同生育期根系生理特性的影响[J]. 应用生态学报, 2011, 22(1): 73-78.

模拟模型篇

第 9 章 适用于化控制剂应用下的泥沙和养分随地表径流迁移模型

9.1 构建适用于化控制剂应用下的地表产流过程模型

目前坡面产流过程模型主要采用运动波方程和水量平衡方程。在坡面产流模型中，水深和入渗率是影响坡面产流的重要参数。在描述降雨过程中坡面入渗规律时，很多研究采用简单的经验公式(Philip、Horton 入渗公式等)或用平均入渗率来简化模型，然而在降雨过程中雨滴的击溅作用使得表层逐渐形成结皮，土壤容重也逐渐增大，从而导致土壤孔隙率降低，逐渐降低表层土壤导水率，从而对土壤入渗产生影响。因此，本章基于前面研究的雨滴击溅作用对土壤表层容重、导水率的研究，假设雨滴击溅作用对表层容重的影响呈指数递减，从而求出土壤导水率，再结合 Green-Ampt 入渗公式和 Philip 入渗公式对坡面产流模型进行求解，建立考虑雨滴击溅作用的坡面产流模型。

9.1.1 击溅过程中表层土壤导水率模拟

1. 模型原理

雨滴击溅土壤表面会搬运走土壤表层的小颗粒，同时对表层土壤进行压实，从而导致表层土壤的容重增大，逐渐形成结皮。为探明降雨过程中土壤导水率的变化机理，Augeard 等[1]通过对降雨过程中土壤进行 X 射线扫描，发现降雨过程中土壤容重随降雨时间的持续而逐渐增大，但增速越来越慢，试验条件下的降雨最终使表层土壤的容重增大 0.4～0.5g/cm³。卜崇峰等[2]通过模拟降雨试验发现土壤表层 4mm 厚的容重随降雨时间呈指数函数增大。Mualem 等[3,4]研究容重增量的变化速率与容重的增量成反比，并采用式(9-1)表示：

$$\frac{\mathrm{d}\Delta\rho_0}{\mathrm{d}t} = \beta - \xi\Delta\rho_0 \tag{9-1}$$

式中，$\Delta\rho_0$ 为降雨过程中容重的增量；t 为降雨持续时间；β 为开始时容重增量的初始变化率；ξ 为常数，与降雨对表层土壤的扰动有关。

对式(9-1)积分可得 $\Delta\rho_0(t)$：

$$\Delta\rho_0(t) = \frac{\beta}{\xi} + \mu e^{-\xi t} \tag{9-2}$$

雨滴击溅对容重的增大是有限度的，即存在一个容重增大的最大值，一般确定雨滴击溅对土壤的扰动厚度为4mm，在扰动层内的容重均匀变化，并假设存在一个土壤增量的最大值 $\Delta\rho_{0m}$，此时可以得到扰动层土壤容重变化的边界条件：

$$\begin{cases} \Delta\rho_0(t) = 0, & t = 0 \\ \Delta\rho_0(t) = \Delta\rho_{0m}, & t = \infty \end{cases} \tag{9-3}$$

因此，利用式(9-3)的边界条件，对式(9-2)整理可得

$$\Delta\rho_0(t) = \Delta\rho_{0m}\left(1 - e^{-\xi t}\right) \tag{9-4}$$

式中，$\xi = \dfrac{\beta}{\Delta\rho_{0m}}$。

从而可以得到降雨过程中扰动层土壤的容重：

$$\rho_0(t) = \rho_0 + \Delta\rho_{0m}\left(1 - e^{-\xi t}\right) \tag{9-5}$$

Assouline[5]通过五种不同土壤的导水率研究，发现土壤压实后的饱和导水率和初始导水率的比值与土壤容重和土壤孔隙度的比值呈幂函数关系：

$$\frac{k_s(t)}{k_{s0}} = \left[\frac{\phi(t)}{\phi_0}\right]^3 \left[\frac{\rho(t)}{\rho_0}\right]^{\sigma-7} \tag{9-6}$$

式中，$k_s(t)$ 为土壤饱和导水率；k_{s0} 为土壤初始饱和导水率；$\phi(t)$ 为土壤孔隙度；ϕ_0 为降雨初期的土壤孔隙度；σ 为一个常数，与土壤性质和降雨有关，一般为2～4。

降雨试验前将土壤浸泡至饱和，且降雨产流后土壤表层有一薄层积水，因此可以认为表层土壤在降雨过程中处于饱和状态。在饱和土壤中可以近似地认为土壤的饱和含水率等于土壤的孔隙度，土壤孔隙度可以通过土壤容重和土壤颗粒密度计算。因此，不同降雨时刻的土壤饱和含水率和孔隙度可以通过式(9-7)来计算：

$$\theta_s(t) = \phi(t) = 1 - \frac{\rho(t)}{\rho_s} \tag{9-7}$$

式中，$\theta_s(t)$ 为饱和含水率，cm^3/cm^3；ρ_s 为土壤颗粒密度，g/cm^3，试验土壤取 $2.65g/cm^3$。

将式(9-7)代入式(9-6)可以得到不同降雨时刻表层土壤饱和导水率：

$$k_s(t) = k_{s0}\left[\frac{1 - \dfrac{\rho(t)}{\rho_s}}{\phi_0}\right]^3 \left[\frac{\rho(t)}{\rho_0}\right]^{\sigma-7} \tag{9-8}$$

2. 模型验证

采用雨滴击溅试验的数据对降雨过程导水率模型进行求解，通过试验实测和最优拟合求得模型参数。试验结果主要包括不同雨滴直径和不同 PAM 施用量条件下降雨过程中土壤的导水率变化。

试验设置了 6 个处理：R1，雨滴直径为 2.11mm；R2，雨滴直径为 3.05mm；R3，雨滴直径为 3.79mm；R2-C，雨滴直径为 3.05mm，在土壤表层覆盖纱布；R2-P1，雨滴直径为 3.05mm，在土壤表层施加 2g/m^2 的 PAM；R2-P2，雨滴直径为 3.05mm，在土壤表层施加 4g/m^2 的 PAM。

1) 模型参数确定

土壤初始导水率通过实测获得，采用马氏瓶控制土柱表层积水层深度为 2mm，收集土壤渗出液，取最后稳定值为土壤饱和导水率，k_{s0} 实测值为 0.0016cm/s。土壤初始饱和含水率 θ_{s0} 为 0.53，土壤初始容重 ρ_0 为 1.45g/cm^3，土壤颗粒密度 ρ_s 为 2.65g/cm^3。未施加 PAM 处理的土壤容重最大变化量 $\Delta\rho_{0m}$ 取 0.40g/cm^3。不同雨滴直径处理中的模型参数 ξ 通过实测数据的最优拟合求得，ξ 取值范围设置为 0～1。施加 PAM 处理的参数 ξ 取表 9-1 处理拟合得到的 ξ 值，而土壤容重最大变化量 $\Delta\rho_{0m}$ 采用最优拟合求得。

表 9-1　导水率模拟模型拟合参数和决定系数

试验处理	$\Delta\rho_{0m}$/(g/cm^3)	ξ	R^2	RMSE/10^{-5}
R1	0.40	0.047	0.96	7.95
R2	0.40	0.147	0.94	7.23
R3	0.40	0.201	0.93	5.75
R2-C	0.40	0.101	0.56	19.60
R2-P1	0.28	0.147	0.67	21.01
R2-P2	0.20	0.147	0.55	25.51

注：R^2 为决定系数，RMSE 为均方根误差。

2) 模型准确性分析

采用式(9-8)计算得到的土壤导水率的实测值和计算值的对比如图 9-1 所示，从图中可以看出，采用式(9-8)可以很好地描述降雨过程导水率随降雨时间的变化，尤其是不同雨滴直径处理时，决定系数均在 0.9 以上。

如表 9-1 所示，模型参数 ξ 随雨滴直径的增大而增大，并且表层覆盖纱布也减小参数 ξ 的值，主要原因是雨滴直径增大导致降雨动能增大，对土壤表层的扰动增强，但表层覆盖纱布减弱了雨滴对土壤表层的直接扰动。施加 PAM 能有效减小表层土壤容重最大变化量，这也说明使用 PAM 对土壤结构有一定的保护作用。从决

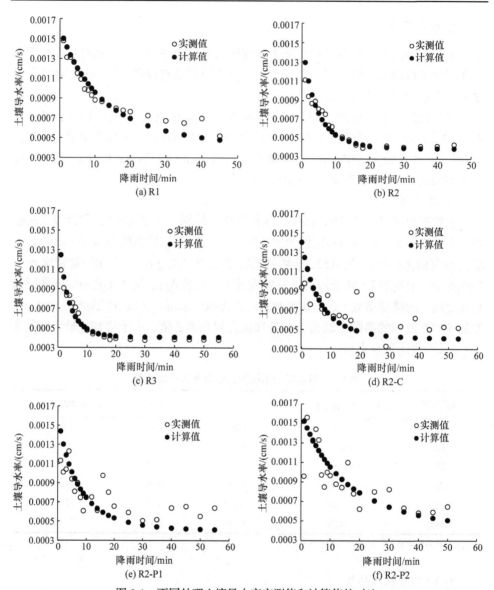

图 9-1　不同处理土壤导水率实测值和计算值的对比

定系数看，表层覆盖和 PAM 处理的模拟效果不如裸地时。

采用回归分析法对参数 ξ 与雨滴直径、单位时间降雨动能之间的相关关系以及 $\Delta\rho_{0m}$ 与 PAM 施用量之间的相关关系进行分析，可以得出(图 9-2)，ξ 与雨滴直径呈直线递增的关系，ξ 与单位时间的降雨动能呈指数递增，$\Delta\rho_{0m}$ 与 PAM 施用量呈指数递减的关系。

采用 ξ、$\Delta\rho_{0m}$ 的回归方程重新对 R2 和 R2-P1 处理的 ξ、$\Delta\rho_{0m}$ 进行求解，

然后计算土壤导水率。从图 9-3 可以看出，计算值可以很好地反映实测值，这说明应用式(9-8)和参数的回归方程可以很好地描述降雨过程土壤导水率的变化。

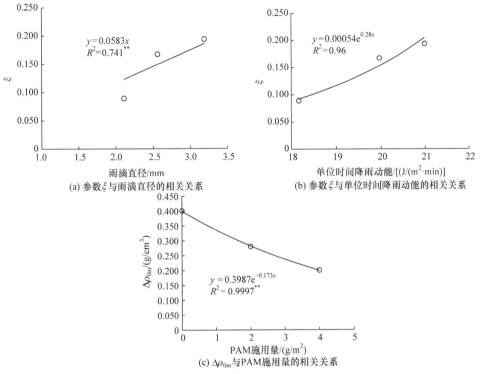

图 9-2　ξ 与雨滴直径、单位时间降雨动能，$\Delta\rho_{0m}$ 与 PAM 施用量回归分析图

**代表极显著相关($p<0.01$)

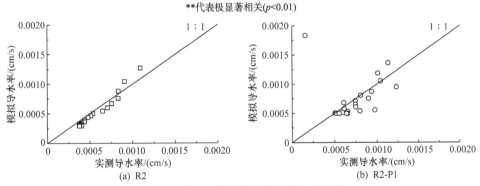

图 9-3　实测导水率和模拟导水率对比图

9.1.2　入渗产流过程模拟

1. 模型原理

常用的入渗公式和模型主要包括 Philip 入渗公式、Horton 入渗公式、Kostiakov

入渗公式等经验公式和 Green-Ampt 模型、Richards 方程等物理模型[6-9]。本节重点在 Green-Ampt 模型的基础上研究降雨过程中土壤的入渗-产流过程。Green-Ampt 模型假设在入渗过程中，在湿润锋处始终存在一个干湿分离的界面，也就是说，湿润区为饱和含水率 θ_s，湿润锋前为初始含水率 θ_0，因此在湿润锋处存在一个固定不变的土壤水吸力 S_f。降雨过程中，地表积水很浅，一般为毫米级，甚至是零点几毫米，因此相对于湿润层深度 z_f，可以忽略积水深度 H_0 的影响。降雨过程中 Green-Ampt 模型可以近似化为

$$f = k_s\left[1+\frac{(\theta_s-\theta_0)S_f}{F}\right] \tag{9-9}$$

$$F = k_s t + (\theta_s-\theta_0)S_f \ln\left[1+\frac{F}{(\theta_s-\theta_0)S_f}\right] \tag{9-10}$$

式中，f 为土壤入渗率；k_s 为土壤饱和导水率；S_f 为土壤水吸力。

式(9-9)和式(9-10)为隐式方程，对其求解较为复杂，为了得到其解析解，可结合土壤宏观毛管长度与 S_f 的关系，建立 Philip 入渗公式和 Green-Ampt 入渗模型的关系，从而得到 Green-Ampt 入渗模型的近似解析解。

$$f = k_s\left[1+\sqrt{\frac{(\theta_s-\theta_0)S_f}{4bk_s t}}\right] \tag{9-11}$$

$$F = 2\sqrt{b(\theta_s-\theta_0)S_f k_s t} \tag{9-12}$$

式中，b 为介于 0.5 与 $\pi/4$ 之间的常数，其值取决于土壤水扩散率函数的形状，一般可取为 0.55。

在 Green-Ampt 入渗模型中，土壤饱和含水率 θ_s 和土壤饱和导水率 k_s 均为一定值，而在降雨过程中土壤饱和含水率 θ_s 和土壤饱和导水率 k_s 均随表层土壤容重的增大而逐渐减小，并可以通过式(9-6)和式(9-7)计算得到。通过参数计算得到饱和含水率和饱和导水率与其初始值的比值。从图 9-4 中可以看出，在降雨过程中相对饱和导水率明显大于相对饱和含水率。因此，在土壤入渗率计算过程中忽略相对饱和含水率随降雨时间的变化。

采用水量平衡建立的运动波方程可以很好地描述坡面宽度均匀的水流运动情况，运动波方程如下：

$$\frac{\partial h}{\partial t}+\frac{\partial q}{\partial x}=p-f \tag{9-13}$$

式中，h 为坡面水深，m；q 为单宽流量，$m^3/(m\cdot s)$；p 为降雨强度，mm/h；t 为降雨时间；x 为坡面位置到坡顶的投影长度，m。

将坡面水流假设为明渠均匀流，根据水力学原理，则单宽流量和水深的关系

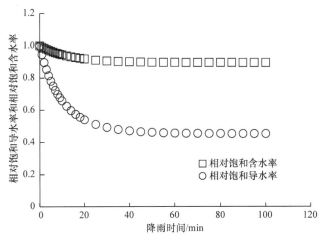

图 9-4   相对饱和含水率和相对饱和导水率随降雨时间的变化

可以表示为

$$q = \alpha h^m \tag{9-14}$$

式中，α 为方程系数，主要由坡度地表粗糙度决定，$\alpha = J^{0.5}/n$，J 为水力坡降，n 为土壤表面粗糙率；m 为指数系数，Woolhiser 等[10]研究表明其变化范围为 1.5～3，而 Wilson 等[11]研究暴雨条件下的径流模拟，得出 m 取 2 较为合适。杨建英等[12]在研究运动波方程在黄土坡面径流过程模拟中应用时，将 m 取为 5/3，并得到了较为准确的模拟结果。

给定边界条件和初值条件，结合入渗公式(9-11)，通过显式差分法，可以得到径流量和径流水深的数值解，再用黄金分割法(0.618 法)试算模型参数，具体算法如下。

将式(9-14)代入式(9-13)后，对其进行离散可以得到

$$\frac{h(i,k+1) - h(i,k)}{\Delta t} + \alpha \frac{h^m(i+1,k) - h^m(i,k)}{\Delta x} = p - f \tag{9-15}$$

整理得到

$$h(i,k+1) = (p-f)\Delta t + h(i,k) - \alpha \Delta t \frac{h^m(i+1,k) - h^m(i,k)}{\Delta x} \tag{9-16}$$

坡面降雨产流前坡面水深为零，在坡面顶端任何时刻的水深都为零，因此坡面降雨条件下径流水深和径流的边界条件为

$$h(0,t) = h(x,0) = 0$$
$$q(0,t) = q(x,0) = 0 \tag{9-17}$$

采用 MATLAB 编写显式差分算法程序，设置不同时间步长和空间步长调试式(9-16)显式差分算法的稳定性。

2. 模型验证

在野外坡面降雨试验中选取两种降雨强度和四种 PAM 处理的径流结果作为验证的数据，对建立的基于降雨过程中饱和导水率为时变函数的改进 Green-Ampt 入渗模型进行验证。

模型参数降雨强度 P 为 50mm/h 或 80mm/h，坡面总长度 x 为 5m，野外径流小区的容重为 1.55g/cm³，降雨前土壤体积含水率为 0.35，土壤的饱和体积含水率为 0.50，坡度为 5°。通过色斑法测定野外模拟降雨的雨滴直径平均为 1.4mm，根据降雨高度计算得到降雨动能 13.52J/(m² · min)，因此降雨强度为 50mm/h 和 80mm/h 的降雨动能分别为 11.27J/(m² · min) 和 17.98J/(m² · min)。不同处理的 $\Delta\rho_{0m}$ 和 ξ 取值见表 9-2。

表 9-2　坡面降雨试验径流模型拟合参数和决定系数

降雨强度/(mm/h)	PAM 施用量/(g/m²)	$\Delta\rho_{0m}$/ (g/cm³)	ξ	S_f/cm	R^2	RMSE
50	0	0.40	0.01	62	0.97	0.029
	1	0.35	0.01	86	0.86	0.024
	2	0.30	0.01	83	0.99	0.024
	4	0.23	0.01	37	0.94	0.068
80	0	0.40	0.08	53	0.91	0.039
	1	0.35	0.08	59	0.90	0.053
	2	0.30	0.08	76	0.93	0.034
	4	0.23	0.08	31	0.92	0.020

模型参数降雨开始时湿润锋处的 S_f 不能直接获取，设定 S_f 的取值范围为 0～100cm，采用 0.618 法对参数进行优化取值。具体模型参数见表 9-2。在计算导水率时采用的是降雨时间，而在运动波和 Green-Ampt 模型中采用的是产流时间，二者相差一个产流开始时间，因此在计算径流率时时间 t 应换成 $t-t_p$，t_p 通过降雨试验实测得到。

根据式(9-16)和边界条件(式(9-17))，通过 MATLAB 编写显式差分算法程序，由于采用的是显式差分，需要选取合适的时间步长和空间步长使计算值收敛。通过试算，最终选取时间步长为 1s，空间步长为 10cm，模型能够收敛且计算量不大。

从表 9-2 可以看出，采用式(9-13)和式(9-14)计算的径流率的决定系数 R^2 在 0.86～0.97，均方根误差 RMSE 在 0.020～0.068，这表明采用运动波方程和 Green-Ampt 入渗公式可以很好地模拟野外坡面径流过程。模型的实测值和计算值的对比如图 9-5 所示。

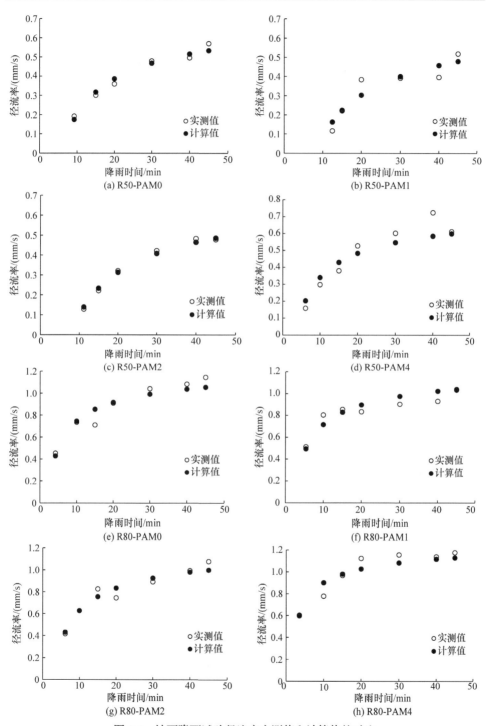

图 9-5 坡面降雨试验径流率实测值和计算值的对比

对模型参数降雨开始时湿润锋处的土壤水吸力 S_f 与 PAM 施用量进行线性回归分析，从图 9-6 中可以看出，S_f 与 PAM 施用量呈二次函数关系，S_f 随 PAM 施用量呈先增大后减小的趋势。这也说明在 PAM 施用量为 $1\sim2g/m^2$ 时能改善土壤结构，增大土壤的入渗能力，而在 PAM 施用量为 $4g/m^2$ 时，过量的 PAM 溶液会堵塞土壤孔隙，从而减小土壤的入渗能力，所以 S_f 相对较低。这也与之前的入渗试验结果相一致。

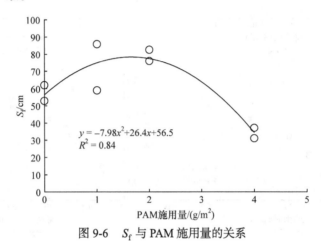

图 9-6 S_f 与 PAM 施用量的关系

9.1.3   结论

本节介绍了雨滴击溅过程中土壤表层容重的变化过程，以及土壤导水率、径流率的求解方法，通过室内的雨滴击溅试验和野外的降雨试验验证了模型的准确性，并率定了模型参数，具体结果如下：

(1) 考虑雨滴击溅作用下表层容重随时间变化的导水率模型可以很好地描述降雨过程中土壤导水率的变化过程。

(2) 基于Green-Ampt入渗公式和运动波方程建立的土壤饱和导水率随降雨时间变化的径流模型可以很好地描述坡面的水分运动。

(3) 建立的径流模型为计算复杂的坡面产沙过程及溶质迁移过程提供了基础研究方法。

9.2   构建适用于化控制剂应用下的泥沙和养分随地表径流迁移模型

土壤侵蚀过程和土壤养分向地表径流传递是两个复杂的过程，世界各国学者对此进行了大量研究，并发展了相应的数学模型。但是各类养分模型都假设土壤侵蚀过程是均一的，也就是说，未考虑降雨过程中产沙过程的变化对养分流失过程的影响。而在本书的研究中发现，降雨过程中径流泥沙浓度对径流中养分浓度有显著影响，因此在建立描述降雨过程中径流养分浓度变化规律的模型时应考虑侵蚀的变化规律。然而，雨滴的击溅作用会使表层土壤逐渐分散压实，形成结皮，从而增大土壤的抗蚀性，减少土壤溅蚀量。随着坡面径流量逐渐增大，水流的冲刷能力逐渐增强，水流对坡面的侵蚀能力也逐渐增强，导致径流含沙量增大，从而影响径流中养分的浓度。因此，本节基于质量守恒原则并根据前人研究和本书试验研究结果，假设雨滴击溅作用逐渐减弱，水流冲刷作用与水深呈正相关关系，建立降雨过程中坡面产沙模型，再基于对流扩散模型理论，提出考虑土壤侵蚀随时间变化的养分传递模型，并通过不同侵蚀方式的试验率定模型参数。

9.2.1　产沙过程模拟

1. 基本原理

根据质量守恒原理，坡面水深中泥沙浓度的变化量和径流带走的泥沙量应等于坡面土壤减少的量，因此坡面泥沙流失的连续方程可以表示为

$$\frac{\partial(hc_{se})}{\partial t}+\frac{\partial(qc_{se})}{\partial x}=(1-\phi)\frac{\partial y}{\partial t} \tag{9-18}$$

式中，h 为坡面径流水深，m；c_{se} 为径流含沙率，g/L；ϕ 为土壤孔隙度；y 为土层厚度。

Bennett[13]的研究表明，坡面土壤流失主要由降雨和径流引起，而坡面泥沙流失过程中泥沙颗粒的扩散作用可以忽略不计。Rose 等[14]研究表明，土壤表层泥沙的流失主要包括两个过程：一个是土壤的侵蚀过程；另一个是径流泥沙的沉降过程，并且土壤的侵蚀过程主要包括细沟侵蚀和雨滴溅蚀。因此，坡面土壤流失连续方程可以表示为

$$\frac{\partial(hc_{se})}{\partial t}+\frac{\partial(qc_{se})}{\partial x}=D_r+D_i-S_d \tag{9-19}$$

式中，D_r 为冲刷侵蚀率，g/(m²·s)；D_i 为雨滴溅蚀率，g/(m²·s)；S_d 为径流泥沙沉降速率，g/(m²·s)。

径流泥沙沉降主要发生在径流含沙率大于径流最大挟沙率时，由于试验坡面较小，坡度也较小，所以忽略泥沙沉降速率。结合运动波方程(式(9-13))，式(9-19)可以整理为

$$\frac{h\partial c_{se}}{\partial t}+\frac{q\partial c_{se}}{\partial x}=D_r+D_i-(p-f)c_{se} \tag{9-20}$$

冲刷引起的土壤侵蚀主要由坡面水流的剪切力引起，水流的侵蚀能力与水流

剪切力呈幂函数递增关系，因此径流冲刷侵蚀率可以表示为

$$D_r = k_r \tau^n \tag{9-21}$$

式中，k_r 为水流冲刷侵蚀率的校准系数；τ 为水流剪切力，$g/(m^2 \cdot s)$。

水流剪切力主要由水流速度和水深决定：

$$\tau = \rho_w g J h \tag{9-22}$$

式中，ρ_w 为水的密度；g 为重力加速度；J 为水力坡降。

$$D_r = k_r (\rho_w g J h)^n \tag{9-23}$$

雨滴溅蚀率 D_i 主要由降雨动能和土壤的抗蚀能力决定。在不同的降雨试验中有不同的降雨强度和降雨雨滴直径。秦越等研究表明，土壤溅蚀量与雨滴动能呈线性递增，雨滴溅蚀率与降雨动能的幂次方成正比，所以雨滴溅蚀率 D_i 可以表示为

$$D_i = k_i E^m \tag{9-24}$$

式中，E 为降雨动能，$J/(m^2 \cdot min)$，主要由降雨强度和雨滴直径决定；k_i 为雨滴溅蚀率的校准系数，与土壤质地有关；m 为经验系数。

在雨滴击溅过程中表层土壤不断被压实，表层容重增大，从而增加了土壤的抗蚀性，土壤的抗蚀性随容重的增大而增大。假设雨滴溅蚀率 D_i 随雨滴击溅时间呈指数函数递减，雨滴溅蚀率 D_i 可以用式(9-25)表示：

$$D_i = k_i e^{-\beta t} E^m \tag{9-25}$$

式中，β 为模型参数，主要由降雨动能和土壤性质决定。

为了模型能求出较为简单的解析解，采用考斯加科夫(Kostiakov)入渗公式计算土壤入渗率，考斯加科夫入渗公式为

$$f = a(t - t_p)^{-b} \tag{9-26}$$

式中，t_p 为产流时刻，s；a、b 为经验系数。

将式(9-23)、式(9-25)和式(9-26)代入式(9-20)，可得到最终的土壤流失连续方程：

$$\frac{h \partial c_{se}}{\partial t} + \frac{q \partial c_{se}}{\partial x} = k_r (\rho_w g J h)^{\delta} + k_i e^{-\beta t} E^m - \left[p - a(t - t_p)^{-b} \right] c_{se} \tag{9-27}$$

将整个坡面的平均含沙率看成坡面出口处的径流含沙率，所以 c_{se} 在坡长方向的偏导数为零，径流含沙率的方程可以写成式(9-28)：

$$\frac{h \mathrm{d} c_{se}}{\mathrm{d} t} = k_r (\rho_w g J h)^{\delta} + k_i e^{-\beta t} E^m - \left[p - a(t - t_p)^{-b} \right] c_{se} \tag{9-28}$$

2. 模型参数确定与验证

1) 雨滴击溅过程

采用雨滴击溅试验得到的径流含沙率的数据对击溅产沙模型进行验证，通过试验实测和最优拟合求得模型参数。试验结果主要包括不同雨滴直径和不同 PAM 施用量条件下降雨过程中的径流含沙率。

在单纯的雨滴击溅试验中水流冲刷的作用可以忽略，因此雨滴击溅过程径流含沙率的连续方程可以表示为

$$\frac{h\mathrm{d}c_{se}}{\mathrm{d}t} = k_{i}E^{m}\mathrm{e}^{-\beta t} - (p - f)c_{se} \tag{9-29}$$

两边同时积分，整理可得

$$c_{se}(t) = \mathrm{e}^{\int_{t_p}^{t} \frac{f-p}{h}\mathrm{d}t} \int_{t_p}^{t} \frac{k_{i}E^{m}\mathrm{e}^{-\beta t}}{h}\mathrm{e}^{\int_{t_p}^{t} \frac{p-f}{h}\mathrm{d}t} \tag{9-30}$$

径流水深在本试验中取 1mm，并认为其在 400cm² 的土壤表面分布均匀，可以近似认为径流量等于降雨量减去入渗量：

$$q_{out} = (p - f)x \tag{9-31}$$

式中，q_{out} 为土槽出口处的单宽径流量。

根据式(9-26)和式(9-31)，通过出口处的径流量可以反求产沙模型中的参数 a 和 b。三种雨滴直径降雨条件下降雨动能 E 分别为 18.17J/(m²·min)、19.96J/(m²·min)和21.00J/(m²·min)。本节对模型中经验系数 m 取值为 2。根据试验条件设定，水深 h 取 1mm。k_{i} 和 β 由模型的最优解反求得到。选取产流初始时刻的径流含沙率为初始值。雨滴击溅试验产沙模型拟合参数见表 9-3。

表 9-3　雨滴击溅试验产沙模型拟合参数

试验处理	a	b	k_{i}	β	R^2
R1	1.02	0.24	0.046	0.0008	0.64
R2	1.56	0.55	0.073	0.0020	0.57
R3	0.98	0.52	0.134	0.0210	0.96
R2-C	1.29	0.36	0.048	0.0160	0.74
R2-P1	0.93	0.14	0.047	0.0238	0.90
R2-P2	0.92	0.15	0.039	0.0627	0.96

从图 9-7 可以看出，采用侵蚀率随雨滴击溅时间减小的模型可以很好地模拟径流中泥沙含量的变化。从雨滴击溅作用土壤的侵蚀系数 k_{i} 可以看出，雨滴直径越大，土壤的侵蚀系数越大，其衰减指数 β 随雨滴直径的增大而增大。纱布覆盖

和 PAM 处理的土壤侵蚀系数小于未施加 PAM 处理时，并且其衰减系数也大于未施加 PAM 处理时。这也表明雨滴击溅作用下覆盖纱布和 PAM 可以有效减少径流中的泥沙含量。

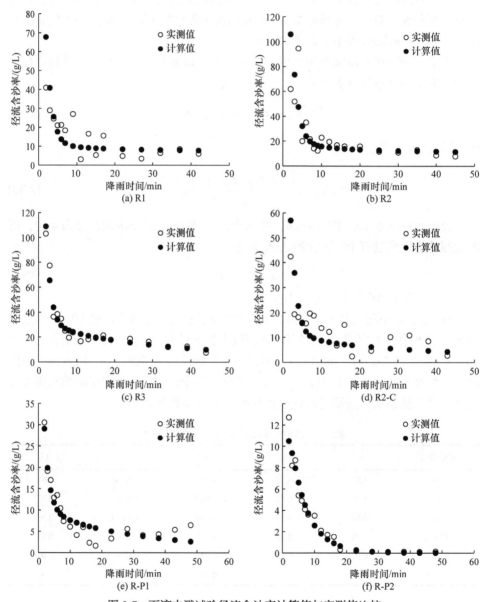

图 9-7　雨滴击溅试验径流含沙率计算值与实测值比较

对 k_i 和 β 与降雨动能和 PAM 施用量进行非线性回归分析，发现 k_i 和 β 随降雨动能呈指数递增，而 k_i 随 PAM 施用量呈指数递减，β 随 PAM 施用量呈指数递减，k_i 和 β 可以通过式(9-32)和式(9-33)进行计算：

$$k_i = 9.8 \times 10^{-5} e^{0.34E} e^{-0.24R_{PAM}}, \quad R^2 = 0.92 \tag{9-32}$$

$$\beta = 2.7 \times 10^{-12} e^{1.08E} e^{0.56R_{PAM}}, \quad R^2 = 0.95 \tag{9-33}$$

式中，R_{PAM} 为 PAM 施用量，g/m^2。

2) 径流冲刷过程

采用第 4 章冲刷试验中径流含沙率的数据对径流冲刷产沙模型进行验证，通过试验实测和最优拟合求得模型参数。试验结果主要包括不同放水流量和不同 PAM 施用量条件下径流冲刷过程中的径流含沙率。

由于在冲刷试验中无雨滴的击溅作用，雨滴击溅过程径流含沙率的连续方程可以表示为

$$\frac{h\mathrm{d}\partial c_{se}}{\mathrm{d}t} = k_r(\rho_w g J h)^{\delta} - (q_{in}/x - f)c_{se} \tag{9-34}$$

入渗公式中的模型参数 a、b 采用出口处的径流量最优拟合得到。水深随冲刷时间的变化仅有径流量随水深变化的 2%~5%，所以在计算径流量时先忽略水深随时间的变化，因此可得

$$q_{out} = q_{in} - fx \tag{9-35}$$

式中，q_{out} 和 q_{in} 分别为土槽出口和进口处的单宽流量，$mL/(cm \cdot min)$；x 为坡面长度，cm。

将冲刷条件下的坡面水流看成明渠均匀流，径流水深可以通过式(9-36)计算：

$$q_{out} = \frac{J^{0.5}}{n} h^{5/3} \tag{9-36}$$

式中，J 为水力坡降；n 为土壤表面粗糙率。

试验坡度为 5°，水力坡降 J 为 0.0875，土壤表面粗糙率 n 取 0.0086，模型参数 k_r 通过出口处径流含沙率的最优解反求得到(表 9-4)。选取产流初始时刻的径流含沙率为初始值。

表 9-4　冲刷试验产沙模型拟合参数

试验处理	a	b	k_r	δ	R^2
F1	0.086	0.12	6.70	3	0.67
F2	0.094	0.24	7.50	3	0.48
F3	0.100	0.23	13.30	3	0.49
F2-P1	0.190	0.23	4.65	3	0.27
F2-P2	0.240	0.33	1.24	3	0.15
F2-P3	0.220	0.35	0.07	3	0.64
F2-P4	0.096	0.15	0.05	3	0.84

从图 9-8 可以看出，采用式(9-34)计算冲刷条件下的径流含沙率效果不是很好，主要是由于冲刷过程中容易产生跌坎，导致在径流后期含沙率波动加大，所以拟合效果不好。但整体上，水流侵蚀系数 k_r 随放水量的增大呈增大趋势，PAM 施用量为 $4g/m^2$ 以上时，水流侵蚀系数相对于对照处理减小了 99%，这也说明施加 PAM 可以有效减少坡面产沙量的流失。

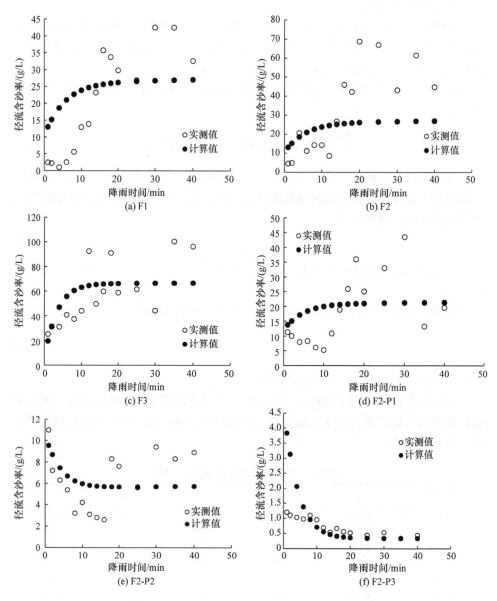

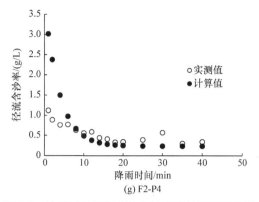

(g) F2-P4

图 9-8　冲刷试验径流含沙率计算值与实测值比较

对 k_r 下放水量和 PAM 施用量进行非线性回归分析，发现 k_r 随降雨动能呈指数递增，而随 PAM 施用量呈指数递减，k_r 可以通过式(9-37)来计算：

$$k_r = 2.69e^{0.02q_{in}}e^{-0.78R_{PAM}}, \quad R^2=0.96 \tag{9-37}$$

3) 坡面降雨过程

降雨过程坡面侵蚀主要包括水流冲刷和雨滴击溅两部分，根据式(9-28)计算坡面降雨过程中的径流含沙率。采用不同降雨强度和 PAM 施用量的径流含沙率作为验证数据对产沙进行验证评价。

与前面类似，径流水深 h 采用式(9-38)计算：

$$q_{out} = p - a(t - t_p)^{-b} = \frac{J^{0.5}}{n}h^{5/3} \tag{9-38}$$

试验坡度为 5°，水力坡降 J 为 0.0875，土壤表面粗糙率 n 取 0.0086。模型参数 a、b 通过式(9-38)用出口处径流率的实测数据最优拟合得到，进而得到径流水深的计算公式。

不同处理的 k_i、k_r 分别可以通过式(9-32)和式(9-37)计算。降雨强度为 50mm/h 和 80mm/h 的降雨动能分别为 11.27J/(m²·min)和 17.98J/(m²·min)，两种降雨强度的降雨量的 1/2 作为径流冲刷量，对应单宽放水量为 20.8mL/(cm·min)和 33.33mL/(cm·min)。坡面放水冲刷试验水流侵蚀率为水流剪切力的 1.5 次方，因此模型参数 δ 取值为 1.5，然而模型只有参数 β 未能直接获取，但其可以通过实测数据的最优拟合得到。采用改进欧拉法对式(9-28)进行求解，通过遗传算法获取最优参数。初值选取产流初始时刻的径流含沙率，步长设置为 0.05min，总步长为 900 步。

从图 9-9 和表 9-5 可以看出，采用式(9-28)的径流含沙率的计算公式基本能模拟坡面产沙的过程。从决定系数和均方根误差来看，该模型计算 50mm/h 的拟合效果较好，而 80mm/h 的拟合效果稍差一些。模型精度不高的原因是用水深来计算坡面的产沙过程，未考虑细沟产生过程的跌坎现象，从而导致径流冲刷过程中产沙量的波动变化描述不够准确，且降雨过程的水流冲刷和直接放水的冲刷过程还有一定的差异，而本节取模型参数时直接采用了冲刷试验获得回归方程来进行计算，这也是导致模型计算精度不够的一个重要因素。

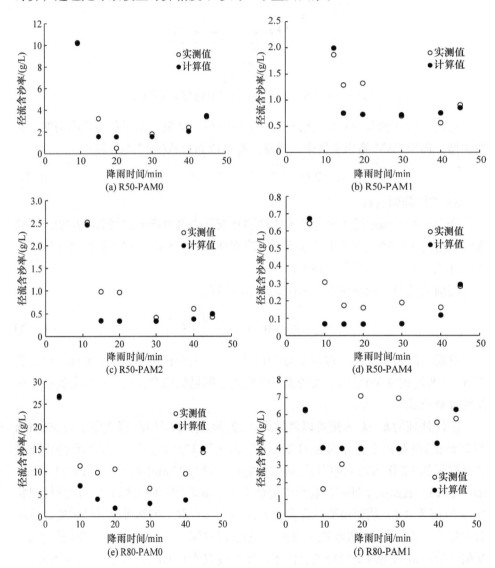

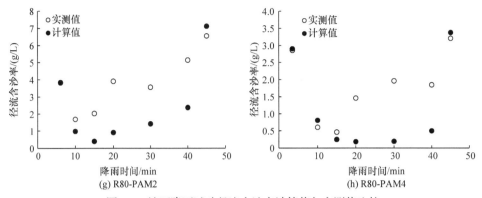

图 9-9　坡面降雨试验径流含沙率计算值与实测值比较

表 9-5　坡面降雨试验径流模型拟合参数和决定系数

降雨强度/(mm/h)	PAM 施用量/(g/m²)	a	b	k_r	δ	k_i	β	R^2	RMSE
50	0	0.60	0.16	4.08	1.5	0.0045	4.43	0.93	0.82
	1	0.66	0.15	1.87	1.5	0.0036	8.68	0.59	0.33
	2	0.66	0.15	0.86	1.5	0.0028	8.31	0.78	0.38
	4	0.61	0.25	0.18	1.5	0.0017	10.11	0.87	0.12
80	0	0.78	0.24	5.24	1.5	0.0443	6.38	0.89	6.32
	1	0.73	0.18	2.40	1.5	0.0348	9.03	0.14	2.96
	2	0.83	0.21	1.10	1.5	0.0274	10.80	0.57	2.42
	4	0.66	0.28	0.23	1.5	0.0170	8.05	0.74	1.04

9.2.2　土壤养分向径流迁移模拟

1. 模型原理

径流中的养分主要来源于土壤侵蚀作用和对流扩散作用带入的养分，并且认为只有土壤表层一定厚度的土壤参与径流养分的迁移。因此，将土壤和水层分成三层：径流层、交换层、土壤层。土壤养分向径流迁移过程如图 9-10 所示。

对三个层分别建立质量平衡的连续方程如下。

径流层：

$$\frac{\partial(hc_w)}{\partial t} + \frac{\partial(qc_w)}{\partial x} = (e_r + D_w)(c_e - c_w) - fc_w \tag{9-39}$$

交换层：

$$\frac{d(d_e c_w)}{dt} = J - (e_r + D_w)(c_e - c_w) - f(c_e - c_w) \tag{9-40}$$

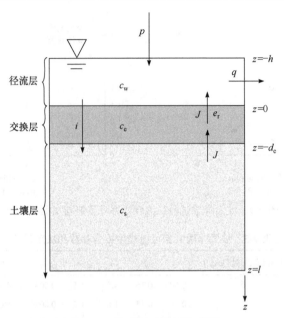

图 9-10　养分迁移模型概念图

土壤层：

$$\frac{\partial c_{\mathrm{s}}}{\partial t} = \frac{\partial}{\partial z}\big(J - fc_{\mathrm{s}}\big) \tag{9-41}$$

式中，h 为坡面水深，m；q 为单宽流量，$\mathrm{m^3/(m \cdot s)}$；f 为入渗率，mm/h；t 为降雨时间；x 为坡面位置到坡顶的投影长度，m；c_{w} 为径流层某种养分的浓度，mg/L；c_{e} 为交换层某种养分的浓度，mg/L；c_{s} 为土壤层某种养分的浓度，mg/L；e_{r} 为由侵蚀引起的养分土壤溶液流失率，mm/s；D_{w} 为水流对坡面作用造成的紊动扩散率，mm/s；J 为土壤溶质扩散率，主要与径流和坡面的接触时间有关；z 为土层深度，m。

在短时间内交换层土壤溶液的养分浓度远大于径流层中的养分浓度，因此相对于 c_{e} 可以忽略 $-c_{\mathrm{w}}$。一般认为土壤溶质扩散率 J 远小于土壤侵蚀作用引起的溶质流失，所以忽略其影响。再结合运动波方程可以将式(9-39)式(9-40)简化为

$$\frac{h\mathrm{d}c_{\mathrm{w}}}{\mathrm{d}t} + \frac{q\partial c_{\mathrm{w}}}{\partial x} = (e_{\mathrm{r}} + D_{\mathrm{w}})c_{\mathrm{e}} - pc_{\mathrm{w}} \tag{9-42}$$

$$\frac{d_{\mathrm{e}}\mathrm{d}c_{\mathrm{e}}}{\mathrm{d}t} = -(e_{\mathrm{r}} + D_{\mathrm{w}})c_{\mathrm{e}} - fc_{\mathrm{e}} \tag{9-43}$$

式中，p 为降雨强度，mm/h。

模型假设以平均浓度作为坡面的径流和土壤养分的浓度，所以养分浓度沿坡长的变化都为零，因此式(9-42)可化为

$$\frac{h\mathrm{d}c_{\mathrm{w}}}{\mathrm{d}t} = (e_{\mathrm{r}} + D_{\mathrm{w}})c_{\mathrm{e}} - pc_{\mathrm{w}} \tag{9-44}$$

因此通过式(9-43)可以直接计算交换层养分的浓度,再代入式(9-44)即可获得径流层养分浓度。

根据土壤表层容重的变化和径流水深的变化来计算土壤侵蚀率的瞬时值,e_{r}可以表示为

$$e_{\mathrm{r}} = (D_{\mathrm{r}} + D_{\mathrm{i}})\frac{\theta}{\rho_{\mathrm{b}}} = \left[k_{\mathrm{r}}(\rho_{\mathrm{w}}gJh)^{n} + k_{\mathrm{i}}E^{m}\mathrm{e}^{-\beta t}\right]\frac{\theta}{\rho_{\mathrm{b}}} \tag{9-45}$$

式中,θ 为土壤含水率,%;ρ_{b} 为土壤容重,g/cm³。

2. 模型参数率定与验证

1) 雨滴击溅过程

对于雨滴击溅过程可以忽略水流冲刷侵蚀作用,将式(9-45)代入式(9-43)可得到 c_{e} 的计算公式:

$$c_{\mathrm{e}} = c_{\mathrm{s}}\exp\left[\frac{\int_{t_{\mathrm{p}}}^{t} -\left(k_{\mathrm{i}}E^{m}\mathrm{e}^{-\beta t}\frac{\theta}{\rho_{\mathrm{b}}} + D_{\mathrm{w}} + f\right)\mathrm{d}t}{d_{\mathrm{e}}}\right] \tag{9-46}$$

将式(9-46)代入式(9-44)即可求得径流中的养分浓度:

$$\frac{h\mathrm{d}c_{\mathrm{w}}}{\mathrm{d}t} = (e_{\mathrm{r}} + D_{\mathrm{w}})c_{\mathrm{s}}\exp\left[\frac{\int_{t_{\mathrm{p}}}^{t} -\left(k_{\mathrm{i}}E^{m}\mathrm{e}^{-\beta t}\frac{\theta}{\rho_{\mathrm{b}}} + D_{\mathrm{w}} + f\right)\mathrm{d}t}{d_{\mathrm{e}}}\right] - pc_{\mathrm{w}} \tag{9-47}$$

模型中的参数大部分已通过前面产流产沙模型获得,水深 h 取值为 1mm,e_{r} 和 f 计算公式中的参数见表 9-3,模型中交换层深度 d_{e} 和水流紊动扩散率 D_{w} 通过模型的最优拟合反求得到。由于方程较为复杂,无法直接得到径流养分浓度的解析。这里采用欧拉法对方程进行数值求解,时间步长设置为 0.05min,采用实测的第一个值作为初值,并运用 1stOpt 软件采用遗传算法获得模型的最优参数。

如图 9-11 所示,径流氨氮浓度的计算值和实测值相关度较好。表 9-6 列出了模型的参数、决定系数和均方根误差。交换层深度随雨滴直径的增大而增大,主要是由于雨滴直径越大,降雨动能越大,雨滴对土壤表面击溅作用越大,导致土壤溅蚀量也越大,从而使得径流中养分浓度和雨滴作用深度越大。而土壤表层覆盖纱布,减少了雨滴的打击,即减少了土壤结皮,所以土壤结构较好,土壤比较容易流通,因此在 R2-C 处理的交换层深度较 R2 处理的有所减小,但是水流扩散系数 D_{w} 略有增大。交换层深度随 PAM 施用量的增大逐渐减小,这主要是因为施

加 PAM 后改善了土壤结构，增强了土壤的抗蚀性，导致随泥沙流走的养分较少，所以 PAM 处理的交换层深度较低。施用 2g/m² PAM 处理的 D_w 相对较大，而 4g/m² PAM 处理的相对较小，这由于 2g/m² PAM 处理增加了土壤的团聚体和土壤的孔隙度使得养分扩散条件较好，而 4g/m² PAM 处理时 PAM 溶液堵塞了土壤孔隙，导致扩散条件不好。

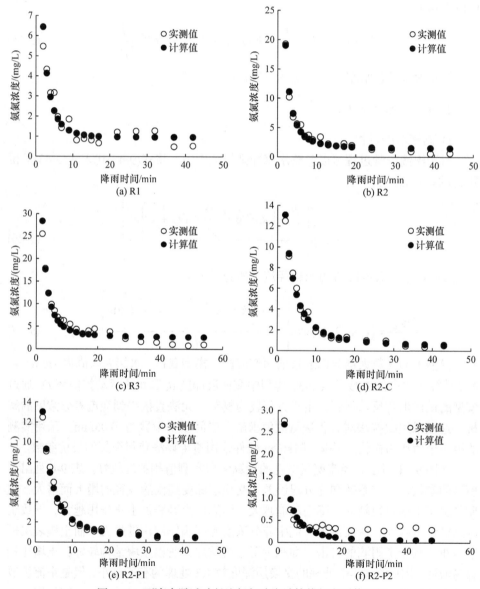

图 9-11 雨滴击溅试验径流氨氮浓度计算值与实测值比较

表 9-6　雨滴击溅过程中径流氨氮浓度模拟的模型参数、决定系数与均方根误差

试验处理	d_e/cm	D_w	R^2	RMSE
R1	1.7	0.00038	0.91	0.44
R2	2.5	0.00057	0.98	0.62
R3	2.9	0.00110	0.94	1.23
R2-C	1.5	0.00062	0.97	0.36
R2-P1	1.3	0.00067	0.98	0.36
R2-P2	0.5	0.00055	0.94	0.19

2) 径流冲刷过程

在冲刷试验中土壤侵蚀过程中产生了跌坎，径流含沙率在放水冲刷过程中上下波动。因此，直接采用径流含沙率来计算坡面侵蚀率，从而计算径流中养分的浓度。

$$e_r = \frac{M_s \theta_s}{\rho_b} \tag{9-48}$$

式中，e_r 为随土壤侵蚀带走土壤水分的速率，mL/s；M_s 为径流中的泥沙质量，g；ρ_b 为土壤容重，g/cm^3；θ_s 为土壤饱和含水率。

除了侵蚀引起的养分向径流迁移，扩散作用也会对径流养分浓度产生影响，在侵蚀较大时扩散作用基本可以忽略不计，但在施加 PAM 时会减少侵蚀，扩散作用应该被考虑在模型求解过程中。

$$c_w = \left(\frac{M_s \theta_s}{q \rho_b} + D_w \right) c_s \tag{9-49}$$

降雨过程中土壤中的养分呈幂函数递减，因此土壤养分可以表示为

$$c_s = c_0 t^b \tag{9-50}$$

将式(9-50)代入式(9-49)，可得

$$c_w = \left(\frac{M_s \theta_s}{q \rho_b} + D_w \right) c_0 t^b \tag{9-51}$$

模型参数中 M_s、θ_s、ρ_b、q 通过实测得到，其中 ρ_b 为 1.45g/cm^3，θ_s 为 0.55，D_w 和 b 通过模型最优拟合求得。

模型参数 b 随放水量的增大而增大，随 PAM 施用量的增大而减小(表 9-7)，其原因是放水量越大径流产沙量越大，土壤养分流失越快，施加 PAM 后土壤侵蚀减小，土壤养分流失较慢。土壤的扩散系数在 PAM 处理中较大，这主要是由于施用 PAM 后坡面流速减小，水流在坡面上的作用时间增长，从而使得扩散作

表 9-7　冲刷过程中径流氨氮浓度模拟的模型参数和决定系数

试验处理	b	D_w	R^2
F1	0.803	0.000183	0.974
F2	0.845	0.000180	0.934
F3	1.015	0.000181	0.896
F2-P1	0.746	0.000218	0.918
F2-P2	0.495	0.000321	0.955
F2-P3	0.188	0.000595	0.918
F2-P4	0.121	0.000591	0.871

用时间增长，所以 D_w 基本随 PAM 施用量的增大而增大。

如图 9-12 所示，不同处理冲刷过程中径流氨氮浓度模拟值与实测值较为接近，说明式(9-51)可以较好地计算冲刷过程中径流的氨氮深度。

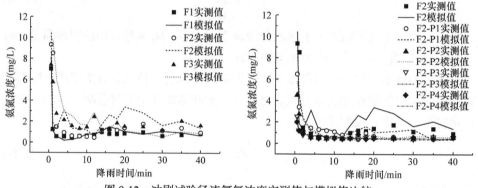

图 9-12　冲刷试验径流氨氮浓度实测值与模拟值比较

3) 坡面降雨过程

采用坡面降雨试验的实测径流氨氮浓度对上述模型进行验证。将式(9-45)代入式(9-43)可以得到 c_e 的计算公式：

$$c_e = c_s \exp\left\{ \frac{\int_{t_p}^{t} -\left[k_r(\rho_w g J h)^n + k_i E^m e^{-\beta t} \dfrac{\theta}{\rho_b} + D_w + f \right] \mathrm{d}t}{d_e} \right\} \tag{9-52}$$

将式(9-52)代入式(9-44)即可求得径流中养分浓度：

$$\frac{h \mathrm{d}c_w}{\mathrm{d}t} = (e_r + D_w) c_s \exp\left\{ \frac{\int_{t_p}^{t} -\left[k_r(\rho_w g J h)^n + k_i E^m e^{-\beta t} \dfrac{\theta}{\rho_b} + D_w + f \right] \mathrm{d}t}{d_e} \right\} - p c_w$$

$$\tag{9-53}$$

从表 9-8 和图 9-13 可以看出，采用时变侵蚀率的土壤养分向径流迁移的模拟模型可以很好地描述坡面降雨过程径流养分浓度随降雨时间的变化，R^2 和纳什效率系数(NSE)基本都在 0.8 以上。模型参数交换层深度 d_e 随降雨强度的增大而增大，随 PAM 施用量的增大而减小。进行非线性回归可以得到交换层深度的回归公式：

$$d_e = 2.54e^{-0.23R_{PAM}}r^{0.47}, \quad R^2 = 0.95 \tag{9-54}$$

表 9-8　坡面降雨过程中径流氨氮浓度模拟的模型参数和模型相关参数

降雨强度/(mm/h)	PAM 施用量/(g/m²)	d_e/mm	D_w	R^2	RMSE	NSE
50	0	18.61	0.000831	0.89	0.59	0.88
	1	13.40	0.000492	0.99	0.11	0.99
	2	10.04	0.000537	0.99	0.08	0.99
	4	8.59	0.000890	0.95	0.37	0.94
80	0	20.44	0.000821	0.85	0.30	0.85
	1	19.04	0.000572	0.79	0.24	0.79
	2	12.55	0.000617	0.90	0.15	0.90
	4	9.13	0.000747	0.91	0.16	0.91

注：NSE(Nash-Sutcliffe efficiency coefficient)为纳什效率系数。

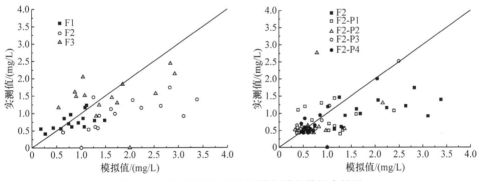

图 9-13　径流氨氮浓度实测值与模拟值拟合结果

采用混合层深度模型计算坡面降雨条件下的养分流失过程，其中模型参数初始径流养分浓度 c_0 和混合层深度 h_m 都通过模拟的最优拟合获得

$$c(t) = c_0\exp\left(-\frac{P}{h_m\theta_s}t\right) \tag{9-55}$$

对比基于侵蚀为时变函数的径流养分扩散模型和混合层深度模型的计算结

果,从图 9-14 可以看出,基于侵蚀为时变函数的径流养分扩散模型对坡面径流氨氮浓度的结果优于混合层深度模型。

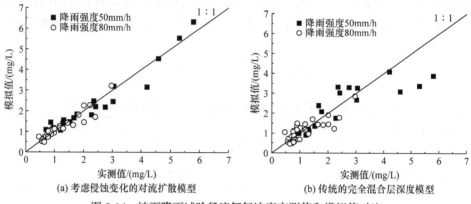

(a) 考虑侵蚀变化的对流扩散模型　　　(b) 传统的完全混合层深度模型

图 9-14　坡面降雨试验径流氨氮浓度实测值和模拟值对比

9.2.3　结论

本章基于质量守恒定律和对流扩散模型,针对雨滴击溅和径流冲刷过程中侵蚀率随时间的变化,提出了一个考虑不同侵蚀过程的产沙模型和土壤养分随径流流失模型,具体结果如下:

(1) 假设雨滴击溅作用的侵蚀率随降雨时间呈指数递减,水流冲刷侵蚀率随水深的增大呈幂函数增大,提出了坡面产沙过程模型,并通过实测数据对模型进行了验证和参数的反求。雨滴击溅作用的模拟效果较好,而冲刷试验过程中由于跌坎的产生,径流含沙率的模型效果不是很好。

(2) 针对水流冲刷作用下细沟的发育,提出了一个以含沙率实测资料为依据的径流养分质量传递模型,模型可以较好地模拟细沟侵蚀下养分随径流迁移过程,模型中土壤养分的衰减速率随产沙量的增大而增大。

(3) 针对产沙过程提出了次降雨条件下坡面养分向径流迁移的数学模型,其模拟效果整体要优于混合层深度模型。通过雨滴击溅、水流冲刷和野外降雨试验对模型进行验证并确定参数,结果显示,交换层深度随降雨强度、雨滴直径的增大而增大,随 PAM 施用量的增大而减小。

参 考 文 献

[1] Augeard B, Assouline S, Fonty A, et al. Estimating hydraulic properties of rainfall-induced soil surface seats from infiltration experiments and X-ray bulk density measurements[J]. Journal of Hydrology, 2007, 341(1-2): 12-26.

[2] 卜崇峰, 蔡强国, 张兴昌, 等. 黄土结皮的发育机理与侵蚀效应研究[J]. 土壤学报, 2009, 46(1): 16-23.

[3] Mualem Y, Assouline S, Eltahan D. Effect of rainfall-induced soil seals on soil-water regime-wetting processes[J]. Water Resources Research, 1993, 29(6): 1651-1659.

[4] Mualem Y, Assouline S, Rohdenburg H. Rainfall induced soil seal(C) a dynamic-model with kinetic-energy instead of cumulative rainfall as independent variable[J]. Catena, 1990, 17(3): 289-303.

[5] Assouline S. Modeling the relationship between soil bulk density and the hydraulic conductivity function[J]. Vadose Zone Journal, 2006, 5(2): 697-705.

[6] 陈洪松, 邵明安. 黄土区坡地土壤水分运动与转化机理研究进展[J]. 水科学进展, 2003, 14(4): 413-420.

[7] 寇小华, 王文, 郑国权. 土壤水分入渗模型的研究方法综述[J]. 亚热带水土保持, 2013, 25(3): 53-55.

[8] 张升堂, 王明新, 沙海军. 降水入渗模型研究进展[J]. 杨凌职业技术学院学报, 2004, 3(3): 1-2.

[9] 朱昊宇, 段晓辉. Green-Ampt 入渗模型国外研究进展[J]. 中国农村水利水电, 2017, (10): 6-12.

[10] Woolhiser D A, Liggett J A. Unsteady 1-dimensional flow over a plane-rising hydrograph[J]. Water Resources Research, 1967, 3(3): 753.

[11] Wilson C B, Valdes J B, Rodriguez-Iturbe I. Influence of the spatial-distribution of rainfall on storm runoff[J]. Water Resources Research, 1979, 15(2): 321-328.

[12] 杨建英, 赵廷宁, 孙保平, 等. 运动波理论及其在黄土坡面径流过程模拟中的应用[J]. 北京林业大学学报, 1993, 15(1): 1-11.

[13] Bennett J P. Concepts of mathematical-modeling of sediment yield[J]. Water Resources Research, 1974, 10(3): 485-492.

[14] Rose C W, Williams J R, Sander G C, et al. A mathematical-model of soil-erosion and deposition processes: I. Theory for a plane land element[J]. Soil Science Society of America Journal, 1983, 47(5): 991-995.

第10章 适用于化控制剂应用下的土壤-作物系统水分运移模型

10.1 构建适用于化控制剂应用下的土壤孔隙改变模型

土壤 SAP 的功能与其吸水后发生的容积改变相伴随,而孔隙性是土壤的基本物理性质。因此,定量描述施用 SAP 土壤的吸水膨胀是土壤 SAP 研究中的首要问题。

10.1.1 数学模型的建立

1. 模型假设

为了对施用 SAP 后的土壤吸水膨胀做定量分析,提出如下假设:

(1) SAP 与土壤是均匀混合。这意味着每单位容积(或质量)土壤中含有相同数量的 SAP,SAP 颗粒足够小,在土壤中的分布足够均匀,使含 SAP 土壤吸水后发生的容积改变是均质、各向同性的。

(2) 施入的 SAP 本身对土壤容重的影响可以忽略不计。在下面分析中,凡涉及含 SAP 土壤的容积改变的均归因于吸水产生的效应。

(3) 施用 SAP 的土壤吸水后容积改变是瞬时完成的,即施用 SAP 土壤的容积改变与时间无关,仅为土壤含水率的函数。

(4) 环境温度的改变对所研究问题的影响可以忽略不计,排除因温度改变造成对土壤中空气体积改变所产生的影响。

根据已有的相关知识,已完成试验的数据,或通过恰当的控制,这些假设可获得支持。因此,就对本章研究的目的而言,以上假设可以认为是合理的。

2. 模型建立

为了讨论施用 SAP 后吸水引起的土壤容积的改变,并且由于土壤通常可以视为一种连续介质,采用比容积,即单位质量土壤的体积 $P(\text{cm}^3/\text{g})$,来表征土壤容积。施用 SAP 的土壤吸水后,产生显著的容积改变,即土壤比容积 P 是土壤含水率 $\theta(\text{g/g})$ 的函数。在前述假定条件下,施用 SAP 后因吸水引起的土壤比容积 P 的改变主要受以下三个因素的影响。

(1) 含水率。这是含 SAP 土壤容积改变的基本条件。以风干土或烘干土为基础，某一土壤含水率条件下 P 的改变量 ΔP 是 $\eta(a+b\theta)$ 的函数。η 为膨胀率，表示土壤孔隙被水充填状况 $(a+b\theta)$ 与 ΔP 之间的比例关系。η、a 和 b 均为无量纲常数。

(2) 膨胀率。试验表明，不同土壤含水率引起的土壤容积改变量是不同的，而且施用 SAP 土壤也不可能因不断向土壤施水而无限膨胀，而是在达到最大膨胀量后停止膨胀。这一过程可表示为 $\eta=\eta_0(P_m-P)$，其中，η_0 为视在膨胀率，无量纲；P_m 为土壤达到最大限度膨胀时的比容积。

(3) SAP 的施用量。由前述假设条件，土壤吸水后的容积改变仅由 SAP 造成。显然，某一土壤含水率下的容积改变受制于 SAP 的施用量。如果以 W 表示 SAP 的施入率，即单位质量土壤中施入的 SAP 质量，则有 $W=\beta P_0$，β 为单位容积土壤中施入的 SAP 质量(g/cm)；P_0 为风干土或烘干土的比容积。

综合考虑以上三个因素，建立如下关于施用某一数量 SAP 的土壤比容积在某一土壤含水率下改变量的数学模型：

$$\frac{\mathrm{d}P}{\mathrm{d}\theta}=\beta P_0\eta_0(P_m-P)(a+b\theta) \tag{10-1}$$

对于这一常微分方程，可以求出 P 的显式通解为

$$\int\frac{\mathrm{d}P}{\mathrm{d}\theta}=\beta P_0\eta_0\int(P_m-P)(a+b\theta)$$

$$P=P_m-\frac{1}{Ce^{\beta P_0\eta_0\left(a\theta+\frac{b}{2}\theta^2\right)}} \tag{10-2}$$

式中，C 为积分常数。根据前述假设条件，对于风干土或烘干土，SAP 施入不引起 P 的改变。因此有初始条件：

$$P=P_0,\quad \theta=0 \tag{10-3}$$

根据初始条件即式(10-3)，式(10-2)可写为

$$P_0=P_m-C^{-1}$$

令 $P_m-P_0=K$，则有

$$K=C^{-1} \tag{10-4}$$

微分方程(10-1)在式(10-3)条件下的特解为

$$P=P_m-Ke^{-\beta P_0\eta_0(a\theta+c\theta^2)} \tag{10-5}$$

式中，$c=b/2$，其他符号意义同前。由于所研究的问题是含 SAP 土壤吸水后的容积增大问题，P 是增函数，即满足 $a\geqslant-2c\theta$。

式(10-5)即本节建立的描述施用SAP的土壤吸水后容积改变的数学模型(由于

尚无试验数据，本模型是根据对施用 SAP 的土壤吸水后的行为认识建立的。待有了试验数据，方程的形式还可以根据试验结果做调整）。令 $I=\{\theta|0\leqslant\theta\leqslant\xi\}$ ，$f(\theta,P)=\beta P_0\eta_0(P_\mathrm{m}-P)(a+b\theta)$ ，$\xi\in\mathbf{R}^+$ ，$\mathbf{R}^+$ 为正实数。对于 $\theta\in I$ ，f 和 $\partial f/\partial p$ 为连续函数。因此，式(10-5)是由式(10-1)和式(10-3)构成的微分方程初值问题的唯一解。但是，在数学上应考虑到，当 $\theta\to\infty$ 时，$f\to\infty$ 。表明微分方程(10-1)的解有奇点 P_s 。因为由式(10-1)和式(10-3)构成的微分方程初值问题满足 f 和 $\partial f/\partial P$ 为连续函数，且式(10-2)显示解 $P(\theta,\theta_0,P_0)$ 局部有界，因此解 $P(\theta,\ \theta_0,\ P_0)$ 可延拓到 $I_\mathrm{m}=\{\theta|0\leqslant\theta<\infty\}$ 。

事实上，由式(10-2)，$P_\mathrm{s}=P_\mathrm{m}$ ，即有

$$\lim_{\theta\to\infty}\{P(\theta,\theta_0,P_0)-P_\mathrm{s}\}=0$$

因此，特解式是渐近稳定的。用式(10-1)和式(10-3)构成的微分方程及其初值问题解对于描述含 SAP 土壤吸水产生的容积改变的过程来说，有明确的实际含义，即当含 SAP 的土壤因吸水产生容积改变，达到最大容积 P_m 后，无论水量再如何增加，土壤容积都不会再改变。

设式(10-3)的初始条件是准确的。但是，如果由试验误差造成了初值测量的偏离，则设偏离的初值 $P_0=P'$ ，当 $\theta=0$ 时，由此得到的积分常数为 K' ，设在这一初值的试验误差下的解为 P' ，因此有

$$\frac{P_\mathrm{m}-P'}{P_\mathrm{m}-P}=\frac{K'\mathrm{e}^{-\beta P_0'\eta_0(a\theta+c\theta^2)}}{K\mathrm{e}^{-\beta P_0\eta_0(a\theta+c\theta^2)}} \tag{10-6}$$

$$\frac{P_\mathrm{m}-P'}{P_\mathrm{m}-P}=\frac{K'}{K}\mathrm{e}^{-\beta\eta_0(a\theta+c\theta^2)(P_0-P_0')} \tag{10-7}$$

而恒有 $\mathrm{e}^{-\beta\eta_0(a\theta+c\theta^2)(P_0-P_0')}\leqslant1$ ，因此有

$$\frac{P_\mathrm{m}-P'}{P_\mathrm{m}-P}\leqslant\frac{K'}{K} \tag{10-8}$$

式(10-8)表明，对于 $\theta\in I=\{\theta|0\leqslant\theta<\xi\}$ ，试验造成的初值误差，不会因 θ 的取值使解 P 的误差被模型放大。类似地可以证明，由试验造成的参数 η_0 、a 和 b 的估算误差不会被模型放大。

由以上分析可知，这里建立的数学模型具有唯一、稳定可靠的解，可以用来分析施用 SAP 的土壤吸水后产生的容积改变过程。

10.1.2　模型求解参数

本模型有三个参数 η_0 、a 和 c 需要利用实际测量数据求得。由式(10-5)得

$$P_\mathrm{m}-P=(P_\mathrm{m}-P_0)\mathrm{e}^{-\beta P_0\eta_0(a\theta+c\theta^2)} \tag{10-9}$$

两边取对数

$$\ln(P_m - P) = \ln(P_m - P_0) - \beta P_0 \eta_0 (a\theta + c\theta^2)$$

$$\ln \frac{P_m - P}{P_m - P_0} \bigg/ (\beta P_0 \theta) = -\eta_0 c\theta - \eta_0 a \qquad (10\text{-}10)$$

式(10-10)是一个关于土壤含水率 θ 的直线方程。$\eta_0 c$ 为直线斜率，$\eta_0 a$ 为直线的截距。

通过对施用不同数量 SAP 的土壤，在不同土壤含水率下测量的 P 值，利用优化方法，即可求出本模型的三个参数 η_0、a 和 c，但模型实际仅有 $\eta_0 c$ 和 $\eta_0 a$ 两个参数。

在试验研究过程中，选择了四个不同 SAP 施用量，其中 SAP 与干土质量比分别为 $1:5000$、$1:2000$ 和 $1:500$，以这些数据来求解参数，以 SAP 与干土质量比为 $1:1000$ 的数据来检验模型。经过数据优化计算后，结果如下。

对于壤土：

$$\begin{cases} \eta_0 c = 0.25 \times 10^6 \\ \eta_0 a = -0.39 \times 10^5 \end{cases}$$

故壤土模型为

$$\ln \frac{P_m - P}{P_m - P_0} \bigg/ (\beta P_0 \theta) = -\eta_0 c\theta - \eta_0 a \qquad (10\text{-}11)$$

在本模型描述中，壤土的 SAP 用量与 P_m 的关系如图 10-1 所示。经回归，有如下关系式：

$$P_m = -1638W^2 + 25.796W + 0.703 \qquad (10\text{-}12)$$

因 $W = \beta P_0$，将式(10-12)代入式(10-11)得

$$\ln \frac{-1638W^2 + 25.796W + 0.703 - P}{-1638W^2 + 25.796W + 0.703 - P_0} \bigg/ (W\theta) = -0.25 \times 10^6 \theta + 0.39 \times 10^5 \qquad (10\text{-}13)$$

式中，$P_0 = 0.6452$，其他符号同前。

对于砂壤土：

$$\begin{cases} \eta_0 c = 0.81 \times 10^5 \\ \eta_0 a = -0.18 \times 10^5 \end{cases}$$

故砂壤土模型为

$$\ln \frac{P_m - P}{P_m - P_0} \bigg/ (\beta P_0 \theta) = -\eta_0 c\theta - \eta_0 a$$

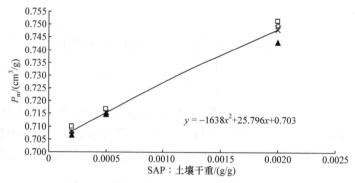

图 10-1　壤土的 SAP 用量与 P_m 的关系曲线

在本模型描述中，砂壤土的 SAP 用量与 P_m 的关系如图 10-2 所示，其关系式为

$$P_m = -18680W^2 + 71.877W + 0.679 \tag{10-14}$$

因 $W = \beta P_0$，将式(10-14)代入砂壤土模型得

$$\ln \frac{-18680W^2 + 71.877W + 0.679 - P}{-18680W^2 + 71.877W + 0.679 - P_0} \bigg/ (W\theta) = -0.81 \times 10^5 \theta + 0.18 \times 10^5 \tag{10-15}$$

式中，$P_0 = 0.6711$，其他符号同前。

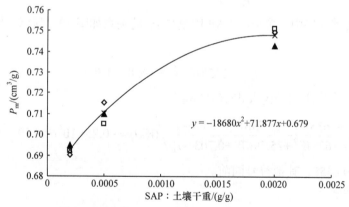

图 10-2　砂壤土的 SAP 用量与 P_m 的关系曲线

10.1.3　模型检验

通过使用 SAP 与干土质量比 1∶5000、1∶2000 和 1∶500 作为求参数据而建立模型，采用 SAP 与干土质量比 1∶1000 的数据进行了模型检验，结果如图 10-3 和图 10-4 所示。从两图中可以看出，模拟结果较好，比容积 P 的平均偏差在 0.01 左右，测量误差较小。

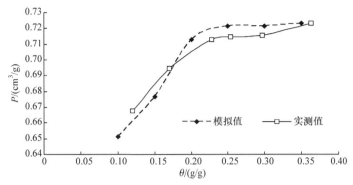

图 10-3　含 SAP 的壤土比容积 P 与土壤含水率 θ 的模拟曲线

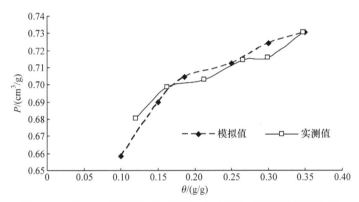

图 10-4　含 SAP 的砂壤土比容积 P 与土壤含水率 θ 的模拟曲线

10.1.4　土壤膨胀量分析和讨论

利用上述式(10-13)和式(10-15)所示模型,对含 SAP 土壤吸水后的孔隙改变进行分析,得出不同土壤、不同 SAP 施用量条件下的 P-θ 曲线,从而实现对含 SAP 土壤吸水后的容积改变的模拟,而这正是研究土壤膨胀的关键。

1. 分析土壤膨胀量

设不同土壤含水率时,含 SAP 土壤的比容积为 $P_i = (i=1, 2, \cdots)$,P_0 为相应的风干土或烘干土的比容积,则得到膨胀量:

$$r = \frac{P_i}{P_0} = \frac{V_i / m}{V_0 / m} = \frac{V_i}{V_0} \tag{10-16}$$

式中,V/m 为 P 的定义式;V_i/V_0 为不同土壤含水率时土壤的体积与风干或烘干时土壤的体积之比,如图 10-5～图 10-12 所示。

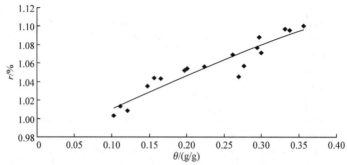

图 10-5　含 SAP 的壤土膨胀量 r 与土壤含水率 θ 的模拟曲线(SAP∶土壤=1∶5000)

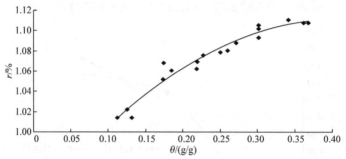

图 10-6　含 SAP 的壤土膨胀量 r 与土壤含水率 θ 的模拟曲线(SAP∶土壤=1∶2000)

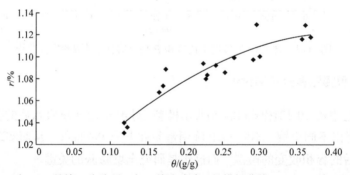

图 10-7　含 SAP 的壤土膨胀量 r 与土壤含水率 θ 的模拟曲线(SAP∶土壤=1∶1000)

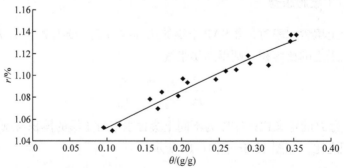

图 10-8　含 SAP 的壤土膨胀量 r 与土壤含水率 θ 的模拟曲线(SAP∶土壤=1∶500)

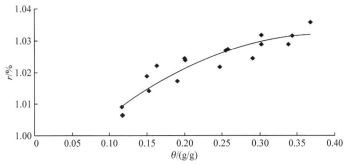

图 10-9　含 SAP 的砂壤土膨胀量 r 与土壤含水率 θ 的模拟曲线(SAP：土壤=1：5000)

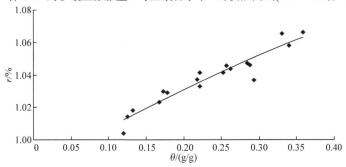

图 10-10　含 SAP 的砂壤土膨胀量 r 与土壤含水率 θ 的模拟曲线(SAP：土壤=1：2000)

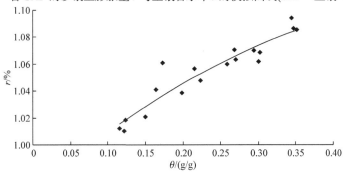

图 10-11　含 SAP 的砂壤土膨胀量 r 与土壤含水率 θ 的模拟曲线(SAP：土壤=1：1000)

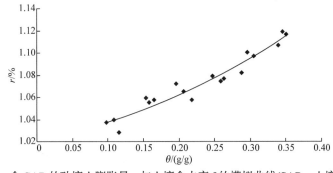

图 10-12　含 SAP 的砂壤土膨胀量 r 与土壤含水率 θ 的模拟曲线(SAP：土壤=1：500)

从图中可以看出，对于壤土和砂壤土，膨胀量 r 随着土壤含水率 θ 的增加而逐渐增加。对于同一种土壤，SAP 的施用量越大，r 值的增加越大。这说明土壤含水率越高，SAP 的吸水越多，土体膨胀也越大，故 r 值越大。

根据前述建模过程，由 $\eta=\eta_0(a+b\theta)$ 完成求参数后，可以计算出膨胀率。但由于其与膨胀量 r 密切相关，对于同一种土壤，膨胀量越大，自然膨胀率也越大。

2. 土壤孔隙度分析和饱和含水率估算

用土壤孔隙度公式 $\Phi=1-\dfrac{\rho_b}{\rho_s}$ 计算 Φ 值，其中 ρ_b 为不同土壤含水率时含 SAP 土壤的容重，ρ_s 为土壤基质密度，Φ 也可作为含 SAP 土壤达到某一土壤含水率时的容积饱和含水率，然后绘制 Φ 与土壤含水率的关系曲线如图 10-13～图 10-16 所示。

从图中可以看出，对于壤土，土壤孔隙度 Φ 随着含水率 θ 的增加而逐渐增加。对于同一种土壤，SAP 的施用量越大，土壤的孔隙度 Φ 值的增加越多。施用 SAP 条件下土壤孔隙度的定量表示对于 SAP 的实际应用及其与此有关的土壤水运动、溶质运移、根系吸水等有重要意义。

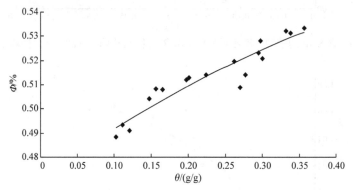

图 10-13　含 SAP 土壤的孔隙度 Φ 与土壤含水率 θ 的模拟曲线(SAP：土壤=1：5000)

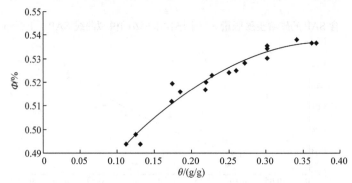

图 10-14　含 SAP 土壤的孔隙度 Φ 与土壤含水率 θ 的模拟曲线(SAP：土壤=1：2000)

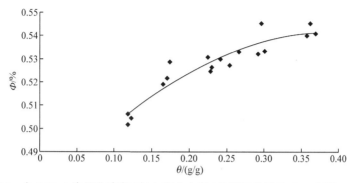

图 10-15　含 SAP 土壤的孔隙度 Φ 与土壤含水率 θ 的模拟曲线(SAP∶土壤=1∶1000)

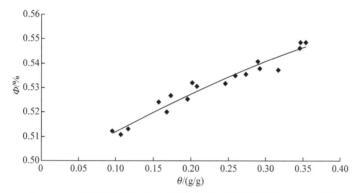

图 10-16　含 SAP 土壤的孔隙度 Φ 与土壤含水率 θ 的模拟曲线(SAP∶土壤=1∶500)

由此可见，根据上述模型，不仅能够计算出任一土壤含水率时含 SAP 土壤的孔隙度，而且还可以将 Φ 用于传递函数的计算，为求取含 SAP 土壤的导水率提供条件。

10.1.5　讨论

土壤中施入 SAP 后，原本稳定的土壤物理性质发生了变化，使得土壤的物理性质均受到 SAP 性能衰减的影响，导致原有参数的点变成了线，线变成了面，增加了 SAP 埋入土壤中的时间 T 这一一维坐标。由于 SAP 施入土壤后，其性质是在不断变化的，所以在测量过程中忽略了测量时间引起的土壤参数的变化，即忽略测量过程中施用 SAP 土壤参数的变化。由于 SAP 吸水、释水是物理过程，假设其是一种吸水、释水能力超强的特殊性质的土壤，只有这样才能应用普通物理参数的测定方法和计算公式。

通过以上假定和结果分析，可以深入研究土壤中施入 SAP 后长期的性质变化，并可以通过添加一维参数 T_{SAP} 的方式，将适用于普通土壤的已有成果应用到施入 SAP 的土壤中，为进一步对其进行长期的观测和模拟打下坚实的基础，这也是下一步研究的重点。

10.2　构建适用于化控制剂应用下的裸土水分垂直入渗动态模型

入渗是指水分进入土壤形成土壤水的过程，它是降水、地面水、土壤水和地下水相互转化的一个重要环节。降雨和灌水入渗是补给农田水分的主要来源，入渗速度、总量和入渗后剖面上土壤含水率的分布，对拟定农田水分状况的调节措施有重要意义。本节以地下水埋深较大，剖面土壤含水率均匀分布，地表形成薄水层这一简单的情况为例，进行施用 SAP 后土壤的一维垂直入渗动态模拟研究。

10.2.1　一维土壤水运动解析解的讨论

对于普通土壤，在垂直入渗的情况下，坐标轴 $z=0$ 取在地表，取 z 向下为正，位置水头 z 为负值，一维土壤水运动的基本方程可写为

$$\frac{\partial \theta}{\partial t} = \frac{\partial \left[D(\theta) \frac{\partial \theta}{\partial z} \right]}{\partial z} - \frac{\partial K(\theta)}{\partial z} \tag{10-17}$$

灌水前剖面上各点初始含水率为 θ_0，则初始条件为

$$\theta(z,0) = \theta_0 \tag{10-18}$$

在地表有薄水层时，表层含水率等于饱和含水率 θ_s，在 z 相当大($z \to \infty$)时，含水率不变，即 $\theta = \theta_0$，则边界条件为

$$\theta(0,t) = \theta_s$$
$$\theta(\infty,t) = \theta_0 \tag{10-19}$$

式(10-17)为非线性方程，求解比较困难。为了简化计算，近似地以平均扩散度 $\bar{D}$ 代替 $D(\theta)$，由于 $\frac{\partial K}{\partial z} = \frac{\mathrm{d}K}{\mathrm{d}\theta}\frac{\partial \theta}{\partial z}$，以 $N = \frac{K(\theta_s) - K(\theta_0)}{\theta_s - \theta_0}$ 代替 $\frac{\mathrm{d}K}{\mathrm{d}\theta}$，则式(10-17)变为常系数线性方程：

$$\frac{\partial \theta}{\partial t} = \bar{D}\frac{\partial^2 \theta}{\partial z^2} - N\frac{\partial \theta}{\partial z} \tag{10-20}$$

采用拉普拉斯变换求解，经变换后 θ 的象函数 $\bar{\theta}$ 为

$$\bar{\theta}(z,p) = \int_0^\infty \theta(z,t)\mathrm{e}^{-pt}\mathrm{d}t$$

对式(10-20)中 $\dfrac{\partial \theta}{\partial t}$ 采用拉普拉斯变换，即

$$\int_0^\infty \frac{\partial \theta}{\partial t} \mathrm{e}^{-pt} \mathrm{d}t$$

采用分部积分法，设 $\dfrac{\partial \theta}{\partial t} \mathrm{d}t = \mathrm{d}u$，$\mathrm{e}^{-pt} = U$，$u = \theta$，$\mathrm{d}U = -p\mathrm{e}^{-pt}\mathrm{d}t$，有

$$\int_0^\infty \frac{\partial \theta}{\partial t} \mathrm{e}^{-pt} \mathrm{d}t = \theta \mathrm{e}^{-pt} \Big|_0^\infty + p \int_0^\infty \theta \mathrm{e}^{-pt} \mathrm{d}t = p\overline{\theta} - \theta_0$$

对上式右侧进行变换，得

$$\int_0^\infty \frac{\partial \theta}{\partial z} \mathrm{e}^{-pt} \mathrm{d}t = \frac{\partial}{\partial z} \int_0^\infty \theta \mathrm{e}^{-pt} \mathrm{d}t = \frac{\partial \overline{\theta}}{\partial z}$$

$$\int_0^\infty \frac{\partial^2 \theta}{\partial z^2} \mathrm{e}^{-pt} \mathrm{d}t = \frac{\partial}{\partial z^2} \int_0^\infty \theta \mathrm{e}^{-pt} \mathrm{d}t = \frac{\partial^2 \overline{\theta}}{\partial z^2}$$

式(10-20)经变换后，由于仅包含象函数对 z 的导数，可写成常微分形式：

$$p\overline{\theta} - \theta_0 = \overline{D}\frac{\mathrm{d}^2\overline{\theta}}{\mathrm{d}z^2} - N\frac{\mathrm{d}\overline{\theta}}{\mathrm{d}z} \tag{10-21}$$

式(10-19)经变换后，得

$$\overline{\theta}(0, p) = \frac{\theta_s}{p}$$

$$\overline{\theta}(\infty, p) = \frac{\theta_0}{p} \tag{10-22}$$

式(10-21)的通解为

$$\overline{\theta}(z, p) = \frac{\theta_0}{p} + C_1 \mathrm{e}^{\frac{N + \sqrt{N^2 + 4\overline{D}p}}{2D}z} + C_2 \mathrm{e}^{\frac{N - \sqrt{N^2 + 4\overline{D}p}}{2D}z} \tag{10-23}$$

由于在 $z \to \infty$ 时，$\overline{\theta}$ 为有限值 $\dfrac{\theta_0}{p}$，为使 $C_1 \mathrm{e}^\infty$ 为有限值，C_1 必须为 0，则式(10-23)
变为

$$\overline{\theta}(0, p) = \frac{\theta_s}{p} = \frac{\theta_0}{p} + C_2$$

$$C_2 = \frac{\theta_s - \theta_0}{p}$$

代入式(10-23)，得象函数 $\overline{\theta}$ 的解为

$$\overline{\theta}(z, p) = \frac{\theta_0}{p} + \frac{\theta_s - \theta_0}{p} \mathrm{e}^{\frac{Nz}{2D}} \mathrm{e}^{-\sqrt{\frac{z^2}{D}\left(p + \frac{N^2}{4D}\right)}}$$

由拉普拉斯逆变换，有

$$\frac{1}{p}e^{-\sqrt{\alpha(p+\beta)}}\frac{1}{2}\left[e^{-\sqrt{\alpha(p+\beta)}}\mathrm{erfc}\left(\frac{1}{2}\sqrt{\frac{\alpha}{t}}-\sqrt{\beta t}\right)+e^{\sqrt{\alpha\beta}}\mathrm{erfc}\left(\frac{1}{2}\sqrt{\frac{\alpha}{t}}+\sqrt{\beta t}\right)\right]$$

经拉普拉斯逆变换后，得

$$\theta(z,t)=\theta_0+\frac{\theta_s-\theta_0}{2}\left[\mathrm{erfc}\left(\frac{z-Nt}{2\sqrt{\bar{D}t}}\right)+e^{\frac{Nz}{D}}\mathrm{erfc}\left(\frac{z+Nt}{2\sqrt{\bar{D}t}}\right)\right] \tag{10-24}$$

式中，$\mathrm{erfc}(z)=\dfrac{2}{\sqrt{\pi}}\displaystyle\int_z^\infty e^{-u^2}\mathrm{d}u$ 为补余误差函数。

$$\bar{D}=\frac{5/3}{(\theta_s-\theta_0)^{5/3}}\int_{\theta_0}^{\theta_r}D(\theta)(\theta-\theta_0)\mathrm{d}\theta \tag{10-25}$$

10.2.2　模型的基本假定

由于 SAP 吸水、释水是一个物理过程，故在研究施用 SAP 后土壤的入渗时，做如下假设：

(1) SAP 吸水、释水性能的下降是一个连续过程。

(2) 由于 SAP 吸水、释水的过程为物理吸水过程，故假设施用 SAP 后的土壤混合物为性质随时间变化的土壤。

(3) 在测定土壤性质的过程中忽略测定过程的时间对参数变化的影响。

10.2.3　施入 SAP 后土壤扩散率和导水率的推求分析

试验中对 SAP 施用土壤后不同时期的土壤扩散率进行了测定，结果见表 10-1。同时根据不同时期的土壤入渗的数据推求了施用 SAP 后土壤的导水率，见表 10-2。

表 10-1　施入 SAP 后土壤不同时期的扩散率

SAP 埋入土壤时间/天	$D(\theta)$	$D(\theta,T)$
$T=0$	$D(\theta_1)=6\times10^{-5}e^{24.26\theta}$	
$T=15$	$D(\theta_2)=6\times10^{-4}e^{21.965\theta}$	
$T=30$	$D(\theta_3)=6\times10^{-4}e^{22.869\theta}$	
$T=45$	$D(\theta_4)=1.5\times10^{-3}e^{21.249\theta}$	
$T=60$	$D(\theta_5)=2.2\times10^{-3}e^{21.527\theta}$	$D(\theta,T)=e^{21.7709\theta+0.025T-8.114}$ $R^2=0.6720$
$T=75$	$D(\theta_6)=2.9\times10^{-3}e^{20.819\theta}$	
$T=90$	$D(\theta_7)=3.2\times10^{-3}e^{21.219\theta}$	
$T=105$	$D(\theta_8)=4\times10^{-3}e^{20.982\theta}$	
$T=120$	$D(\theta_9)=5.4\times10^{-3}e^{20.548\theta}$	

表 10-2　施入 SAP 后土壤不同时期的导水率

SAP 施入土壤时间/天	$K(\theta)$	$K(\theta,T)$
$T=0$	$K(\theta_1)=5\times10^{-6}\mathrm{e}^{26.464\theta}$	
$T=30$	$K(\theta_2)=1\times10^{-7}\mathrm{e}^{34.789\theta}$	
$T=60$	$K(\theta_3)=6\times10^{-7}\mathrm{e}^{31.119\theta}$	$\dfrac{\partial\theta}{\partial t}=\dfrac{\partial}{\partial z}\left[D(\theta,T)\dfrac{\partial\theta}{\partial z}\right]-\dfrac{\partial K(\theta,T)}{\partial z}$
$T=90$	$K(\theta_4)=2\times10^{-5}\mathrm{e}^{23.488\theta}$	$R^2=0.6314$
$T=120$	$K(\theta_5)=7\times10^{-8}\mathrm{e}^{35.851\theta}$	

　　通过对 SAP 施入土壤中不同时间 T 的扩散率和导水率公式的总结，使用 SARS 软件对公式进行了综合，分别得到了 $D(\theta,T)$、$K(\theta,T)$的公式，将其代入入渗公式(10-26)：

$$\frac{\partial\theta}{\partial t}=\frac{\partial}{\partial z}\left[D(\theta,T)\frac{\partial\theta}{\partial z}\right]-\frac{\partial K(\theta,T)}{\partial z} \tag{10-26}$$

式(10-26)即为施用 SAP 土壤的一维土壤水运动的一般方程。

10.2.4　模型的检验

　　试验以 2005 年 11 月 1 日为起始日，以 SAP 施入土壤中的时间 $T=15$，45，75，105(单位为天)为模型检验值，将实测值与模拟值进行比较，结果如图 10-17～图 10-20 所示，图例中上面 6 个为实测值，下面 6 个为模拟值。从图中可以看出，模拟土壤的水分变化趋势及数值与实测值具有较高的一致性。从表 10-3 可以看出，

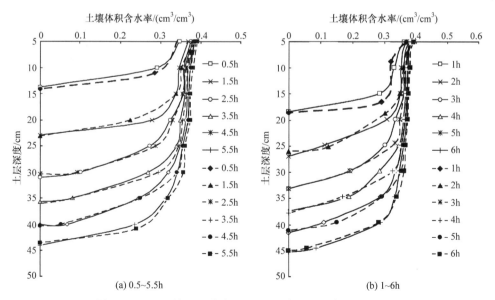

图 10-17　SAP 施入土壤中 15 天的土壤一维垂直入渗的模拟

模拟值与实测值之间最大离差为 0.0155，最小离差为 0.0015，平均离差为 0.0094。因此，用此入渗模型得出的模拟值与实际情况比较相符。

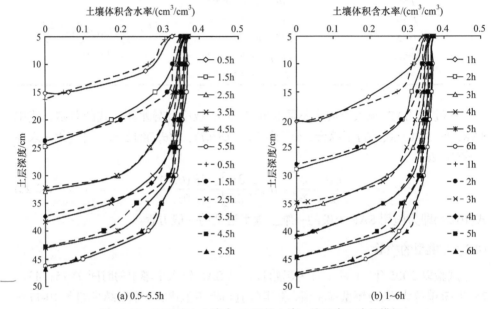

图 10-18　SAP 施入土壤中 45 天的土壤一维垂直入渗的模拟

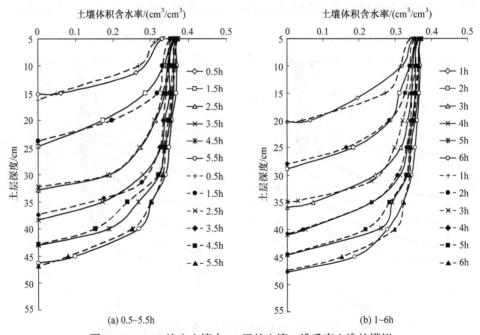

图 10-19　SAP 施入土壤中 75 天的土壤一维垂直入渗的模拟

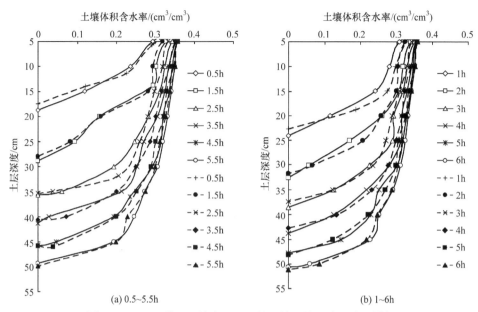

图 10-20　SAP 施入土壤中 105 天的土壤一维垂直入渗的模拟

表 10-3　土壤体积含水率模拟值与实测值的离差分析 (单位：cm³/cm³)

项目	SAP 施入 15 天	SAP 施入 45 天	SAP 施入 75 天	SAP 施入 105 天
土壤体积含水率实测值	0.3007	0.3021	0.2924	0.2897
土壤体积含水率模拟值	0.3051	0.2975	0.2929	0.2914
离差	0.0146	0.0155	0.0015	0.0060
平均离差		0.0094		

10.2.5　施入 SAP 前后土壤的入渗比较研究

未施用 SAP 土壤的入渗结果如图 10-21 所示。通过与施用 SAP 的土壤进行对比发现，施用 SAP 后土壤入渗的湿润锋前进速度下降，这主要是由于施用 SAP 的土壤饱和含水率增加，故单位体积的土壤吸持的水量增加，导致湿润锋前进速度降低。

10.2.6　讨论

通过对 SAP 施入土壤中不同时间 T 的扩散率和导水率公式的总结，得到施用 SAP 后的土壤入渗公式(10-27)：

$$\frac{\partial \theta}{\partial t} = \frac{\partial}{\partial z}\left[D(\theta, T)\frac{\partial \theta}{\partial z} \right] - \frac{\partial K(\theta, T)}{\partial z} \tag{10-27}$$

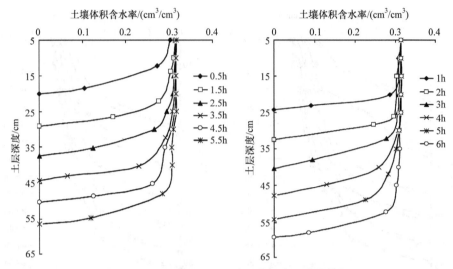

图 10-21　未施用 SAP 土壤一维垂直入渗的模拟

　　虽然在试验中取得了较好的模拟效果，但在假设中由于试验设备和条件的限制，在测定土壤性质的过程中，忽略了时间对参数变化的影响。同时，入渗公式中的 SAP 施入土壤中的时间 T 与入渗时间 t 并不是孤立存在的，时间 T 中包括 t，而在本次试验中忽略了时间 T 与 t 的关系，假设其孤立存在，这些因素都导致了试验的误差。

10.3　构建适用于化控制剂应用下的非裸土水分垂直入渗动态模型

10.3.1　常规条件下的土壤水分运移模型

　　作物生长及土面蒸发条件下，常规一维垂直非饱和土壤水分运移的定解问题一般采用 Richards 方程进行描述：

$$\begin{cases} \dfrac{\partial \theta}{\partial t} = \dfrac{\partial}{\partial z}\left[D(\theta)\dfrac{\partial \theta}{\partial z}\right] - \dfrac{\partial K(\theta)}{\partial z} - S(z,t) \\[2mm] \theta(z,0) = \theta_0(z), & 0 \leqslant z \leqslant L_r \\[2mm] \theta(L_r,t) = \theta_1(t), & t > 0 \\[2mm] -D(\theta)\dfrac{\partial \theta}{\partial z} + K(\theta) = -E(t), & t > 0 \end{cases} \quad (10\text{-}28)$$

式中，$D(\theta)$ 为土壤非饱和扩散率；$K(\theta)$ 为土壤非饱和导水率；$S(z,t)$ 为根系吸水源汇项；$E(t)$ 为土面蒸发强度。

10.3.2 SAP 应用条件下的土壤水分运移模型

在 SAP 应用条件下，因为存在 SAP 保水作用效果随时间变化的因素，土壤非饱和扩散率 $D(\theta)$ 和非饱和导水率 $K(\theta)$ 不再只是一个随含水率改变而变化的函数，而是既随含水率变化，又随时间变化，即为含有时间项 t 的时变关系函数式 $D(\theta,t)$ 和 $K(\theta,t)$。因此，考虑根系吸水及土面蒸发条件下的基于水力参数为时变函数的一维垂直非饱和土壤水分运动的定解问题应描述为

$$\begin{cases} \dfrac{\partial \theta}{\partial t} = \dfrac{\partial}{\partial z}\left[D(\theta,t)\dfrac{\partial \theta}{\partial z} \right] - \dfrac{\partial K(\theta,t)}{\partial z} - S(z,t) \\ \theta(z,0) = \theta_0(z), & 0 \leqslant z \leqslant L_{\mathrm{r}} \\ \theta(L_{\mathrm{r}},t) = \theta_1(t), & t > 0 \\ -D(\theta,t)\dfrac{\partial \theta}{\partial z} + K(\theta,t) = -E(t), & t > 0 \end{cases} \tag{10-29}$$

式中，$D(\theta,t)$ 为土壤非饱和扩散率时变函数；$K(\theta,t)$ 为土壤非饱和导水率时变函数；其他参数意义同式(10-28)。

对于式(10-29)，由于其为非线性方程，一般在进行解析求解时都是先用一个平均扩散度 $\overline{D}$ 来近似代替 Richards 方程中的非饱和扩散率 $D(\theta,t)$，再通过拉普拉斯变换和分部积分法进行求解。然而，由于水力参数的动态变化规律是体现 SAP 作用效应的重要特征，若对其进行平均简化处理将使得所建立的 SAP 应用条件下的水分运移模型的意义大打折扣。因此，考虑到模型正确物理意义的体现和目前对于求解水力参数为时变函数的 Richards 方程解析解的巨大难度，本节采用可以兼顾体现模型正确物理意义且容易求解的差分方法进行数值求解。一维垂向非饱和土壤水分运移方程的差分求解原理是对计算的区域进行网格划分，将水分运移的总时间 $t_{总}$ 划分成若干时间间隔 Δt，对于土壤深度 $z_{总}$ 划分成若干距离间隔 Δz，然后对每一个划分的节点进行求解，而其对于时间间隔和距离间隔的划分均能很好地反映 SAP 的作用效应，即体现在 SAP 对水力参数动态影响的时变性和体现在对 SAP 施入层位土壤产生影响的层状性。因此，采用差分解法对水力参数为时变函数的 Richards 方程进行求解十分合适。

此外，在建立 SAP 应用条件下的一维垂向非饱和土壤水分运移模型时，需要做如下基本假设：

(1) 假设施入 SAP 的土壤混合层为一种性质随时间发生动态变化的刚性土壤，忽略体积改变带来的影响，实际上在 SAP 层施条件下由于上下土壤层的压力，

其混合层体积变化十分微小。

(2) 忽略土壤水力参数测定过程的时间对参数变化的影响。

10.3.3　根系吸水项反求估算方法及稳定性分析

在进行根系吸水源汇项求解时借鉴 Zuo 等[1,2]提出的针对小麦根系吸水求解的迭代反求法,即已实测得两个连续的含水率剖面分别为 $\theta(z,0)$ 和 $\theta(z,T)$,假定其间由于根系吸水导致土壤各深度含水率的减少量为 $\Delta\theta(z,0\sim T)$,T 表示连续两次实测值的时间间隔,则 $0\sim T$ 时段内的平均根系吸水速率可概化表示为 $S(z,0\sim T)=\Delta\theta(z,0\sim T)/T$。

首先令 $S=0$,根据初始含水率实测值($t=0$ 时刻),采用隐式差分法求解基于水力参数为时变函数的水分运移模型(式(10-29)),算出 $t=T$ 时刻第 1 次迭代的 $\theta^{(1)}(z_i,T)$值(第 1 次迭代时未考虑 S 的影响,即设 $S=0$),把此时计算出的 $\Delta\theta^{(1)}(z_i,0\sim T)=\theta^{(1)}(z_i,T)-\theta^{(T)}(z_i,T)$除以时间 T 后近似为平均根系吸水量 $S^{(1)}=\Delta\theta^{(1)}/T$,并代入原方程继续进行求解,求解出第 2 次迭代出的 $\theta^{(2)}(z_i,T)$值(此后的迭代均考虑 S 的影响,即设 $S\neq 0$),此时进行判断 $\Delta\theta^{(2)}(z_i,0\sim T)=\theta^{(2)}(z_i,T)-\theta^{(T)}(z_i,T)$是否满足小于误差控制标准(相对误差平方和的平均值),若满足则结束迭代,若不满足则有 $S^{(2)}=S^{(1)}+\Delta\theta^{(2)}/T$,将其继续代入原方程进行迭代求解直至满足迭代控制标准。基于水力参数为时变函数的土壤水分运移模型求解和玉米根系吸水源汇项反求方法计算过程均采用 R 语言进行编写,计算流程如图 10-22 所示。

通常来讲,反求估算方法对实测数据(含水率剖面分布)及参数(非饱和扩散率、非饱和导水率)的准确性要求较高,其反求方法本身参数(时间步长、空间步长、误差控制)的取值也会对反求结果产生较大影响。因此,其求解目标模型获取的结果常常存在不稳定的问题,需要通过设置数值试验来对反求方法参数本身的取值进行筛选,并对反求方法应用的适用范围进行验证[3,4]。就本书的研究内容,不仅要考察针对玉米根系吸水反求估算方法模拟值的稳定性情况,还要就化控制剂应用条件下该反求方法的适用性进行评价,以确保提出的反求方法计算值可以为后面的研究所用。基于此,本节将选取理论玉米根系吸水函数作为标准值,并设置可能对模拟结果有较大影响的几种试验情景来进行验证分析。

1. 数值试验理论根系吸水模型设定

1) 理论根系吸水模型

理论根系吸水模型采用邵爱军等[5,6]提出的吸水模型,其模式作物为玉米,与本书研究对象一致,其模型主要基于蒸腾作用与作物根系吸水关系而建立,且并

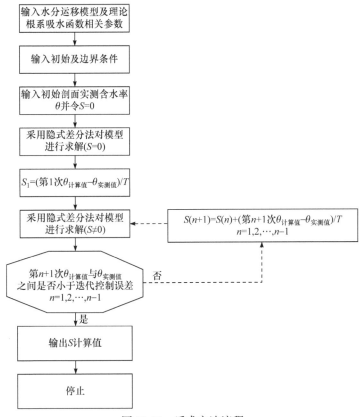

图 10-22　反求方法流程

未假设最优水分条件下根系吸水同根系发育(根长密度、根重密度和根氮质量密度等)关系成正比，可以避免采用根长密度或根氮质量密度等与根系发育直接相关的模型作为理论值而对本书研究可能造成的干扰。本节数值试验所采用的理论根系吸水模型中仅包括一个与根系相关性较小的参数(作物吸水层深度)，其可以最大限度地减少根系发育特征带来的影响，从而保证后面试验研究的相对独立性。拟采用的根系吸水模型表达式为

$$S = \text{ET} \times A \times \left[e^{-B(\ln z - C)^2} \right] / Z \tag{10-30}$$

式中，ET 为腾发量，mm/d；Z 为相对深度，$Z = z / L_r(t)$；A、B、C 为经验系数，A 单位为 mm^{-1}，B、C 无量纲。$L_r(t)$ 为作物吸水层深度，cm，其表达式为

$$L_r(t) = 150(1 - e^{-1.380813T}) \tag{10-31}$$

式中，T 为相对时间，$T = t/M$，M 为玉米生育期天数，t 为播种时间。

2) 数值试验参数选择

土壤物理参数及根系参数也选自邵爱军等的文献[5,6]。已知试验区田间土壤分为两层，其中 0～70cm 为砂壤土，70cm 以下为粉砂土，0～120cm 区域为土壤非饱和带。砂壤土非饱和扩散率为 $D=0.00148e^{15.99\theta}$(图 10-23(a))，水分特征曲线为 $\theta=0.48e^{-0.00143|h|}$($0\leqslant|h|\leqslant129.2$)，$\theta=3.915|h|^{-0.475}$($|h|>129.2$)；粉砂土非饱和扩散率为 $D=54.9\theta^{3.6137}$(图 10-24(a))，水分特征曲线为 $\theta=0.50e^{-0.00146|h|}$($0\leqslant|h|\leqslant168.64$)，$\theta=13.893|h|^{-0.719}$ ($|h|>168.64$)。根据文献中已知的土壤水分特征曲线和 $\theta=\theta_r+(\theta_s-\theta_r)/[1+(\alpha h)^n]^m$ 分别获取了两种质地土壤的非饱和导水率公式(图 10-23(b)和图 10-24(b))。理论根系吸水模型中的参数 $A=8.600827\times10^{-4}-1.18926\times10^{-3}(T-0.591)^2$，$B=1.662603$，$C=-1.30806$；$M=88$ 天，ET 本书设置为 3mm/天，迭代控制误差为 1×10^{-5}。

2. 数值试验方案及验证步骤

本书根系吸水反求估算方法稳定性验证主要考虑的影响因素有：①时间间隔和时间步长；②水力参数；③土壤含水率测量误差和仪器精度；④土壤层状性及边界条件。数值试验参数设置见表 10-4。数值试验过程如下。

(1) 输入水分运移参数及理论根系吸水模型参数，并确定时间步长及空间步长、仪器精度、边界条件等反求方法的控制条件。

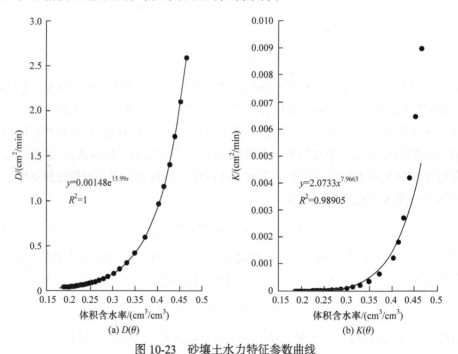

(a) $D(\theta)$　　　　　　　　　(b) $K(\theta)$

图 10-23　砂壤土水力特征参数曲线

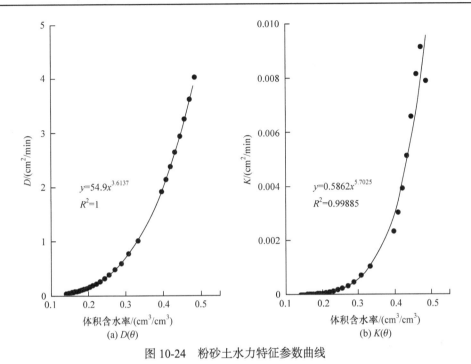

图 10-24　粉砂土水力特征参数曲线

(2) 输入初始含水率剖面 $\theta(z,0)$ 和理论根系吸水值 $S(z,0)$，采用隐式差分法求解水分运移方程，得到时刻 t 土壤剖面的水分分布理论值 $\theta(z,t)$，在实际测试过程中土壤含水率往往存在误差，因此这里采用一个服从正态分布的误差向量(vector error，VE)来对其进行误差扰动(程序中通过 per 值的大小来体现)，使其更加接近实际情况，即 $\theta^*(z,t)=\theta(z,t)+$ 误差向量。

(3) 采用代数多项式方程(式(10-32))对(2)得到的 $\theta^*(z,t)$ 进行拟合，从而获得连续而平滑的 $\theta^{**}(z,t)$ 分布曲线；

$$\theta^{**}(z,t)=r_1+r_2(z-Z)+r_3(z-Z)^2+\cdots+r_n(z-Z)^{n-1} \qquad (10\text{-}32)$$

式中，r_1，r_2，$\cdots$，r_n 为拟合参数；Z 为 z_1，z_2，$\cdots$，z_n 累加值的均值，拟合从 $n=3$ 开始，直至计算值和理论值之间的平均绝对误差小于误差控制要求 w(w 为仪器测试精度)。

(4) 采用提出的反求解法，结合(3)得到的 $\theta^{**}(z,t)$ 分布曲线计算不同时刻 t_1(初时)和 t_2(末时)间的平均根系吸水模拟值 $S_{\text{estimated}}(z, t_1-t_2)$。

(5) 分析平均根系吸水理论值与模拟值之间的误差，采用均方根误差(RMSE)、平均绝对误差(MAE)和总体相对误差(ORE)对模拟精度进行检验。

表 10-4　各数值试验参数选取

数值试验	土壤类型	参数					
		E	D	K	$\theta(z,0)$	per	w
1 时间间隔	砂壤土	0.3	$0.00148e^{15.99\theta}$	$2.0733\theta^{7.9663}$	0.3	1	0.01
时间步长	砂壤土	0.3	$0.00148e^{15.99\theta}$	$2.0733\theta^{7.9663}$	0.3	1	0.01
2 D	砂壤土	0.3	试验值	$2.0733\theta^{7.9663}$	0.3	1	0.01
K	砂壤土	0.3	$0.00148e^{15.99\theta}$	试验值	0.3	1	0.01
3 测试误差	砂壤土	0.3	$0.00148e^{15.99\theta}$	$2.0733\theta^{7.9663}$	0.3	试验值	0.01
仪器精度	砂壤土	0.3	$0.00148e^{15.99\theta}$	$2.0733\theta^{7.9663}$	0.3	1	试验值
4 分层土壤	砂壤土	0.3	试验值	试验值	0.3	1	0.01
土面蒸发	砂壤土	试验值	$0.00148e^{15.99\theta}$	$2.0733\theta^{7.9663}$	0.3	1	0.01

注: per 表示测试误差, w 表示仪器精度。

3. 数值试验验证结果分析

1) 不同吸水间隔及时间步长对结果的影响

图 10-25 为不同时刻土壤剖面水分分布理论值及对应的根系吸水速率计算值分布。在这里, 假设初始含水率分布为均匀分布, 进而根据水分运移方程(式(10-28))和根系吸水模型(式(10-30))计算出不同时刻的土壤剖面水分分布理论值(图 10-25(a)), 考虑到实际土壤水分分布的非均态性, 这里选择了从 3 天时的

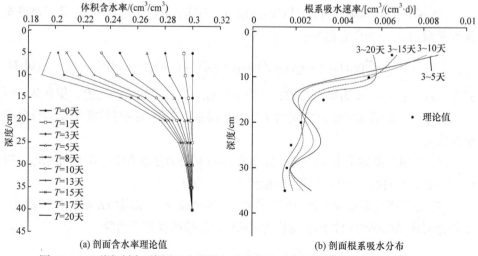

图 10-25　不同时刻土壤剖面水分分布理论值及对应的根系吸水速率计算值分布

土壤剖面分布理论值作为初始值进行时间间隔的根系吸水计算，通过反求估算方法得到了不同时间间隔的根系吸水反求估算值剖面分布特征图(图 10-25(b))。从图中可以看出，随着吸水时间间隔从 2 天增大到 22 天，根系吸水计算值同理论值的相关关系经历了从远到近再到远的过程。从误差分析也可以看出，当时间间隔为 12～14 天时的误差最小，计算值与理论值的均方根误差 RMSE 为 3.95×10^{-4}～5.31×10^{-4}，平均绝对误差 MAE 为 6.97×10^{-4}～9.88×10^{-4}，总体相对误差 ORE 为 3.53%～5.83%；而吸水间隔为 2～10 天时，计算值与理论值的均方根误差 RMSE 为 1.15×10^{-3}～1.83×10^{-3}，平均绝对误差 MAE 为 2.07×10^{-3}～3.07×10^{-3}，总体相对误差 ORE 为 16.05%～22.97%；吸水间隔为 17～22 天时，计算值与理论值的均方根误差 RMSE 为 5.87×10^{-4}～8.42×10^{-4}，平均绝对误差 MAE 为 1.21×10^{-3}～2.18×10^{-3}，总体相对误差 ORE 为 6.52%～12.68%。基于此，本书选取吸水间隔为 12 天(即土壤剖面含水率分布为 3～15 天)的土壤剖面理论含水率分布作为研究对象，进一步进行不同时间步长情况下的分析。

图 10-26 为不同时间步长情况下根系吸水速率计算值剖面分布图。误差分析显示，时间步长为 1000 步和 10000 步时均有较好的精度，计算值与理论值的均方根误差 RMSE 为 4.51×10^{-4}～4.59×10^{-4}，平均绝对误差 MAE 为 7.12×10^{-4}～7.50×10^{-4}，总体相对误差 ORE 为 1.50%～2.63%；时间步长为 10 步和 100 步时精度有所下降，计算值与理论值的均方根误差 RMSE 为 5.16×10^{-4}～5.76×10^{-4}，平均绝对误差 MAE 为 9.88×10^{-4}～1.07×10^{-3}，总体相对误差 ORE 为 3.83%～5.31%，但其误差区间同时间步长为 1000 步和 10000 步时相差不大，综合考虑计算量和精度的情况，时间步长取 100 步或 1000 步均可得到较好的结果。

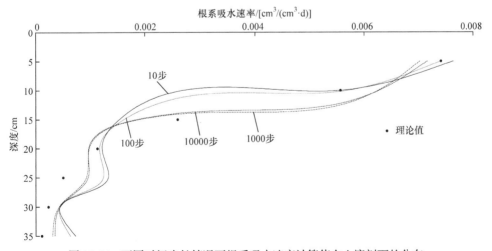

图 10-26　不同时间步长情况下根系吸水速率计算值在土壤剖面的分布

2) 水力参数对结果的影响

图 10-27 为不同非饱和导水率 K 情况下根系吸水速率计算值在土壤剖面的分布图。从图中变化规律可以看出，随着 K 值的增大或减小，反求值与理论值的相关关系都在减小，这说明 K 值的变动对于反求方法的稳定性有一定的影响效应，且 K 值增大带来的影响要大于 K 值减小。总体来讲，$0.001K \sim 10K$ 的误差变化幅度不大，计算值与理论值的均方根误差 RMSE 为 $5.52 \times 10^{-4} \sim 5.97 \times 10^{-4}$，平均绝对误差 MAE 为 $9.47 \times 10^{-4} \sim 9.95 \times 10^{-4}$，总体相对误差 ORE 为 $5.13\% \sim 5.81\%$，$100K$ 时出现的误差较大，计算值与理论值的均方根误差 RMSE 为 1.87×10^{-3}，平均绝对误差 MAE 为 4.24×10^{-3}，总体相对误差 ORE 为 28.54%。

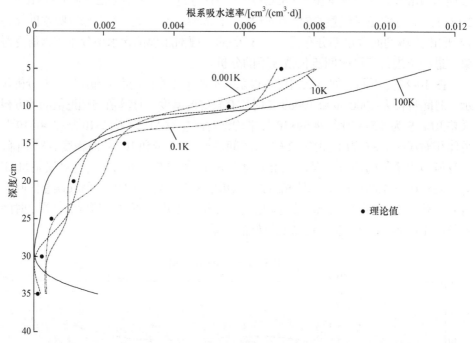

图 10-27　不同非饱和导水率 K 情况下根系吸水速率计算值在土壤剖面的分布

图 10-28 为不同非饱和扩散率 D 情况下根系吸水速率计算值在土壤剖面的分布图。从图中变化趋势可以看出，其计算值同理论值的相关关系同非饱和导水率的情况相近，随着 D 值的增大或减小，反求值与理论值的相关关系都在减小。相对来说，D 值增大对结果带来的影响较小，$5D \sim 10D$ 时，计算值与理论值的均方根误差 RMSE 为 $5.35 \times 10^{-4} \sim 5.85 \times 10^{-4}$，平均绝对误差 MAE 为 $9.57 \times 10^{-4} \sim 1.27 \times 10^{-3}$，总体相对误差 ORE 为 $3.01\% \sim 3.17\%$，$100D$ 时的影响较大，计算值与理论值的均方根误差 RMSE 为 1.64×10^{-3}，平均绝对误差 MAE 为 3.26×10^{-3}，总体

相对误差 ORE 为 27.75%。然而，同 K 值变化带来的影响相比，D 值有明显的不同之处。从误差分析可以发现，减小 D 值将极大地影响反求方法的稳定性。$0.5D$~$0.1D$ 时，计算值与理论值的均方根误差 RMSE 达到了 1.28×10^{-3}~1.14×10^{-2}，平均绝对误差 MAE 为 3.00×10^{-3}~2.95×10^{-2}，总体相对误差 ORE 更是高达 19.95%~120.11%。并且，当 D 值减小为 $0.01D$ 时，反求方法计算出现了错误，无法得到结果。这说明 D 值变化对反求方法稳定性的影响程度要远大于 K 值，特别是在缩小水力参数值的情况下。

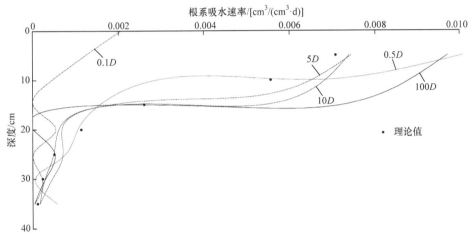

图 10-28　不同非饱和扩散率 D 情况下根系吸水速率计算值在土壤剖面的分布

3）测试误差及仪器精度对结果的影响

图 10-29 为不同测试误差情况下根系吸水速率计算值在土壤剖面的分布图。

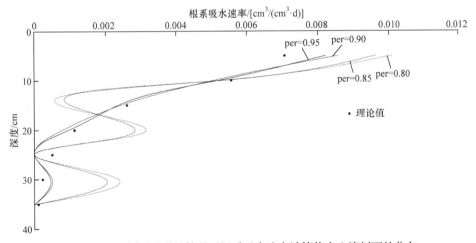

图 10-29　不同测试误差情况下根系吸水速率计算值在土壤剖面的分布

从图中变化规律可以看出，随着测试误差的增大，反求值同理论值间的偏差也在变大，当误差控制在 per=0.90 以上时可以保证较高的准确度，计算值与理论值的均方根误差 RMSE 为 $5.15 \times 10^{-4} \sim 6.51 \times 10^{-4}$，平均绝对误差 MAE 为 $1.15 \times 10^{-3} \sim 1.49 \times 10^{-3}$，总体相对误差 ORE 为 0.28%～0.55%。当误差 per=0.85～0.70 时，计算值与理论值的偏差较大，其均方根误差 RMSE 为 $1.48 \times 10^{-3} \sim 2.37 \times 10^{-3}$，平均绝对误差 MAE 为 $2.56 \times 10^{-3} \sim 4.12 \times 10^{-3}$，总体相对误差 ORE 为 21.04%～38.03%。

图 10-30 为不同仪器精度情况下根系吸水速率计算值在土壤剖面的分布图。从图中变化可以看出，随着仪器精度的减小，反求值同理论值间的偏差也在变大，精度控制在 w=0.03 以上时可以保证较高的准确度，计算值与理论值的均方根误差 RMSE 为 $4.27 \times 10^{-4} \sim 7.84 \times 10^{-4}$，平均绝对误差 MAE 为 $7.12 \times 10^{-4} \sim 1.68 \times 10^{-3}$，总体相对误差 ORE 为 3.41%～7.14%；当仪器精度 w=0.05～0.10 时，计算精度较低，计算值与理论值的均方根误差 RMSE 为 $2.06 \times 10^{-3} \sim 4.76 \times 10^{-3}$，平均绝对误差 MAE 为 $4.05 \times 10^{-3} \sim 1.01 \times 10^{-2}$，总体相对误差 ORE 为 23.13%～44.66%。

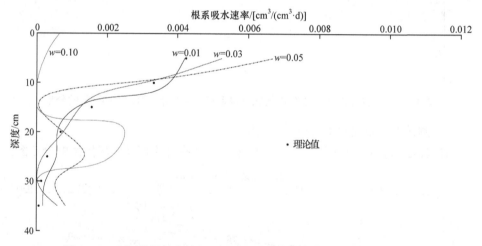

图 10-30　不同仪器精度情况下根系吸水速率计算值在土壤剖面的分布

4) 层状土及边界条件对结果的影响

图 10-31 为基于层状土壤的理论含水率及相应的根系吸水速率计算值在土壤剖面的分布图。从图中变化规律可以看出，在层状土壤(砂壤土+粉砂土)情况下，反求计算值能够较好地满足理论值，计算值与理论值的均方根误差 RMSE 为 5.86×10^{-4}，平均绝对误差 MAE 为 1.02×10^{-3}，总体相对误差 ORE 为 5.92%。

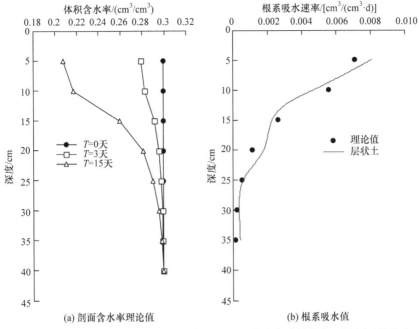

(a) 剖面含水率理论值　　　　　(b) 根系吸水值

图 10-31　基于层状土壤的理论含水率及根系吸水速率计算值在土壤剖面的分布

图 10-32 为不同土面蒸发强度条件下的理论含水率及相应的根系吸水速率计算值在土壤剖面的分布图。从图中变化规律可以看出，随着土面蒸发强度的增大，根系吸水计算值同理论值的偏差也变大。误差分析表明，随着 E 的增大，误差表现为先增大后减小再增大的趋势，但误差变化范围并不剧烈，各个 E 值条件下，计

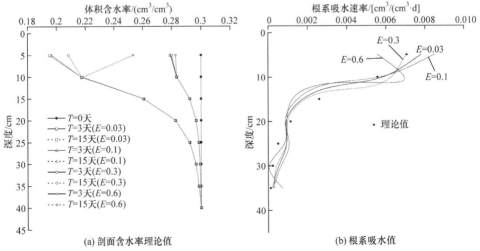

(a) 剖面含水率理论值　　　　　(b) 根系吸水值

图 10-32　不同土面蒸发强度条件下的理论含水率及根系吸水速率计算值在土壤剖面的分布

算值与理论值的均方差 RMSE 为 $4.27 \times 10^{-4} \sim 9.68 \times 10^{-4}$，平均绝对误差 MAE 为 $8.52 \times 10^{-4} \sim 1.50 \times 10^{-3}$，总体相对误差 ORE 为 3.45%~7.33%。

不同吸水间隔及时间步长、水力参数、测试误差及仪器精度、分层土壤及土面蒸发四个数值试验计算值同理论值的误差分析见表 10-5。

表 10-5　各数值试验计算值同理论值的误差分析

试验	因素	水平	RMSE	MAE	ORE/%
数值试验 1	吸水间隔	3~5 天	1.83×10^{-3}	3.07×10^{-3}	22.97
		3~8 天	1.74×10^{-3}	3.02×10^{-3}	23.95
		3~10 天	1.32×10^{-3}	2.32×10^{-3}	18.54
		3~13 天	1.15×10^{-3}	2.07×10^{-3}	16.05
		3~15 天	5.31×10^{-4}	9.88×10^{-4}	5.83
		3~17 天	3.95×10^{-4}	6.97×10^{-4}	3.53
		3~20 天	5.87×10^{-4}	1.21×10^{-3}	6.52
		3~25 天	8.42×10^{-4}	2.18×10^{-3}	12.68
	时间步长	10	5.76×10^{-4}	1.07×10^{-3}	5.31
		100	5.16×10^{-4}	9.88×10^{-4}	3.83
		1000	4.51×10^{-4}	7.12×10^{-4}	1.50
		10000	4.59×10^{-4}	7.50×10^{-4}	2.63
数值试验 2	非饱和导水率	$100D$	1.64×10^{-3}	3.26×10^{-3}	27.75
		$10D$	5.85×10^{-4}	1.27×10^{-3}	3.01
		$5D$	5.35×10^{-4}	9.57×10^{-4}	3.17
		$0.5D$	1.28×10^{-3}	3.00×10^{-3}	19.95
		$0.1D$	1.14×10^{-2}	2.95×10^{-2}	120.11
	非饱和扩散率	$100K$	1.87×10^{-3}	4.24×10^{-3}	28.54
		$10K$	5.52×10^{-4}	9.95×10^{-4}	5.13
		$5K$	4.47×10^{-4}	8.20×10^{-4}	2.79
		$0.5K$	4.23×10^{-4}	7.06×10^{-4}	3.21
		$0.1K$	4.23×10^{-4}	7.05×10^{-4}	3.18
		$0.01K$	4.23×10^{-4}	7.05×10^{-4}	3.16
		$0.001K$	5.97×10^{-4}	9.47×10^{-4}	5.81
数值试验 3	测试误差	per=0.95	5.15×10^{-4}	1.15×10^{-3}	0.28
		per=0.90	6.51×10^{-4}	1.49×10^{-3}	0.55
		per=0.85	1.48×10^{-3}	2.56×10^{-3}	21.04
		per=0.80	1.75×10^{-3}	3.03×10^{-3}	25.64
		per=0.70	2.37×10^{-3}	4.12×10^{-3}	38.03
	仪器精度	$w=0.01$	4.27×10^{-4}	7.12×10^{-4}	3.41
		$w=0.03$	7.84×10^{-4}	1.68×10^{-3}	7.14

续表

试验	因素	水平	RMSE	MAE	ORE/%
数值试验 3	仪器精度	$w=0.05$	2.06×10^{-3}	4.05×10^{-3}	23.13
		$w=0.1$	4.76×10^{-3}	1.01×10^{-2}	44.66
数值试验 4	分层土壤	砂壤土+粉砂土	5.86×10^{-4}	1.02×10^{-3}	5.92
	土面蒸发	$E=0.03$	4.90×10^{-4}	8.52×10^{-4}	4.45
		$E=0.1$	7.41×10^{-4}	1.41×10^{-3}	7.33
		$E=0.3$	4.27×10^{-4}	7.12×10^{-4}	3.45
		$E=0.6$	9.68×10^{-4}	1.50×10^{-3}	5.59

10.3.4　根系吸水模型的构建思路

无论是常规水分运移模型，还是化控制剂施用条件下的水分运移模型，其根系吸水项都具有相同的函数形式及物理意义，其区别主要在于不同的处理对根系发育及其功能的独特影响。因此，根系吸水项采用目前较为常用的形式：

$$S(z,t) = \alpha(h)\beta(\varphi_0)S_{\max} \tag{10-33}$$

式中，$\alpha(h)$、$\beta(\varphi_0)$ 分别为根系吸水的水分、盐分胁迫修正因子，表示土壤水分、盐分状况对根系吸水的影响；$S_{\max}$ 为最大根系吸水速率，表示最优水分条件下的根系吸水速率。

本节的目的是建立适用于化控制剂应用条件下的玉米根系吸水模型，主要考虑的是化控制剂对土壤水分状况的影响效应及其对根系吸水的影响，即水分胁迫是本节考虑的重点。为避免盐分胁迫对本节产生干扰，试验中对供试土壤(EC=0.46dS/m)用淡水进行多次淋洗，将土壤盐分带来的影响减小到最低程度，即本节不考虑盐分胁迫影响，将 $\beta(\varphi_0)$ 盐分胁迫修正因子视为 1，则有

$$S(z,t) = \alpha(h)S_{\max} \tag{10-34}$$

参数 $\alpha(h)$ 的计算采用 van Genuchten 于 1987 年构造的非线性函数进行求解：

$$\alpha(h) = 1 \Big/ \Big[1 - (h / h_{50})^{p_2} \Big] \tag{10-35}$$

参数 $S_{\max}$ 分别采用 Feddes 等构造的根长密度函数(式(10-36))和根氮质量密度函数(式(10-37))进行求解：

$$S_{\max} = C_r L_d \tag{10-36}$$

$$S_{\max} = W_{NP} N_d \tag{10-37}$$

式中，$S_{\max}$ 为最大根系吸水速率；C_r 为单位根长密度潜在吸水系数；W_{NP} 为单位根氮质量密度潜在吸水系数；L_d 为根长密度；N_d 为根氮质量密度。

联立式(10-34)和式(10-36)有

$$\alpha[h(z,t)] = S(z,t) / C_r L_d(z,t) \tag{10-38}$$

联立式(10-34)和式(10-37)有

$$\alpha[h(z,t)] = S(z,t) / W_{\text{NP}} N_{\text{d}}(z,t) \tag{10-39}$$

上述方程中根长密度 $L_{\text{d}}(z,t)$、根氮质量密度 $N_{\text{d}}(z,t)$ 分布可以通过实测的方法获取,基质势 $h(z,t)$ 在剖面的分布可以通过实测的剖面含水率 θ 分布结合 $\theta=\theta_{\text{r}}+(\theta_{\text{s}}-\theta_{\text{r}})/[1+(\alpha h)^n]^m$(van Genuchten 公式)转化获取,根系吸水速率 $S(z,t)$ 可以通过第 10 章中提出的根系吸水反求估算方法获取,单位根长密度潜在吸水系数 C_{r} 和单位根氮质量密度潜在吸水系数 W_{NP} 可以通过布置最优水分条件(无水分和盐分胁迫)试验拟合求解获取,两种建模方式下的根系吸水水分胁迫修正因子 $\alpha(h)$ 中的参数 h_{50}、p_2 可分别结合式(10-38)、式(10-39)和式(10-35),设置水分亏缺试验,采用最小二乘法优化求解获取。

1. 基于根长密度的根系吸水模型构建

按照上述方法,单位根长密度潜在吸水系数 C_{r}(拟合曲线的斜率)通过布置最优水分条件下的根系吸水速率同根长密度分布之间的拟合关系获得(图 10-33),$C_{\text{r}}=0.0384$,由 C-S1 处理的实测数据通过最小二乘法拟合得到水分胁迫修正因子 $\alpha(h)$ 中的系数 $p_2=2.68$,$h_{50}=710$,其根系吸水实测值与模拟值的关系如图 10-34 所示。由此,SAP 应用条件下基于根长密度建立的根系吸水模型形式为

$$S(z,t) = \frac{0.0384 L_{\text{d}}}{1 - \left(\dfrac{h}{710}\right)^{2.68}} \tag{10-40}$$

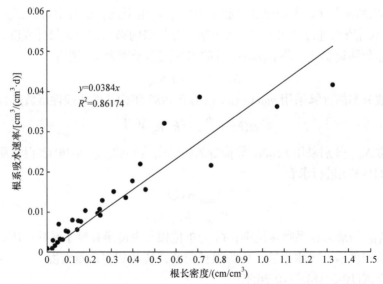

图 10-33　化控充分灌溉条件下根长密度和根系吸水速率的拟合曲线

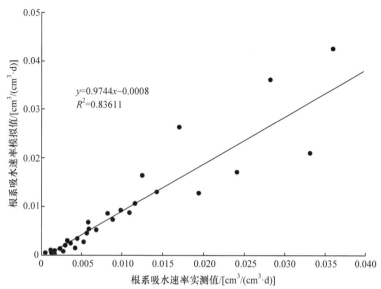

图 10-34　基于根长密度 C-S1 化控制剂处理条件下根系吸水速率实测值与模拟值之间的关系

同时，由 C-SF1 处理的实测数据通过最小二乘法拟合得到水分胁迫修正因子 $\alpha(h)$ 中的系数 p_2=1.74，h_{50}=706，其根系吸水实测值与模拟值的关系如图 10-35 所示。由此，SAP 和 FA 应用条件下基于根长密度建立的根系吸水模型形式为

$$S(z,t) = \frac{0.0384 L_d}{1 - \left(\dfrac{h}{706}\right)^{1.74}} \tag{10-41}$$

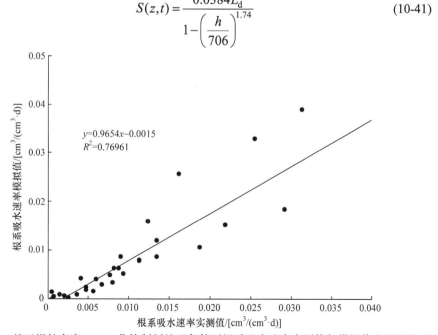

图 10-35　基于根长密度 C-SF1 化控制剂处理条件下根系吸水速率实测值与模拟值之间的关系

2. 基于根氮质量密度的根系吸水模型构建

按照上述方法,单位根氮质量密度潜在吸水系数 W_{NP}(拟合曲线的斜率)通过布置最优水分条件下的根系吸水速率同根氮质量密度分布之间的拟合关系获得(图 10-36), $W_{NP}=1.7104$,由 C-S1 处理的实测数据通过最小二乘法拟合得到水分胁迫修正因子 $\alpha(h)$ 中的系数 $p_2=2.55$, $h_{50}=778$,其根系吸水实测值与模拟值的相关性如图 10-37 所示。由此,SAP 应用条件下基于根氮质量密度建立的根系吸水模型形式为

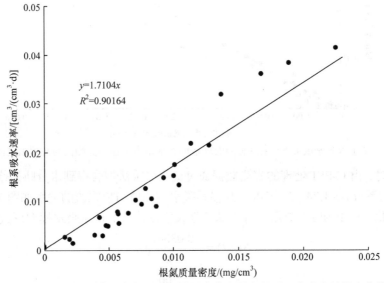

图 10-36 化控充分灌溉条件下根氮质量密度和最大根系吸水速率的拟合曲线

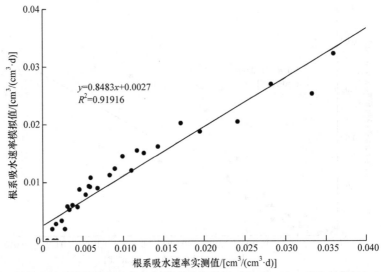

图 10-37 基于根氮质量密度 C-S1 化控制剂处理条件下根系吸水速率实测值与模拟值之间的关系

$$S(z,t) = \frac{1.7104N_{\mathrm{d}}}{1 - \left(\dfrac{h}{778}\right)^{2.55}} \tag{10-42}$$

同时，由 C-SF1 处理的实测数据通过最小二乘法拟合得到水分胁迫因子 $\alpha(h)$ 中的系数 p_2=4.55，h_{50}=650，其根系吸水实测值同模拟值的相关性如图 10-38 所示。由此，SAP 和 FA 应用条件下基于根氮质量密度建立的根系吸水模型形式为

$$S(z,t) = \frac{1.7104N_{\mathrm{d}}}{1 - \left(\dfrac{h}{650}\right)^{4.55}} \tag{10-43}$$

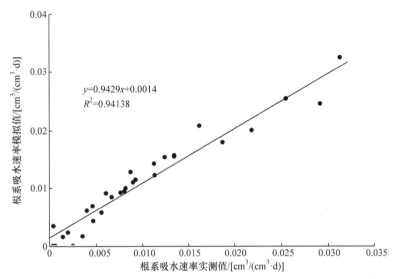

图 10-38　基于根氮质量密度 C-SF1 化控制剂处理条件下根系吸水速率实测值与模拟值之间的关系

10.3.5　适应性检验

在化控制剂应用条件下，相较于根长密度，根氮质量密度的变化更能反映根系吸水的变化规律。从最大根系吸水速率同根长密度、根氮质量密度的拟合关系也可以看出，根氮质量密度比根长密度同最大根系吸水速率具有更好的拟合关系。在本节中适应性检验从实际的模型应用出发，检验分别基于根长密度和根氮质量密度建立的根系吸水模型是否满足化控制剂应用条件下根系"实际"吸水情况的刻画，其也是对于理论的进一步验证。

图 10-39 为 C-S2 处理组在玉米不同生育期分别基于根长密度和根氮质量密度建立的根系吸水模型模拟值在土壤剖面的分布图，实测值是通过提出的根系吸水反求估算方法计算得到的。从图中变化规律可以看出，基于根长密度建立的根系

吸水模型的模拟值在第 27～45 天的分布呈现上凸形状, 其在 10～20cm 区域的模拟值与实测值有较大出入, 在 10～20cm 区域以外的其他土层有较好的模拟效果; 基于根氮质量密度建立的根系吸水模型除了在第 15～21 天时的 25～35cm 土层区域内出现较大误差, 其在其余土层区域范围内都表现出较好的模拟效果, 同土壤剖面实测值分布情况吻合度较高。

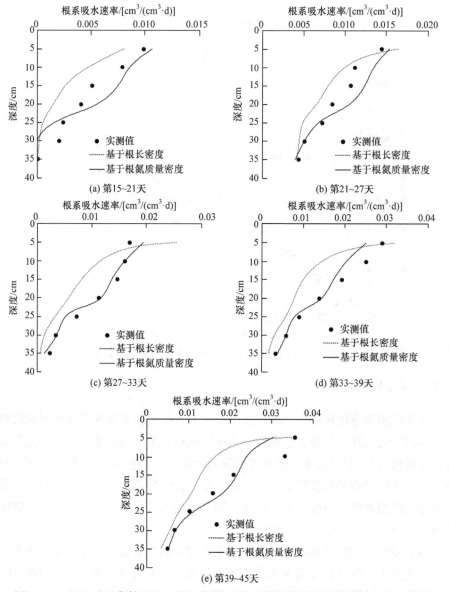

图 10-39　C-S2 处理条件下基于根长密度和根氮质量密度各时期根系吸水情况比较

从误差分析(表 10-6)也可以看出，基于根长密度建立的根系吸水模型，其 RMSE、MAE、ORE 变化区间分别为 $2.16\times10^{-3}\sim7.33\times10^{-3}$、$3.18\times10^{-3}\sim1.66\times10^{-2}$、$20.45\%\sim43.50\%$；而基于根氮质量密度建立的根系吸水模型，其 RMSE、MAE、ORE 变化区间分别为 $1.35\times10^{-3}\sim4.15\times10^{-3}$、$2.43\times10^{-3}\sim9.20\times10^{-3}$、$1.51\%\sim17.91\%$。这表明基于根氮质量密度建立的根系吸水模型描述 SAP 应用条件下根系吸水规律的效果更好。

表 10-6　C-S2 处理条件下基于根长密度和根氮质量密度各时期根系吸水情况误差分析

灌溉周期	根长密度			根氮质量密度		
	RMSE	MAE	ORE/%	RMSE	MAE	ORE/%
第 15~21 天	2.16×10^{-3}	3.18×10^{-3}	43.50	1.41×10^{-3}	2.43×10^{-3}	8.07
第 21~27 天	2.24×10^{-3}	3.35×10^{-3}	20.45	1.75×10^{-3}	2.86×10^{-3}	17.91
第 27~33 天	5.23×10^{-3}	8.54×10^{-3}	21.88	1.35×10^{-3}	2.49×10^{-3}	1.51
第 33~39 天	6.21×10^{-3}	1.07×10^{-2}	29.42	2.50×10^{-3}	4.81×10^{-3}	10.52
第 39~45 天	7.33×10^{-3}	1.66×10^{-2}	27.84	4.15×10^{-3}	9.20×10^{-3}	7.59
均值	4.63×10^{-3}	8.47×10^{-3}	28.62	2.23×10^{-3}	4.36×10^{-3}	9.12

图 10-40 为 C-SF2 处理组在玉米不同生育期分别基于根长密度和根氮质量密度建立的根系吸水模型模拟值在土壤剖面的分布图。从图中变化规律可以看出，基于根氮质量密度建立的根系吸水模型除在前期(第 15~21 天)的模拟值与实测值有一定出入，其他时期均有较好的模拟效果，模型模拟曲线基本可以刻画根系吸水实测值的变化规律；基于根长密度建立的根系吸水模型在模拟 5cm 土层根系的吸水值时，其模拟值随着玉米的生长同实测值出现了明显的偏大，在玉米生长的早期(第 15~27 天)模拟中层土壤(15~30cm)时也有较大的误差。

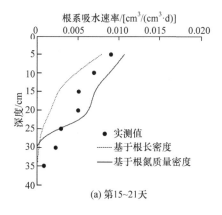

(a) 第15~21天

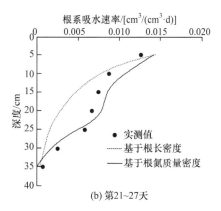

(b) 第21~27天

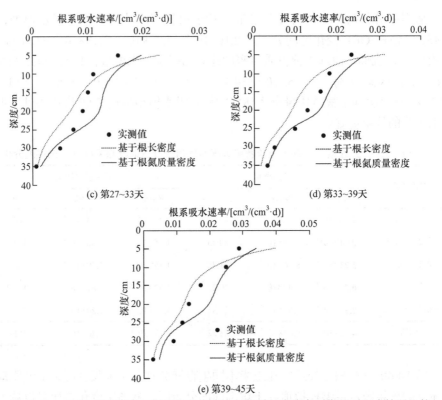

图 10-40　C-SF2 处理条件下基于根长密度和根氮质量密度各时期根系吸水情况比较

从误差分析(表10-7)可以看出,基于根长密度建立的根系吸水模型,其RMSE、MAE、ORE变化区间分别为$2.14×10^{-3}\sim4.89×10^{-3}$、$3.30×10^{-3}\sim1.09×10^{-2}$、0.40%~43.51%;而基于根氮质量密度建立的根系吸水模型,其RMSE、MAE、ORE变化区间分别为$1.24×10^{-3}\sim3.84×10^{-3}$、$1.98×10^{-3}\sim6.13×10^{-3}$、7.40%~24.61%。从误差均值结果可以发现,在SAP和FA联合应用的条件下,基于根氮质量密度构建的模型的模拟精度仍然好于基于根长密度构建的模型。

表 10-7　C-SF2 处理条件下基于根长密度和根氮质量密度各时期根系吸水情况误差分析

灌溉周期	根长密度			根氮质量密度		
	RMSE	MAE	ORE/%	RMSE	MAE	ORE/%
第 15~21 天	$2.14×10^{-3}$	$3.30×10^{-3}$	43.51	$1.61×10^{-3}$	$2.32×10^{-3}$	10.52
第 21~27 天	$2.58×10^{-3}$	$4.24×10^{-3}$	26.45	$1.24×10^{-3}$	$1.98×10^{-3}$	7.40
第 27~33 天	$3.46×10^{-3}$	$7.48×10^{-3}$	0.40	$2.71×10^{-3}$	$4.24×10^{-3}$	24.61
第 33~39 天	$4.17×10^{-3}$	$8.01×10^{-3}$	10.77	$2.19×10^{-3}$	$3.33×10^{-3}$	12.30
第 39~45 天	$4.89×10^{-3}$	$1.09×10^{-2}$	3.29	$3.84×10^{-3}$	$6.13×10^{-3}$	16.52
均值	$3.45×10^{-3}$	$6.79×10^{-3}$	16.88	$2.32×10^{-3}$	$3.60×10^{-3}$	14.27

10.3.6　模型在田间条件下的应用及验证

从 10.3.5 节的研究可以发现，基于根氮质量密度建立的根系吸水模型比基于根长密度建立的模型更适用于对化控制剂应用条件下根系吸水规律的描述。因此，本节在田间化控制剂应用条件下进一步验证基于根氮质量密度建立的根系吸水模型，并对其进行应用，将其放入基于水力参数为时变函数的土壤水分运移模型来对大田水分运移情况进行模拟。

田间条件下共设置 4 个灌溉周期，选取第 1 个(2013 年 6 月 21 日～7 月 7 日)、第 3 个(2013 年 7 月 23 日～8 月 7 日)灌溉周期的试验数据用于田间条件下的模型参数拟合，采用第 2 个(2013 年 7 月 9～22 日)、第 4 个(2013 年 8 月 8～24 日)灌溉周期的数据进行模型验证。其中第 1 个灌溉周期中 6 月 21～30 日和第 3 个灌水周期中 7 月 23～30 日的数据用于最优潜在根氮质量密度吸水系数 W_{NP} 的拟合(通过 TRIME 连续监测获取此时间段的土壤含水率基本达到 80%田间持水率以上)，从图 10-41 和图 10-42 的拟合结果可以获取 F-S1 处理下的 W_{NP} 为 1.3708，F-SF1处理下的 W_{NP} 为 1.4289。

按照 10.3.5 节所述方法，其中大田 F-S1 处理的单位根氮质量密度潜在吸水系数 W_{NP}=1.3708，并由第一个灌水周期中的 7 月 1～7 日和第 3 个灌水周期中的 7月 31 日～8 月 7 日的数据拟合获取水分胁迫修正因子 $\alpha(h)$ 中的系数 p_2=2.41，h_{50}=

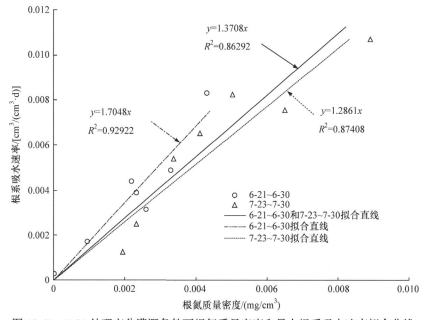

图 10-41　F-S1 处理充分灌溉条件下根氮质量密度和最大根系吸水速率拟合曲线

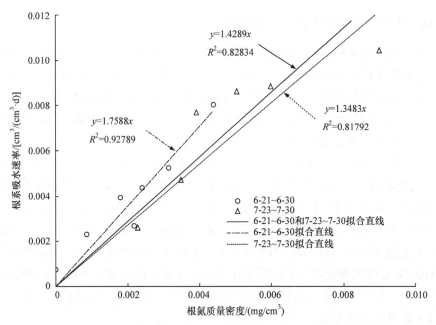

图 10-42　F-SF1 处理充分灌溉条件下根氮质量密度和最大根系吸水速率拟合曲线

1672.76。由此，大田 SAP 应用条件下基于根氮质量密度建立的根系吸水模型形式为

$$S(z,t) = \frac{1.3708N_{\mathrm{d}}}{1 - \left(\dfrac{h}{1672.76}\right)^{2.41}} \tag{10-44}$$

大田 F-SF1 处理的单位根氮质量密度潜在吸水系数 $W_{\mathrm{NP}} = 1.4289$，并由第一个灌水周期中的 7 月 1～7 日和第 3 个灌水周期中的 7 月 31 日～8 月 7 日的数据拟合获取水分胁迫修正因子 $\alpha(h)$ 中的系数 p_2=1.85，h_{50}=1468.35。由此，大田 SAP 和 FA 应用条件下基于根氮质量密度建立的根系吸水模型形式为

$$S(z,t) = \frac{1.4289N_{\mathrm{d}}}{1 - \left(\dfrac{h}{1468.35}\right)^{1.85}} \tag{10-45}$$

图 10-43 和图 10-44 分别为 F-S1 和 F-SF1 处理条件下土壤含水率模拟值与实测值的比较。从图中变化规律可以看出，模型模拟出的土壤含水率分布与实测含水率分布较为吻合。误差分析(表 10-8)也表明模拟值同实测值之间具有较高的一致性，其中大田 F-S1 处理 RMSE、MAE、ORE 变化区间分别为 8.56×10^{-3}～1.14×10^{-2}、1.38×10^{-2}～2.14×10^{-2}、2.38%～4.18%，大田 F-SF1 处理 RMSE、MAE、

ORE 变化区间分别为 $8.94 \times 10^{-3} \sim 1.39 \times 10^{-2}$、$1.49 \times 10^{-2} \sim 2.67 \times 10^{-2}$、$0.74\% \sim 4.96\%$。这说明基于根氮质量密度建立的根系吸水模型在田间化控制剂应用条件下也能较好地描述根系吸水规律，本书提出的基于水力参数为时变函数的一维非饱和土壤水分运移模型可以较为准确地反映出化学调控对土根系统中水分运移的作用效应。

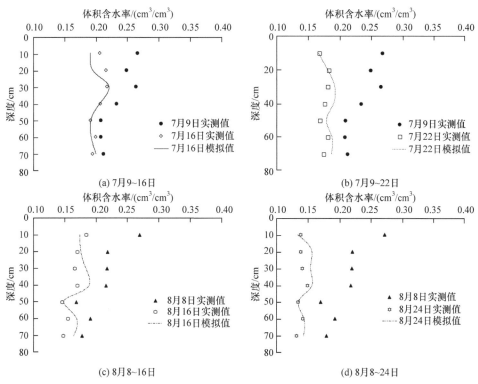

图 10-43　F-S1 处理条件下土壤含水率模拟值与实测值的比较

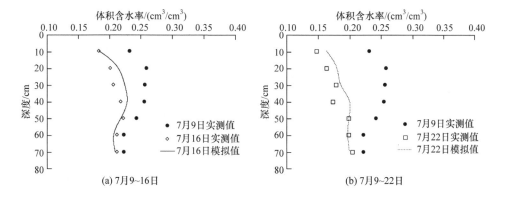

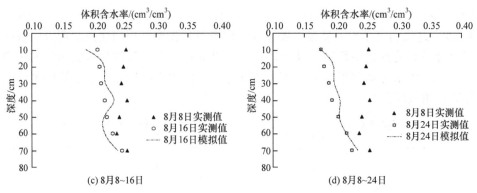

(c) 8月8~16日　　　　　　　　(d) 8月8~24日

图 10-44　F-SF1 处理条件下土壤含水率模拟值与实测值的比较

表 10-8　F-S1 和 F-SF1 处理条件下土壤含水率模拟值与实测值的误差分析

灌溉周期	F-S1 处理			F-SF1 处理		
	RMSE	MAE	ORE/%	RMSE	MAE	ORE/%
7-09~7-16	$1.04×10^{-2}$	$2.14×10^{-2}$	2.38	$9.51×10^{-3}$	$1.84×10^{-2}$	2.12
7-09~7-22	$9.33×10^{-3}$	$1.38×10^{-2}$	4.18	$1.39×10^{-2}$	$2.67×10^{-2}$	4.96
8-08~8-16	$1.14×10^{-2}$	$1.59×10^{-2}$	3.86	$1.12×10^{-2}$	$1.85×10^{-2}$	0.74
8-08~8-24	$8.56×10^{-3}$	$1.49×10^{-2}$	3.25	$8.94×10^{-3}$	$1.49×10^{-2}$	3.40
均值	$9.92×10^{-3}$	$1.65×10^{-2}$	3.42	$1.09×10^{-2}$	$1.96×10^{-2}$	2.81

10.3.7　讨论

　　从模拟结果可以看出，在 SAP 单独作用下，基于根氮质量密度建立的根系吸水模型的模拟值较之基于根长密度表现出了更好的模拟效果，其在土壤剖面的分布情况同实测值吻合度较高。而基于根长密度建立的根系吸水模型的模拟值分布呈现上凸形状，在 SAP 施入的 10~20cm 土层区域内其模拟值明显小于实测值。这是因为 10~20cm 的土层区域由于有 SAP 的施入，其不仅对该区域的土壤水分分布产生明显影响，其对根长密度的分布也有明显作用效应，在第 27~45 天主要表现为抑制根长密度的增加，从而导致基于根长密度所建立的模型模拟值在该区域偏小。在 SAP、FA 联合应用条件下，基于根氮质量密度建立的根系吸水模型的模拟效果仍好于基于根长密度，而基于根长密度建立的根系吸水模型同 SAP 单独应用下的情况一样，在模拟 SAP 施入层土壤中根系吸水速率时也有较大的误差。随着玉米的生长，该误差有所减小，但其对于 5cm 处根系吸水速率的模拟误差变大，这与 FA 的应用有很大关系。基于根长密度的吸水模型在 FA 应用后可以明显发现其对 SAP 施入土层中根系吸水速率的刻画精度在提高，这说明 FA 提升了 SAP 施入土层中根系的根长密度,减弱了 SAP 单独施用时在玉米生长的第 27～45 天对根长密度的抑制作用,从而使 SAP 施入土层根系吸水的模拟值增大而更为接近实测值,同时也可以进一步证明 SAP 和 FA 之间具有协同作用的效应。而 5cm 处根系吸水速率的模拟误差变大则说明 FA 对于浅层土壤根长密度的提升更为明显,在基于根长密度来构建模型时也应充分重视。

虽然本节的结论表明基于根氮质量密度来构建化控制剂应用条件下的根系吸水模型更为合适,但同时应该关注的是,在玉米生长的早期(第 15～21 天),由于土柱试验中根系量不足而导致较为深层土壤(25～35cm)中的根氮浓度无法测试,将会对模型的准确性产生影响。F-S1 处理下的最优潜在根氮质量密度吸水系数 W_{NP} 为 1.3708,F-SF1 处理下的 W_{NP} 为 1.4289,均小于土柱试验中的 W_{NP} 值 1.7104,这是因为用于大田 W_{NP} 值拟合的数据包括玉米生长的拔节期至抽雄期(第 1 个灌水周期)和吐丝期至成熟期(第 3 个灌水周期),而土柱试验的拟合数据主要为玉米的拔节期至抽雄期。玉米拔节期至抽雄期是根系吸水较为旺盛的时期,而吐丝期至成熟期根系吸水呈现下降态势,所以导致大田的 W_{NP} 值小于土柱的拟合值。如果同土柱试验中的玉米生育期一致,单用大田玉米拔节期至抽雄期(6 月 21～30 日)的数据来拟合 W_{NP} 值,可以发现 F-S1 的 W_{NP} 值为 1.7048(图 10-41),F-SF1 的 W_{NP} 值为 1.7588(图 10-42),其与土柱试验拟合值相近,这也说明在最优水分条件下根氮潜在吸水系数 W_{NP} 无论对于较为理想的土柱试验还是比较复杂的田间情况,均能较好地反映根氮质量密度同根系吸水之间的关系。

10.3.8　结论

本节重点探讨了基于水力参数为时变函数的水分运移模型构建方法,并对提出的玉米根系吸水反求估算方法的稳定性进行了数值检验,得到的主要结论如下:

(1) 考虑到化控制剂对土壤持水特性及水力参数的时变性影响,提出了在水力特征参数 $D(\theta)$ 和 $K(\theta)$ 中引入时间项 t 的思路,以表征土壤水力参数由于化控制剂施入土壤而呈现的动态变化规律,即化控制剂应用条件下的非饱和扩散率为 $D(\theta,t)$,非饱和导水率为 $K(\theta,t)$,且本章将化控制剂施入土壤中的时间和试验进行时间视为同一时间 t,解决了之前提出的模型中将化控制剂施入土壤中的时间 T 和试验进行时间 t 视为相对独立而对模型进一步发展造成阻碍的问题,本章提出的模型构建思路和数值求解方法为构建化控制剂应用条件下考虑作物根系吸水的水分运移模型提供了基础条件。

(2) 提出了基于水力参数为时变函数的土壤水分运移方程根系吸水源汇项的反求估算方法,并设置了数值试验对该反求方法进行了检验,结果发现吸水间隔、水力参数、测试误差和仪器精度对该反求方法稳定性的影响较大,时间步长、层状土壤及边界条件对模型稳定性的影响较小,从稳定性、计算量、精确度等方面综合考虑，建议该反求方法的适用条件为时间间隔 5～17 天，时间步长为 1000～10000，误差控制在 0.9 以内，仪器精度控制在 0.03 以内，土面蒸发强度控制在 0.6 以内。

(3) 基于根长密度建立的根系吸水模型模拟值在第 27～45 天的分布呈现上凸形状，导致其在 SAP 施入层的模拟值与实测值有较大出入，这是由于 SAP 抑制了根系长度增加而出现的模拟失真；而基于根氮质量密度建立的根系吸水模型在整个土层区域范围内都表现出较好的模拟效果，根氮质量密度在 SAP 施入层表现为稳定增加趋势，使其在该区域的模拟值同实测值吻合度较高。

(4) 将基于根氮质量密度建立的根系吸水模型放入水力参数为时变函数的土壤水分运移模型中对化控制剂应用条件下的田间水分运移情况进行了模拟，模拟结果具有较高的准确性，可以反映化学调控对土根系统中水分运移的作用效应，其中对 SAP 单独应用条件进行模拟的 RMSE、MAE、ORE 分别为 8.56×10^{-3}～1.14×10^{-2}、1.38×10^{-2}～2.14×10^{-2}、2.38%～4.18%，对 SAP 和 FA 联合应用条件进行模拟的 RMSE、MAE、ORE 变化区间分别为 8.94×10^{-3}～1.39×10^{-2}、1.49×10^{-2}～2.67×10^{-2}、0.74%～4.96%。

参 考 文 献

[1] Zuo Q, Zhang R. Estimating root-water-uptake using an inverse method[J]. Soil Science, 2002, 167(9): 561-571.

[2] Zuo Q, Meng L, Zhang R. Simulating soil water flow with root-water-uptake applying an inverse method[J]. Soil Science, 2004, 169(1): 13-24.

[3] 左强, 王东, 罗长寿. 反求根系吸水速率方法的检验与应用[J]. 农业工程学报, 2003, 19(2): 28-33.

[4] Shi J C, Zuo Q, Zhang R D. An inverse method to estimate the source-sink term in the nitrate transport equation[J]. Soil Science Society of America Journal, 2007, 71(1): 26-34.

[5] 邵爱军. 土壤水分运动的数值模拟——以作物根系吸水项为例[J]. 水文地质工程地质, 1996, 2: 5-8.

[6] 邵爱军, 李会昌. 野外条件下作物根系吸水模型的建立[J]. 水利学报, 1997, (2): 68-72.

第 11 章　适用于化控制剂应用下的作物生长模型

11.1　筛选适用于化控制剂应用下的玉米叶面积模拟模型

叶片是玉米形成同化产物的关键器官，叶面积的大小直接影响着玉米的生长过程和籽粒产量的高低，所以研究玉米叶片的动态变化规律具有重要的现实意义。建立玉米生长过程中的叶片生长模型，能够为指导玉米生产提供理论依据，同时可以提高大田玉米生产的经济效益和生态效益。已经有不少研究人员用不同的方法和模型对叶面积和叶面积指数进行了研究[1,2]，本章用三种不同的方法建立不同的玉米叶面积及叶面积指数模拟模型，并得出适用于化控和非化控两种情况下的模型。

11.1.1　Logistic 相对叶面积指数模型的应用

1. 模型的建立

以京科 25 为例，玉米各个处理中的叶面积指数动态变化实测值如图 11-1 所示，能明显看出各个生育时期各处理间的叶面积指数有明显的差异，若直接用经典的 Logistic 模型进行拟合，拟合结果并不准确，各曲线之间差异明显。而玉米各处理中的相对叶面积指数随生育期的变化过程如图 11-2 所示，从图中可

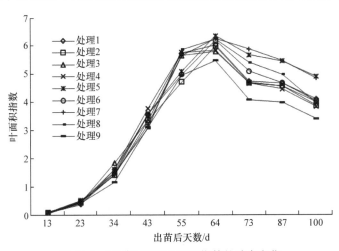

图 11-1　不同处理下叶面积指数的动态变化

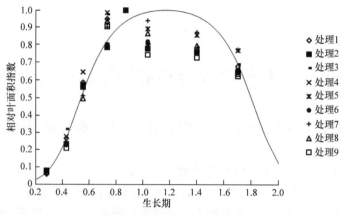

图 11-2　不同处理下相对叶面积指数的动态变化

以看出各处理间大致表现为相同的趋势，所以用相对叶面积指数代替叶面积指数，将生育期进行归一化处理，然后进行曲线拟合，数据点的离散程度会大大下降。

在玉米的生长发育过程中，叶面积指数随玉米的生长而发生变化[3,4]。本节应用经典的 Logistic 模型模拟叶面积的动态变化，并将其予以扩充，利用 2014 年大田试验的相关数据建立叶面积指数与积温关系的叶面积指数增长模型，并探究其在化控条件下的适用性。

Logistic 方程出自生态学家，首先是应用于描述细菌种群的增长，表示种群相对增长率与密度呈线性关系，即

$$\frac{\mathrm{d}x}{x\mathrm{d}t} = a + bx \tag{11-1}$$

其积分形式为

$$x = \frac{x_{\mathrm{m}}}{1 + \mathrm{e}^{a' + b't}} \tag{11-2}$$

但经典的 Logistic 模型只能在抽雄吐丝之前准确适用，不符合玉米叶面积的后期变化规律，因此必须将经典模型进行修正才能适用于叶面积变化的动态模拟。王信理[5]针对经典模型的缺陷提出了 Logistic 模型的修正模型：

$$\frac{\mathrm{d}x}{x\mathrm{d}t} = (a + bx)(c + dx) \tag{11-3}$$

其积分形式为

$$x = \frac{x_{\mathrm{m}}}{1 + \mathrm{e}^{a_1 + a_2 t + a_3 t^2}} \tag{11-4}$$

式中，除 x、t 外，其余都是待定系数，随作物群体和生长环境条件的不同而不同，可由试验资料求得。

由于在作物的整个生长发育期间，不管是春玉米还是夏玉米，外界环境中的积温都是比较恒定的，所以用积温来代替玉米生长发育的过程。将玉米的叶面积换算成相对叶面积指数，玉米生长过程中的积温利用式(11-6)换算成相对积温，从而建立相对叶面积指数与相对积温之间的动态关系，具体计算步骤如下。

以吐丝日为界，将玉米的整个生长期分为两个阶段：从出苗起到抽雄前一天为第一阶段，即营养生长阶段，积温用 DD_1 表示；从抽雄日到成熟期为第二阶段，即生殖生长阶段，积温用 DD_2 表示：

$$DD_1 = \sum_{j=k}^{n-1}(T_j - 8), \quad DD_2 = \sum_{j=n}^{m}(T_j - 8) \tag{11-5}$$

式中，k、n 和 m 分别表示玉米出苗、抽雄、成熟的日期(其中 $k=1$)；T_j 表示逐日的平均气温，$T_j = 0.5(T_{j,\max} + T_{j,\min})$，$T_{j,\max}$ 和 $T_{j,\min}$ 分别为每日最高气温和最低气温。

$$RDD_j = \sum_j (T_j - 8) / DD \tag{11-6}$$

式中，RDD_j 为从出苗起第 j 天的相对积温。出苗到抽雄前一天 $DD = DD_1$，抽雄到成熟 $DD = DD_2$。相对叶面积指数的计算公式为

$$RLAI_j = \frac{x_m}{1 + \exp(a_1 + a_2 \cdot RDD_j + a_3 \cdot RDD_j^2)} \tag{11-7}$$

式中，$RLAI_j$ 为相对叶面积指数；RDD_j 为相对积温；x_m、a_1、a_2、a_3 为参数。

需要将 Logistic 模型变换成多元线性关系，然后利用计算机软件进行拟合。很多学者提出了多种方法，其中最简便的为试射法，即把式(11-4)变为

$$\ln\left(\frac{x_m}{x} - 1\right) = a_1 + a_2 t + a_3 t^2 \tag{11-8}$$

先确定 x 的值，拟合式(11-8)中左边与时间 t、t^2 的关系。调整 x_m 的值，直到取得最佳拟合效果，既得方程(11-8)。本章同样采用这种方法得到以下方程：

$$\ln\left(\frac{x_m}{RLAI_j} - 1\right) = a_1 + a_2 \cdot RDD_j + a_3 \cdot RDD_j^2 \tag{11-9}$$

调整 x_m 的值，得到的式(11-9)为关于相对积温的一元二次方程，利用多元线性回归法进行拟合，拟合式(11-9)中右边 RDD_j、RDD_j^2 的线性关系，并进行拟合效果检验，直到取得最好的拟合结果，即得方程(11-10)：

$$\text{LAI}_j = \text{RLAI}_j \times \text{LAI}_{\text{max}} \tag{11-10}$$

式中，LAI_j 为叶面积指数；RLAI_j 为相对叶面积指数；LAI_{max} 为最大叶面积指数。

2. 模型的检验

采用常用统计方法中的回归估计标准误差(RMSE)来对模拟值与观测值之间的符合度进行研究分析：

$$\text{RMSE} = \sqrt{\frac{\sum_{i=1}^{n}(\text{Obs}_i - \text{Sim}_i)^2}{n}} \tag{11-11}$$

式中，Obs_i 为实测值；Sim_i 为模型模拟值；n 为所取样本数。RMSE 的值越小，表示模拟值与实测值之间的一致性越好，表明模型的模拟效果越准确。

$$R^2 = 1 - \frac{\sum_{i=1}^{n}(\text{Obs}_i - \text{Sim}_i)^2}{\sum_{i=1}^{n}\text{Obs}_i^2} \tag{11-12}$$

决定系数 R^2 越接近于 1，说明自变量对因变量的解释程度越高，两者相关程度越高，则观察点在回归直线附近越密集。

DC 越大，越接近于 1，拟合效果越好。

3. 结果与分析

利用修正的 Logistic 模型模拟雨养春玉米在化控和非化控条件下相对叶面积指数的动态变化过程，选择 T7 作为化控条件下的叶面积试验数据，T9 为非化控条件下的叶面积试验数据。

经过计算，在化控条件下调整 x_{m} 的值，取为 1.1 时拟合效果最好，用多元线性回归法，拟合 RDD_j、RDD_j^2 的线性关系，通过线性拟合得到模型参数 a_1、a_2、a_3，从而获得化控条件下的模拟方程(11-13)：

$$\text{RLAI}_j = \frac{1.1}{1 + \exp(6.20 - 14.56 \times \text{RDD}_j + 6.24 \times \text{RDD}_j^2)} \tag{11-13}$$

在非化控条件下的模拟方程如下：

$$\text{RLAI}_j = \frac{1.5}{1 + \exp(5.77 - 11.55 \times \text{RDD}_j + 5.07 \times \text{RDD}_j^2)} \tag{11-14}$$

经过拟合后，在化控条件下模拟方程的 R^2 为 0.97，说明该模型解释了因变量的 97%，RMSE 为 0.4500，p 约为 $2.41×10^{-5}$；在非化控条件下模拟方程的 R^2 为 0.93，说明该模拟方程解释了因变量的 93%，RMSE 为 0.5311，p 为 0.000286。两种处理具体的拟合结果见表 11-1。在化控和非化控条件下其方程均达到极显著水平，模拟值和实测值的一致性较好，说明在两种情况下的方程均具有一定的实际应用价值，且在化控条件下的模拟方程拟合效果要优于非化控条件下的模拟方程。

表 11-1　Logistic 模型雨养春玉米相对叶面积指数拟合结果

参数	化控条件			非化控条件		
	参数值	RMSE	p	参数值	RMSE	p
x_m	1.1	0.4500	$2.41123×10^{-5}$	1.5	0.5311	0.000286
a_1	6.1962	0.4698	$1.17289×10^{-5}$	5.7672	0.5544	0.000046
a_2	−14.5561	1.2296	$2.19694×10^{-5}$	−11.5504	1.4512	0.000209
a_3	6.2444	0.6569	$7.72860×10^{-5}$	5.0729	0.7753	0.000609

　　模型中化控和非化控条件下相对叶面积指数的拟合曲线和实测值对比分别如图 11-3 和图 11-4 所示，两图对比可以看出，化控条件下雨养春玉米全生育期内方程的拟合值和实测值结果吻合程度很高，但在非化控条件下拟合值和实测值结果相差相对大些。两个处理中的共同之处在于生育期前期的拟合效果都比较好，但在后期的拟合效果相对较差，说明修正后的 Logistic 模型能够很好地模拟化控和非化控两种情况下的叶面积动态变化，但相比而言，玉米生长前期的模

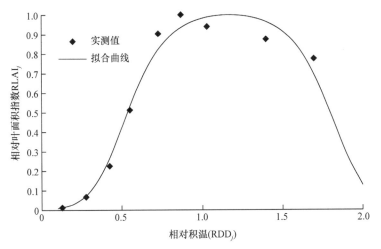

图 11-3　化控条件下雨养春玉米相对叶面积指数实测值和拟合曲线比较

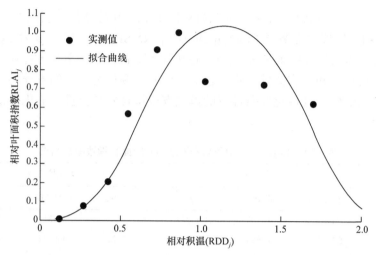

图 11-4 非化控条件下雨养春玉米相对叶面积指数实测值和拟合曲线比较

拟效果要明显优于后期的模拟效果，证明 Logistic 修正模型能够表达北京地区雨养春玉米的相对叶面积指数动态变化，可用于北京地区作物生长模型模拟。

11.1.2 Logistic 叶面积模型的应用

1. 模型的建立

王信理[5]对经典的 Logistic 模型提出了修正模型，采用修正后的 Logistic 模型对雨养春玉米叶面积的动态变化进行模拟，模拟方程见式(11-15)。

$$y = \frac{y_0}{1 + e^{a+bx+cx^2}} \tag{11-15}$$

式中，y 为叶面积；x 为玉米出苗后的天数；y_0、a、b、c 为待定系数。

用计算机软件 SigmaPlot 进行参数拟合，用马夸特(Marquardt)法进行求参，收敛判断指标为 10^{-10}。

2. 模型的检验

同上，比较 RMSE、R^2、DC 等指标，判断模型的适用性。

3. 结果与分析

使用 T7 的叶面积数值作为化控条件的数据，模拟方程为式(11-16)。T9 的叶面积数值为非化控条件的数据，模拟方程为式(11-17)，如下所示。

化控条件下为

$$y = \frac{10752.185}{1 + e^{9.853-0.323x+0.0022x^2}} \tag{11-16}$$

非化控条件下为

$$y = \frac{7964.551}{1 + e^{12.027 - 0.421x + 0.0029x^2}} \tag{11-17}$$

两种处理的拟合方程都达到极显著水平，说明方程的模拟效果较好，具体的拟合结果见表 11-2。由表 11-2 可以看出，在化控条件下模拟方程的 RMSE 相对小些，且 DC 和 R^2 相比非化控条件的更高，说明 Logistic 模型能更好地模拟化控条件下的叶面积变化。

表 11-2　Logistic 模型雨养春玉米叶面积拟合结果

参数	化控条件				非化控条件			
	参数值	RMSE	DC	R^2	参数值	RMSE	DC	R^2
a	9.853				12.027			
b	−0.323				−0.421			
		383.1029	0.9895	0.9901		701.4439	0.9440	0.9456
c	0.0022				0.0029			
y_0	10752.185				7964.551			

Logistic 模型中化控和非化控条件下雨养春玉米叶面积的拟合曲线和实测值对比分别如图 11-5 和图 11-6 所示，对比实测值和模拟值后可以发现，在化控条件下玉米出苗后的前期偏差较大，对于后期的模拟效果较好，在非化控条件也是对后期的模拟效果较好，对中期的模拟偏差较大。

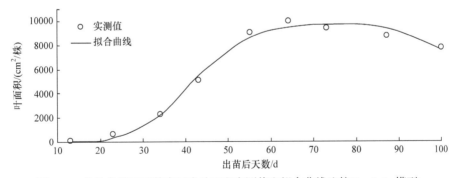

图 11-5　化控条件下雨养春玉米叶面积实测值和拟合曲线比较(Logistic 模型)

11.1.3　Log Normal 叶面积模型的应用

1. 模型的建立

由于雨养春玉米叶面积的变化过程是先增长后减小的过程，且曲线的变化规律与对数正态模型类似，所以采用 Log Normal 模型对雨养春玉米的叶面积变化进

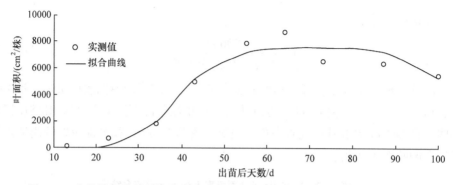

图 11-6 非化控条件下雨养春玉米叶面积实测值和拟合曲线比较(Logistic 模型)

行研究。三参数的 Log Normal 单峰曲线模型为式(11-18):

$$y=ae^{-0.5\left(\dfrac{\ln\frac{x}{x_0}}{b}\right)^2}\tag{11-18}$$

模型中 a、b、x_0 为待定参数,其中 a 表示叶面积最大值,x_0 为叶面积达到最大值时出苗后的天数。

相比修正的 Logistic 模型,Logistic 模型是对玉米的相对叶面积指数进行模拟,而对数正态模型是针对玉米的叶面积直接进行模拟,相比而言更加直观。用计算机软件 SigmaPlot 进行参数拟合,用 Marquardt 法进行求参,收敛判断指标为 10^{-10}。

2. 模型的检验

同上,比较 RMSE、R^2、DC 等指标,判断模型的适用性。

3. 结果与分析

使用 T7 的叶面积数值作为化控条件的数据,模拟方程为式(11-19)。T9 的叶面积数值为非化控条件的数据,模拟方程为式(11-20),如下所示。

化控条件下为

$$y=10023.377e^{-0.5\left(\dfrac{\ln\frac{x}{70.715}}{-0.443}\right)^2}\tag{11-19}$$

非化控条件下为

$$y=8112.398e^{-0.5\left(\dfrac{\ln\frac{x}{65.314}}{-0.423}\right)^2}\tag{11-20}$$

两种处理的拟合方程都达到极显著水平,说明方程的模拟效果较好,具体的拟合结果见表 11-3。由表 11-3 可以看出,化控条件下的 RMSE 相对较小,Log Normal 模型中两种处理的 DC 和 R^2 都达到了 0.95 以上,且在化控条件下两系数都达到了 0.99 以上，拟合效果较好。

表 11-3 Log Normal 模型雨养春玉米叶面积拟合结果

参数	化控条件				非化控条件			
	参数值	RMSE	DC	R^2	参数值	RMSE	DC	R^2
a	10023.377				8112.398			
b	−0.443	346.6830	0.9914	0.9915	−0.423	597.1703	0.9594	0.9596
x_0	70.715				65.314			

Log Normal 模型中化控和非化控条件下叶面积的拟合曲线和实测值对比分别如图 11-7 和图 11-8 所示，对比实测值和模拟值可以发现，在化控条件下玉米生长前期、中期和后期模拟值和实测值的吻合程度很高，一致性较好；而在非化控条件下模拟值和实测值的差距相对化控条件要大。总体来说，Log Normal 模型对化控条件的模拟效果更好。

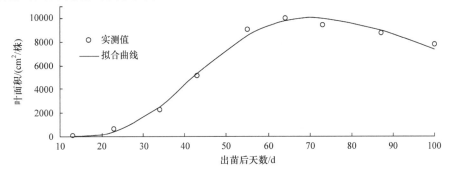

图 11-7 化控条件下雨养春玉米叶面积实测值和拟合曲线比较(Log Normal 模型)

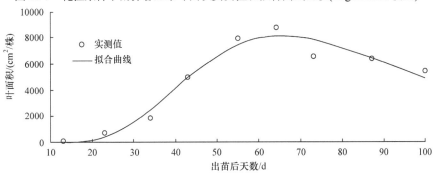

图 11-8 非化控条件下雨养春玉米叶面积实测值和拟合曲线比较(Log Normal 模型)

11.1.4 修正 Gaussian 叶面积模型的应用

1. 模型的建立

Gaussian 模型是由德国数学家高斯建立的三参数单峰曲线模型，由于 Gaussian

模型也符合叶面积的变化规律，所以用高斯公式来模拟叶面积的动态变化，见式(11-21)：

$$y=a\mathrm{e}^{-0.5\left(\frac{x-x_0}{b}\right)^2}$$

(11-21)

式中，a、b、x_0 为待定参数，a 为叶面积的最大值，x_0 为叶面积达到最大值时出苗后的天数。

与 Log Normal 模型相同，用计算机软件 SigmaPlot 进行参数拟合，用 Marquardt 法进行求参，收敛判断指标为 10^{-10}。

2. 模型的检验

同上，比较 RMSE、R^2、DC 等指标，判断模型的适用性。

3. 结果与分析

经过拟合，求得待定参数 a、b、x_0，从而得到化控和非化控两种条件下的 Gaussian 模型公式，见式(11-22)和式(11-23)。

化控条件下为

$$y=10485.564\mathrm{e}^{-0.5\left(\frac{x-75.419}{-26.415}\right)^2}$$

(11-22)

非化控条件下为

$$y=8272.968\mathrm{e}^{-0.5\left(\frac{x-71.143}{-25.543}\right)^2}$$

(11-23)

两种处理的拟合方程都达到极显著水平，具体的拟合结果见表 11-4。由表 11-4 可以看出，Gaussian 模型中化控条件下的模拟效果较好，R^2 和 DC 达到了 0.95 以上，但在非化控条件下模拟方程的 R^2 和 DC 均未达到 0.90，所以采用修正 Gaussian 模型进行拟合，修正后的公式见式(11-24)：

$$y=a\mathrm{e}^{-0.5\left(\frac{|x-x_0|}{b}\right)^c}$$

(11-24)

表 11-4　Gaussian 模型雨养春玉米叶面积拟合结果

参数	化控条件				非化控条件			
	参数值	RMSE	DC	R^2	参数值	RMSE	DC	R^2
a	10485.564				8272.968			
b	−26.415	814.0120	0.9524	0.9558	−25.543	968.3369	0.8932	0.8972
x_0	75.419				71.143			

多加一个待定参数 c，a、b、c、x_0 均为待定参数，其他与上述 Gaussian 模型相同。经过拟合，修正 Gaussian 模型见式(11-25)和式(11-26)。

化控条件下为

$$y = 9583.970e^{-0.5\left(\frac{|x-75.022|}{30.879}\right)^{3.706}} \tag{11-25}$$

非化控条件下为

$$y = 7529.451e^{-0.5\left(\frac{|x-71.877|}{30.469}\right)^{4.370}} \tag{11-26}$$

两种处理的拟合方程都达到极显著水平，说明方程的模拟效果较好，具体的拟合结果见表 11-5。由表 11-5 可以看出，化控条件下的 RMSE 相对非化控条件下要小，说明在化控条件下模型描述试验数据具有更好的精确度。修正 Gaussian 模型中的化控条件下 R^2 和 DC 都达到了 0.99 以上，拟合效果较好。且由表 11-4 和表 11-5 对比可以明显看出，修正 Gaussian 模型的模拟效果明显优于 Gaussian 模型，实测值和模拟值的一致性较好。

表 11-5　修正 Gaussian 模型雨养春玉米叶面积拟合结果

参数	化控条件				非化控条件			
	参数值	RMSE	DC	R^2	参数值	RMSE	DC	R^2
a	9583.970				7529.451			
b	30.879				30.469			
c	3.706	361.9225	0.9906	0.9911	4.370	699.6672	0.9443	0.9457
x_0	75.022				71.877			

修正 Gaussian 模型中化控和非化控条件下叶面积的拟合曲线和实测值对比分别如图 11-9 和图 11-10 所示，对比实测值和模拟值可以发现，在化控条件下模型

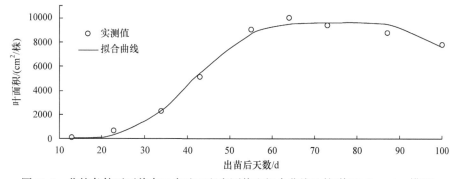

图 11-9　化控条件下雨养春玉米叶面积实测值和拟合曲线比较(修正 Gaussian 模型)

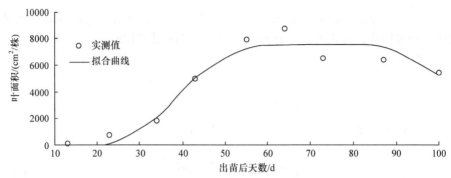

图 11-10　非化控条件下雨养春玉米叶面积实测值和拟合曲线比较(修正 Gaussian 模型)

对后期的模拟优于对前期的模拟；在非化控条件下中期的模拟效果相对较差，对前期和后期的模拟效果较好，说明修正 Gaussian 模型更适用于对玉米生长后期的模拟，且对化控条件的模拟效果更好。

11.1.5　结论

在化控条件和非化控条件两种情况下三种模型对雨养春玉米叶面积变化的模拟值与实测值对比如图 11-11 和图 11-12 所示。经过模拟值和实测值对比可以得出以下结论：

(1) 在化控条件下，Logistic 模型、Log Normal 模型、修正 Gaussian 模型的 RMSE 值分别约为 383、347、362，R^2 值分别为 0.9901、0.9915、0.9911。综合以上指标，同时结合图 11-11 分析，说明在化控条件下 Log Normal 模型能够最好地模拟春玉米叶面积的动态变化过程，模拟值和实测值一致性最高，Logistic 模型、修正 Gaussian 模型同样也能较好地模拟春玉米叶面积的动态变化。

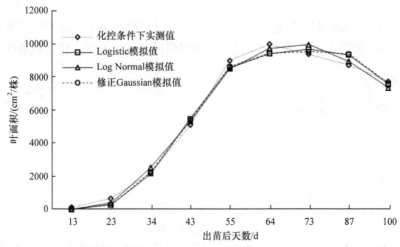

图 11-11　化控条件下雨养春玉米叶面积三模型的模拟值与实测值比较

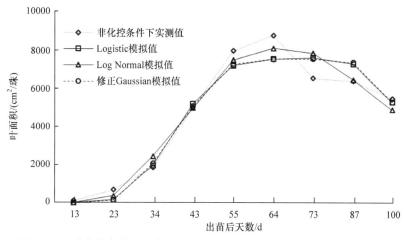

图 11-12 非化控条件下雨养春玉米叶面积三模型的模拟值与实测值比较

(2) 在非化控条件下，Logistic 模型、Log Normal 模型、修正 Gaussian 模型的 RMSE 值分别约为 701、597、700，R^2 值分别为 0.9456、0.9596、0.9457。综合以上指标，同时结合图 11-12 分析，说明在非化控条件下 Log Normal 模型能够最好地模拟春玉米叶面积的动态变化过程，Logistic 模型、修正 Gaussian 模型同样也能较好地模拟春玉米叶面积的动态变化。

(3) 综合以上指标说明，Log Normal 模型相比其他两种模型能够更好地模拟雨养春玉米的叶面积变化，同时对化控条件下的叶面积模拟效果优于对非化控条件下的叶面积模拟效果。总之，这三种模型都能较好地模拟化控和非化控两种情况下雨养春玉米叶面积的动态变化。

11.2 筛选适用于化控制剂应用下的玉米叶生物量模拟模型

叶片是植物进行光合作用的主要器官，叶片的生物量是研究植物生长发育过程的基础，是反映植物生长情况的一项重要指标，是评价生态系统结构与功能的一项重要参数[6,7]。本节采用三种不同的模型对雨养春玉米的叶片生物量进行模拟，选择适用于化控和非化控两种条件下的模型，研究玉米叶生物量的动态变化过程。

11.2.1 Logistic 叶生物量模型的应用

1. 模型的建立

采用修正的 Logistic 模型对雨养春玉米叶面积的动态变化进行模拟，模拟方程见式(11-27)：

$$y = \frac{y_0}{1 + e^{a+bx+cx^2}} \tag{11-27}$$

式中，y 为叶生物量；x 为玉米出苗后的天数；y_0、a、b、c 为待定参数。

用计算机软件 SigmaPlot 进行参数拟合，用 Marquardt 法进行求参，收敛判断指标为 10^{-10}。

2. 模型的检验

同上，比较 RMSE、R^2、DC 等指标，判断模型的适用性。

3. 结果与分析

使用 T7 的叶生物量数据作为化控条件下的模拟数据，T9 的叶生物量数据作为非化控条件下的模拟数据。经过拟合，求得待定参数 y_0、a、b、c，从而得到化控和非化控两种条件下的 Logistic 叶生物量模型，见式(11-28)和式(11-29)。

化控条件下为

$$y = \frac{3967.669}{1 + e^{7.359-0.249x+0.0017x^2}} \tag{11-28}$$

非化控条件下为

$$y = \frac{2730.721}{1 + e^{8.846-0.31x+0.0021x^2}} \tag{11-29}$$

具体的拟合结果见表 11-6，由表中数据可以看出，修正的 Logistic 模型能够很好地模拟玉米叶片生物量的动态变化，在两种情况下的 DC 和 R^2 均达到了 0.99 以上，对于 RMSE，在非化控条件 RMSE 为 14.9099，明显优于化控条件下的 RMSE。说明对于修正的 Logistic 模型，对非化控条件的拟合效果优于化控条件的拟合效果。

表 11-6　修正的 Logistic 模型雨养春玉米叶生物量拟合结果

参数	化控条件				非化控条件			
	参数值	RMSE	DC	R^2	参数值	RMSE	DC	R^2
a	7.359				8.846			
b	−0.249	51.1014	0.9984	0.9984	−0.3139	14.9099	0.9998	0.9999
c	0.0017				0.0021			
y_0	3967.669				2730.721			

修正的 Logistic 模型中化控和非化控条件下玉米叶生物量的拟合曲线和实测值对比分别如图 11-13 和图 11-14 所示。从两个图中可以看出，实测值和模拟值的一致性很好，数据对比后发现，在化控条件下玉米生长后期的模拟效果较好，

而玉米生长前期的模拟效果相对差些；在非化控条件下，除玉米出苗后 20 天内，玉米生长的其他时期中模拟值和实测值的吻合程度非常高，模拟效果较好。

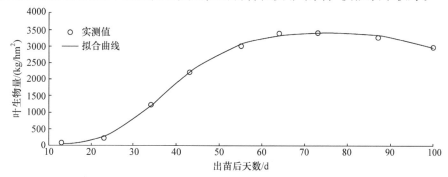

图 11-13 化控条件下雨养春玉米叶生物量实测值和拟合曲线比较(修正的 Logistic 模型)

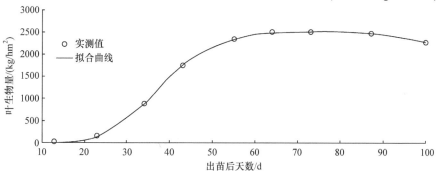

图 11-14 非化控条件下雨养春玉米叶生物量实测值和拟合曲线比较(修正的 Logistic 模型)

11.2.2 Log Normal 叶生物量模型的应用

1. 模型的建立

用 Log Normal 模型研究雨养春玉米的叶生物量变化过程。三参数的 Log Normal 单峰曲线模型见式(11-30)：

$$y=a\mathrm{e}^{-0.5\left(\dfrac{\ln\frac{x}{x_0}}{b}\right)^2} \tag{11-30}$$

模型中 a、b、x_0 为待定参数，其中 a 表示叶生物量的最大值，x_0 为叶生物量达到最大值时出苗后的天数。

用计算机软件 SigmaPlot 进行参数拟合，用 Marquardt 法进行求参，收敛判断指标为 10^{-10}。

2. 模型的检验

同上，比较 RMSE、R^2、DC 等指标，判断模型的适用性。

3. 结果与分析

使用 T7 的叶生物量数值作为化控条件的数据，模拟方程为式(11-31)。T9 的叶生物量数值为非化控条件的数据，模拟方程为式(11-32)，如下所示。

化控条件下为

$$y=3468.437e^{-0.5\left(\frac{\ln\frac{x}{72.836}}{-0.534}\right)^2} \tag{11-31}$$

非化控条件下为

$$y=2623.405e^{-0.5\left(\frac{\ln\frac{x}{72.762}}{0.540}\right)^2} \tag{11-32}$$

两种处理的拟合方程都达到极显著水平，说明方程的模拟效果较好，具体的拟合结果见表 11-7。由表 11-7 可以看出，对数正态模型对化控条件和非化控条件两种情况的模拟效果都很好，R^2 和 DC 均达到了 0.99 以上，相对来说对化控条件的模拟更好些。

表 11-7　Log Normal 模型雨养春玉米叶生物量拟合结果

参数	化控条件				非化控条件			
	参数值	RMSE	DC	R^2	参数值	RMSE	DC	R^2
a	3468.437				2623.405			
b	−0.534	62.8977	0.9975	0.9975	0.540	87.1248	0.9920	0.9922
x_0	72.836				72.762			

Log Normal 模型中化控和非化控条件下叶生物量的拟合曲线和实测值对比分别如图 11-15 和图 11-16 所示。经过数据对比后发现，在化控条件和非化控条件下，玉米出苗后 20 天内的模拟效果均相对较差，而玉米出苗 20 天后的模拟值和实测值吻合程度相对较高。总体来说，Log Normal 模型对化控条件的模拟效果优于非化控条件的模拟效果。

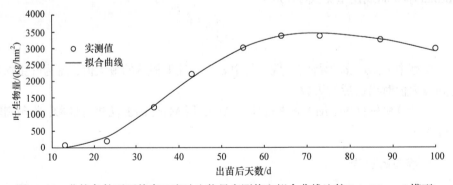

图 11-15　化控条件下雨养春玉米叶生物量实测值和拟合曲线比较(Log Normal 模型)

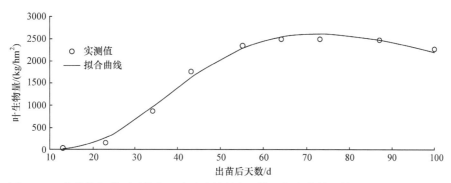

图 11-16 非化控条件下雨养春玉米叶生物量实测值和拟合曲线比较(Log Normal 模型)

11.2.3 Gaussian 叶生物量模型的应用

1. 模型的建立

用 Gaussian 公式来模拟叶生物量的动态变化，见式(11-33)：

$$y=a\mathrm{e}^{-0.5\left(\frac{x-x_0}{b}\right)^2} \tag{11-33}$$

式中，a、b、x_0 为待定参数；a 为叶面积的最大值；x_0 为叶面积达到最大值时出苗后的天数。

用计算机软件 SigmaPlot 进行参数拟合，用 Marquardt 法进行求参，收敛判断指标为 10^{-10}。

2. 模型的检验

同上，比较 RMSE、R^2、DC 等指标，判断模型的适用性。

3. 结果与分析

经过拟合，求得待定参数 a、b、x_0，从而得到化控和非化控两种条件下的 Gaussian 模型公式，见式(11-34)和式(11-35)。

化控条件下为

$$y=3684.799\mathrm{e}^{-0.5\left(\frac{x-76.965}{-29.307}\right)^2} \tag{11-34}$$

非化控条件下为

$$y=2779.604\mathrm{e}^{-0.5\left(\frac{x-77.070}{29.672}\right)^2} \tag{11-35}$$

两种处理的拟合方程都达到极显著水平,具体的拟合结果见表 11-8。由表 11-8 可以看出, Gaussian 模型中化控条件下的模拟效果较好, 为了达到更好的模拟效果，同样可以采用修正 Gaussian 模型进行拟合，修正后的公式见式(11-36)：

$$y=ae^{-0.5\left(\frac{|x-x_0|}{b}\right)^c} \tag{11-36}$$

表 11-8　Gaussian 模型雨养春玉米叶生物量拟合结果

参数	化控条件				非化控条件			
	参数值	RMSE	DC	R^2	参数值	RMSE	DC	R^2
a	3684.799				2779.604			
b	−29.307	259.5910	0.9581	0.9809	29.672	238.9927	0.9396	0.9454
x_0	76.965				77.070			

多加一个待定参数 c，a、b、c、x_0 均为待定参数，其他与以上 Gaussian 模型相同。经过拟合，修正 Gaussian 模型见式(11-37)和式(11-38)。

化控条件下为

$$y=3350.617e^{-0.5\left(\frac{|x-76.111|}{34.684}\right)^{3.705}} \tag{11-37}$$

非化控条件下为

$$y=2499.151e^{-0.5\left(\frac{|x-75.836|}{35.527}\right)^{4.388}} \tag{11-38}$$

两种处理的拟合方程都达到极显著水平，说明方程的模拟效果较好，具体的拟合结果见表 11-9。由表 11-9 可以看出，修正 Gaussian 模型中在化控条件下 R^2 和 DC 都达到了 0.99 以上，拟合效果较好。且由表 11-8 和表 11-9 对比可以明显看出，修正 Gaussian 模型的模拟效果明显优于 Gaussian 模型，实测值和模拟值的一致性较好。在 Gaussian 模型中，对于非化控条件的模拟效果要优于化控条件下的模拟效果。

表 11-9　修正 Gaussian 模型雨养春玉米叶生物量拟合结果

参数	化控条件				非化控条件			
	参数值	RMSE	DC	R^2	参数值	RMSE	DC	R^2
a	3350.617				2499.151			
b	34.684				35.527			
c	3.705	59.3819	0.9978	0.9978	4.388	16.3728	0.9997	0.9997
x_0	76.111				75.836			

修正 Gaussian 模型中化控和非化控条件下叶面积的拟合曲线和实测值对比分别如图 11-17 和图 11-18 所示。经过数据对比后发现，在化控条件下，修正 Gaussian

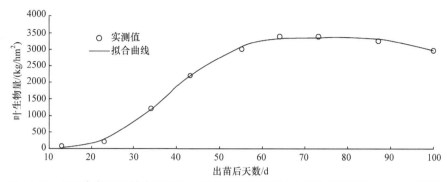

图 11-17 化控条件下雨养春玉米叶生物量实测值和拟合曲线比较(修正 Gaussian 模型)

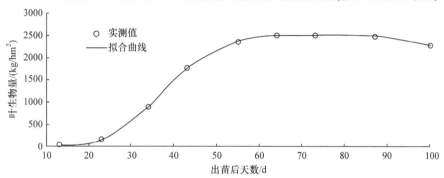

图 11-18 非化控条件下雨养春玉米叶生物量实测值和拟合曲线比较(修正 Gaussian 模型)

模型对玉米生长后期的模拟效果较好;而在非化控条件下,除玉米出苗后 20 天内,对玉米其他生长时期的模拟效果均较好。总体来说,修正 Gaussian 模型对非化控条件的模拟效果更好。

11.2.4 结论

在化控条件和非化控条件两种情况下三种模型对雨养春玉米叶生物量变化的模拟值与实测值对比如图 11-19 和图 11-20 所示。经过模拟值和实测值对比可以得出以下结论:

(1) 在化控条件下,Logistic 模型、Log Normal 模型、修正 Gaussian 模型的 RMSE 值分别约为 51、63、59,R^2 值分别为 0.9984、0.9975、0.9978。综合以上指标,同时结合图 11-19 分析,说明在化控条件下 Logistic 模型能够最好地模拟雨养春玉米叶生物量的动态变化过程,模拟值和实测值一致性最高,Log Normal 模型、修正 Gaussian 模型同样也能很好地模拟雨养春玉米叶生物量的动态变化。

(2) 在非化控条件下,Logistic 模型、Log Normal 模型、修正 Gaussian 模型

的 RMSE 值分别约为 15、87、16，R^2 值分别为 0.9999、0.9922、0.9997。综合以上指标，同时结合图 11-20 分析，说明在非化控条件下 Logistic 模型能够最好地模拟雨养春玉米叶生物量的动态变化过程，Log Normal 模型、修正 Gaussian 模型同样也能很好地模拟雨养春玉米叶生物量的动态变化。

(3) 综合以上指标说明，Logistic 模型相比其他两种模型能够更好地模拟雨养春玉米的叶生物量的变化，同时对非化控条件下的叶生物量模拟效果优于对化控条件下叶生物量的模拟效果。模拟效果最好的是 Logistic 模型和修正 Gaussian 模型对非化控条件的模拟。

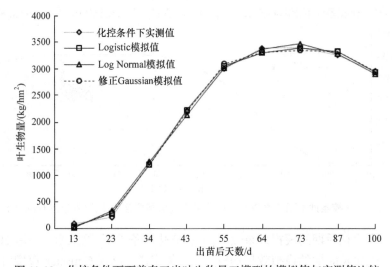

图 11-19　化控条件下雨养春玉米叶生物量三模型的模拟值与实测值比较

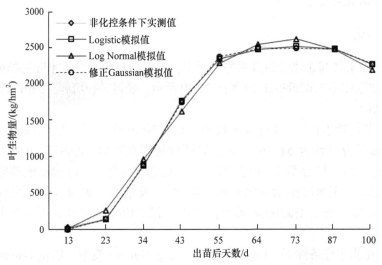

图 11-20　非化控条件下雨养春玉米叶生物量三模型的模拟值与实测值比较

参 考 文 献

[1] 王寿松. 单种群生长的广义 Logistic 模型[J]. 生物数学学报, 1990, 5(1): 21-25.

[2] 汪永钦, 王信理, 刘荣花. 冬小麦生长和产量形成与气象条件关系及其动态模拟的研究——以河南省黄淮平原冬小麦中、低产地区为例[J]. 气象学报, 1991, 49(2): 205-214.

[3] 姚延娟, 范闻捷, 刘强, 等. 玉米全生长期叶面积指数收获测量法的改进[J]. 农业工程学报, 2010, 26(8): 189-194.

[4] 麻雪艳, 周广胜. 春玉米最大叶面积指数的确定方法及其应用[J]. 生态学报, 2013, 33(8): 280-287.

[5] 王信理. 在作物干物质积累的动态模拟中如何合理运用 Logistic 方程[J]. 农业气象, 1986, 7(1): 14-19.

[6] 徐凯, 郭延平, 张上隆. 不同光质对草莓叶片光合作用和叶绿素荧光的影响[J]. 中国农业科学, 2005, 38(2): 369-375.

[7] 王东伟, 王锦地, 梁顺林. 作物生长模型同化 MODIS 反射率方法提取作物叶面积指数[J]. 中国科学: 地球科学, 2010, 40(1): 73-83.

示范应用篇

第 12 章 化控节水防污技术在经济果树上的应用研究

12.1 化控节水防污技术在苹果树上的应用

12.1.1 试验方法

2002～2005 年，作者课题组在北京市试验点对保水剂、植物抗旱生长营养剂(FA 旱地龙)及有机抗旱剂(BGA)在苹果园的应用效果进行了为期四年的连续观察，具体方法如下。

供试苹果品种为红富士，采用管灌。2002 年的试验在密云区太师屯镇进行，树龄 4 年，土壤为砂壤土。2003～2005 年的试验在北京市昌平区进行，土壤也为砂壤土，树龄 7 年。试验布置见表 12-1～表 12-4。此外，2004 年，通过对试验小区土壤水分的观测和分析，对保水剂作用下苹果园的灌溉制度进行了研究，布置见表 12-5。试验测定的主要参数有土壤物理参数，苹果果实生长参数、品质和产量等。保水剂和 BGA 采用坑施，FA 旱地龙采用两种方式施用，即叶面喷施和随水灌溉。

表 12-1 2002 年试验布置方案

试验小区	FA 旱地龙喷施浓度(倍液)	保水剂用量/(g/棵)	BGA 用量/(kg/棵)
1	1(清水)	1(0)	1(0)
2	1(清水)	2(50)	2(1.5)
3	1(清水)	3(100)	3(2.5)
4	1(清水)	4(150)	4(3.0)
5	2(600)	1(0)	4(3.0)
6	2(600)	2(50)	3(2.5)
7	2(600)	3(100)	2(1.5)
8	2(600)	4(150)	1(0)
9	3(500)	1(0)	2(1.5)
10	3(500)	2(50)	1(0)
11	3(500)	3(100)	4(3.0)

试验小区	FA 旱地龙喷施浓度(倍液)	保水剂用量/(g/棵)	BGA 用量/(kg/棵)
12	3(500)	4(150)	3(2.5)
13	4(400)	1(0)	3(2.5)
14	4(400)	2(50)	4(3.0)
15	4(400)	3(100)	1(0)
16	4(400)	4(150)	2(1.5)

表 12-2　2003 年试验布置方案

试验小区	保水剂用量/(g/棵)	FA 旱地龙随水灌溉质量/g	FA 旱地龙喷施浓度(倍液)
1	0	0	0
2	1(400)	1(60)	1(450)
3	1(400)	2(50)	2(400)
4	1(400)	3(40)	3(350)
5	2(300)	1(60)	3(350)
6	2(300)	2(50)	2(400)
7	2(300)	3(40)	1(450)
8	3(200)	1(60)	2(400)
9	3(200)	2(50)	3(350)
10	3(200)	3(40)	1(450)

表 12-3　2004 年试验布置方案

试验小区	保水剂用量/(g/棵)	BGA 用量/(kg/棵)	FA 旱地龙喷施浓度(倍液)
CK	0	0	0
1	200	1(4)	1(300)
2	200	1(4)	2(350)
3	200	2(5)	1(300)
4	200	2(5)	2(350)

表 12-4　2005 年试验布置方案

项目	CK	试验小区			
		1	2	3	4
FA 旱地龙喷施浓度(倍液)	清水	100	200	400	——
BGA 用量/(kg/棵)	0	1	2	3	4

表 12-5　保水剂作用下的灌溉制度研究试验布置方案

表 12-5　保水剂作用下的灌溉制度研究试验布置方案

项目	CK	试验小区					
		1	2	3	4	5	6
保水剂用量/(g/棵)	0	50	100	150	200	250	300

12.1.2　化控制剂对土壤水分的影响

1. 保水剂对土壤水分的影响

图 12-1 为 2002 年保水剂对土壤含水率影响的测定结果。从图中可以看出，在保水剂施用深度附近(20～60cm)，土壤含水率随保水剂用量的增加而增加，且均明显大于对照，其中 20～40cm 土层的增加更明显。由于受外界大气环境和保水剂作用范围的影响，在 0～20cm 和 60～100cm 的土层，土壤含水率随保水剂用量的变化规律并没有显现出来，但总体来看，保水剂处理的各层土壤含水率要高于对照。在本次试验中，保水剂处理显示出了一定的效果，但效果不如其他地区的试验结果那么明显，这是因为保水剂和有机抗旱剂 BGA 搅拌在一起施用，BGA 中含有一定浓度的 Ca^{2+}、Mg^{2+}，在施用保水剂后，由于受灌溉条件的限制而未能及时灌溉，导致 BGA 中 Ca^{2+}、Mg^{2+}的浓度较大，影响了保水剂的吸水量。这一推论还有待进一步研究。

2. FA 旱地龙对土壤水分的影响

FA 旱地龙具有减少苹果叶面气孔开度和蒸腾的作用，因而使果树的土壤水分消耗量减小，土壤含水率增加。由图 12-2 可以看出，4 月 8 日、4 月 27 日土壤含水率比较接近，相差在 5%以内，这主要是因为试验在 4 月 8 日布置，4 月 10 日对果园进行了一次充分灌溉，因而各处理间的差异并未显著。5 月 17 日、5 月 31 日与 6 月 14 日三日，三种 FA 旱地龙施用水平的各层土壤含水率均高于对照，并且有随着 FA 旱地龙施用浓度的增加而增加的趋势，这种趋势在 10～80cm 的土层中表现明显。这主要是因为：土壤表层直接与外界接触，受外界环境的影响较大，而 80～100cm 土壤容易受侧面土壤渗流的影响，且苹果 80%以上的根系主要分布在 0～60cm 的土体内。从 7 月 2 日以后各层的土壤含水率变化来看，各 FA 旱地龙处理的土壤含水率较对照要高，但各水平间的差异并不显著，未呈规律性变化，这与 FA 旱地龙具有促进苹果树生长发育的功能有关。

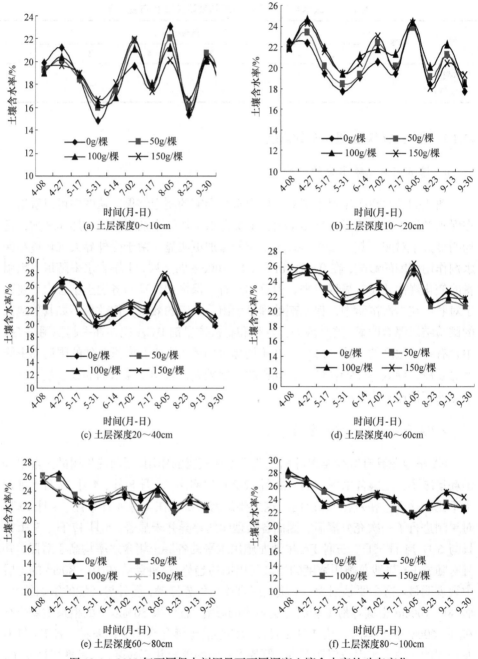

图 12-1　2002 年不同保水剂用量下不同深度土壤含水率的动态变化

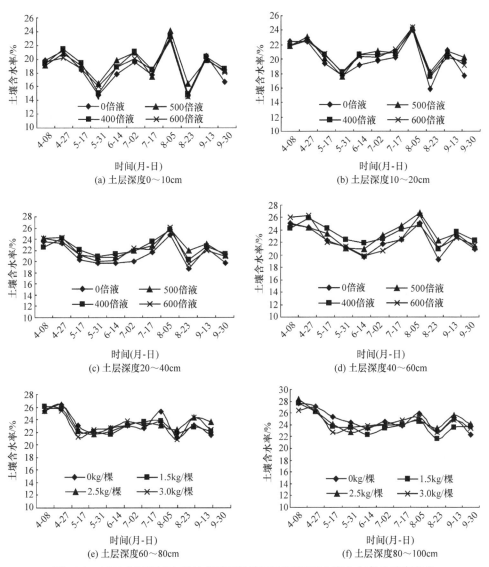

图 12-2　2002 年不同 FA 旱地龙喷施浓度下不同深度土壤含水率的动态变化

3. 有机抗旱剂 BGA 对土壤水分的影响

不同 BGA 用量对苹果园土壤含水率影响的试验结果如图 12-3 所示。由于受外界大气环境的影响，0～10cm 土层土壤含水率随 BGA 用量的变化没有呈现出一定的规律。10～60cm 土层，BGA 处理的土壤水分均明显高于对照，且有随着 BGA 用量的增加而增加的趋势，但各水平间的差异并不显著。其主要原因是 BGA 属于一种抗旱营养剂，对土壤含水率有一定影响，但并不是其主要功能，或者 BGA

用量间的差异太小。从 60～100cm 土层土壤含水率变化来看，也没有呈现出规律性的变化，这可能与 BGA 的施用和作用范围有关。

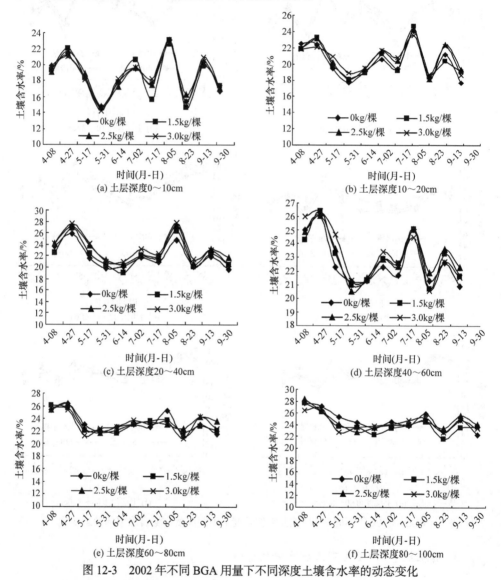

图 12-3　2002 年不同 BGA 用量下不同深度土壤含水率的动态变化

12.1.3　化控制剂对苹果品质及产量的影响

1. 对苹果品质的影响

用不同级果率和可溶性糖的变化来表示化控制剂对苹果果实品质的影响。由表 12-6 可以看出，化控制剂对提高果率的作用比较明显。保水剂对一级果率的提高相对较小,果率增加量范围为 0.6%~3.1%,但对二级果率的提高较大,果率增加量范围为 8.4%~12.6%。喷施 FA 旱地龙的效果最明显,一、二级果率增加量范围分别为 12.3%~13.1%和 8.2%~9.4%,BGA 的作用次之,增加范围为 6.0%~8.6%。从提高一、二级果率和各用量间的差异来看,FA 旱地龙的较佳喷施浓度为 300 倍液,BGA 用量为 5kg/棵,保水剂用量为 200g/棵。

表 12-6　不同化控制剂对苹果果率的影响

年份	项目	CK	保水剂用量/(g/棵)		
			200	300	400
2003	一级果率/%	30.1	33.2	32.8	30.7
	增加量/%	—	3.1	2.7	0.6
	二级果率/%	50.3	62.4	62.9	58.7
	增加量/%	—	12.1	12.6	8.4

年份	项目	CK	FA 旱地龙喷施浓度(倍液)		BGA 用量/(kg/棵)	
			300	350	4	5
2004	一级果率/%	29.4	42.5	41.7	37.2	38.0
	增加量/%	—	13.1	12.3	7.8	8.6
	二级果率/%	42.1	51.5	50.3	48.1	49.7
	增加量/%	—	9.4	8.2	6.0	7.6

从表 12-7 可以看出,FA 旱地龙、保水剂和 BGA 均对苹果果实可溶性糖含量有一定的提高作用,不同施用水平对应的提高幅度有所不同。喷施 FA 旱地龙的最大增加幅度为 18.8%(2004 年,300 倍液),BGA 为 12.0%(2004 年,5kg/棵),保水剂为 4.4%(2002 年,150g/棵)。这表明三种化控制剂对果实可溶性糖含量的影响存在差异。总体来看,喷施 FA 旱地龙对果实可溶性糖含量的促进作用最大,300 倍液时效果最佳,其次为 BGA,保水剂的促进作用最小。

表 12-7　不同化控制剂对苹果可溶性糖含量的影响

年份	项目	CK	FA 旱地龙喷施浓度(倍液)			保水剂用量/(g/棵)			BGA 用量/(kg/棵)		
			400	500	600	50	100	150	1.5	2.5	3
2002	可溶性糖含量/%	15.9	16.2	16.6	16.7	16.1	16.4	16.6	16.4	16.5	16.9
	增加幅度/%	—	1.9	4.4	5.0	1.3	3.1	4.4	3.1	3.8	6.3

续表

年份	项目	CK	FA 旱地龙喷施浓度(倍液)			保水剂用量/(g/棵)			灌施 FA 旱地龙用量/(g/棵)		
			350	400	450	200	300	400	40	50	60
2003	可溶性糖含量/%	16.5	17.3	17.1	16.6	17.0	16.9	17.1	16.9	17.1	17.0
	增加幅度/%	—	4.8	3.6	0.6	3.0	2.4	3.6	2.4	3.6	3.0

年份	项目	CK	FA 旱地龙喷施浓度(倍液)		BGA 用量/(kg/棵)	
			300	350	4	5
2004	可溶性糖含量/%	13.3	15.8	15.1	14.3	14.9
	增加幅度/%	—	18.8	13.5	7.5	12.0

年份	项目	FA 旱地龙喷施浓度(倍液)				BGA 用量/(kg/棵)				
		清水	100	200	400	0	1	2	3	4
2005	可溶性糖含量/%	13.77	14.8	14.7	14.16	13.8	14.0	14.1	14.6	14.8
	增加幅度/%	—	7.5	7.0	2.8	—	1.4	2.2	6.0	7.2

2. 对苹果产量的影响

由表 12-8 可以看出,施用化控制剂处理的果实亩产量和单棵果树的产量明显高于对照。就试验设计的各施用水平而言,保水剂各水平间的差异不明显,喷施 FA 旱地龙 300~450 倍液和 FA 旱地龙随水灌溉各用量间的差异也较小,BGA 用量为 4kg/棵时,产量明显高于 1kg/棵、2kg/棵、3kg/棵,但与 5kg/棵的产量差异较小。通过经济分析可知,喷施 300 倍液的 FA 旱地龙,可使苹果每亩收入增加 629.7 元,喷施 350 倍液时,可达 594.5 元,可见喷施 FA 旱地龙的经济效益增加明显。施用 BGA 虽然可以增加果实产量,但经济效益并不太明显。综合考虑经济和产量因素,上述变化说明,保水剂的最佳用量为 200g/棵,BGA 最佳用量为 4kg/棵,喷施 FA 旱地龙溶液的浓度为 400 倍液,灌施 FA 旱地龙的用量为 40g/棵。

表 12-8 不同化控制剂对苹果产量的影响

年份	项目	CK	FA 旱地龙喷施浓度(倍液)			保水剂用量/(g/棵)			灌施 FA 旱地龙用量/(g/棵)		
			350	400	450	200	300	400	40	50	60
2003	亩产量/kg	2501.1	2824.8	2832.7	2799.3	2818.4	2788.8	2849.6	2812.0	2843.5	2801.4

年份	项目	CK	FA 旱地龙喷施浓度(倍液)			保水剂用量/(g/棵)			灌施 FA 旱地龙用量/(g/棵)		
			350	400	450	200	300	400	40	50	60
2003	增加幅度/%	—	12.9	13.3	11.9	12.7	11.5	13.9	12.4	13.7	12.0

年份	项目	CK	FA 旱地龙喷施浓度(倍液)		BGA 用量/(kg/棵)	
			300	350	4	5
2004	亩产量/kg	1987.0	2220.0	2206.0	2278.0	2294.0
	增加幅度/%	—	11.8	11.0	14.6	15.5
	增收/(元/亩)		699.0	657.0	873.0	921.0
	投入/(元/亩)		69.3	62.5	704.0	880.0
	增收/(元/亩)		629.7	594.5	169.0	41.0

年份	项目	FA 旱地龙喷施浓度(倍液)				BGA 用量/(kg/棵)				
		清水	100	200	400	0	1	2	3	4
2005	单棵产量/kg	67.3	79.9	76.1	76.0	66.5	71.4	73.5	74.7	79.6
	增加幅度/%	—	18.7	13.1	12.9	—	7.3	10.5	12.3	19.7

12.1.4 保水剂作用下的苹果园灌溉制度分析

1. 保水剂对土壤有效水分的影响分析

对于砂壤土，作物可利用的有效水分为 0~1.5MPa 吸力下保持的水分，科瀚 98 型保水剂在此吸力下所保持的水分占总持水量的 78%，即此种保水剂所吸收水分的 78% 可被作物吸收利用。保水剂在土壤中的吸水过程是物理过程，吸水倍率(质量比)最高可达 1000 倍，故可据此计算出 2004 年试验中施入保水剂后的土壤有效含水量，计算结果见表 12-9。从表 12-9 可以看出，施用保水剂后，土壤凋萎系数和有效水分均提高，土壤的田间持水率也有较大幅度的提高，土壤有效水分提高幅度大于凋萎系数提高幅度。这说明保水剂可明显提高土壤的蓄水保墒能力。

表 12-9　2004 年施入保水剂对土壤水分参数影响的计算结果

项目	CK	试验 1	试验 2	试验 3	试验 4	试验 5	试验 6
吸水树脂饱和吸收的水量/(g/棵)	0	50	100	150	200	250	300
不可被作物吸收水分/(g/棵)	0	11	22	33	44	55	66
凋萎系数提高幅度(0~100cm)/%	0	0.06	0.12	0.18	0.24	0.30	0.36
土壤有效水分提高幅度(0~100cm)/%	0	0.21	0.43	0.64	0.85	1.06	1.28

2. 保水剂作用下苹果园灌溉模式的试验结果分析

根据已有的研究结果可知，华北平原砂壤土达凋萎系数时的土壤体积含水率通常为 5%~9%。因此，在进行保水剂作用下苹果园的灌溉制度试验时，为了不影响果树的正常生长，将灌溉下限设计为 12%(体积含水率，封冻期灌水除外)。但由于受土壤水分监测条件和实际灌溉操作等条件的限制，实际灌溉下限控制为 12.00%~12.50%，即当试验小区的土壤体积含水率降到 12.00%~12.50%时，开始灌水，每次每一小区灌水 4.86m³(即 450m³/hm²)，灌水后的土壤含水率为田间持水率。

表 12-10 给出了 2005 年苹果全生育期内各试验小区的实际灌水时间、灌水次数和灌水时的土壤体积含水率。从表中可以看出，对照小区在果树全生育期灌溉 6 次，3 月 27 日(萌芽前期)、5 月 2 日(新梢旺长期)、6 月 17 日(新梢停长初期)、7 月 14 日(新梢停长末期)、8 月 15 日(新梢二次生长期)、9 月 17 日(果实成熟初期)，每次灌溉水量为 450m³/hm²。施用保水剂 50g/棵、100g/棵、150g/棵、200g/棵、250g/棵、300g/棵的灌水次数(不包括封冻期灌水 1800m³/hm²)分别为 6 次、5 次、5 次、4 次、4 次、4 次。这说明施用保水剂可减少灌水次数，能起到节约灌溉用水的效果，是可行的农业节水措施。在本试验中，施用保水剂 200g/棵可以减少灌水两次，节约灌水量 900m³/hm²。

表 12-10　2005 年不同保水剂处理试验小区的实际灌水时间、灌水次数和灌水时的土壤体积含水率

	项目	第 1 次灌水	第 2 次灌水	第 3 次灌水	第 4 次灌水	第 5 次灌水	第 6 次灌水	灌水次数
CK	灌水时间(月-日)	3-27	5-02	6-17	7-14	8-15	9-17	6
	土壤体积含水率/%	13.16	12.42	12.46	12.39	12.32	12.27	6

项目		第 1 次灌水	第 2 次灌水	第 3 次灌水	第 4 次灌水	第 5 次灌水	第 6 次灌水	灌水次数
试验 1	灌水时间(月-日)	3-27	5-02	6-21	7-19	8-24	9-30	6
	土壤体积含水率/%	13.16	12.42	12.47	12.51	12.29	12.31	
试验 2	灌水时间(月-日)	3-27	5-02	6-24	7-24	9-03		5
	土壤体积含水率/%	13.16	12.42	12.22	12.31	12.44		
试验 3	灌水时间(月-日)	3-27	5-02	6-25	7-30	9-10		5
	土壤体积含水率/%	13.16	12.42	12.26	12.34	12.32		
试验 4	灌水时间(月-日)	3-27	5-02	6-27	8-31			4
	土壤体积含水率/%	13.16	12.42	12.44	12.29			
试验 5	灌水时间(月-日)	3-27	5-02	7-02	9-05			4
	土壤体积含水率/%	13.16	12.42	12.24	12.39			
试验 6	灌水时间(月-日)	3-27	5-02	7-09	9-09			4
	土壤体积含水率/%	13.16	12.42	12.22	12.36			

注: 土壤体积含水率为 0～100cm 土层的平均值。

3. 保水剂作用下不同年型苹果园灌溉制度分析

由于苹果园灌溉制度的制定与当地的降水量和蒸发量密不可分, 在制定保水剂作用下灌溉制度时, 应与当地不同年型的降水和蒸发资料以及苹果的生长特点结合起来。根据北京市昌平区 1955～2004 年降水量系列资料的频率统计分析结果, 确定降水量频率为 50%、75% 和 95% 的典型年份是 1988 年、1979 年、1999 年, 这三个典型年的降水和蒸发资料见表 12-11。通过对这些资料进行分析, 2005 年属于降水量频率为 50% 的平水年。通过试验可知, 在保水剂为经济用量 200g/棵时, 2005 年试验地的灌溉水量约为 1800mm(包括封冻期灌水 1800m³/hm²)。通过差值法, 对不同降水年型的苹果园灌溉水量进行计算, 计算公式为: 灌溉水量=50%年型的灌溉水量+相应年型与 50%年型蒸发亏缺量之差, 计算结果见表 12-12。

表 12-11 北京市昌平区不同降水量典型年的降水量和蒸发量情况

降水量频率/%	典型年	降水量/蒸发量	月份												年总量/mm
			1	2	3	4	5	6	7	8	9	10	11	12	
50	1988年	降水量	0.5	2.2	11.9	5.7	87.6	74.0	158.3	182.5	97.0	23.7	0	0.8	644.2
		蒸发量	36.8	40.9	161.2	219.3	251.1	223.1	210.7	200.6	170.9	100.2	59.5	40.3	1714.6
75	1979年	降水量	0	25.2	8.5	39.7	22.4	106.2	150.2	139.3	8.9	7.5	2.0	4.7	514.6
		蒸发量	40.5	41.9	150.1	230.1	270.4	244.3	194.2	178.9	197.7	120.6	60.0	30.9	1759.6
95	1999年	降水量	0	0	7.7	23.5	35.3	20.4	87.4	106.8	75.9	10.5	2.7	0.3	370.5
		蒸发量	46.3	70.9	164.8	249.1	272.3	256.0	196.6	181.9	186.4	119.4	70.8	60.8	1875.3

注：降水量和蒸发量的单位为mm。

表 12-12 施用保水剂 200g/棵时不同降水量频率下灌溉水量的计算结果

降水量频率/%	降水量/蒸发量	月份								总量/mm	总量之差/mm	与50%年型之差/mm	灌溉水量/mm
		3	4	5	6	7	8	9	10				
50	降水量	11.9	5.7	87.6	74.0	158.3	182.5	97.0	23.7	640.7	896.4	—	1800.0
	蒸发量	161.2	219.3	251.1	223.1	210.7	200.6	170.9	100.2	1537.1			
75	降水量	8.5	39.7	22.4	106.2	150.2	139.3	8.9	7.5	482.7	1103.6	207.2	2007.2
	蒸发量	150.1	230.1	270.4	244.3	194.2	178.9	197.7	120.6	1586.3			
95	降水量	7.7	23.5	35.3	20.4	87.4	106.8	75.9	10.5	367.5	1259.0	362.6	2162.6
	蒸发量	164.8	249.1	272.3	256.0	196.6	181.9	186.4	119.4	1626.5			

注：降水量和蒸发量的单位为mm。

通过对表 12-12 的分析，再结合果树生长特点，推荐的在施用保水剂 200g/棵条件下，北京地区苹果园的灌溉制度应为：

(1) 对于降水量频率为 50%的平水年，施用保水剂后，在果树全生育期灌溉 5 次，分别是萌芽前期(3 月)、新梢旺长期(5 月)、新梢停长末期(6 月)、新梢二次生长期(8 月)，每次灌溉水量为 450m³/hm²，封冻期(11 月)灌水 1800m³/hm²，灌溉总水量为 3600m³/hm²。

(2) 对于降水量频率为 75%的中等干旱年份，结合降水和蒸发资料，建议在施用保水剂后，果树全生育期灌溉 5 次，分别是萌芽前期(3 月)、新梢旺长期(5 月)、新梢停长末期(6 月)、新梢二次生长期(8 月)，每次灌溉水量为 500m³/hm²，封冻期(11 月)灌水 1800m³/hm²，灌溉总水量为 3800m³/hm²。

(3) 对于降水量频率为 95%的特旱年份，结合降水和蒸发资料，建议在施用保水剂后，果树全生育期灌溉 6 次，分别是萌芽前期(3 月)、新梢旺长期(5 月)、新梢停长期(6 月)、新梢二次生长初期(7 月)、新梢二次生长末期(9 月)，每次灌溉水量为 440m³/hm²，封冻期(11 月)灌水 1800m³/hm²，灌溉总水量为 4000m³/hm²。

12.1.5 结论与建议

本节所得结论如下：

(1) 保水剂对苹果园土壤含水率有明显影响，土层深度在 0～20cm 时，由于受外界大气环境的影响，保水剂提高土壤含水率的功能没有显现出来，在 20～60cm 土层深度内，土壤含水率随保水剂用量的增加而增加。保水剂施用后的第二年，对土壤水分的影响也十分明显，仍可提高土壤含水率 1.1%～6.3%。这给我们提供了一条重要的经验，田间施用保水剂后可以较长时间保持土壤墒情。当保水剂与 BGA 混施时，BGA 会使保水剂的蓄水保墒功能下降。

(2) 科翰 98 型保水剂对于七年以上苹果果树施用量应为 200～400g/棵为宜，对于七年以下果树可适当减少，建议不少于 150g/棵。这些用量可以起到明显的节水效果，减少灌水次数和灌水量。

(3) 对于 FA 旱地龙宜采用喷施方式施用，其喷施浓度应为 300～400 倍液(水与旱地龙的质量比)，全生育期内喷施四次(萌芽前期、新梢旺长期、新梢停长末期、新梢二次生长期)，可以有效提高果实品质，同时节水效果也较好。当 FA 旱地龙随水灌溉时，对果树施肥技术成熟的地区，施用效果不佳，对于土壤贫瘠、施肥技术不成熟的地区，可以适当采用，建议施用量为每次每亩不超过 2kg，在果树新梢生长旺盛期施用两次。

(4) 普通型 BGA 在果树施肥技术成熟的地区，施用效果不佳，在土壤贫瘠、施肥技术不成熟的地区，可以适当采用，建议施用量 4kg/棵左右，可以起到营养和保水的效果。

(5) 从苹果的产量、品质、经济等方面考虑，保水剂用量为 200g/棵，FA 旱地龙喷施浓度为 350~400 倍液，BGA 用量为 4kg/棵较为合理；施用保水剂 200g/棵，50%平水年时，北京地区苹果树全生育期应灌水 5 次，灌溉总水量为 3600m³/hm²。75%的中等干旱年份，也应灌水 5 次，灌溉总水量为 3800m³/hm²。95%特旱年份，应灌水 6 次，灌溉总水量为 4000m³/hm²。

12.2 化控节水防污技术在桃树上的应用

12.2.1 试验方法

2004~2005 年，作者课题组在北京市平谷区峪口镇对三种化控制剂在桃树上的集成应用进行了为期两年的小区试验。土壤为砂壤土，桃树品种为北京七号，树龄 5 年，采用管灌。保水剂和 BGA 在春季试验开始时施入，2004 年 FA 旱地龙的喷施时间为 6 月 1 日、6 月 27 日和 7 月 9 日，2005 年 FA 旱地龙的喷施时间为 6 月 13 日、7 月 10 日、7 月 23 日。试验测定的参数有土壤含水率、果实的生长及品质参数等，试验方案见表 12-13。

表 12-13 三种化控制剂在桃树上的应用试验方案

年份	化控制剂	CK	试验小区								
			1	2	3	4	5	6	7	8	9
2004	BGA 用量/(kg/棵)	0	5.0	5.0	5.0	4.0	4.0	4.0	3.0	3.0	3.0
	保水剂用量/(g/棵)	0	400	300	200	400	300	200	400	300	200
	FA 旱地龙喷施浓度(倍液)	0	200	300	400	400	300	200	300	400	200
2005	FA 旱地龙喷施浓度/(g/L)	0	2.5	2.5	2.5	4	4	4	10	10	10
	保水剂用量/(g/棵)	0	200	100	50	50	100	200	100	50	200

12.2.2　化控制剂对土壤水分的影响

1. 保水剂对土壤水分的影响

从图 12-4 中可以看出，施用保水剂后，桃园 10～100cm 土层的平均土壤含水率明显高于对照，且有随保水剂用量的增加而增加的趋势。保水剂用量为 400g/棵时，对土壤含水率的提高值可达 9.7%。在 5 月 11 日以前，各处理的土壤含水率之间的差异很小，之后各处理间的差异则变得比较明显。这是因为保水剂是一种吸水剂，而不是造水剂，其提高土壤含水率的机理是吸滞降雨或灌溉水。在 5 月 11 日左右，第一次灌溉刚刚结束，土壤含水率接近饱和，所以对照与各处理间的差异较小，但这时保水剂中吸收了大量的水分。随着时间的延长，保水剂中吸收的多余水分缓慢释放以满足作物蒸散耗水的要求，所以这时各处理间的土壤含水率间差异比较明显。另外，从图 12-4(b) 中还可以看出，在土壤含水率下降阶段(如 6

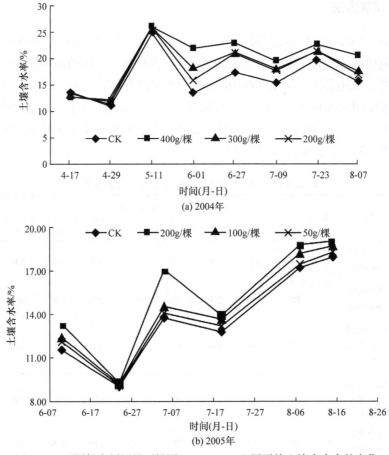

(a) 2004年

(b) 2005年

图 12-4　不同保水剂用量下桃园 10～100cm 土层平均土壤含水率的变化

月 10～24 日)，各处理的土壤含水率之间的差异很小，在土壤含水率上升阶段(如
6 月 24 日～7 月 5 日)，各处理间的差异变得明显。究其原因，可能是在降雨或灌
溉较少的时候，保水剂中吸收的水分有限，水分几乎被蒸散消耗掉，而在降雨或
灌溉充足的时候，保水剂吸收的水量较大。

在测试的各土层中，20～40cm 土层土壤含水率最高(根据本品种桃树的吸收
根系确定的保水剂埋深为 40cm，在使用过程中应当根据不同品种的根系特点加以
调整)，施用 200g/棵、100g/棵、50g/棵和对照处理小区的平均土壤体积含水率分
别为 21.60%、21.15%、20.51%、20.03%，各处理比对照分别提高了 7.84%、5.59%、
2.37%。桃树生育期一般灌水四次，分别为萌芽期、硬核期、果实膨大期和封冻
前，封冻期(10 月下旬至 11 月上旬)灌水 1500～1800m³/hm²，其他每次灌水
400m³/hm² 左右。根据 1959～2001 统计资料显示，3～8 月累积降水量约为 550mm，
占全年降水量的 84%，3～8 月桃树可利用水量为 1750mm。由于土壤含水率的提
高，各处理可增加土壤有效含水率分别为 137m³/hm²、98m³/hm²、42m³/hm²，
在不减少灌溉次数的前提下，每次灌溉定额可减少 3.5%～11.4%。总体来说，
施用了保水剂的各小区土壤含水率在观测期间均比对照要高，且用量越多，保墒
作用越明显。

2. BGA 对土壤水分的影响

从图 12-5 中可以看出，对于 10～100cm 土层施入有机抗旱剂 BGA 后，桃园
10～100cm 土层的平均土壤含水率明显提高，BGA 用量为 5kg/棵水平比 4kg/棵
和 3kg/棵水平含水率高，但 3kg/棵和 4kg/棵水平的含水率较对照提高幅度较小，

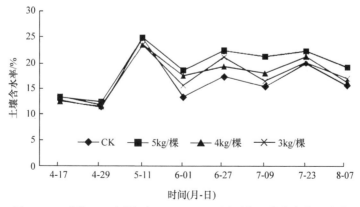

图 12-5 不同 BGA 用量下 10～100cm 土层平均土壤含水率的变化

只在 0.6%～3.8%。由此可知，BGA 用量为 5kg/棵时对土壤含水率的提高作用
最强。

3. 喷施 FA 旱地龙对土壤水分的影响

从图 12-6 可以看出，6 月 1 日以前和 7 月 23 日以后，各小区 10～100cm 土层
平均土壤含水率的差异不大，6 月 1 日～7 月 23 日，平均土壤含水率有随 FA 旱地
龙喷施浓度的增加而增加的趋势。7 月 23 日以后土壤含水率差异较小的原因可能
是试验区降雨较多，导致土壤水分较高，同时 FA 旱地龙喷施已很久，作用效果已
大大减弱或消失。这充分说明 FA 旱地龙对桃树也可以起到节水保墒的作用。

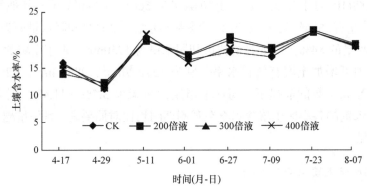

图 12-6　2004 年喷施 FA 旱地龙对 10～100cm 土层平均土壤含水率的影响

12.2.3　化控制剂对桃树产量和品质的影响

1. 化控制剂对果实生产的影响

从表 12-14 可以看出，施用化控制剂后，各小区的果实亩产量明显高于对照。
喷施 FA 旱地龙处理的亩产量比对照提高了 230.1～250.5kg，以 300 倍液时增加最
大，但三种处理间的差异不大，说明 300 倍液可能已达到了对果实产量影响的上
限；施用 BGA 处理的亩产量较对照提高了 250.8～300.4kg，其中以 5kg/棵处理的
亩产量最大，但它与 4kg/棵处理间的差异较小，说明 BGA 用量在 4kg/棵时较好；
保水剂处理的亩产量较对照提高了 340.8～380.4kg，且随保水剂用量的增加，果
实产量有增加的趋势，400g/棵时最大，但各处理间的差异不大。如果只从产量的
角度来说，400g/棵的用量效果最好。从表 12-4 还可以看出，施用保水剂和喷施
FA 旱地龙也可明显提高桃的单果质量和体积，其中，FA 旱地龙喷施浓度为 250
倍液时的增加幅度分别为 7.7% 和 8.1%，保水剂施用量 200g/棵时的增加幅度分别
为 9.2% 和 6.3%。

表 12-14　三种化控制剂对果实生产的影响

项目	CK	喷施 FA 旱地龙浓度(倍液)			保水剂用量/(g/棵)			BGA 用量/(kg/棵)		
		400	300	200	400	300	200	5	4	3
亩产量/kg	1894.9	2125	2145.4	2135.6	2275.3	2245.7	2235.7	2195.3	2195	2145.7
增加量/kg	—	230.1	250.5	240.7	380.4	350.8	340.8	300.4	300.1	250.8

项目	CK	喷施 FA 旱地龙(倍液)			保水剂用量/(g/棵)		
		400	250	100	200	100	50
单果质量/g	201.6	208.7	217.2	215.9	220.1	215.1	207.2
增加幅度/%	—	3.5	7.7	7.1	9.2	6.7	2.8
单果体积/cm³	212.8	222.2	230.0	222.1	226.1	222.0	215.3
增加幅度/%	—	4.4	8.1	4.4	6.3	4.3	1.2

2. 化控制剂对果实可溶性糖含量的影响

收获时，在不同处理中选取有代表性的果实 5 颗，测定其可溶性糖含量，平均结果见表 12-15。从表中可以看出，喷施 FA 旱地龙后，桃的可溶性糖含量提高幅度在 4.0%～18.4%，远远大于施用保水剂和 BGA，且 BGA 和保水剂对果实可溶性糖含量的提高不明显($p>0.10$)。FA 旱地龙喷施浓度为 200 倍液和 300 倍液间的差异不显著，但明显优于 400 倍液处理。BGA 和保水剂对果实可溶性糖含量的提高不明显的主要原因可能是 BGA 和保水剂均具有保水作用，土壤水分保持相对较高。有试验表明，FA 旱地龙能缓解叶绿素和类胡萝卜素的降解、膜脂的过氧化和细胞膜通透性的增加，从而提高植物的抗旱能力。同时，FA 旱地龙在低水平的情况下，也能改善土壤生物环境，如细菌数量、细菌活性、土壤阳离子交换量，从而使果实可溶性糖含量得到提高。

表 12-15　三种化控制剂对果实可溶性糖含量的影响

年份	项目	CK	FA 旱地龙喷施浓度(倍液)			保水剂用量/(g/棵)			BGA 用量/(kg/棵)		
			400	300	200	400	300	200	5	4	3
2004	可溶性糖含量/%	10.73	11.3	12.6	12.7	10.9	10.9	11.6	11.3	11.1	11.3
	增加幅度/%	—	5.3	17.4	18.4	1.6	1.6	8.1	5.3	3.4	5.3

年份	项目	CK	FA 旱地龙喷施浓度(倍液)			保水剂用量/(g/棵)		
			400	250	100	200	100	50
2005	可溶性糖含量/%	10.0	10.4	10.6	11.3	10.3	10.7	10.5
	增加幅度/%	—	4.0	6.0	13.0	3.0	7.0	5.0

3. 化控制剂对叶片含水率的影响

从表 12-16 可以看出, 桃树叶片含水率(WC)为 63%左右。相对含水率(RWC)变化较大, 且与当时的土壤、天气情况有关, 8 月 15 日属于高温高压的 "桑拿天", 蒸腾受到抑制, 叶片含水率和相对含水率普遍高于晴朗天气。在各测试情况下, 施用保水剂叶片的含水率均高于对照, 200g/棵时最高。叶片相对含水率随保水剂用量的变化为施用 100g/棵时高于对照, 200g/棵和 50g/棵的低于对照。这是由于叶片的干重和饱和重相对稳定, 而鲜重受保水剂用量的影响较大。

表 12-16　不同用量保水剂对桃树叶片含水率的影响

保水剂用量/(g/棵)	7 月 5 日		7 月 19 日		8 月 15 日	
	WC/%	RWC/%	WC/%	RWC/%	WC/%	RWC/%
0	61.69	88.24	62.82	96.61	62.65	95.57
200	64.36	84.90	63.43	95.22	66.09	95.29
100	61.78	89.49	62.90	98.26	63.81	96.15
50	61.95	85.14	62.84	90.78	65.94	95.51

注: 叶片含水率(WC)=(鲜重−干重)/鲜重×100%; 叶片相对含水率(RWC)=[(鲜重−干重)/(饱和重−干重)]×100%。

12.2.4　经济效益分析

在桃树收获时, 以亩产量为基准, 果实价格按市场价格 2 元/kg 计算, 得到的经济分析结果见表 12-17。从表中可以看出，喷施 FA 旱地龙可以显著增加经济效益，每亩增加范围为 374.4~431.7 元。其中，喷施浓度为 300 倍液时最经济。有机抗旱剂 BGA 虽然可以增加果实产量，但通过经济评价可以看出并不经济，建议减少施用量。施用保水剂可以增加经济效益，但随着用量的增加，投入产出相差悬殊。这主要是由于目前保水剂价格较贵，大幅度增加投入虽然可以增加产量，但并不经济。从表中可以看出，保水剂 200g/棵是最经济用量。

表 12-17　不同化控制剂投入产出比较

项目	FA 旱地龙喷施浓度		
	400 倍液	300 倍液	200 倍液
亩投入/元	53.5	69.3	107.0
亩产出/元	460.2	501.0	481.4
亩增加/元	406.7	431.7	374.4
项目	BGA 用量		
	5kg/棵	4kg/棵	3kg/棵
亩投入/元	880.0	704.0	528.0
亩产出/元	600.8	600.2	501.6
亩增加/元	−279.2	−103.8	−26.4
项目	保水剂用量		
	400g/棵	300g/棵	200g/棵
亩投入/元	792.0	594.0	396.0
亩产出/元	760.8	701.6	681.6
亩增加/元	−31.2	107.6	285.6

12.2.5　结论与建议

本节所得结论如下：

(1) 施用保水剂后，桃园 10~100cm 土层的平均含水率明显增加，且有随着保水剂用量的增加而增加的趋势。400g/棵的保水剂用量可提高 9.7%，但 200g/棵和 300g/棵间的差异不明显。当桃树在萌芽期、硬核期、果实膨大期的灌水量为 400m^3/hm^2 时，保水剂用量 200g/棵、100g/棵和 50g/棵的处理可增加灌溉有效水量分别为 137m³/hm²、98m³/hm²、42m³/hm²，在不减少灌溉次数的前提下，每次灌水定额可减少 3.5%～11.4%。

(2) 施入有机抗旱剂 BGA 后，桃园 10～100cm 土层的平均土壤含水率明显提高。5kg/棵时较对照提高幅度最大，3kg/棵和 4kg/棵水平的提高幅度较小，只有 0.6%～3.8%。

(3) 随着 FA 旱地龙喷施浓度的增加，桃园 10～100cm 土层的平均土壤含水率有增加的趋势。但这种作用消失得较快，且在土壤含水率较高时不明显。

(4) 喷施 FA 旱地龙，可使亩产量提高 230.1～250.5kg，以 300 倍液时增加最大。BGA 处理可使亩产量提高 250.8～300.4kg，5kg/棵时亩产量最大。保水剂处理可使亩产量提高 340.8～380.4kg，400g/棵时最大。仅从产量的角度来说，400g/棵的用量最好。

(5) 喷施 FA 旱地龙可明显使单果质量、单果体积和可溶性糖含量提高，BGA和保水剂对果实可溶性糖的影响较小。

(6) 喷施 FA 旱地龙可以显著增加经济效益，每亩增加范围为374.4～431.7 元，施用有机抗旱剂 BGA 的经济效益不明显。施用保水剂也可以增加经济效益，但用量不能太大，否则不经济。

12.3　化控节水防污技术在葡萄树上的应用

12.3.1　试验方法

本试验分别于 2002 年、2004 年和 2005 年进行。2002 年，试验用的葡萄品种为"红地球"，2004～2005 年，葡萄品种为"巨峰"，果龄 3 年。试验用化控制剂为科瀚 98 型保水剂、FA 旱地龙和普通型 BGA。2002 年和 2004 年采用正交试验布置，2005 年采用完全实施方案，见表 12-18～表 12-20。测定的参数有土壤含水率、果实生长和品质参数等。

表 12-18　2002 年葡萄正交试验布置

处理	因素 A(FA 旱地龙用量)	因素 B(保水剂用量)	因素 C(BGA 用量)
1	1(1.5g/m²)	1(5g/株)	1(300g/株)
2	1(1.5g/m²)	2(10g/株)	2(400g/株)
3	1(1.5g/m²)	3(20g/株)	3(500g/株)
4	2(1.0g/m²)	1(5g/株)	3(500g/株)

续表

处理	因素 A(FA 旱地龙用量)	因素 B(保水剂用量)	因素 C(BGA 用量)
5	2(1.0g/m²)	2(10g/株)	1(300g/株)
6	2(1.0g/m²)	3(20g/株)	2(400g/株)
7	3(0.5g/m²)	1(5g/株)	2(400g/株)
8	3(0.5g/m²)	2(10g/株)	3(500g/株)
9	3(0.5g/m²)	3(20g/株)	1(300g/株)
CK	0g/m²	0g/株	0g/株

表 12-19 2004 年葡萄正交试验布置

处理	因素 A(FA 旱地龙用量)	因素 B(保水剂用量)	因素 C(FA 旱地龙随水灌溉)
1	1(200 倍液)	1(300g/排)	1(200g/排)
2	1(200 倍液)	2(400g/排)	2(300g/排)
3	1(200 倍液)	3(500g/排)	3(400g/排)
4	2(300 倍液)	1(300g/排)	3(400g/排)
5	2(300 倍液)	2(400g/排)	1(200g/排)
6	2(300 倍液)	3(500g/排)	2(300g/排)
7	3(400 倍液)	1(300g/排)	2(300g/排)
8	3(400 倍液)	2(400g/排)	3(400g/排)
9	3(400 倍液)	3(500g/排)	1(200g/排)
CK	0	0	0

注：每排长 10m，行间距 2m，葡萄 16 棵/排。

表 12-20 2005 年葡萄试验布置

处理	因素 A(FA 旱地龙用量)	因素 B(保水剂用量)
1	1(150 倍液)	1(500g/排)
2	2(300 倍液)	1(500g/排)
3	1(150 倍液)	2(450g/排)
4	2(300 倍液)	2(450g/排)
CK	0	0

12.3.2 化控制剂对土壤水分的影响

1. 喷施 FA 旱地龙对土壤水分的影响

由图 12-7 可以看出，在 2002 年 6 月 5 日和 7 月 4 日，0～80cm 土层平均土壤含水率随着 FA 旱地龙用量的增加而增加，1.5g/m² 水平土壤含水率提高 5%～23%，1.0g/m² 水平提高 2%～12.5%，0.5g/m² 水平提高 0.5%～8.5%。考虑权重后，1.5g/m² 水平提高 0.7%～3.24%，1.0g/m² 水平提高 0.28%～1.76%，0.5g/m² 水平提高 0.07%～1.20%。主要原因是在 5 月 23 日、6 月 12 日喷施了 FA 旱地龙，FA 旱地龙可以减少叶面气孔开度，从而减少叶面蒸腾，进而减少果树水分的消耗，土壤中消耗的水量少，土壤含水率提高。6 月 12 日的平均土壤含水率较为接近的主要原因是 6 月 9 日试验区降雨 30mm 左右。尽管 7 月 26 日也喷施了 FA 旱地龙，但由于 7 月 27 日、28 日连逢降雨，FA 旱地龙的作用没有得到充分发挥。8 月 13 日、8 月 29 测定结果表明，各处理的土壤含水率与对照无明显差异，说明此时 FA 旱地龙的作用已消失。

由图 12-8 可以看出，由于受外界大气环境影响较大，0～10cm 土层土壤含水

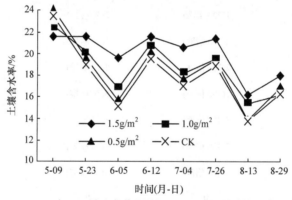

图 12-7　2002 年 FA 旱地龙作用下 0～80cm 土层平均土壤含水率

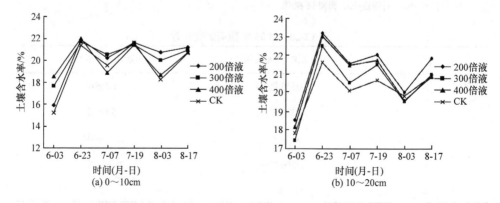

(a) 0～10cm　　　　　　　　　　　　(b) 10～20cm

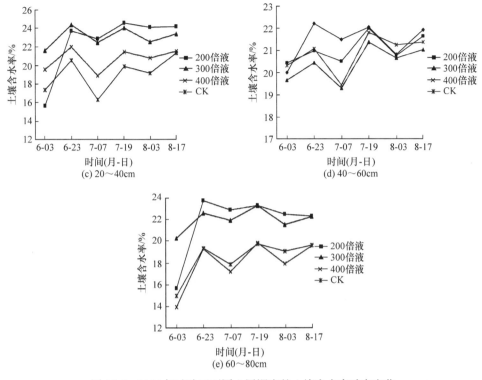

图 12-8　2004 年试验区不同土层深度的土壤含水率动态变化

率没有明显的变化规律，10～40cm 土层的土壤含水率明显高于对照，说明 FA 旱地龙对此深度内的土壤含水率作用明显。在 40～60cm 土层，土壤含水率有随 FA 旱地龙喷施浓度的增加而增加的趋势，在 200 倍液或 300 倍液时较大，400 倍液和对照相近。总体来看，300 倍液对土壤的含水率影响最明显。这一较佳用量也可以从 2005 年试验结果中看出。如图 12-9 所示，喷施 FA 旱地龙后，各测定日各土层的土壤含水率相对对照均有提高。在 0～20cm 的土层中，喷施 150 倍液比喷施 300 倍液的土壤含水率略高一些，在 20～80cm 土层，300 倍液的平均值均高于 150 倍液，就土壤含水率而言，300 倍液的作用效果最明显。

2. 保水剂对土壤水分的影响

从图 12-10 和图 12-11 可以看出，由于外界大气环境的影响，0～10cm 土层土壤含水率随保水剂用量的变化规律不明显。10～20cm 土层保水剂处理的土壤含水率要高于对照，但该层土壤含水率并未完全随保水剂用量的增加而增加。这也与外界大气环境和高土壤含水率的作物蒸散大有关。20～60cm 土层的土壤含水率

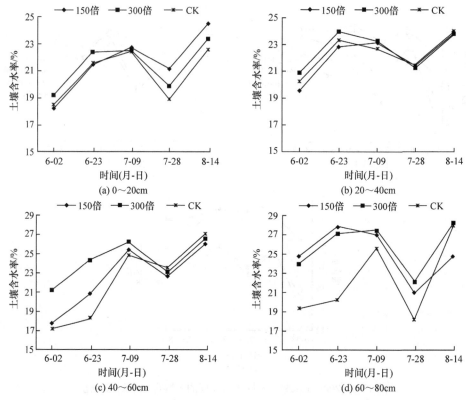

图 12-9 2005 年试验区不同土层深度的土壤含水率动态变化

随保水剂用量的增加而增加，但 40～60cm 土层不如 20～40cm 土层提高明显。其原因主要在于保水剂施于 20～40cm 土层中，因而吸收的水分较多，40～60cm 土壤含水率较高可能是水分向下运移的原因。60～80cm 土层远离保水剂，因而未呈现出规律性的变化规律，但保水剂处理的含水率还是高一点。从总体上看，400～500g/排的保水剂用量对土壤含水率提高较大，是较佳用量区间。

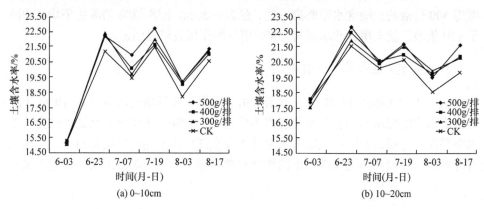

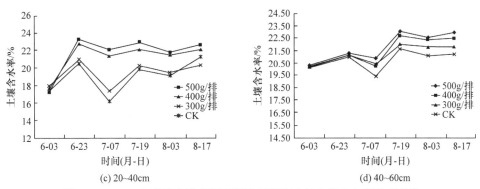

图 12-10　2004 年保水剂作用下不同土层深度内的土壤含水率动态变化

从图 12-12 可以看出，施入保水剂后，20～40cm 土层的土壤含水率明显提高，提高的幅度达 1.12%～7.77%，且有随保水剂用量的增加而增加的趋势。由图 12-12 还可以看出，虽然保水剂的增墒效果有随保水剂用量的增加而增加的趋势，但效果不如其他同类型试验明显。究其原因，可能在于施用保水剂的同时，将有机抗

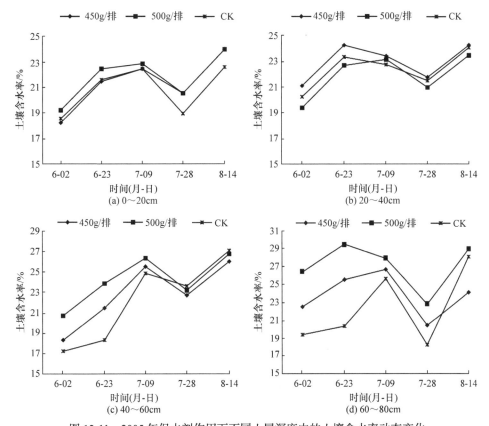

图 12-11　2005 年保水剂作用下不同土层深度内的土壤含水率动态变化

旱剂 BGA 也一同施入沟内，BGA 中含有一定浓度的 Ca^{2+}、Mg^{2+}，对钠类保水剂吸水力有一定的拮抗作用，从而影响了保水剂的吸水量。

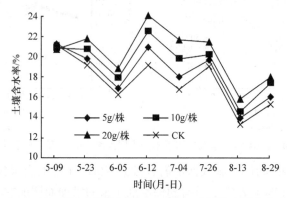

图 12-12　2002 年保水剂作用下 20～40cm 土层的土壤含水率变化

3. 有机抗旱剂 BGA 对土壤水分的影响

从图 12-13 可以看出，对于 20～40cm 土层，500g/株的 BGA 施用水平比 300g/株和 400g/株的土壤含水率高，而 300g/株和 400g/株水平较对照没有明显提高，在其他各土层深度处，各 BGA 施用水平与对照之间或各水平之间的差异也不明显。其原因可能是，BGA 的施用深度为 30～40cm，另外 BGA 属于一种抗旱营养剂，对土壤含水率有一定影响，但这并不是其主要功能。

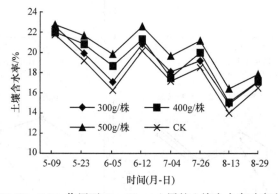

图 12-13　BGA 作用下 20～40cm 土层的土壤含水率动态变化

12.3.3　化控制剂对葡萄产量和品质的影响

1. 化控制剂对葡萄产量的影响

施用不同化控制剂后，葡萄产量的变化见表 12-21，取显著性水平为 0.1，F 检验结果见表 12-22。从表 12-22 可以看出，FA 旱地龙和保水剂两因素的 F 值分别为 13 和 15，大于 $F_{0.1}(2.2)=9$，说明此两因素对产量的影响显著。BGA 的 F 值为 1，小于 9，说明 BGA 对产量的影响不显著。

表 12-21　不同化控制剂对葡萄产量的影响

年份	项目	FA 旱地龙用量			保水剂用量			BGA 用量			CK
		1.5g/m²	1.0g/m²	0.5g/m²	5g/株	10g/株	20g/株	300g/株	400g/株	500g/株	
2002	产量 /(kg/hm²)	9702.08	9552.78	8130.56	8131.94	9236.11	10017	9155.56	8875	9354.86	7865.5

年份	项目	FA 旱地龙喷施浓度			灌施 FA 旱地龙用量			保水剂用量			CK
		200 倍液	300 倍液	400 倍液	200g/排	300g/排	400g/排	300g/排	400g/排	500g/排	
2004	单穗重/g	617.18	608.36	587.46	597.25	606.29	630.06	583.05	590.21	630.34	561.24
	单粒重/g	11.53	11.12	10.97	10.65	11.28	11.68	10.25	11.29	11.99	10.12

年份	项目	FA 旱地龙喷施浓度		保水剂用量		CK
		150 倍液	300 倍液	500g/排	450g/排	
2005	单穗重/kg	1.01	0.99	1.02	0.97	0.79
	百粒重 /kg	0.892	0.888	0.887	0.893	0.813
	产量 /(kg/hm²)	31650	32475	0.1428	0.1427	29850

表 12-22　2002 年不同化控制剂作用下葡萄产量的 F 检验结果

方差来源	平方和	自由度	均方差	F
FA 旱地龙	4514707.75	2	2257353.88	13
保水剂	5384331.60	2	2692165.80	15
BGA	204933.45	2	102466.72	1
误差	348700.81	2	174350.41	$F_{0.90}(2.2)=9$

随着 FA 旱地龙喷施浓度的增加，葡萄产量、单穗重和单粒重都在增加。当喷施浓度为 150 倍液时，产量略有下降(比 300 倍液)。当喷施量为 0.5g/m² 时，作用效果不显著，达到 1.5g/m² 和 1.0g/m² 时，作用效果明显。这些变化说明，对葡萄喷施 FA 旱地龙一定要达到一定浓度，否则作用效果不明显，本次试验得到的葡萄较佳喷施浓度为 300 倍液。与 FA 旱地龙喷施相比，FA 旱地龙随水灌溉的作用效果也较好，其中 400g/排对产量的提高幅度最大。在保水剂的各施用水平中，随保水剂用量的增加，葡萄产量、单穗重在增加。当保水剂用量在 450g/排以下时(2004 年)，单粒重和单穗重也在增加，但用量为 500g/排时(2005 年)的百粒重比 450g/排小，说明保水剂的用量也不能太多，应该在 400g/排左右。从 BGA 三

个水平间的差异来看,葡萄产量随 BGA 用量的增加没有呈现出规律性变化,500g/株水平时最大,400g/株时最小。这是由于试验区土壤的肥力条件较好。因此 BGA 的作用没有显现出来,或者是由于 2002 年北京是干旱年,土壤水分条件较差。总体上来说,对葡萄果实产量影响最大的是保水剂,其次是 FA 旱地龙,最后是 BGA。

2. 化控制剂对葡萄可溶性固形物含量的影响

施用不同化控制剂后,葡萄可溶性固形物含量的变化见表 12-23,取显著性水平为 0.1,F 检验结果见表 12-24。从表 12-24 可以看出,FA 旱地龙和 BGA 两因素的 F 值分别为 91 和 9.1,大于 $F_{0.1}(2.2)=9$,说明此两因素对葡萄可溶性固形物含量的影响显著。保水剂的 F 值为 7,小于 9,说明保水剂的影响不显著。

表 12-23　不同化控制剂对葡萄可溶性固形物含量的影响

年份	项目	FA 旱地龙用量			保水剂用量			BGA 用量			CK
		1.5g/m²	1.0g/m²	0.5g/m²	5g/株	10g/株	20g/株	300g/株	400g/株	500g/株	
2002	可溶性固形物含量/%	15.2	14.0	13.8	14.2	14.3	14.5	13.8	14.8	14.3	13.5

年份	项目	FA 旱地龙喷施浓度			灌施 FA 旱地龙用量			保水剂用量			CK
		200 倍液	300 倍液	400 倍液	200g/排	300g/排	400g/排	300g/排	400g/排	500g/排	
2004	可溶性固形物含量/%	15.13	15.07	14.37	14.93	14.87	14.77	14.97	14.97	14.63	14.80

年份	项目	FA 旱地龙喷施浓度		保水剂用量		CK
		150 倍液	300 倍液	500g/排	450g/排	
2005	可溶性固形物含量/%	15.27	15.28	14.28	14.27	14.22

表 12-24　2002 年不同化控制剂作用下葡萄可溶性固形物含量的 F 检验结果

方差来源	平方和	自由度	均方差	F
FA 旱地龙	1.82	2	0.91	91
保水剂	0.14	2	0.07	7
BGA	0.18	2	0.09	9.1
误差	0.02	2	0.01	$F_{0.1}(2.2)=9$

当 FA 旱地龙喷施浓度在 200 倍液以下时,随着喷施浓度的增加,葡萄可溶

性固形物含量增加，150 倍液和 300 倍液时的差异较小。说明 FA 旱地龙的喷施浓度不能太大，否则没有作用效果。只从对葡萄可溶性固形物含量的提高程度来讲，FA 旱地龙的喷施浓度为 300 倍液或 1.5g/m² 较好。FA 旱地龙随水灌溉的作用效果不如喷施好。有机抗旱剂 BGA 的施用量在 400g/株时，葡萄可溶性固形物含量的提高幅度最大，达 9.6%。保水剂对葡萄可溶性固形物含量的影响只在 2002 年比较明显，提高幅度最高达 7.4%，而在另外两年的试验中，保水剂几乎没有起作用。这可能与 2002 年北京是干旱年，另外两年的降雨较大，从而引起土壤水分胁迫的程度不同有关。

总体来看，对葡萄可溶性固形物含量影响最大的是 FA 旱地龙，其次是 BGA，最后是保水剂。究其原因，可能是保水剂处理的土壤含水率较高，FA 旱地龙、BGA 处理的土壤水分较低，仍存在着一定的土壤水分胁迫作用。

12.3.4 经济效益分析

试验后，以亩产量为基准，葡萄果实价格按市场价格 4 元/kg 计算，得到的经济分析结果见表 12-25。从表中可以看出，喷施 FA 旱地龙可以显著增加经济效益，喷施浓度 300 倍液增加幅度最大，达 9749.6 元/hm²。保水剂虽然可以增加果实产量，但通过经济分析，其效益较差，施用并不经济。

表 12-25 各因素不同施用水平的经济评价

项目	FA 旱地龙喷施浓度		保水剂用量		CK
	150 倍液	300 倍液	500g/排	450g/排	
产量/(kg/hm²)	31650	32475	32250	31875	29850
增产/(kg/hm²)	1800	2625	2400	2025	—
投入/(元/hm²)	1501	750	9005	8104	—
增加纯收入 /(元/hm²)	5699.3	9749.6	595.5	−4.1	—

12.3.5 结论与建议

本节所得结论如下：

(1) 随着 FA 旱地龙喷施浓度的增加，葡萄园的土壤含水率、果实产量和可溶性固形物含量有增加的趋势，FA 旱地龙喷施浓度为 1.5g/m² 或 300 倍液时最佳。

(2) 随着保水剂施用量的增加，葡萄园的土壤含水率、果实产量有增加的趋势，但必须达到一定用量才显著。保水剂的最佳用量为 20～30g/株。保水剂不可与有机抗旱剂 BGA 混施，否则会降低保水剂的功效。

(3) 有机抗旱剂 BGA 是一种抗旱营养剂，可以提高葡萄产量和可溶性固形物含量，对土壤含水率有一定的影响，但是作用效果不大。应用于葡萄的最佳施用数量为 400g/株。

(4) 本试验结果表明，FA 旱地龙、保水剂、BGA 三种化控制剂在葡萄上较佳的集成应用方案为旱地龙 1.5g/m²、保水剂 20g/株、BGA 400g/株。

(5) 喷施 FA 旱地龙可以显著增加葡萄的经济效益，喷施浓度为 300 倍液时的增加幅度最大，保水剂效益较差。对于 5 年以上的葡萄，科翰 98 型保水剂施用量应为 30g/株为宜，对于 5 年以下的葡萄，可以适当减少，建议不少于 20g/株。

(6) 葡萄喷施 FA 旱地龙，其适宜的喷施浓度应为 200～300 倍液(水与旱地龙的质量比)，全生育期内喷施四次。如果随水灌溉，对于葡萄施肥技术成熟的地区施用效果不佳，对于土壤贫瘠、施肥技术不成熟的地区可以适当采用，建议施用量为 1.5g/m²，在葡萄新稍旺长期施用两次，每次每亩不超过 1.5kg；对于葡萄施肥技术成熟的地区，不建议施用普通型 BGA，对于土壤贫瘠、施肥技术不成熟的地区可以适当采用，建议施用量为 400g/株。

第13章 化控节水防污技术在大田作物上的应用研究

13.1 试 验 方 法

13.1.1 试验材料

试验选用山东省东营华业新材料有限公司生产的农用表土结构改良剂 PAM，为聚丙烯酰胺类表土改良剂，粒径为 0.5~1.0mm；试验选用山东省东营华业新材料有限公司生产的农林保水剂，为聚丙烯酰胺-丙烯酸交联共聚类土壤保水剂 SAP，粒径为 2~4mm；试验选用新疆汇通旱地龙腐植酸有限责任公司生产的旱地龙 FA，为膜反射型抗蒸腾剂，褐色液体。

供试土壤为密云和通州大田土壤，土壤情况详见后面。

供试大田作物玉米为农大 86，生育期 100~120 天。

13.1.2 试验设计

分步骤采用正交设计和通用旋转组合设计进行田间尺度的连续监测试验，试验开展时间为 2012~2014 年，其中正交设计试验(2012 年)用于对最优化学联合调控模式进行定性筛选，通用旋转组合设计试验(2013 年)用于定量研究并建立回归模型，最后通过随机验证试验(2014 年)对模型预测结果进行验证。2012 年田间试验在北京市密云区高岭镇北京市水土保持总站生态园区内进行，后来由于该生态园区建设导致不能继续开展试验,因此后续试验是于 2013~2014 年在北京市通州区于家务国际种业园的大田内开展的。

1. 化学联合调控优化模式定性筛选试验

试验地基本情况：年平均降水量为 661mm，年平均温度为 10.8℃。田间 0~100cm 土层为砂壤土。玉米采用当地习惯的均匀垄方式进行种植，间苗后留苗量为 64500 株/hm²；供试 SAP 在 2012 年 5 月 10 日玉米播种时利用开沟机开沟(宽×高=10cm×30cm)，种子和基肥一同施入；供试 PAM 于 2012 年 6 月 5 日与土壤混合均匀后(PAM 浓度为 0.03%)在地表撒施施入；供试 FA 于玉米生育期全过程进行喷施，第 1 次喷施为 2012 年 6 月 5 日，之后每隔 15~20 天喷 1 次，每个试验处理小区喷施次数一致；供试磷肥和钾肥采用磷酸二氢钾(P_2O_5 质量分数为 52.2%，K_2O 质量分数为 34.6%)，施用量为 180kg/hm²，在播种时施入作为基肥(各小区基肥、磷肥和钾肥施用量相同)，供试氮肥采用尿素(纯氮质量分数为 46.4%)，按照试验设计分别在播种时和大喇叭口期按 1∶4 进行施用。

试验方法：试验单个小区规格为 4m×10m，其中 2m×10m 的区域用于测试土壤水分和养分含量，另外 2m×10m 的区域用于测试作物产量，各小区之间用土垄进行分隔；试验考察 PAM 施用量、FA 施用量、SAP 施用量、氮肥施用量四个因素的作用效应，每个因素设 3 个水平，选用 $L_9(3^4)$ 型正交表进行试验设计(表 13-1)，可由正交表获取 9 个处理小区(表 13-2)，每个处理设置 2 个重复。全生育期内未进行灌溉，土壤水分为天然降雨补充。

表 13-1 试验设计

| 作物 | 试验内容 | 处理 | 因素 | | | | |
			灌溉水量 /mm	PAM 施用量 /(kg/hm²)	FA 施用量 /(kg/hm²)	SAP 施用量 /(kg/hm²)	氮肥施用量 /(kg/hm²)
玉米	正交设计试验 (2012 年)	水平 1	—	0	0	0	210
		水平 2	—	15	25[b]	45	240
		水平 3	—	30	25[c]	90	270
	通用旋转组合设计试验 (2013 年)	上边界	—	—	30[c]	120	450
		零水平	—	—	22.5[c]	82.5	337.5
		下边界	—	—	15[c]	45	225
		上边界距 0 水平 R 点	—	—	35.115	145.575	526.725
		下边界距 0 水平 R 点	—	—	9.885	19.425	148.275
		标准差	—	—	7.5	37.5	112.5
	随机验证试验 (2014 年)	小区 1	—	—	23.03[c]	93.38	376.88
		小区 2	—	—	15[c]	45	450
		小区 3	—	—	15[c]	45	225

注：b 代表水与 FA 质量比为 200∶1；c 代表水与 FA 质量比为 400∶1；$R=1.682$。

表 13-2 2012 年玉米产量结果 (单位：kg/m²)

小区	PAM	FA	SAP	肥料	重复 1	重复 2	均值
FP1	1	1	1	1	1.09	1.06	1.08
FP2	1	2	2	2	1.23	1.29	1.26
FP3	1	3	3	3	1.31	1.30	1.31

续表

小区	PAM	FA	SAP	肥料	重复 1	重复 2	均值
FP4	2	1	2	3	1.27	1.21	1.24
FP5	2	2	3	1	1.22	1.24	1.23
FP6	2	3	1	2	1.21	1.28	1.25
FP7	3	1	3	2	1.25	1.20	1.23
FP8	3	2	1	3	1.22	1.27	1.25
FP9	3	3	2	1	1.23	1.23	1.23

2. 化学联合调控优化模式定量筛选试验

试验地基本情况：年平均降水量为 620mm，年平均温度为 11.3℃。田间 0～70cm 土层为壤土，70～100cm 土层为砂壤土。有机质含量为 (13.75 ± 0.35)g/kg，CEC 为 (10.37 ± 1.23)cmol(+)/kg，速效氮为 (69.44 ± 4.07)mg/kg，速效磷为 (16.69 ± 3.90)mg/kg。供试玉米品种、种植方式及间苗后留苗量同 2012 年；供试 SAP 于 2013 年 5 月 21 日玉米播种时施入，施入方式同 2012 年；供试 FA 喷施方式同 2012 年，喷施质量浓度为 400 倍液(水与 FA 质量比为 400 : 1)(在 2012 年的试验中证实较优)，第 1 次喷施为 2013 年 6 月 12 日，此后的喷施方式同 2012 年；基肥施用及氮肥追施同 2012 年；PAM 未施用。

试验方法：试验单个小区规格为 6m×8m，各小区之间用土垄进行分隔。在 2013 年研究的基础上，进一步考察雨养控肥条件下，FA 施用量、SAP 施用量和氮肥施用量对玉米产量的作用效应，采用 Design Expert 8.0 设计三元二次通用旋转组合试验方案(表 13-1)进行化控最优联合应用模式的研究，可由组合设计方案获取 20 个处理小区。全生育期内未进行灌溉，土壤水分为天然降雨补充。

3. 化学联合调控优化模式验证试验

相关试验在 2012 年及 2013 年研究基础上继续开展。从 2013 年建立的响应面模型模拟结果中选取 3 组预测值(其中小区 1 为最优值，其他 2 组为随机选取)来对模拟的准确性进行检验，化控制剂施入、玉米种植和管理方式等基本试验内容与之前的试验保持一致，每个小区 5 次重复。

13.2　化控节水防污技术对玉米产量的影响

2012 年玉米产量结果见表 13-2。从表中可以看出，各小区产量由大到小排序为 FP3、FP2、FP6(FP8)、FP4、FP5(FP7、FP9)、FP1，最大产量小区 FP3 的产量比最小产量小区 FP1 高出 21%。从方差分析(表 13-3)中可以看出，FA、SAP 和氮肥的 p(显著性水平)均小于 0.05，而 PAM 的 p 大于 0.05，说明 FA、SAP 和氮肥对玉米产量有显著影响($p<0.05$)，而 PAM 对玉米产量的影响不显著。

表 13-3　2012 年玉米产量方差分析

变异来源	SS	df	MS	F	p
校正模型	0.062	8	0.008	7.565	0.003
截距	27.158	1	27.158	26424.438	0
PAM	0.002	2	0.001	1.022	0.398
FA	0.022	2	0.011	10.557	0.004
SAP	0.015	2	0.007	7.151	0.014
氮肥	0.024	2	0.012	11.53	0.003
误差	0.009	9	0.001		
总计	27.23	18			
校正总计	0.071	17			

从 Duncan 多重比较(表 13-4)可以进一步分析发现，PAM 的 3 个水平之间差异不显著，FA3 水平最好，SAP3 水平最好，氮肥 3 水平最好。从增产效应及经济性综合考虑，PAM 选 1 水平，SAP 选 3 水平，FA 选 3 水平，施肥选 3 水平，即确定 A1B3C3D3 为最优的试验组合，这与正交试验中的最大产量组合 FP3(A1B3C3D3)一致，为 1.31kg/m^2。

表 13-4　Duncan 多重比较结果

因素	N	水平	子集	
			1	2
	6	1	1.2133	
	6	2	1.2333	
PAM	6	3	1.2383	
		p	0.228	
	6	1	1.1800	
	6	2		1.2450
FA	6	3		1.2600
		p	1.000	0.439
	6	1	1.1883	
	6	2		1.2433
SAP	6	3		1.2533
		p	1.000	0.602

续表

因素	N	水平	子集 1	子集 2
	6	1	1.1783	
氮肥	6	2		1.2433
	6	3		1.2633
		p	1.000	0.308

13.3　化控节水防污技术对玉米土壤含水率的影响

玉米生育期根层土壤含水率变化情况见表 13-5。从表中显著性检验结果可以看出,化学联合调控技术对土壤含水率影响显著($p<0.05$)的时期分别是 7 月 8 日(拔节期)、8 月 1 日(喇叭口期)、8 月 25 日(抽雄期),这 3 个时期各小区含水率相对变化幅度为 7%~64%,而 6 月 25 日(苗期)、9 月 15 日(灌浆期)和 10 月 4 日(成熟期) 3 个时期没有发现化学联合调控技术造成显著性差异,这 3 个时期各处理小区水分变化幅度为 10%~30%。相较于其他小区,FP3 小区的土壤含水率在各个主要生育期均处于较高水平。从整个生育期的平均水平来看,FP3 小区的土壤含水率也最高,达到了 0.12g/g,其为玉米的生长提供了较为充足的水分条件,有利于产量的增加。

表 13-5　玉米生育期根层土壤含水率变化情况　　　　(单位: g/g)

小区	6 月 25 日	7 月 8 日	8 月 1 日	8 月 25 日	9 月 15 日	10 月 4 日	均值
FP1	0.10[ab]	0.08[b]	0.10[c]	0.08[de]	0.09[ab]	0.09[abc]	0.09
FP2	0.11[a]	0.08[b]	0.14[ab]	0.10[abc]	0.09[ab]	0.11[a]	0.11
FP3	0.11[a]	0.12[a]	0.15[a]	0.12[a]	0.10[a]	0.11[a]	0.12
FP4	0.11[a]	0.08[b]	0.12[abcd]	0.09[bcde]	0.10[a]	0.11[a]	0.10
FP5	0.11[a]	0.10[ab]	0.14[ab]	0.09[bcde]	0.09[ab]	0.10[ab]	0.10
FP6	0.11[a]	0.07[bc]	0.13[abc]	0.11[a]	0.08[ab]	0.11[a]	0.10
FP7	0.10[ab]	0.09[abc]	0.12[abcd]	0.09[bcde]	0.08[ab]	0.11[a]	0.10
FP8	0.10[ab]	0.08[b]	0.10[c]	0.07[e]	0.08[abc]	0.11[a]	0.09
FP9	0.10[ab]	0.07[bc]	0.10[c]	0.08[de]	0.08[abc]	0.10[ab]	0.09

注: 上标不同字母代表在 0.05 水平上有显著差异,相同字母代表无显著差异,下同。

通过对玉米生育期根层土壤含水率进行方差分析(表 13-6)后发现,PAM($p=0.002$)、SAP($p=0.015$)和氮肥($p=0.011$)处理对土壤平均含水率的影响显著($p<0.05$),而 FA($p=0.228$)处理对土壤含水率的影响并不显著。这是因为 PAM 和

SAP都是直接作用于土壤,PAM通过改善表土结构状况促进降雨的入渗,而SAP通过对水分的反复吸持可以减少水分深层渗漏,两种制剂均会对土壤含水率产生直接影响,施肥通过水肥耦合效应对土壤含水率产生一定的影响,可提高土壤储水含量,而FA是通过降低作物奢侈蒸腾的作用来减少土壤水分的消耗,其作用并不十分明显。

表13-6　玉米生育期根层土壤含水率方差分析

变异来源	SS	df	MS	F	p
校正模型	0.001	8	0.000	7.375	0.004
截距	0.172	1	0.172	7744.000	0.000
PAM	0.001	2	0.000	13.000	0.002
FA	7.78×10^{-5}	2	3.89×10^{-5}	1.750	0.228
SAP	0.000	2	0.000	7.000	0.015
氮肥	0.000	2	0.000	7.750	0.011
误差	0.000	9	2.22×10^{-5}		
总计	0.174	18			
校正总计	0.002	17			

13.4　化控节水防污技术对土壤氮素养分含量的影响

玉米生育期根层土壤平均全氮、平均有效氮含量情况分别见表13-7和表13-8。从表中显著性检验结果可以看出,化学联合调控技术对土壤全氮含量影响显著($p<0.05$)的时期是7月8日(拔节期)、8月1日(喇叭口期)、9月15日(灌浆期)、10月4日(成熟期),而6月25日(苗期)和8月25日(抽雄期)这2个时期没有发现集成技术造成显著性差异。从生育期平均全氮含量均值来看,FP3小区为0.54g/kg,是9个试验小区中最小的,比其他小区低3.7%~9.3%。而从平均有效氮含量均值来看,FP3小区则为9个小区中最大的,达到45.44mg/kg,比其他小区高13%~23%。从数据分析中可以发现,FP3小区土壤较高的有效氮含量有利于作物对氮素的吸收利用,促进了氮素更多地合成干物质,土壤中氮素利用充分,使得土壤全氮含量小于其他小区。

玉米生育期根层土壤平均全氮和平均有效氮含量的方差分析见表13-9和表13-10。就全氮而言,PAM、FA、SAP和氮肥4个因素对土壤全氮含量均产生显著影响($p<0.05$);就有效氮含量而言,PAM、SAP和氮肥3个因素对土壤有效氮含量产生显著影响($p<0.05$),其中PAM和SAP通过作用于土壤结构影响土壤有

效氮，施肥通过直接补充氮素影响有效氮含量，而 FA 主要起调控作物生长的作用，其对土壤有效氮的影响并不显著。

表 13-7　玉米生育期根层土壤平均全氮含量　（单位：g/kg）

小区	6月25日	7月8日	8月1日	8月25日	9月15日	10月4日	均值
FP1	0.63^{abd}	0.56^{abc}	0.69^{bcd}	0.56^{ac}	0.52^{acd}	0.50^{ab}	0.57
FP2	0.67^{a}	0.58^{ab}	0.74^{ab}	0.56^{ac}	0.52^{acd}	0.46^{abc}	0.59
FP3	0.63^{abd}	0.47^{d}	0.78^{a}	0.52^{acd}	0.45^{d}	0.39^{bc}	0.54
FP4	0.62^{acd}	0.61^{a}	0.68^{bd}	0.56^{ac}	0.57^{ac}	0.54^{a}	0.60
FP5	0.66^{ab}	0.61^{a}	0.78^{a}	0.53^{abd}	0.58^{ab}	0.42^{abcd}	0.60
FP6	0.64^{abc}	0.56^{abc}	0.76^{ac}	0.59^{a}	0.53^{abcd}	0.46^{abc}	0.59
FP7	0.64^{abc}	0.53^{bcd}	0.65^{de}	0.57^{ab}	0.60^{a}	0.44^{abd}	0.57
FP8	0.65^{ac}	0.56^{abc}	0.68^{bd}	0.55^{ad}	0.45^{d}	0.49^{ac}	0.56
FP9	0.64^{abc}	0.58^{ab}	0.64^{def}	0.57^{ab}	0.52^{acd}	0.48^{acd}	0.57

表 13-8　玉米生育期根层土壤平均有效氮含量　（单位：mg/kg）

小区	6月25日	7月8日	8月1日	8月25日	9月15日	10月4日	均值
FP1	36.85^{bd}	35.45^{bc}	44.55^{cdef}	34.95^{ce}	35.95^{cdf}	35.15^{cd}	37.15
FP2	35.10^{bcd}	34.05^{c}	50.75^{ab}	37.00^{bc}	37.20^{cde}	36.80^{bd}	38.48
FP3	44.10^{a}	41.15^{ab}	55.30^{a}	43.55^{a}	44.15^{a}	44.40^{ab}	45.44
FP4	33.50^{bce}	37.40^{ac}	47.55^{bc}	35.90^{bcd}	39.00^{ad}	40.50^{bc}	38.98
FP5	32.55^{bf}	32.70^{cd}	47.10^{be}	38.60^{ac}	40.25^{ac}	49.90^{a}	40.18
FP6	33.15^{bde}	35.80^{bcd}	47.25^{bd}	41.80^{ab}	35.25^{cdef}	34.90^{cde}	38.03
FP7	37.55^{bc}	41.95^{a}	42.45^{cdefg}	35.10^{cd}	34.90^{cdg}	29.95^{de}	36.98
FP8	38.55^{ab}	41.15^{ab}	45.80^{bf}	33.80^{cdef}	38.00^{cd}	29.55^{def}	37.81
FP9	36.50^{be}	33.25^{cde}	41.20^{f}	33.90^{cde}	44.05^{ab}	32.75^{cdef}	36.94

表 13-9　玉米生育期根层土壤平均全氮含量方差分析

变异来源	SS	df	MS	F	p
校正模型	0.005	8	0.001	8.217	0.002
截距	5.974	1	5.974	71691.267	0.000
PAM	0.003	2	0.001	16.067	0.001
FA	0.001	2	0.000	4.867	0.037
SAP	0.001	2	0.000	5.067	0.034
氮肥	0.001	2	0.001	6.867	0.015
误差	0.001	9	8.33×10^{-5}		

变异来源	SS	df	MS	F	p
总计	5.981	18			
校正总计	0.006	17			

表 13-10　玉米生育期根层土壤平均有效氮含量方差分析

变异来源	SS	df	MS	F	p
校正模型	114.440	8	14.305	5.210	0.012
截距	27220.667	1	27220.667	9913.846	0.000
PAM	29.444	2	14.722	5.362	0.029
FA	17.823	2	8.912	3.246	0.087
SAP	36.035	2	18.017	6.562	0.017
氮肥	31.138	2	15.569	5.670	0.025
误差	24.712	9	2.746		
总计	27359.818	18			
校正总计	139.151	17			

13.5　玉米产量分析与回归模型建立

2012 年田间试验中发现 SAP、FA 和氮肥均对玉米产量有显著影响($p<0.05$)，而 PAM 对玉米产量无显著影响。因此，2013 年试验中不再考虑 PAM，而是进一步研究雨养控肥条件下，基于玉米产量最优的 SAP 和 FA 的最佳联合应用模式。

2013 年玉米产量结果见表 13-11。各小区产量范围为 1.08～1.36kg/m²，其中最大产量处理 SP15 比最小产量处理 SP1 高出 25.9%。玉米产量与各因素间的回归模型为 $Y=1.34+0.042A+0.014B+0.043C-0.021AB-0.021AC-0.036A^2-0.018B^2-0.039C^2$。从所得回归模型及各因素的方差分析(表 13-12)中可以看出，模型失拟项的显著性水平 $p=0.1946>0.05$，说明所得方程与实际拟合中非正常误差所占比例小，拟合不足被否定，可进一步对回归模型进行拟合检验。回归拟合检验 $p<0.01$，达到极显著水平，说明该回归模型方程与实际情况拟合较好，正确反映了产量与 SAP(因素 A)、FA(因素 B)和氮肥(因素 C)这 3 个试验因素的关系。对各试验因素的偏回归系数的检验结果表明，A、C、A^2、C^2 的偏回归系数均达到极显著水平($p<0.01$)，B、AB、AC、B^2 的偏回归系数达到显著水平($p<0.05$)，说明试验因素对响应值的影响显著，且不是简单的线性关系，从交互项的显著影响($p<0.05$)也可以看出本试验的

3 个影响因素之间存在耦合效应。

表 13-11 2013 年玉米产量结果

小区	SAP/(kg/hm²)	FA/(kg/hm²)	氮肥/(kg/hm²)	产量/(kg/m²)
SP1	45	15	225	1.08
SP2	120	15	225	1.26
SP3	45	30	225	1.19
SP4	120	30	225	1.25
SP5	45	15	450	1.24
SP6	120	15	450	1.30
SP7	45	30	450	1.31
SP8	120	30	450	1.32
SP9	19.425	22.5	337.5	1.17
SP10	145.575	22.5	337.5	1.33
SP11	82.5	9.885	337.5	1.30
SP12	82.5	35.115	337.5	1.30
SP13	82.5	22.5	148.275	1.18
SP14	82.5	22.5	526.725	1.30
SP15	82.5	22.5	337.5	1.36
SP16	82.5	22.5	337.5	1.32
SP17	82.5	22.5	337.5	1.35
SP18	82.5	22.5	337.5	1.35
SP19	82.5	22.5	337.5	1.32
SP20	82.5	22.5	337.5	1.35

表 13-12 2013 年玉米产量方差分析

变异来源	SS	df	MS	F	p
模型	0.098	8	0.012	24.6	< 0.0001
A	0.025	1	0.025	49.07	< 0.0001
B	2.64×10^{-3}	1	2.64×10^{-3}	5.28	0.0421
C	0.026	1	0.026	51.25	< 0.0001
AB	3.61×10^{-3}	1	3.61×10^{-3}	7.22	0.0211
AC	3.61×10^{-3}	1	3.61×10^{-3}	7.22	0.0211
A^2	0.018	1	0.018	36.38	< 0.0001
B^2	4.60×10^{-3}	1	4.60×10^{-3}	9.19	0.0114
C^2	0.022	1	0.022	43.97	< 0.0001
残余误差	5.50×10^{-3}	11	5.00×10^{-4}		

续表

变异来源	SS	df	MS	F	p
失拟项	$4.02×10^{-3}$	6	$6.70×10^{-4}$	2.26	0.1946
误差	$1.48×10^{-3}$	5	$2.97×10^{-4}$		
总计	0.1	19			

13.5.1 单因素效应的比较

将 3 个因素中的 2 个固定在 0 水平，对数学模型进行降维分析，得到以其中 1 个因素为决策变量的偏回归模型。降维后的 3 个方程，其二次项系数均为负值，说明其表征的抛物线都开口向下(图 13-1)，因此 3 个因素取值均存在最佳值，过大或过小均会使响应值降低。

$$Y = 1.34 + 0.042A - 0.036A^2 \qquad (13-1)$$

$$Y = 1.34 + 0.014B - 0.018B^2 \qquad (13-2)$$

$$Y = 1.34 + 0.043C - 0.039C^2 \qquad (13-3)$$

根据图 13-1 和表 13-13 分析可知，氮肥(因素 C)对产量的影响最大，SAP(因

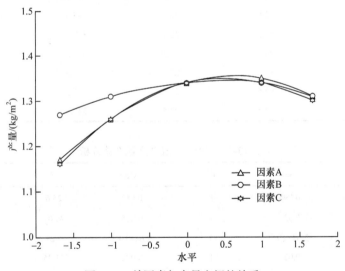

图 13-1 单因素与产量之间的关系

表 13-13 单因素分析

水平	因素 A	因素 B	因素 C
1.682	1.31	1.31	1.30
1	1.35	1.34	1.34

续表

水平	因素 A	因素 B	因素 C
0	1.34	1.34	1.34
−1	1.26	1.31	1.26
−1.682	1.17	1.27	1.16

素 A)次之，FA(因素 B)的影响最小。随着施肥量的增大，玉米产量快速上升，当 $C=0.560$ 时玉米达到最大产量 1.35kg/m^2，此后产量随着施肥量的增加而缓慢减少；SAP 和 FA 施用量对产量的影响规律同施肥量相似，也是随着 SAP 用量的增加先增加后减少，当 $A=0.566$ 时达到最大产量 1.35kg/m^2，当 $B=0.376$ 时达到最大玉米产量 1.34kg/m^2。

13.5.2　交互因素效应的比较

玉米产量受到多种因素的影响，任何单因素的影响都不是孤立存在的。在多因素试验中，只有对各因素间的交互作用进行分析才能揭示事物本身内在的联系。在本试验中，一共有 3 个交互作用因素，比较显著($p<0.05$)的 2 个交互项是 AB、AC。降维法处理后得到如下子模型：

$$Y(A, B) = 1.34 + 0.042A + 0.014B - 0.021AB - 0.036A^2 - 0.018B^2 \tag{13-4}$$

$$Y(A, C) = 1.34 + 0.042A + 0.043C - 0.021AC - 0.036A^2 - 0.039C^2 \tag{13-5}$$

1. SAP 和 FA 之间的耦合效应

由耦合效应子模型(式(13-4))可知，SAP 和 FA 之间存在交互作用，协同促进玉米产量的提高。从表 13-14 和图 13-2 中可以看出，当 SAP 处于任意水平时，玉米产量均随着 FA 用量的增大呈现先增大后减小的趋势，但最大值点不同，随着 SAP 用量减小，FA 使玉米产量最大化的施用量逐渐增大。预期产量最小值在 SAP 和 FA 均在最低水平时，为 1.03kg/m^2，预期产量最大是当 SAP 在 1 水平，FA 在 0 水平时，为 1.35kg/m^2。综合来看，SAP 对产量的影响要强于 FA，合理施用 FA，适当提高 SAP 用量，有利于玉米产量的增加。

表 13-14　SAP 和 FA 之间的耦合作用

SAP	FA					统计参数	
	1.682	1	0	−1	−1.682	期望	方差
1.682	1.22	1.27	1.31	1.31	1.29	1.28	0.04
1	1.28	1.32	1.35	1.34	1.31	1.32	0.02

SAP		FA					统计参数	
		1.682	1	0	-1	-1.682	期望	方差
0		1.31	1.34	1.34	1.31	1.27	1.31	0.03
-1		1.27	1.28	1.26	1.21	1.15	1.23	0.05
-1.682		1.20	1.20	1.17	1.10	1.03	1.14	0.07
统计参数	期望	1.26	1.28	1.28	1.25	1.21		
	方差	0.05	0.05	0.07	0.10	0.12		

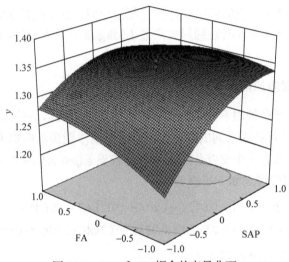

图 13-2　SAP 和 FA 耦合的产量曲面

2. SAP 和氮肥之间的耦合效应

由耦合效应子模型(式(13-5))可知，SAP 和氮肥之间也存在显著的交互效应。从表 13-15 和图 13-3 中可以看出，在 SAP 处于任意水平时，玉米产量均随着氮肥用量的增大呈现先增大后减小的趋势。预期产量最小值在 SAP 和氮肥均在最低水平时，为 $0.93kg/m^2$，当 SAP 在 1 水平，施肥量在 0 水平时，预期产量最大为 $1.35kg/m^2$，然而，当 SAP 在 0 水平，施肥量在 1 水平时，预期产量也可达到 $1.34kg/m^2$。综合来看，SAP 和施肥量对玉米产量的提升作用相当，当其施用水平接近且处于中高水平时能够有效提升玉米产量。

表 13-15　SAP 和氮肥之间的耦合作用

SAP	氮肥					统计参数	
	1.682	1	0	-1	-1.682	期望	方差
1.682	1.21	1.28	1.31	1.26	1.19	1.25	0.05

续表

SAP	氮肥					统计参数	
	1.682	1	0	−1	−1.682	期望	方差
1	1.27	1.33	1.35	1.29	1.20	1.29	0.06
0	1.30	1.34	1.34	1.26	1.16	1.28	0.08
−1	1.26	1.29	1.26	1.16	1.04	1.20	0.10
−1.682	1.19	1.21	1.17	1.05	0.93	1.11	0.12
统计参数　期望	1.25	1.29	1.28	1.20	1.10		
方差	0.05	0.05	0.07	0.10	0.12		

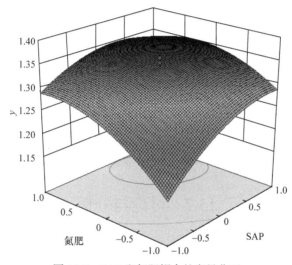

图 13-3　SAP 和氮肥耦合的产量曲面

3. 模型寻找优化及验证试验

从上述研究结果可以看出，SAP、FA 和氮肥均对玉米产量有极显著的影响（$p<0.01$），且 SAP 和 FA、SAP 和氮肥之间通过交互作用来协同对玉米产量产生影响（$p<0.05$）。从方差检验(表 13-12)可以证明前述响应面方程可用，可利用其进行优化配置，通过模型求解得到最大值点$(A, B, C)=(0.29, 0.07, 0.35)$，预计最大产量值 $Y=1.36kg/m^2$。换算为实际值 SAP 施用量为 $93.38kg/km^2$，FA 施用量为 $23.03kg/km^2$，氮肥施用量为 $376.88kg/km^2$。

13.6　化学联合调控优化模式验证试验结果分析

2014 年进行了三个小区的验证试验，以此来检验回归模型的模拟准确度，其中小区 1 的处理为模型预测产量最优的 SAP、FA 和氮肥施用量，小区 2 和小区 3 为回归模型中的随机试验处理。结果表明(图 13-4)，玉米产量实测值与模拟值非常接近(RMSE=0.03，MAE=0.036，ORE=0.44)，说明回归模型能够有效用于预测化控制剂应用条件下的玉米产量变化状况。

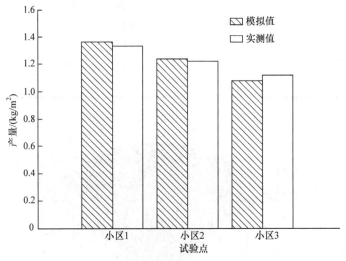

图 13-4　2014 年玉米产量模拟值与实测值比较

13.7　讨论与分析

对于化学联合调控技术应用于雨养玉米的研究,在 2012 年的试验中首先考察了 SAP、PAM、FA 和施肥量这 4 个因素对玉米生长的影响效应。结果表明，化学联合调控技术提升了水肥利用效率，增加了玉米产量，P3(A1B3C3D3)小区相较于未施加制剂的 P1 小区，产量提升了 21%，这与之前单独应用化控制剂相比，产量提高更多，可见化学联合调控效果更加突出。此外，施肥对作物产量也产生显著影响，且施肥量越大产量越高，但比较同为 270kg/hm² 施氮条件下的 P3、P4、P8 这 3 个小区产量可以发现，P3 小区仍增产 4.7%～5.2%，说明 P3 小区 3 种化学制剂的应用模式对促进作物产量形成更为有利。然而，虽然集成技术提高了作物产量,但显著性检验表明 3 种制剂对作物产量及土壤水氮的影响效应并不一致，不同制剂所产生的作用效应有所区别，其中 PAM 和 SAP 直接作用于土壤，对于土壤含水率和有效氮含量影响明显，FA 作用于作物叶面，则对作物产量形成和氮素利用的影响更大。在本章的化学制剂施用量水平下，从 Duncan 多重比较来看，并不是用量越多产量越高，其中 PAM 施用水平对产量的影响不显著，SAP 用量为 90kg/hm^2 时最优，FA 的 400 倍液低浓度施用水平要优于 200 倍液高浓度施用水平。这可能是因为 SAP 直接作用于作物根系，可将水氮保蓄在根层区供作物持续利用，对作物的生长促进作用明显，且当干旱胁迫发生时，SAP 可以提高作物对水分的利用效率；而 FA 一方面起到抑制作物奢侈蒸腾的作用，另一方面起到提升作物生理机能作用，当 FA 用量较大时，其对作物蒸腾作用抑制过大，可能会影响其光合作用，进而减少作物产量，就本章而言，400 倍液的 FA 施用量能够更好地促进作物产量的形成。

在 2012 年的试验中，研究发现 PAM 对玉米产量的影响不显著，因此本书在 2013 年主要针对 SAP、FA 和氮肥 3 个有显著影响的因素进行了深入研究。从 2013 年的试验结果中可以看出，SAP、FA 和氮肥 3 个因素不仅自身影响了玉米产量的大小，其相互间的交互作用也对玉米产量产生了影响。在交互作用下，通过优化配施 SAP 和 FA，并合理进行氮肥施用，可以进一步促进玉米产量的提升。从 SAP 和 FA 之间的交互作用来看，主要是由于 SAP 和 FA 同时作用于作物的根部和冠层，对作物生理特性起到了调控作用。SAP 提升根系活力并增加纤维根系数目，FA 抑制作物奢侈蒸腾并补充作物叶面营养元素，二者共同提升作物整体生理活性，促进其对水肥的吸收利用。SAP 和氮肥之间也存在显著的交互作用，这是因为 SAP 和氮肥都主要施用于作物根区，氮素养分溶于雨水之中浸入作物根系区，被保水剂吸持住而不会向深层土壤继续渗入，提高了肥料的利用效率，而吸持了水分和肥料的保水剂可以在根区范围内形成一个小型水肥库，持续缓慢释放水分和肥料供作物生长所需，进而促进作物的生长和产量的提高。就 SAP、FA 和氮肥的用量而言，想要获得最大产量，需要进行合理搭配，并非用量越多越好，控制在一个合理的范围内对产量的提升效果最为明显。无论 SAP、FA 或氮肥，其过高的用量都不利于作物的正常生长，SAP 过多会造成根系区水分过多，阻碍作物根系的呼吸，降低根系活性，FA 过多会使得作物叶面气孔关闭程度加大，降低作物蒸腾作用效果，氮肥过多不仅容易引起环境污染，还容易造成作物倒伏，从而减少其产量。就本试验中雨养玉米的生产而言，应控制 FA 用量在中等水平，而 SAP 和氮肥用量则应控制在中高水平，这样最有利于产量的提升。

13.8 结论和建议

本章结论如下：

(1) 化控制剂和氮肥的应用对土壤水分及氮素含量均产生显著影响($p<0.05$)的玉米生育期是 7 月 8 日(拔节期)和 8 月 1 日(喇叭口期)，这是玉米生长的关键时

期，其中 SAP、PAM 和氮肥直接作用于土壤，其对土壤水分及氮素含量的影响显著($p<0.05$)，FA 直接作用于叶面，其对土壤水分及氮素含量的影响不显著($p>0.05$)。

(2) 化控制剂和氮肥的合理配施能够有效提升玉米产量，各试验小区产量范围为 $1.08\sim1.36\text{kg/m}^2$，最大产量处理比最小产量处理高出 25.9%；其中 PAM 对玉米产量的影响不显著($p>0.05$)，SAP、FA 和氮肥的施用均对玉米产量有极显著($p<0.01$)的影响，影响的大小顺序为氮肥>SAP>FA，且 SAP 和 FA、SAP 和氮肥之间对产量还存在着显著($p<0.05$)的交互作用。

(3) 就 SAP、FA 和氮肥而言，并非用量越多越好，控制在一个合理的范围内对产量的提升最有效；通过建立的响应面模型分析来看，当 SAP 施用量为 93.38kg/km^2、FA 施用量为 23.03kg/km^2、施肥量为 376.88kg/km^2 时，预期可以得到最大玉米产量为 1.36kg/m^2；该回归模型的预测值也得到了实测数据的有力支持。

第 14 章 化控节水防污技术在温室瓜菜上的应用研究

14.1 化控节水防污技术在温室番茄上的应用

14.1.1 试验方法

试验在中国农业大学连栋玻璃温室内进行，种植方式为盆栽，番茄品种为中杂 101。番茄种植日期为 2003 年 3 月 28 日～7 月 10 日。土壤水分设四个水平，采用体积含水率控制，用时域反射仪进行实时监测，有机抗旱剂 BGA 用量设两个水平。试验采用完全实施方案，具体见表 14-1。试验开始时，每盆加鸡粪 300g 作为基肥。试验测定的参数有番茄光合参数、叶绿素含量、生长及品质参数等。

表 14-1　试验实施方案

处理	土壤含水率	BGA 用量
1	1(40%FC～55%FC)	1(0g/株)
2	2(55%FC～70%FC)	1(0g/株)
3	3(70%FC～85%FC)	1(0g/株)
4	4(85%FC～100%FC)	1(0g/株)
5	1(40%FC～55%FC)	2(250g/株)
6	2(55%FC～70%FC)	2(250g/株)
7	3(70%FC～85%FC)	2(250g/株)
8	4(85%FC～100%FC)	2(250g/株)

注：FC 为田间持水率。

14.1.2 BGA 对番茄叶片光合特性的影响

不同 BGA 处理条件下净光合速率、蒸腾速率、气孔导度试验数据如图 14-1 所示。从图中可以看出，施加有机抗旱剂 BGA 后，番茄的净光合速率、蒸腾速率、气孔导度都有一定的变化。在土壤含水率较低的情况下(40%FC～55%FC)，施加 BGA 后的作物净光合速率比不施加的高 30%，说明施加 BGA 有助于在干旱的条件下维持番茄的正常生长。另外，施加 BGA 后，番茄的蒸腾速率、气孔导度减少了 17%和 21%。说明在干旱状态下，施加 BGA 可以有效减少水分的散失，从而达到节水的目的。在土壤含水率较高的情况下(85%FC～100%FC),施加 BGA后番茄的净光合速率低于不施加的情况,蒸腾速率和气孔导度与不施加的相比变化不大,说明在水分充足的状态下,有机抗旱剂 BGA 的作用不明显。

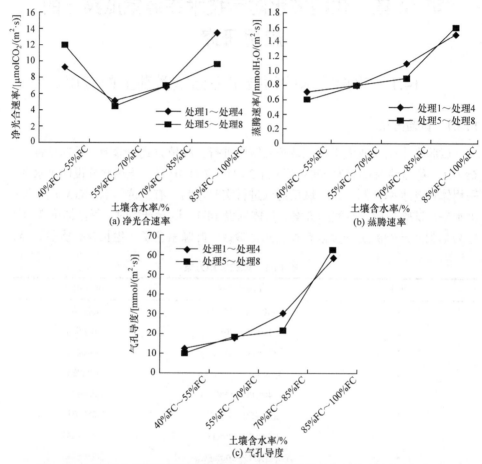

图 14-1　不同水分处理条件下番茄的净光合速率、蒸腾速率、气孔导度变化曲线

14.1.3　BGA 对番茄叶片叶绿素含量的影响

番茄叶片叶绿素含量分析结果如图 14-2 和图 14-3 所示。从图中可以看出,与未施用 BGA 处理相比,在较低土壤含水率的情况下,施加 BGA 处理的番茄叶片叶绿素含量增加较多,在土壤含水率前三个水平(分别是 40%FC～55%FC、55%FC～70%FC、70%FC～85%FC)增加较大,平均可增加 13%～24%。其中,在 40%FC～55%FC 条件下,施加 BGA 后,叶绿素 a 的含量可增加 30%左右。土壤含水率较高的情况下(85%FC～100%FC),叶绿素含量变化不大,甚至有一定程度的衰减。这些变化说明,BGA 使番茄叶片叶绿素含量增加的功能主要表现在低土

壤水分条件，当土壤含水率达到80%田间持水率时，这一功能会消失。另外，从图中还可以看出，随着土壤含水率的增加，番茄叶片三种叶绿素含量出现减少的趋势，这是由于土壤含水率增加后，作物的长势也得到了增强，这样反而不利于叶绿素的积累，从而造成了叶绿素含量减少。

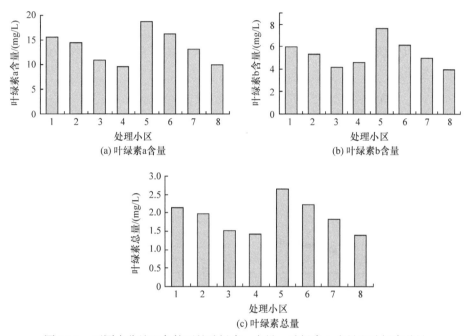

图14-2　不同水分处理条件下的叶绿素 a 含量、叶绿素 b 含量和叶绿素总量

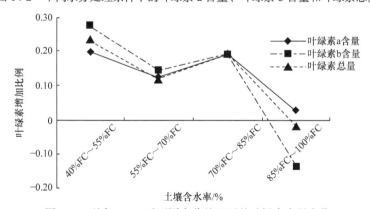

图14-3　施加 BGA 后不同水分处理下的叶绿素含量变化

14.1.4　BGA 对温室番茄生长的影响

通过近两个月(2003 年 3 月 28 日～5 月 25 日)的试验观察可以发现，中杂101 番茄的生长过程类似 S 曲线(图14-4)，其中前 15 天左右(3 月 28 日～4 月 13

日)生长较为缓慢，平均每天生长 0.9cm，其后 35 天生长较快，平均每天生长 2.5cm，最后 10 天，株高的生长也较慢，平均每天生长 0.6cm。据 F 检验可知，水分处理在整个试验中对株高发育的影响非常显著。虽然 BGA 处理在整个试验中对株高发育的影响并不显著，但在土壤含水率为最低水平的环境下，施加 BGA 后，株高有了明显增加，随着土壤含水率提高，株高的增加幅度逐渐减小，在含水率接近或者达到田间持水率的情况下，株高甚至出现了下降的趋势，这说明 BGA 更适宜在贫瘠、干旱的地区使用，并可以在不利的生长条件下保证植株的正常生长。

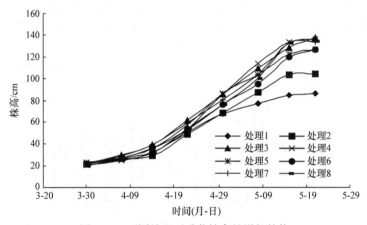

图 14-4　不同处理下番茄株高的增长趋势

另外，通过试验数据分析得出：①施加 BGA 可以显著增加番茄的干物质积累，施加 BGA 较不施加的情况平均可增加 50%；②番茄的根冠比呈现"高—低—高"的 V 形变化。可能原因是番茄生长前期，根系生长速度相对较快，根冠比较大。随着番茄进入生殖生长期，同化产物大量地被用于果实膨大，而向根系的运输减少，根冠比值减少，到采收后期，植株地上部分果实已被大量采收，同化产物向地下运输数量相对增加，再次导致根冠比值增大。

14.1.5　BGA 对番茄品质的影响

从表 14-2 和表 14-3 可以看出，未施用 BGA 时，在土壤含水率最低的情况下，作物品质出现较大的降低，这是由于在这一处理中，水分难以满足作物正常生长发育的需要，从而造成作物品质的降低。当土壤含水率相当于 55%FC～70%FC 时，作物品质最高。其后，随着土壤含水率的上升，番茄的品质反而会有一定程度的下降。施加 BGA 250g/株，在土壤含水率最低的情况下，作物品质并没有降低，反而得到了提升。这是由于 BGA 适于应用在干旱、贫瘠的土壤环境中，即使土壤含水率很低，也能在一定程度上满足作物生长发育的需求，从而使作物的品质得到一定的保障。在施加了 BGA 后，随着土壤含水率的上升，番茄的品质都会有一定程度的下降。

表 14-2　未施用 BGA 时番茄果实品质随土壤含水率的变化　（单位：%）

项目	维生素 C	蛋白质	可溶性糖	有机酸	游离氨基酸	可溶性固形物
处理1较处理2 增加量	2.72	−4.59	−36.01	−19.91	−35.40	−9.26
处理2较处理3 增加量	32.43	3.80	38.44	16.49	60.72	12.41
处理3较处理4 增加量	5.95	4.45	−5.52	19.48	81.61	18.61

表 14-3　施用 BGA 250g/株时番茄果实品质随土壤含水率的变化（单位：%）

项目	维生素 C	蛋白质	可溶性糖	有机酸	游离氨基酸	可溶性固形物
处理5较处理6 增加量	10.18	20.51	57.85	29.79	57.50	26.99
处理6较处理7 增加量	9.85	9.18	40.65	47.73	22.00	33.39
处理7较处理8 增加量	22.83	10.79	54.54	36.05	156.10	−12.84

与未施用 BGA 相比，在不同土壤含水率情况下，施加 BGA 对果实品质数据的增加量见表 14-4。由表可知，施加 BGA 后，果实中维生素 C、蛋白质、可溶性糖、有机酸、游离氨基酸、可溶性固形物含量基本上处于增加的状态，这种趋势在土壤含水率最低的情况下更加明显。在表中所列的 6 个品质指标中，维生素 C、可溶性糖、可溶性固形物不论在土壤含水率较高的情形下，还是在土壤含水率较低的情形下都处于增加趋势，而蛋白质、有机酸、游离氨基酸三个指标，在土壤含水率较高的情况下，含量会出现下降的趋势，这可能与 BGA 的生化性质有关。至于 BGA 在土壤含水率较高的条件下，是如何对作物品质发挥作用的，将是下一步研究工作的重点。

表 14-4　与未施用 BGA 相比施加 BGA 后的果实品质数据增加量 （单位：%）

项目	维生素 C	蛋白质	可溶性糖	有机酸	游离氨基酸	可溶性固形物
处理5较处理6 增加量	30.43	29.81	224.70	53.98	44.76	251.05
处理6较处理7 增加量	21.59	2.78	31.64	−4.98	3.43	44.00
处理7较处理8 增加量	46.58	−2.29	29.57	−25.07	−12.84	89.69

14.1.6　温室番茄灌溉制度的制定

在不同的生长阶段，水分对株高的影响程度有所差别。在幼苗期，植株发育较平缓，水分对株高变化影响不大。在开花期，植株发育加快，水分对株高影响程度增加。在坐果期，水分主要参与果实增长，对株高影响不大。由此可以看出，在生长态势方面，各个生育期内水分对株高影响程度的排序为开花期>幼苗期>坐果期。从试验结果来看，当土壤含水率为 70%FC～85%FC 时，番茄的产量是 40%FC～55%FC 时的 3～4 倍。在施用了 BGA 后，番茄的生长态势及产量均有所增加。根据上述分析结果，可以确定出温室番茄不同生育阶段所需要维持的较佳土壤含水率，见表 14-5。

表 14-5　温室番茄不同生育阶段应维持的土壤含水率

指标	幼苗期	开花期	坐果期
土壤含水率	55%FC～70%FC	55%FC～70%FC	70%FC～85%FC

14.1.7　结论与建议

本节所得结论如下：

(1) 在土壤含水率较低的前提下(40%FC～85%FC)，施加有机抗旱剂 BGA 可以使番茄叶片的叶绿素含量，果实中维生素 C、蛋白质、可溶性糖、游离氨基酸、可溶性固形物含量增加较大。

(2) 施加 BGA 可以显著增加番茄的干物质积累，施加 BGA 较不施加的情况平均可增加 50%，番茄的根冠比呈现高—低—高的 V 形变化。

(3) 当土壤含水率为田间持水率的 70%～85%时，番茄的产量是 40%～55%田间持水率时 3～4 倍。

(4) 建议在为番茄施用 BGA 时，应与土壤含水率及肥力状况结合起来，当土壤比较贫瘠，含水率较低时，可适当施用一些 BGA。

14.2　化控节水防污技术在温室甜瓜上的应用

14.2.1　试验方法

试验于 2004 年 4 月 17 日～6 月 16 日在北京市大兴区庞各庄日光温室内进行。该地区耕层土壤为粉砂土和砂壤土，耕层平均土壤干容重为 1.38g/cm³，全氮含量为 0.058%，平均速效氮、磷、钾的含量分别为 50.08mg/kg、20.66mg/kg 和 127.4mg/kg，有机质含量为 0.95%。试验用甜瓜品种为"伊丽莎白"。试验设 4 个处理区，1

个对照小区。采用 $L_4(2^2)$ 正交试验布置方案，见表 14-6。在甜瓜生长的定植期、抽蔓期、开花期、挂果期及果实膨大期各喷施一次 FA 旱地龙，在定植期、开花期和果实膨大期各灌施一次 FA 旱地龙，对照区施用等量清水。测定的参数有土壤含水率和甜瓜生长、产量及品质参数等。

表 14-6　温室甜瓜正交试验方案

处理	因素 A(FA 旱地龙喷施浓度)	因素 B(FA 旱地龙随水灌溉用量)
1	1 (500 倍液)	1 (2kg/亩)
2	1 (500 倍液)	2 (4kg/亩)
3	2 (250 倍液)	1 (2kg/亩)
4	2 (250 倍液)	2 (4kg/亩)
CK	0	0

14.2.2　FA 旱地龙对土壤含水率的影响

各试验区土壤含水率变化情况如图 14-5 所示。由图可以看出，施用了 FA 旱地龙试验小区的土壤含水率变化幅度明显小于对照小区，说明 FA 旱地龙具有一定的蓄水保墒功能。

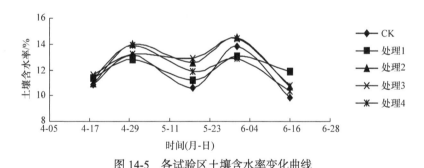

图 14-5　各试验区土壤含水率变化曲线

14.2.3　FA 旱地龙对甜瓜植株生长的影响

在甜瓜生长期内，各处理的甜瓜株高变化如图 14-6 所示。从图中可以看出，在其他因素水平相同的情况下，施用 FA 旱地龙的甜瓜植株平均株高明显高于对照。在甜瓜生长后期，株高出现了负增长，这主要是由于在后期采取农艺措施，于 5 月下旬对植株进行了打顶处理。在植株生长的初期，处理 1 的植株平均高度高于其他处理，随着植株的生长，到了植株生长中后期，处理 3 和处理 4 的平均高度达到或超过了处理 1 和处理 2 的水平。由此可以看出，在灌施量相同的情况

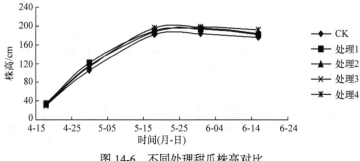

图 14-6　不同处理甜瓜株高对比

下，喷施浓度越大，植株生长的速度越快。在喷施量相同的情况下，灌施量越大，植株的生长同样也越快，但是效果不如喷施明显。

14.2.4　FA 旱地龙对甜瓜品质和产量的影响

果实成熟后，在试验区和对照区分别摘取一定数量的果实，测定其品质和小区产量，并且推广到亩产量，结果见表 14-7。从表中可以看出，喷施 FA 旱地龙对甜瓜品质的影响大于灌施，而且在喷施浓度为 250 倍液、灌施 2kg/亩的条件下，甜瓜的品质最好。

表 14-7　甜瓜品质和平均产量

处理	可溶性固形物质量分数/%	产量/(kg/亩)
1	10.75	3216.0
2	11.10	3264.0
3	12.83	3333.5
4	12.54	3307.5
CK	9.98	3180.0

从图 14-7 可以看出：①施用 FA 旱地龙可以显著提高甜瓜的产量，其产量增幅在 1.1%~4.8%；②在喷施浓度均为 500 倍液的情况下，灌施量越大，产量越高，如处理 1 和处理 2 的对比。同样在灌施量相同的情况下，喷施浓度越高，其产量也越低，如处理 1 和处理 3 的对比、处理 2 和处理 4 的对比；③喷施浓度对产量的影响较灌施的影响大，例如，在灌施量一样的情况下，处理 3 比处理 1 增产 5.2%，而在喷施量一样的情况下，处理 4 产量几乎和处理 3 相同；④与对照相比，在喷施或灌施增加相同的情况下，随着施用浓度的提高，产量的涨幅在逐渐减少。

试验后对不同处理甜瓜亩产量进行了经济评价，甜瓜以 4.0 元/kg 计算，结果见表 14-8。从表中可以看出，喷施 FA 旱地龙可以显著增加温室甜瓜的经济效益，在喷施浓度为 250 倍液时最大,其增加纯收入达 494.4 元/亩。FA 旱地龙随水灌溉虽然也可以增加果实产量,但通过经济评价可以看出,其经济效益不如喷施明显,而且随着灌施量的增加,经济效益在下降,因此建议减少施用量。在本试验处理中,施用量 2kg/亩 FA 旱地龙最优,可增加经济效益 198.9 元/亩。

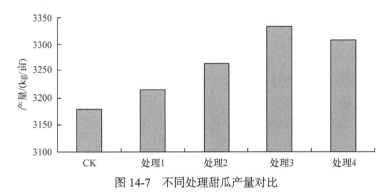

图 14-7　不同处理甜瓜产量对比

表 14-8　各个因素不同水平的经济评价

项目	FA 旱地龙喷施浓度		FA 旱地龙随水灌溉用量		CK
	500 倍液	250 倍液	2kg/亩	4kg/亩	
产量/(kg/亩)	3240	3320.475	3274.725	3285.75	3180
增产/(kg/亩)	60	140.475	94.725	105.75	—
FA 旱地龙用量/(袋/亩)	11.25	22.5	60.0	120.0	—
FA 旱地龙投资/(元/亩)	33.75	67.5	180.0	360.0	—
增加纯收入/(元/亩)	206.25	494.4	198.9	63.0	—

14.2.5　结论与建议

通过上述分析可知:

(1) 通过对试验区土壤含水率的监测表明,FA 旱地龙可使甜瓜地土壤含水率提高,具有蓄水保墒、减少蒸发、增加作物抗旱能力的作用。

(2) 施用 FA 旱地龙可以促进温室甜瓜生长,提高产量,改善果实品质。本试验中,施用 FA 旱地龙的甜瓜株高平均可比对照高出 10%左右,产量最高可比对照增产 4.8%,可溶性固形物最高可以提高 28.6%。

(3) FA 旱地龙的效果与施用的方式和施用量有很大关系,对于甜瓜,喷施效果要好于灌施。施用浓度较大的要优于施用浓度较小的,同时随着用量的提高,其影响幅度在逐渐减少。因此,在生产实践中应适当提高 FA 旱地龙用量,采取合理的施用方式。

(4) 喷施 FA 旱地龙可以显著增加经济效益，喷施浓度为 250 倍液时，每亩增加纯收入最大，达 494.4 元。FA 旱地龙随水灌溉时，也可以增加果实产量，施用量 2kg/亩最优，可增加经济效益 198.9 元/亩。

14.3　化控节水防污技术在温室辣椒上的应用

14.3.1　试验方法

试验于 2005 年 7 月 8 日～10 月 13 日在北京市大兴区庞各庄日光温室内进行。种植作物为辣椒，品种为 "甘 21"。试验为两因素两水平试验，设 4 个处理，1 个对照，采用 $L_4(2^2)$ 正交试验方案，见表 14-9。

表 14-9　温室辣椒正交试验方案

处理	因素 A(FA 旱地龙喷施浓度)	因素 B(FA 旱地龙随水灌溉用量)
1	1(250 倍液)	1(2kg/亩)
2	1(250 倍液)	2(4kg/亩)
3	2(350 倍液)	1(2kg/亩)
4	2(350 倍液)	2(4kg/亩)
CK	0	0

14.3.2　喷施 FA 旱地龙对土壤含水率的影响

各试验区土壤含水率变化情况如图 14-8～图 14-11 所示。从图中可以看出，喷施 250 倍液 FA 旱地龙的 1、2 处理区比喷施 350 倍液的 3、4 处理区土壤含水率提高 0.38%～1.79%；在 0～40cm 土层，喷施 FA 旱地龙的效果明显，土壤含水率平均比对照小区高 0.52%～3.66%；随着土层深度的增加，FA 旱地龙的蓄水保墒效果逐渐减小。喷施了 FA 旱地龙的试验小区土壤含水率变化幅度比对照区的变化幅度小。这些变化说明，FA 旱地龙对温室辣椒的土壤起到了蓄水保墒作用。

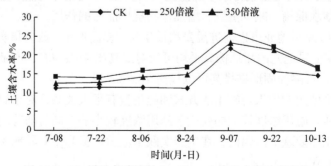

图 14-8　FA 旱地龙喷施的 0～10cm 土壤含水率动态变化

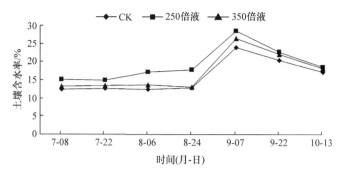

图 14-9　FA 旱地龙喷施的 10~20cm 土壤含水率动态变化

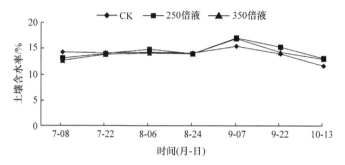

图 14-10　FA 旱地龙喷施的 20~40cm 土壤含水率动态变化

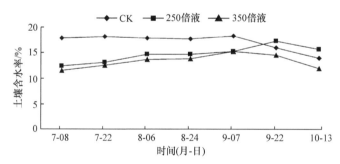

图 14-11　FA 旱地龙喷施的 40~60cm 土壤含水率动态变化

14.3.3　随水灌溉 FA 旱地龙对土壤含水率的影响

随水灌溉 FA 旱地龙后,各试验小区土壤含水率变化情况如图 14-12~图 14-15 所示。从图中可以看出,随水灌溉 FA 旱地龙对 0~20cm 土层的土壤含水率虽有一定影响,但不明显,而深层土壤含水率随 FA 旱地龙用量的增大而增加,但对辣椒的生长作用已不是很大。由此可见,随水灌溉 FA 旱地龙可使 0~40cm 土层的土壤含水率有所提高,可起到一定的蓄水保墒作用,但对辣椒的生长作用效果并不十分明显。

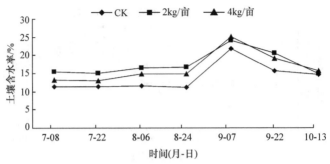

图 14-12　FA 旱地龙随水灌溉的 0～10cm 土壤含水率动态变化

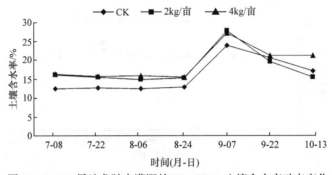

图 14-13　FA 旱地龙随水灌溉的 10～20cm 土壤含水率动态变化

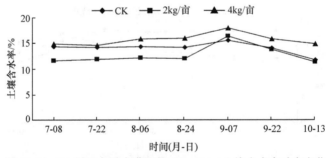

图 14-14　FA 旱地龙随水灌溉的 20～40cm 土壤含水率动态变化

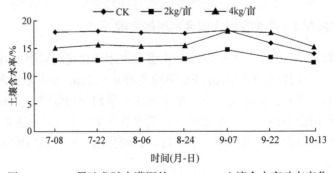

图 14-15　FA 旱地龙随水灌溉的 40～60cm 土壤含水率动态变化

14.3.4 FA 旱地龙对温室辣椒生长的影响

1. FA 旱地龙对株高和茎粗的影响

不同 FA 旱地龙处理条件下,辣椒株高和茎粗的变化分别如图 14-16 和图 14-17 所示。从图中可以看出,在植株生长期,喷施 250 倍液的 1、2 处理区的平均株高高于喷施 350 倍液的 3、4 处理区 15%,处理区植株株高高于对照区 29%~50%。同时,在其他因素水平相同的情况下,施用过 FA 旱地龙的辣椒植株的平均株高明显高于对照区,且处理区辣椒叶色浓绿,健壮少病。在随水灌溉量相同的情况下,喷施浓度越大,辣椒植株生长的速度越快,且株高越高。在喷施量相同的情况下,随水灌溉量对植株生长的影响不明显。辣椒茎粗的变化过程与植株株高的变化过程基本相同。由于作物生长特性,对照区的植株株高较低而茎粗较大。

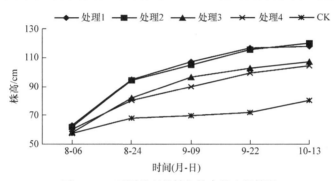

图 14-16　不同处理的辣椒株高的生长情况

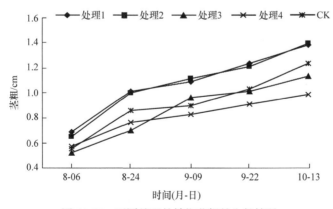

图 14-17　不同处理的辣椒茎粗的生长情况

2. FA 旱地龙对果实干物质和叶面积的影响

不同 FA 旱地龙处理的辣椒果实干物质含量(质量分数)和叶面积变化分别如

图 14-18 和图 14-19 所示。由图 14-18 可以看出，喷施 FA 旱地龙对干物质含量的作用效果好于随水灌溉。例如，在 FA 喷施浓度相同的 1、2 处理区，FA 旱地龙随水灌溉量增大的同时，干物质的含量并无增加，而在随水灌溉量相同的情况下，随着喷施浓度的增大，1 处理区的干物质含量比 3 处理区的干物质含量增加 4%。

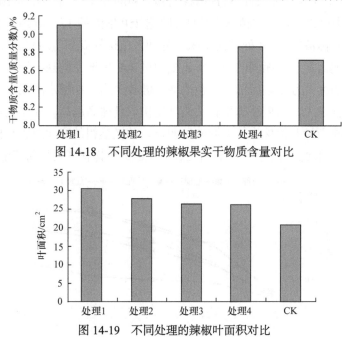

图 14-18　不同处理的辣椒果实干物质含量对比

图 14-19　不同处理的辣椒叶面积对比

由图 14-19 可以看出，处理区的平均叶面积比对照区高 5.5%～9.8%。在随水灌溉 FA 旱地龙相同的情况下，随着 FA 旱地龙喷施浓度的增大，1、2 处理区叶面积大于 3、4 处理区的叶面积。而在喷施浓度相同的情况下，随水灌溉量的增大对叶面积的影响并不大，如 1、2 处理区的对比，3、4 处理区的对比。这说明喷施 FA 旱地龙对辣椒生长的作用效果要好于随水灌溉。

3. FA 旱地龙对辣椒产量的影响

各 FA 旱地龙处理条件下辣椒产量的变化如图 14-20 所示。从图中可以看出，喷施 250 倍液 FA 旱地龙的 1、2 处理区的产量比喷施 350 倍液的 3、4 处理区提高 5.7%，处理区产量比对照增加 5.0%～11.7%，说明施用 FA 旱地龙的增产效果比较明显。喷施 FA 旱地龙比随水灌溉对产量的影响大。在灌溉量相同的情况下，喷施浓度越高，其产量越高，而喷施浓度相同的情况下，随着灌溉量增加，产量并无显著增加。

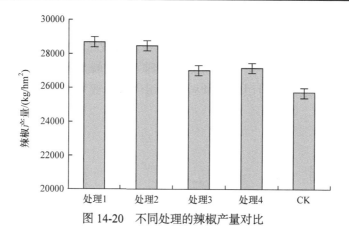

图 14-20 不同处理的辣椒产量对比

试验后,以辣椒 1.0 元/kg 计,对亩产量进行了经济评价,结果见表 14-10。从表中可以看出,喷施 FA 旱地龙可以显著增加经济效益,每亩增加收益最大达 165.5 元,喷施浓度为 250 倍液是最优水平。FA 旱地龙随水灌溉虽然也可以增加果实产量,但通过经济评价分析可知,经济收益较低,建议减少施用量,本试验处理中,施用量 30kg/hm² 最优。

表 14-10 各个因素不同水平的经济评价

项目	FA 旱地龙喷施浓度		FA 旱地龙随水灌溉用量		CK
	250 倍液	350 倍液	30kg/hm²	60kg/hm²	
产量/(kg/亩)	1907.5	1805	1857.5	1855	1715.0
增产/(kg/亩)	27.0	18.0	120.0	240.0	
投入/(元/亩)	192.5	90.0	142.5	140	
增收/(元/亩)	165.5	72.0	22.5	−100	

4. FA 旱地龙对辣椒果实品质的影响

各处理条件下辣椒果重和果肩直径变化如图 14-21 所示,辣椒维生素 C 和辣椒素含量变化情况如图 14-22 所示。从图 14-21 可以看出,喷施 FA 旱地龙后辣椒单果重为 14.9～17.3g,比对照高 7.6%～24.3%,果肩直径为 1.88～2.02cm,比对照高 12.0%～20.5%,单果的果重和果肩直径基本呈现和株高相同的变化规律。喷施 FA 旱地龙能优化辣椒单果性状,使果实外观光亮、鲜嫩,有助于提高果实的商品性。从图 14-22 可以看出,喷施 250 倍液 FA 旱地龙的 1、2 处理区维生素 C 含量高于喷施 350 倍液的 3、4 处理区 18.1%,而辣椒素平均含量提高近一倍。说明同一生长期 FA 旱地龙的喷施浓度越大，辣椒的品质越好。对照区的维生素 C 含量及辣椒素含量较高(但其质量及外观品质较差)的原因可能是，在辣椒生长期，辣椒素的含量是先增加，达到一定高峰后又略有下降，果实绿熟期或转色期含量最高，对照区的辣椒生长缓慢，造成辣椒素积累高峰期与处理区不同步。

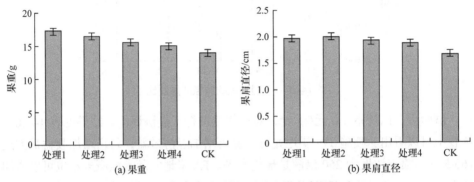

图 14-21　不同处理区辣椒果重和果肩直径的对比

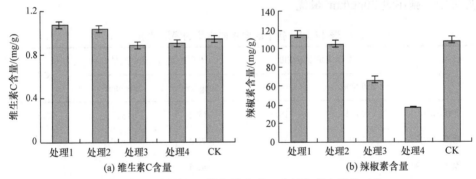

图 14-22　不同处理区辣椒维生素 C 和辣椒素含量的对比

14.3.5　结论与建议

通过本次试验可知：

(1) 随着 FA 旱地龙喷施浓度增加，温室辣椒地土壤含水率相对于对照区提高0.52%～3.66%，喷施 FA 旱地龙处理区土壤含水率变化幅度小于对照区。随水灌溉 FA 旱地龙对土壤水分有一定的影响，但主要是影响深层土壤含水率，对表层土壤不明显，因此对辣椒的生长影响比较小。

(2) 施用 FA 旱地龙的辣椒植株平均株高比对照高 29%～50%，植株茎粗的变化过程与植株株高的变化过程基本相同。由于辣椒生长特性，对照的植株株高过低，因而对照区植株的直径较粗。

(3) 喷施 FA 旱地龙对辣椒果实干物质含量的作用效果要优于随水灌溉, 可使辣椒产量增加 5.0%～11.7%。在相同试验条件下, FA 旱地龙随水灌溉对辣椒的产量影响较小。苗期喷施 FA 旱地龙能促进辣椒提前开花结果, 明显改善果实品质, 促进增产增收。同时处理区的叶面积大于对照区 5.5%～9.8%。

(4) 叶面喷施 FA 旱地龙能明显优化辣椒单果性状, 单果重和果肩直径分别比对照提高 7.6%～24.3% 和 12.0%～20.5%, 果实外观光亮、鲜嫩, 其商品性明显优于对照区果实。辣椒的维生素 C 含量及辣椒素含量均随施用 FA 旱地龙的浓度增大而增加, 辣椒品质及营养价值有了较大的改善和提高。

(5) 从整个试验结果来看, 叶面喷施 250 倍液 FA 旱地龙对辣椒生长及生产较好。

14.4　化控节水防污技术在温室西瓜上的应用

14.4.1　试验方法

试验于 2005 年 7 月 15 日～9 月 20 日在北京市大兴区庞各庄日光温室内进行。选取 “京秀” 西瓜为试验对象, 设置 4 个处理, 1 个对照, 采用 $L_4(2^2)$ 正交试验布置见表 14-11。在西瓜生长的定植期、抽蔓期、开花期、挂果期及果实膨大期各喷施一次 FA 旱地龙。FA 旱地龙随水灌溉的施用时间为定植期、开花期和果实膨大期, 对照区施用等量清水。测定的参数有土壤含水率, 西瓜的生长、产量及品质参数等。

表 14-11　西瓜正交试验方案

处理	因素 A(FA 旱地龙喷施浓度)	因素 B(FA 旱地龙随水灌溉用量)
1	1(300 倍液)	1 (30kg/hm²)
2	1(300 倍液)	2 (22.5kg/hm²)
3	2(200 倍液)	1 (30kg/hm²)
4	2(200 倍液)	2 (22.5kg/hm²)
CK	0	0

14.4.2　喷施 FA 旱地龙对土壤含水率的影响

从图 14-23～图 14-26 可以看出, 喷施 FA 旱地龙后, 土壤含水率比对照有明显提高。喷施 300 倍液的土壤含水率比对照提高 0.8%～5.6%, 喷施 200 倍液时提高 3.2%～6.2%。在 0～80cm 的土层中, 喷施 200 倍液比 300 倍液土壤含水率明

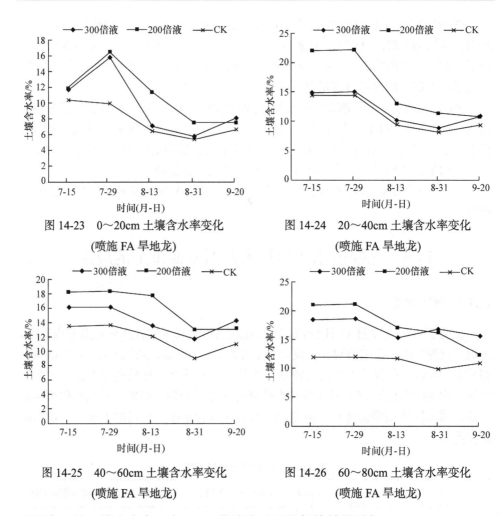

图 14-23　0～20cm 土壤含水率变化
(喷施 FA 旱地龙)

图 14-24　20～40cm 土壤含水率变化
(喷施 FA 旱地龙)

图 14-25　40～60cm 土壤含水率变化
(喷施 FA 旱地龙)

图 14-26　60～80cm 土壤含水率变化
(喷施 FA 旱地龙)

显提高。就土壤含水率而言，200 倍溶液处理的保墒效果最好。

14.4.3　随水灌溉 FA 旱地龙对土壤含水率的影响

随水灌溉 FA 旱地龙后，温室西瓜地土壤水分的变化如图 14-27～图 14-30 所示。从图中可以看出，随着 FA 旱地龙随水灌溉量增加，土壤含水率在提高。在 0～80cm 土层中，随水灌溉 FA 旱地龙区的土壤含水率均高于对照，随水灌溉 30kg/hm² 的土壤含水率比对照提高 2.75%～8.7%，随水灌溉 22.5kg/hm² 提高 2.24%～3.16%。在 0～40cm 土层中，随水灌溉 30kg/hm² 与 22.5kg/hm² 对土壤含水率提高的差别并不明显。在 40～80cm 土层中，随水灌溉 30kg/hm² 的土壤含水率明显高于 22.5kg/hm²。从图中还可以看出，施用了 FA 旱地龙处理区的土壤含水率变化幅度比对照区的变化幅度要小，这说明 FA 旱地龙有蓄水保墒的功效。

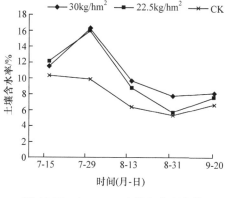

图 14-27　0～20cm 土壤含水率变化

(随水灌溉 FA 旱地龙)

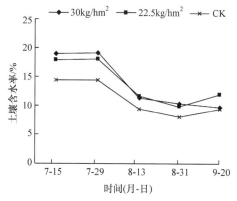

图 14-28　20～40cm 土壤含水率变化

(随水灌溉 FA 旱地龙)

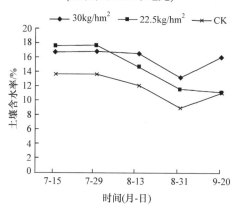

图 14-29　40～60cm 土壤含水率变化

(随水灌溉 FA 旱地龙)

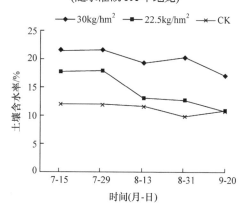

图 14-30　60～80cm 土壤含水率变化

(随水灌溉 FA 旱地龙)

14.4.4　FA 旱地龙对西瓜生长的影响

如图 14-31 和图 14-32 所示,在植株生长期,喷施 200 倍液 FA 旱地龙的 3、4 处理区的西瓜平均株高于喷施 300 倍液的 1、2 处理区,处理区株高比对照区高 17%～35%。处理区茎粗比对照区高 10.2%～21.9%,且处理区西瓜植株叶色浓绿,生长旺盛。在随水灌溉量相同的情况下,喷施 FA 旱地龙浓度越大,西瓜植株生长的速度越快,且株高越高。在喷施浓度相同的情况下,随水灌溉量对植株的生长影响相对较小。

不同 FA 旱地龙处理的西瓜叶片干物质含量(质量分数)变化如图 14-33 所示。从图中可以看出,处理区的平均叶片干物质比对照区高 6.9%～21.7%。随水灌溉量相同的情况下,随着 FA 旱地龙喷施浓度的增大,3、4 处理区叶片干物质高于

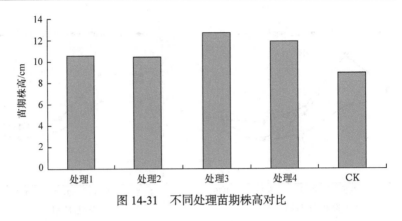

图 14-31　不同处理苗期株高对比

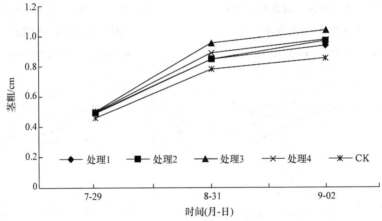

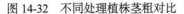

图 14-32　不同处理植株茎粗对比

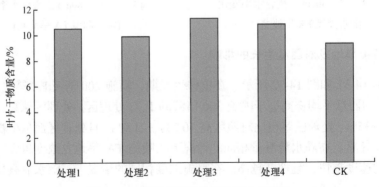

图 14-33　不同处理叶片干物质含量对比

1、2 处理区。随水灌溉的变化对叶片干物质的影响不明显。这些变化说明喷施 FA 旱地龙对西瓜植株生长的作用效果要好于随水灌溉。

14.4.5　FA 旱地龙对西瓜品质和产量的影响

果实成熟后,在试验区和对照区分别摘取一定数量的果实,测定其品质,并根据株数测定小区产量,推广到每公顷产量,结果如图 14-34 所示。从图中可以看出,施用 FA 旱地龙可以促进西瓜品质和产量的提高,可溶性固形物含量最高可以提高 2.2%,产量增幅为 7.4%。在喷施 FA 旱地龙浓度相同的情况下,FA 旱地龙随水灌溉的量越大,西瓜产量越高。同样在随水灌溉量相同的情况下,喷施浓度越高,其产量也越高。FA 旱地龙喷施浓度对产量的影响比随水灌溉量的影响大。在随水灌溉量相同的情况下,喷施 200 倍液 FA 旱地龙比喷施 300 倍液产量多增加 2.3%。而在喷施浓度相同的情况下,随水灌溉对产量的影响比较小。与对照相比,随着 FA 旱地龙浓度或用量的提高,西瓜产量的增幅在逐渐减小。

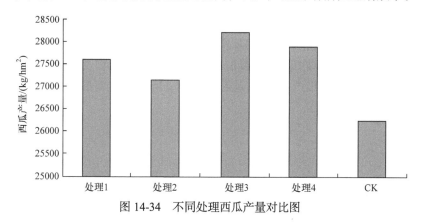

图 14-34　不同处理西瓜产量对比图

14.4.6　经济评价

西瓜单价以 4 元/kg 计算,试验后对亩产量进行经济评价,结果见表 14-12。从表中可以看出,喷施 FA 旱地龙可以显著增加经济效益,增加纯收入最大为 6795 元/hm²,喷施 200 倍液为最优水平。FA 旱地龙随水灌溉虽然也可以提高西瓜产量,但通过经济评价分析可知,经济效益相对于喷施并不明显。本试验处理中,随水灌溉 30kg/hm² 为最优水平,可增加纯收入 3900 元/hm²。

表 14-12　各个因素不同水平的经济评价

项目	FA 旱地龙喷施浓度		FA 旱地龙随水灌溉用量		CK
	300 倍液	200 倍液	30kg/hm²	22.5kg/hm²	
产量/(kg/hm²)	27375	28050	27900	27525	26250
增产/(kg/hm²)	1125	1800	1650	1275	—
FA 旱地龙用量/(袋/hm²)	90	135	900	675	—

项目	FA 旱地龙喷施浓度		FA 旱地龙随水灌溉用量		CK
	300 倍液	200 倍液	30kg/hm²	22.5kg/hm²	
FA 旱地龙投资/(元/hm²)	270	405	2700	2025	—
增加纯收入/(元/hm²)	4230	6795	3900	3075	—

14.4.7　FA 旱地龙在西瓜上的节水效果及灌溉模式

西瓜全生长期共灌水 5 次，每次 45m³/hm²。其中，在果实膨大期一次灌水量减半，灌水总量为 202.5m³/hm²，对照区灌水总量为 225m³/hm²。通过上述经济评价分析得出，与对照区相比，FA 旱地龙处理区减少灌水 10%，产量平均增加 1462.5kg/hm²，增产比例为 5.6%，平均增收 4500 元/ hm²。喷施 200 倍液 FA 旱地龙为温室西瓜的最优喷施模式，西瓜产量和品质均有较大幅度提高。在处理区，随着喷施浓度的增加，西瓜产量增加，西瓜的可溶性固形物及含糖量相对略有降低。喷施 200 倍液的西瓜产量最大，达到 28050kg/hm²，相比对照增收 6795 元/hm²。

14.4.8　结论与建议

本节所得结论如下：

(1) 喷施 300 倍液 FA 旱地龙可提高温室西瓜土壤含水率 0.8%～5.6%，喷施 200 倍液可提高 3.2%～6.2%。随水灌溉 FA 旱地龙 30kg/hm² 可使温室西瓜土壤含水率提高 2.75%～8.7%，随水灌溉 22.5kg/hm² 可提高 2.24%～3.16%。

(2) FA 旱地龙处理区西瓜植株株高提高了 17%～35%，茎粗提高了 10.2%～21.9%，平均叶片干物质含量提高了 6.9%～21.7%。FA 旱地龙可使西瓜产量提高 7.4%，可溶性固形物含量提高 2.2%。

(3) FA 旱地龙的作用效果与施用方式和施用量有很大的关系，对于西瓜，喷施 FA 旱地龙的效果要优于随水灌溉，施用量大的要优于施用量小的。但随着用量的增加，其影响幅度在逐渐减小。因此，在生产实践中应适当提高 FA 旱地龙用量，采取合理的施用方式。

(4) 喷施 FA 旱地龙，可以显著增加经济效益，喷施 200 倍液 FA 旱地龙时的纯收入最大，达 6795 元/hm²。随水灌溉虽然也可以增加果实产量，但经济效益相对较低。本试验处理中，随水灌溉 30kg/hm² 最优，可增加纯收入 3900 元/hm²。

第15章 化控节水防污技术在绿植作物上的应用研究

15.1 化控节水防污技术在绿植灌木上的应用

15.1.1 试验方法

试验于 2004～2005 年在中国农业大学进行，包括小区试验和盆栽试验两部分。大叶黄杨幼苗的苗龄为三年，平均株高 55cm(距地面)，冠径 40cm。小区试验的土壤属砂壤土。盆栽试验 I、II 的土壤属细砂土，盆栽试验 III 的土壤与小区试验相同。试验用化控制剂为普通型 BGA 和 FA 旱地龙。2004 年 4 月 12 日移栽苗木并布置试验，具体如下。

小区试验：BGA 用量设 500g/株和对照 2 个水平。采用随机区组布置，设 2 个区组。两行种植，株距 35cm，行距 50cm。每个区组长 4m，同一区组内两个子区间的距离为 50cm。FA 旱地龙的喷施浓度为 5g/L、3.3g/L、2g/L、1.4g/L(与清水混合)和清水(CK)5 个水平。2004 年 7 月 30 日上午喷施。

盆栽试验 I：水分和 BGA 用量分别设 4 个水平。水分水平为 A1=35%FC～45%FC(FC 为田间持水率)、A2=45%FC～60%FC、A3=60%FC～75%FC 和 A4=75%FC～100%FC，BGA 用量为 B0=0g/株、B1=300g/株、B2=500g/株、B3=700g/株。采用完全实施方案，随机区组布置，6 个重复，共 96 盆，设防护。

盆栽试验 II：只有水分处理与盆栽试验 I 不同，其他均相同。控制灌水下限为 A1=35%FC、A2=45%FC、A3=60%FC、A4=70%FC、A5=80%FC，控制灌水上限为田间持水率。

盆栽试验 III：采用单因素完全实施方案，设 4 个 BGA 用量水平(0g/株、300g/株、500g/株、700g/株)，6 个重复。3 个重复放在田间试验小区旁，另外 3 个重复放置在温室内，均采用随机区组布置。温室 PAR 透过率(太阳 400～700nm 波长范围内的辐射透过率)为 33%～35%。风扇降温，夏季温室内最高温度不超过同时刻温室外温度 1.5℃。土壤含水率控制在 60%FC～100%FC。

测定的指标有土壤含水率、作物腾发量、生长状况、叶面积、抗寒性指标、光合参数等。

15.1.2　BGA 对大叶黄杨耗水及生长的影响

1. BGA 对小区土壤含水率的影响

图 15-1 和图 15-2 给出了试验小区不同时期、不同土层土壤含水率的变化。从图 15-1 可以看出，在大叶黄杨整个生长期内，施用 BGA 小区 0～80cm 土层的平均土壤含水率均明显高于未施用 BGA，最大增幅出现在 7 月、8 月。从图 15-2 可以看出，BGA 对土壤含水率的增加主要集中在 20～60cm，增幅最大的土层范围为 40～60cm。施用 BGA 使土壤含水率增加的原因可能有：①增加了降水入渗；②增加了土壤毛管水的储量；③减少了土面蒸发；④降低了植株单位叶片的蒸腾速率。

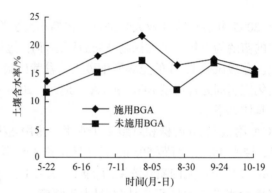

图 15-1　2004 年 5～10 月施用 BGA 和未施用 BGA 0～80cm 土层平均土壤含水率变化

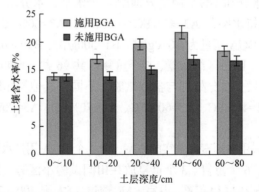

图 15-2　2004 年 6 月施用 BGA 和未施用 BGA 不同土层土壤含水率对比

2. BGA 对小区大叶黄杨生长的影响

小区大叶黄杨各时期的生物量及方差分析(t 检验法)结果见表 15-1。从表中可以看出，500g/株 BGA 用量对刚定植小区大叶黄杨幼苗的生长有抑制作用，之后，随着定植时间的延长和树苗的生长发育，BGA 的促进作用逐步显现出来，但 BGA

不利于幼苗移栽当年的越冬。例如，2004 年 8 月(第一次取样)，施用 BGA 和未施用 BGA 小区植株除总叶面积、叶片含水率和枝/叶的差异较小外，施用 BGA 小区的其他参数均明显较小。这时，虽然两种试验小区的叶片含水率没有出现明显差异，但施用 BGA 小区较大，这在一定程度上说明了 BGA 有促进大叶黄杨生命活动的功能，这一推断可以从 2004 年 10 月(第二次取样)的测定结果得到证实。2004 年 10 月取样时，施用 BGA 小区的总叶面积、总叶干重、地上干重均明显较大，尽管叶片含水率、新根干重、总根干重和叶面积密度等参数的差异不明显，但也有增加的趋势。2005 年 4 月(第三次取样)，与未施用 BGA 相比，施用 BGA 的地上干重、新根干重和总根干重均明显较大，而总叶干重和总叶面积明显偏小，这是由于施用 BGA 植株在越冬时遭受的冻害较严重。

表 15-1　施用 BGA 和未施用 BGA 试验小区大叶黄杨生物量及方差分析结果

取样时间	处理	总叶面积/mm²	总叶干重/g	地上干重/g	叶片含水率/%	新根干重/g	总根干重/g	枝/叶	叶面积密度/(g/cm²)
2004 年 8 月	施用 BGA	317485.09	30.99	73.73	216.62	6.40	30.536	1.42	0.0099
	未施用 BGA	334678.04	41.64	95.22	204.31	13.81	44.514	1.38	0.0126
	Sig.(2-tailed)	0.703	0.045	0.063	0.595	0.018	0.099	0.445	0.055
2004 年 10 月	施用 BGA	288135.48	38.32	96.78	203.97	21.08	43.030	1.54	0.0338
	未施用 BGA	249150.38	34.42	87.67	202.40	20.53	40.938	1.56	0.0355
	Sig.(2-tailed)	0.092	0.089	0.063	0.785	0.920	0.851	0.814	0.860
2005 年 4 月	施用 BGA	120745.13	16.42	100.61	200.21	46.08	84.780	6.50	0.0962
	未施用 BGA	151610.46	20.25	82.77	202.07	31.47	66.850	3.41	0.0567
	Sig.(2-tailed)	0.088	0.069	0.079	0.992	0.091	0.095	0.042	0.016

3. BGA 对盆栽大叶黄杨蒸散耗水的影响

由图 15-3 可以看出，在 2004 年 7 月以前，大叶黄杨日平均蒸散量随着 BGA 施用量的增加而减小；2004 年 8～10 月，300g/株时最大，对照时次之；2005 年 5～7 月，各处理间没有明显的差异，之后未施用 BGA 明显较小。出现这种变化情况的可能原因是：BGA 一方面减少了土面蒸发和单位叶面积蒸腾速率；另一方面对刚定植幼苗生长有抑制作用，对旺盛期的植株生长有促进作用，另外还有大叶黄杨本身的生长特性和冬季冻害的影响。从图 15-4 可以看出，盆栽试验 II 的蒸散变化与盆栽试验Ⅰ相近,这进一步说明 BGA 从减小土面蒸发和单位叶面积的蒸腾速率以及促作植物生长发育等几个方面来影响大叶黄杨蒸散失水的节水机制。从进入 2005 年 7 月蒸散特性来看,在盆栽试验 I 的土壤水分条件下,BGA 在施用后第二年仍然有一定功效。

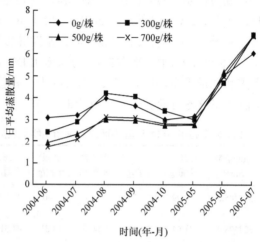

图 15-3　盆栽试验 I 测定的各时段日平均蒸散量

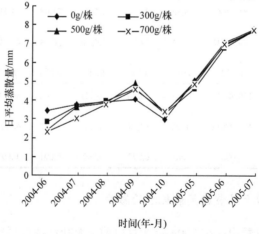

图 15-4　盆栽试验 II 测定的各时段日平均蒸散量

4. BGA 对盆栽大叶黄杨生长的影响

不同 BGA 用量条件下,盆栽大叶黄杨 I、II 的各时期生物量变化及部分多重比较结果分别见表 15-2 和表 15-3。由表 15-2 可以看出,2004 年 8 月,植株地上生物量(地上干重)在 300g/株时最大,0g/株最小;地下生物量(总根干重)的变化趋势与地上生物量的变化趋势相近，在 300g/株时最大，0g/株时最小。2004 年 10 月，地上生物量随 BGA 用量的增加呈现先增加后减小的趋势，地下生物量随 BGA 用量的增加而明显减少。2005 年 7 月，地上生物量变化趋势基本没有变化。从表 15-3 可以看出，2004 年 8 月，大叶黄杨地上生物量和地下生物量均随 BGA 用量的增加呈先减少后增加的趋势。2004 年 10 月，植株的地上生物量和地下生物量随 BGA 用量的增加而增加。而在 2005 年 7 月，植株的地上生物量随着 BGA 用量的增加而增加，地下生物量随 BGA 用量的增加呈先增加后减少的趋势。这些变化说明，在两种盆栽试验条件下，BGA 对刚定植后的大叶黄杨生长发育有抑制作用，对进入快速生长阶段植株的生长发育有促进作用；但过量的 BGA 会导致生长减弱。

表 15-2　盆栽试验 I 条件下的大叶黄杨生物量

取样时间	测定参数	BGA 用量			
		0g/株	300g/株	500g/株	700g/株
2004 年 8 月	总叶面积/mm²	301762.53	360488.64	269148.23	260949.17
	总叶干重/g	30.10	39.48	28.94	27.04
	地上干重/g	67.09	87.02	71.22	74.69
	新根干重/g	6.75	7.59	6.36	6.09
	总根干重/g	24.69	30.95	26.52	28.96
	枝/叶	1.26	1.18	1.35	1.38
	叶片含水率/%	237.38	271.65	284.1	306.54
	叶面积密度 /(g/cm²)	0.0103	0.0111	0.0107	0.0110
2004 年 10 月	总叶面积/mm²	291363.59[b]	380629.28[a]	300675.33[b]	338674.37[b]
	总叶干重/g	45.24[ab]	57.72[a]	45.68[b]	45.96[b]
	地上干重/g	108.06[a]	116.79[a]	98.97[b]	90.57[b]
	新根干重/g	31.30[a]	24.57[b]	20.29[b]	18.17[b]
	总根干重/g	61.73[a]	49.11[b]	43.61[bc]	38.48[c]
	枝/叶	1.39[a]	1.12[a]	1.20[a]	1.10[a]
	叶片含水率/%	183.56[b]	187.40[b]	216.94[a]	213.11[a]
	叶面积密度 /(g/cm²)	0.0158[a]	0.0156[a]	0.0152[a]	0.0137[b]

续表

取样时间	测定参数	BGA 用量			
		0g/株	300g/株	500g/株	700g/株
2005 年 7 月	总叶面积/mm²	353558.44[b]	488338.49[a]	426856.88[ab]	421609.93[ab]
	总叶干重/g	47.48[b]	58.69[a]	48.61[ab]	51.93[ab]
	地上干重/g	115.23[bc]	138.12[a]	126.30[ab]	110.85[c]
	新根干重/g	33.43[b]	37.97[ab]	37.44[ab]	39.14[a]
	总根干重/g	57.06[b]	73.28[a]	74.46[a]	75.24[a]
	枝/叶	1.42[a]	1.36[a]	1.49[a]	1.33[a]
	叶片含水率/%	153.24[b]	177.40[a]	177.60[a]	174.38[a]
	叶面积密度/(g/cm²)	0.0136[a]	0.0120[ab]	0.0114[b]	0.0123[ab]

注：同一列不同字母表示差异显著($p<0.05$)，下同。

表 15-3 盆栽试验 II 条件下的大叶黄杨生物量

取样时间	测定参数	BGA 用量			
		0g/株	300g/株	500g/株	700g/株
2004 年 8 月	总叶面积/mm²	343576.80	365183.82	294681.10	273379.09
	总叶干重/g	41.13	41.46	33.77	31.63
	地上干重/g	92.22	83.01	69.42	69.77
	新根干重/g	15.72	10.42	7.94	7.98
	总根干重/g	41.38	29.21	23.96	25.82
	枝/叶	1.26	1.01	1.05	1.17
	叶片含水率/%	222.76	240.99	247.54	234.22
	叶面积密度/(g/cm²)	0.0119	0.0116	0.0115	0.0117
2004 年 10 月	总叶面积/mm²	265136.40	331820.53	329217.23	383337.88
	总叶干重/g	36.74	43.88	49.71	52.52
	地上干重/g	95.30	106.51	116.67	119.64
	新根干重/g	27.70	26.44	32.19	29.70
	总根干重/g	55.42	57.98	62.13	63.00
	枝/叶	1.61	1.47	1.35	1.33
	叶片含水率/%	219.68	224.06	214.00	220.77
	叶面积密度/(g/cm²)	0.0139	0.0134	0.0151	0.0137

续表

取样时间	测定参数	BGA 用量			
		0g/株	300g/株	500g/株	700g/株
2005 年 7 月	总叶面积/mm²	335381.61	438170.65	543916.96	527137.25
	总叶干重/g	48.57	56.40	72.68	72.58
	地上干重/g	124.00	143.62	167.09	170.76
	新根干重/g	39.75	46.75	54.31	46.53
	总根干重/g	67.65	80.78	92.61	79.59
	枝/叶	1.54	1.57	1.3	1.37
	叶片含水率/%	146.61	158.82	157.01	160.47
	叶面积密度/(g/cm²)	0.0146	0.0129	0.0134	0.0138

比较两盆栽试验结果可知，虽然试验结果有许多相近之处，但也存在一些差异。例如，盆栽试验 I 的结果是：300g/株 BGA 用量对地上生物量的促进作用最大，地下生物量在不同 BGA 用量间没有显著差异。盆栽试验 II 的结果是：700g/株 BGA 用量对地上生物量的促进作用最大，地下生物量在 500g/株时最大。形成这些差异的原因可能是：BGA 和土壤水分间有耦合效应。盆栽试验 I 的土壤含水率较低，因此与之对应的适宜 BGA 用量也应较低，盆栽试验 II 的土壤水分较高，与之对应的较佳 BGA 用量也应较高。

15.1.3　BGA 在不同光温条件下对大叶黄杨生长及耗水的影响

1. 不同光温条件下 BGA 对大叶黄杨各月的日平均蒸散量的影响

表 15-4 和表 15-5 分别为温室内和温室外盆栽大叶黄杨各月的日平均蒸散量。从表 15-4 可以看出，温室内各月的日平均蒸散量随 BGA 用量的增加而减小，变化量在 6 月、7 月最大，分别为 1.05mm/天和 1.20mm/天，8 月次之，相差 0.98mm/天，9 月最小，相差 0.62mm/天。从表 15-5 可以看出，6 月、7 月，温室外日平均蒸散量有随 BGA 用量的增加而减小的趋势，8 月、9 月，700g/株时明显大于 300g/株和 500g/株，但略小于未施用 BGA。这些变化说明，不论在温室内，还是在温室外，日平均蒸散量的最大差值在生长期内(6～9 月)均有随生长时间的延长而逐渐缩小的趋势。造成这一变化趋势的原因也可以从 BGA 减小单位叶面积蒸腾速率和促进植株生长两个方面来解释。

表 15-4 不同 BGA 用量下温室内盆栽大叶黄杨各月的日平均蒸散量(单位：mm/天)

时间	BGA 用量			
	0g/株	300g/株	500g/株	700g/株
2004 年 6 月	3.63	3.03	2.85	2.58
2004 年 7 月	3.30	2.73	2.17	2.10
2004 年 8 月	3.11	2.63	2.42	2.13
2004 年 9 月	3.36	3.10	2.93	2.74
平均值	3.35	2.87	2.59	2.39

表 15-5 不同 BGA 用量下温室外盆栽大叶黄杨各月的日平均蒸散量(单位：mm/天)

时间	BGA 用量			
	0g/株	300g/株	500g/株	700g/株
2004 年 6 月	4.07	3.65	3.13	2.90
2004 年 7 月	3.77	2.90	2.70	2.74
2004 年 8 月	4.48	3.25	3.07	4.14
2004 年 9 月	4.99	4.37	4.01	4.86
平均值	4.33	3.54	3.23	3.66

2. BGA 对温室内盆栽大叶黄杨生长的影响

温室内盆栽大叶黄杨的生长及方差分析结果见表 15-6。从表中可以看出，BGA 对温室内盆栽大叶黄杨的总叶面积、总叶干重、叶片含水率、新根干重、总根干重及冠/新根的影响显著，对枝/叶和叶面积密度的影响较小。地上和地下生物量均随 BGA 用量的增加呈开口向下的二次抛物线趋势变化。地上生物量在 0g/株时最小，最大总叶干重出现在 300g/株水平，地上干重和总叶面积的最大值出现在 500g/株水平。说明 BGA 对温室内大叶黄杨的地上部生长有促进作用。冠/新根随 BGA 用量的增加而线性增加，说明在盆栽试验 III 的土壤水分条件下，BGA 对温室内大叶黄杨地上部的促进作用大于对地下部的促进作用。温室内总蒸散量(灌水量)随 BGA 用量的增加而线性减小，WUE 随 BGA 用量的增加呈开口向下的二次抛物线趋势变化，500g/株时最大。

表 15-6 不同 BGA 用量条件下温室内盆栽大叶黄杨的生物量与总蒸散量

项目	BGA 用量			
	0g/株	300g/株	500g/株	700g/株
总叶面积/mm²	252979.56[b]	313672.49[ab]	386144.70[a]	317732.00[ab]

续表

项目	BGA 用量			
	0g/株	300g/株	500g/株	700g/株
总叶干重/g	24.95[b]	38.70[a]	36.90[a]	34.91[a]
地上干重/g	55.04[b]	70.08[a]	78.15[a]	66.46[ab]
叶片含水率/%	229.03[b]	246.82[ab]	260.47[ab]	274.96[a]
新根干重/g	9.22[a]	9.03[a]	9.71[a]	6.95[b]
总根干重/g	24.91[b]	33.86[a]	28.28[ab]	24.91[b]
枝/叶	1.20[a]	0.94[a]	1.12[a]	0.99[a]
冠/新根	5.92[b]	8.11[ab]	8.12[ab]	9.77[a]
叶面积密度/(g/cm^2)	0.0109[a]	0.0124[a]	0.0100[a]	0.0111[a]
总灌水量/L	21.66	18.60	16.61	15.02
WUE/(g/L)	2.78	3.77	4.70	4.42

综合考虑不同 BGA 用量下温室内盆栽大叶黄杨的 WUE、生物量及总蒸散量的变化规律，认为当土壤含水率控制在 60%FC～100%FC 时，温室内盆栽大叶黄杨的最佳 BGA 用量为 500g/株。

3. BGA 对温室外盆栽大叶黄杨生长的影响

温室外盆栽大叶黄杨的生长及方差分析结果见表 15-7。从表中可以看出，BGA 对温室外盆栽大叶黄杨的总叶面积、总叶干重、地上干重、叶片含水率、新根干重、总根干重和冠/新根的影响显著，对枝/叶和叶面积密度的影响较小。地上和地下生物量均有随 BGA 用量的增加而线性增加的趋势，叶片含水率和 WUE 也随 BGA 用量的增加而线性增加，总蒸散量随 BGA 用量的增加而线性减小。这些变化说明，当土壤含水率控制在 60%FC～100%FC 时，施用 BGA 对温室外大叶黄杨的地上生物量、地下生物量、叶片含水率和 WUE 均有促进作用。

表 15-7　不同 BGA 用量条件下温室外盆栽大叶黄杨的生物量与总蒸散量

项目	BGA 用量			
	0g/株	300g/株	500g/株	700g/株
总叶面积/mm^2	295928.21[c]	348257.80[bc]	396386.76[b]	543810.08[a]
总叶干重/g	30.34[b]	42.22[ab]	47.35[ab]	69.02[a]
地上干重/g	70.17[c]	92.25[b]	103.56[b]	152.16[a]
叶片含水率/%	211.07[b]	218.56[ab]	221.60[ab]	241.53[a]
新根干重/g	14.68[b]	17.02[ab]	18.11[ab]	29.59[a]

续表

项目	BGA 用量			
	0g/株	300g/株	500g/株	700g/株
总根干重/g	34.52[b]	35.99[b]	41.35[b]	71.91[a]
枝/叶	1.21[a]	1.20[a]	1.18[a]	1.20[a]
冠/新根	4.78[b]	5.71[ab]	5.77[a]	5.17[ab]
叶面积密度/(g/cm^2)	0.0131[a]	0.0141[a]	0.0130[a]	0.0127[a]
总灌水量/L	23.12	21.59	21.56	20.20
WUE/(g/L)	3.03	4.27	4.80	7.53

综合考虑 WUE、生物量及总蒸散量的变化规律，认为当土壤含水率控制在 60%FC～100%FC 时，置于温室外盆栽大叶黄杨最佳 BGA 用量应大于 700g/株。在本次试验中，没有得到 BGA 最佳施用量的具体数值。

4. BGA 在温室内和温室外盆栽的作用效果比较

把放置环境(温室内与温室外)作为一个因素，BGA 作为另一个因素做方差分析，结果见表 15-8。从表中可以看出，除冠/新根，温室内外其他参数的差异均达到了显著水平($p<0.05$)，说明 BGA 在温室内外的作用效果不一样。比较表 15-6 和表 15-7 可知，BGA 作用效果要受到光照和温度等环境条件的影响，在温室外的作用较强，在温室内的作用效果较弱。

表 15-8　BGA 对温室内与温室外盆栽大叶黄杨影响的方差分析

名称	地上干重	枝干重	叶干重	新根干重	叶片含水率	枝/叶	冠/新根
相伴概率	0.002	0.001	0	0.009	0.007	0.007	0.06

15.1.4　BGA 对大叶黄杨光合特性的影响

1. 小区大叶黄杨光合特性的变化

小区大叶黄杨光合参数的日变化如图 15-5～图 15-8 所示。从图 15-5 可以看出，从早晨 8:00 到中午 12:00，施用 BGA 叶片的净光合速率(P_n)明显大于未施用 BGA，12:00 以后，虽然仍较大，但变化较小，说明 BGA 对 P_n 的促进作用主要表现在上午。从图 15-6 和图 15-7 可以看出，从早晨 8:00 到下午 16:00，施用 BGA 的气孔导度(G_s)和蒸腾速率(T_r)均明显小于未施用 BGA。虽然 16:00 以后出现了相反的情况，但此时的 T_r 和 G_s 已非常小，并不影响一天的大小关系，说明 BGA 具

有减小 T_r 和 G_s 的作用。T_r 和 G_s 间的线性正相关关系较强,它们与 P_n 之间呈正相关,但线性关系不明显。用 P_n/T_r 值表示瞬时水分利用效率(瞬时 WUE)。如图 15-8 所示,从早晨 8:00 到下午 16:00,施用 BGA 的瞬时 WUE 明显高于未施用 BGA。只有在下午 16:00 以后,P_n 和 T_r 均非常小,P_n/T_r 值没有多大实际意义时,才出现了相反情况。施用 BGA 以后,大叶黄杨的水分利用效率(包括整株水平的 WUE 和叶片水平的 WUE)增加是 BGA 节水调控机制的根本所在。

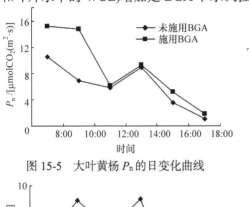

图 15-5 大叶黄杨 P_n 的日变化曲线

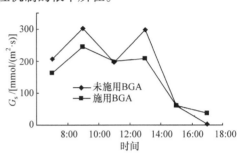

图 15-6 大叶黄杨 G_s 的日变化曲线

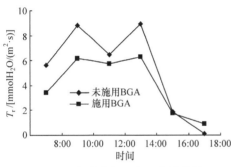

图 15-7 大叶黄杨 T_r 的日变化曲线

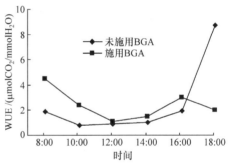

图 15-8 大叶黄杨 WUE 的日变化曲线

2. 盆栽大叶黄杨光合特性的变化

盆栽试验 I 大叶黄杨光合参数的日变化如图 15-9～图 15-12 所示,各参数的

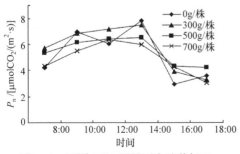

图 15-9 不同 BGA 用量下大叶黄杨 P_n
的日变化曲线

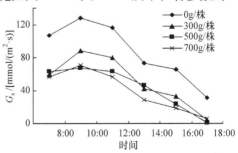

图 15-10 不同 BGA 用量下大叶黄杨 G_s
的日变化曲线

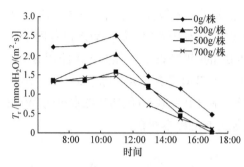

图 15-11　不同 BGA 用量下大叶黄杨 T_r
的日变化曲线

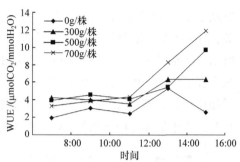

图 15-12　不同 BGA 用量下大叶黄杨 WUE
的日变化曲线

日平均值见表 15-9。由图 15-9 可以看出,未施用 BGA 的 P_n 日变化过程呈双峰形,上午 10:00 和下午 14:00 时最大,中午有明显的午休现象,而施用 BGA 的日变化过程呈单峰形,且不同 BGA 用量间的日变化趋势相近,中午没有光合午休现象。从上午 8:00 到下午 15:00 左右,随着 BGA 用量(0g/株除外)的增加,P_n 有减小的趋势。从表 15-9 可知,全天平均 P_n 在 300g/株 BGA 用量时最大,500g/株次之,700g/株时最小。这一结果与由盆栽试验 I 得到的大叶黄杨地上生物量与 BGA 用量的关系一致(300g/株时的地上生物量最大,700g/株时最小)。

表 15-9　盆栽试验 I 的大叶黄杨日平均 P_n、G_s、T_r 和 WUE 随 BGA 用量的变化

BGA 用量/(g/株)	P_n/[μmolCO₂/(m²·s)]	G_s/[(mmol/(m²·s)]	T_r/[(mmolH₂O/(m²·s)]	WUE/(μmolCO₂/mmol H₂O)
0	5.28	87.03	1.68	3.07
300	5.74	51.39	1.17	4.88
500	5.51	44.29	0.99	5.56
700	4.94	39.46	0.90	6.35

研究结果表明,在不同测定时刻,大叶黄杨叶片的 T_r 和 G_s 有随 BGA 用量的增加而减小的趋势,未施用 BGA 的 T_r 和 G_s 明显大于施用 BGA。全天平均 T_r 和 G_s 也呈随 BGA 用量增加而减小的趋势(表 15-9)。说明 BGA 具有减小植株 T_r 和 G_s 的功能,且 BGA 用量越多,对植株 T_r 和 G_s 的减小作用越强。此外,大叶黄杨叶片水平的 WUE(包括瞬时 WUE 和全天平均 WUE)具有随 BGA 用量的增加而增加的趋势。这一结果与小区光合的测定结果以及与用地上干重/总耗水量计算的WUE 结果一致。

15.1.5　FA 旱地龙对大叶黄杨光合特性的影响

1. FA 旱地龙对未施用 BGA 大叶黄杨光合特性的影响

喷施了 FA 旱地龙后,未施用 BGA 小区大叶黄杨光合参数的日变化如图 15-13～

图 15-15 所示，全天平均 WUE 的变化如图 15-16 所示，上午 10:00 的 P_n/G_s 值及多重比较结果见表 15-10。从图 15-13～图 15-15 可以看出：①FA 旱地龙对未施用 BGA 大叶黄杨 P_n 有促进作用，在上午 10:00 左右表现得非常明显，2g/L 时的作用效果最好，之后随着喷施浓度的增加有下降的趋势；②FA 旱地龙可使未施用 BGA 叶片的 G_s 日变化，尤其 14:00 以前的变化变得平缓，且浓度越大，日变化越平缓。对未施用 BGA 叶片 G_s 有一定抑制作用，且随着喷施浓度的增加，对 14:00 时的抑制作用增加，但对 10:00 时的影响相近，所以只有较高的 FA 旱地龙喷施浓度才可使全天平均 G_s 下降；③FA 旱地龙对未施用 BGA 叶片 8:00～12:00 和 14:00 时的 T_r 有明显的抑制作用，当喷施浓度大于 3.3g/L 时，全天平均 T_r 明显降低。比较图 15-14 和图 15-15 可知，喷施 FA 旱地龙后，G_s 与 T_r 之间的线性相关性仍非常明显。从图 15-16 可以看出，FA 旱地龙对未施用 BGA 叶片瞬时 WUE 有促进作用，1.4g/L 时的促进作用最强，超过 1.4g/L 时，促进作用会小幅下降。

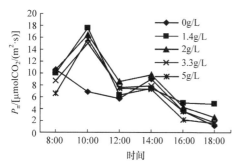

图 15-13　未施用 BGA 大叶黄杨叶片 P_n 的日变化曲线

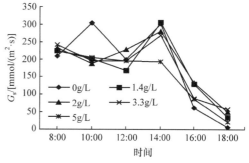

图 15-14　未施用 BGA 大叶黄杨叶片 G_s 的日变化曲线

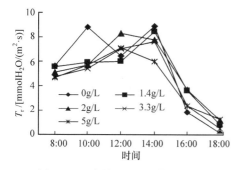

图 15-15　未施用 BGA 大叶黄杨叶片 T_r 的日变化曲线

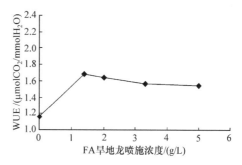

图 15-16　未施用 BGA 大叶黄杨叶片全天平均 WUE 随 FA 旱地龙喷施浓度的变化曲线

表 15-10　未施用 BGA 叶片在各测定日 10:00 的 P_n/G_s 值及其多重比较结果

FA 旱地龙喷施浓度/(g/L)	时间(月-日)					
	7-31~8-01	8-05	8-11	8-17	8-23	8-31
0	22.71[d]	32.34[c]	14.15[b]	28.87[bc]	27.07[b]	34.14[a]
1.4	87.34[a]	66.31[a]	19.77[b]	26.57[c]	28.20[b]	33.74[a]
2	87.07[a]	64.42[ab]	42.67[a]	38.00[b]	31.93[b]	34.23[a]
3.3	77.38[ab]	54.50[b]	41.32[a]	49.93[a]	37.34[ab]	38.33[a]
5	76.83[b]	54.88[b]	42.67[a]	51.94[a]	46.82[a]	42.68[a]

注：表中 P_n/G_s 的单位为 $\mu molCO_2/mmol$。

　　为了消除其他因素的干扰，使比较简洁明了，用各测定日 10:00 的 P_n/G_s 值(表 15-10)为依据来评判 FA 旱地龙的作用延续时间，这是因为：①在同一日各测量时间测定的所有变量中，10:00 的 P_n/G_s 值在不同 FA 旱地龙溶液浓度处理间的差异最大，尤其喷施清水(0g/L)和喷施 FA 旱地龙间的差异最明显；②FA 旱地龙的作用效果要受喷施浓度、气候(尤其是光照)以及测定时间等因素的影响。从表 15-10 可以看出，8 月 5 日以前，FA 旱地龙浓度为 1.4g/L 和 2g/L 时的 P_n/G_s 最大，之后，P_n/G_s 有随喷施浓度的增加而增加的趋势，但随着时间的延长，变化量逐渐减小，并接近对照。喷施浓度越大，接近的速率越缓慢。说明 FA 旱地龙的喷施浓度越大，其作用延续的时间就越长。在 8 月 31 日，各处理的 P_n/G_s 值差异不明显，说明不大于 5g/L 的 FA 旱地龙溶液的作用时间不超过 32 天。

　　综合考虑 FA 旱地龙溶液对 G_s、T_r、P_n 和 WUE 的作用大小和延续时间，认为未施用 BGA 大叶黄杨适宜的 FA 旱地龙喷施浓度为 2g/L。

2. FA 旱地龙对施用 BGA 大叶黄杨光合特性的影响

　　在施用 BGA 小区，大叶黄杨光合参数的日变化如图 15-17～图 15-19 所示，

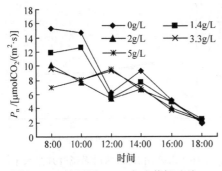

图 15-17　施用了 BGA 大叶黄杨叶片 P_n 的日变化曲线

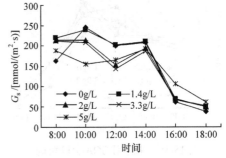

图 15-18　施用了 BGA 的大叶黄杨叶片 G_s 的日变化曲线

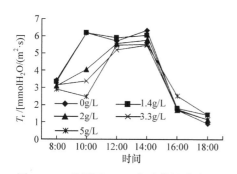

图 15-19　施用了 BGA 大叶黄杨叶片 T_r
的日变化曲线

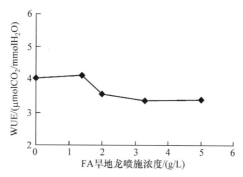

图 15-20　施用了 BGA 大叶黄杨全天平均
WUE 随 FA 旱地龙喷施浓度的变化曲线

全天平均 WUE 变化如图 15-20 所示，上午 10:00 的 G_s 值及多重比较结果见表 15-11。从图 15-17 可以看出，FA 旱地龙对施用 BGA 叶片 P_n 的影响主要表现在 14:00 以前，在 8:00、10:00 和 14:00 时，P_n 值随溶液浓度的增加而下降，12:00 时，5g/L 和 3.3g/L 时的 P_n 值明显较大。从全天来看，1.4g/L 时的全天平均 P_n 值比对照降低了 14.05%，且有喷施浓度越大，下降幅度越大的趋势。这说明 FA 旱地龙对施用 BGA 叶片的 P_n 有抑制作用，因此 FA 旱地龙对施用了 BGA 大叶黄杨的生物量积累不利。

从图 15-18 可以看出，FA 旱地龙可使施用 BGA 叶片的 G_s 日变化，尤其 14:00 以前的变化变得平缓，且喷施浓度越大，日变化越平缓。当浓度在 2g/L 以上时，G_s 的两峰值点明显降低(10:00～14:00)。但从全天平均 G_s 值来看，FA 旱地龙的影响较小。

从图 15-19 和图 15-20 可以看出，不小于 2g/L 的 FA 旱地龙溶液对 8:00～14:00 的 T_r 有明显的抑制作用，对全天的平均 P_n/T_r 有抑制作用。比较图 15-18 和图 15-19 可以看出，G_s 与 T_r 间仍线性相关。在上午 8:00 时，所有处理中对照处理的 G_s 最小，但 T_r 却较大(这种现象在未施用 BGA 小区也存在，只是不太明显，参见图 15-14 和图 15-15)。这从另一个侧面证明了 BGA 和 FA 旱地龙均可使植物细胞的渗透调节物质增加，细胞液浓度提高，叶水势降低，形成植物叶-气水势差降低的节水调控作用机制。

在本试验测定的各项光合指标中，每一测定日上午 10:00 的 G_s 值变化最明显，因此用此值作为评判 FA 旱地龙对施用 BGA 大叶黄杨作用时间的依据。从表 15-11 可以看出，在 8 月 5 日以前，G_s 值有随 FA 旱地龙喷施浓度的增加而减少的趋势，但这种趋势消失得很快，在 8 月 11 日以后，各处理的 G_s 值已非常接近对照。说明 FA 旱地龙对施用 BGA 大叶黄杨的影响消失较快，且喷施浓度越小，消失得越快。

表 15-11　施用 BGA 叶片在各测定日 10:00 时的 G_s 值及其多重比较结果(单位：mmol/(m² · s))

FA 旱地龙喷施浓度/(g/L)	时间(月-日)					
	7-31～8-01	8-05	8-11	8-17	8-23	8-31
0	246[a]	204[a]	117[a]	218[a]	184[a]	226[a]
1.4	240[a]	198[ab]	110[a]	208[a]	172[a]	241[a]
2	214[b]	195[ab]	110[a]	228[a]	176[a]	222[a]
3.3	208[b]	177[bc]	120[a]	226[a]	182[a]	236[a]
5	155[c]	163[c]	87[b]	228[a]	183[a]	231[a]

3. FA 旱地龙对施用和未施用 BGA 大叶黄杨效应的差异性

FA 旱地龙对施用 BGA 和未施用 BGA 大叶黄杨光合特性的影响明显不同。①G_s 方面：虽然 FA 旱地龙均可使施用 BGA 和未施用 BGA 叶片 G_s 的日变化变得平缓，但它对未施用 BGA 的作用明显强烈于对施用 BGA 的作用。例如，在 10:00 时，与对照相比，FA 旱地龙溶液为 1.4g/L 时，未施用 BGA 叶片的 G_s 下降了 33.55%，而施用 BGA 叶片的 G_s 只缩小 2.44%(图 15-14 和图 15-18)。在同一 FA 旱地龙浓度下，施用 BGA 叶片的全天平均 G_s 明显小于未施用 BGA 叶片。②P_n 方面：FA 旱地龙对未施用 BGA 叶片 P_n 有促进作用，对施用 BGA 叶片的 P_n 有抑制作用，这在 10:00 时表现最明显(图 15-13 和图 15-17)。在对照时，施用 BGA 的全天平均 P_n 比未施用 BGA 高 2.6μmol/(m² · s)，但喷施 FA 旱地龙后，施用 BGA 的全天平均 P_n 明显小于未施用 BGA。③T_r 方面：FA 旱地龙对未施用 BGA 叶片 T_r 的作用明显强烈于对施用 BGA 的作用。例如，与对照相比，当 FA 旱地龙的浓度为 1.4g/L 时，未施用 BGA 叶片 10:00 的 T_r 下降了 2.90mmol/(m² · s)，施用 BGA 叶片 10:00 的 T_r 在 3.31.4g/L 时才下降了 2.80mmol/(m² · s)。在同一 FA 旱地龙浓度下，施用 BGA 叶片的全天平均 T_r 明显小于未施用 BGA。④WUE 方面：虽然 FA 旱地龙使未施用 BGA 叶片的全天平均 WUE 提高，使施用 BGA 的降低，但在同一 FA 旱地龙浓度下，施用 BGA 叶片的全天平均 WUE 仍明显大于未施用 BGA(图 15-16 和图 15-20)。⑤FA 旱地龙对未施用 BGA 大叶黄杨的作用时间明显比对施用 BGA 的作用时间长。

造成这些差异的原因可能如下：①BGA 属有机肥范畴，施入土壤后为土壤补充了腐殖质，腐殖质分解后有黄腐酸类物质析出。也就是说，在施用 BGA 的土壤中含有较高的黄腐酸类物质，这样的土壤已经能够满足植物对黄腐酸类营养元素的需求，所以 FA 旱地龙对施用 BGA 大叶黄杨的作用不如对未施用 BGA 的作用强烈，且作用消失得较快。②通常认为植物叶片的 P_n 要受到气孔因素和非气孔因素两个方面的制约，与 G_s 的关系为饱和曲线关系，T_r 与 G_s 的线性关系较强：一方面 FA 旱地龙和 BGA 均可使植物叶片的 G_s 降低，气孔阻力增加，对植物叶片的 P_n 不利；另一方面它们又可使植物叶肉细胞的光合活性增强(如叶绿素含量增加、光合磷酸化加快等)，对 P_n 有促进作用。所以适量的 FA 旱地龙或 BGA 均可提高植物叶片的 P_n。为已施用了 500g/株 BGA 的大叶黄杨喷施 FA 旱地龙，就意味着要使已经缩小了的叶片 G_s 进一步下降，这种下降对 P_n 的抑制作用超过了非气孔因素的促进作用，因此出现了 FA 旱地龙使施用 BGA 大叶黄杨的 P_n 和 WUE 降低的现象。

15.1.6　结论和建议

本节结论和建议如下：

(1) 不论何种栽培环境(小区、温室内盆栽和温室外盆栽)，BGA 对大叶黄杨的生物量(地上和地下)、净光合速率、叶片含水率、冠/新根和 WUE(包括叶片水平的瞬时 WUE 和以地上干重/灌水量计算出的植株整体的 WUE)均有促进作用，对大叶黄杨的蒸散失水、单位叶片的蒸腾速率、气孔导度有抑制作用，对叶面积密度和枝/叶的影响较小。在大叶黄杨幼苗刚定植时，BGA 的施用量不宜太多，否则对苗木的前期生长不利。BGA 主要提高了 BGA 施用深度下方附近的小区土壤含水率。

(2) BGA 对植株生长及耗水的作用效果还与土壤水分条件、光照强度以及温度等因素有关。当土壤水分较高时，BGA 的作用效果较好；当土壤水分较低时，BGA 的作用效果较差。BGA 对温室外大叶黄杨的作用效果强于对温室内的作用效果。也就是说，当土壤水分、光照及温室条件较适宜时，BGA 的作用效果较好，且可能对植株造成胁迫的 BGA 施用量阈值较大。

(3) BGA 在促进植物生长的同时，可增加降雨入渗和土壤毛管水储量，减小植物蒸散失水，最终使水分利用效率提高，是 BGA 节水调控机制的根本之所在。

(4) 不论施用 BGA 与否，FA 旱地龙对大叶黄杨叶片的 G_s 和 T_r 均有抑制作用，在 10:00 时表现最明显。可使大叶黄杨的 G_s 日变化，尤其是 14:00 以前的变化都变得平缓，浓度越大，变化越平缓。当 FA 旱地龙的浓度较高时，未施用 BGA 的全天平均 G_s 和 T_r 明显减小，但施用 BGA 叶片的变化很小。

(5) FA 旱地龙对未施用 BGA 叶片的 P_n 和 WUE 有促进作用，10:00 时作用最明显，对施用 BGA 叶片有抑制作用，喷施浓度越大，对 P_n 的抑制越强烈。

(6) FA 旱地龙对未施用 BGA 大叶黄杨的作用时间较长，对施用 BGA 的作用时间较短。作用时间随 FA 旱地龙喷施浓度的提高而延长。

(7) 施用 BGA 时应该与植株的大小、施用时间、土壤肥力条件以及水分状况等因素联系起来。在土壤含水率为 60%FC～100%FC 时，推荐温室内大叶黄杨的 BGA

施用量不应超过 500g/株，温室外大叶黄杨的 BGA 用量应大于或等于 700g/株。

(8) 喷施 FA 旱地龙时，应考虑土壤的肥力状况。当土壤有机质含量较高时，不宜喷施。就大叶黄杨而言，未施用 BGA 大叶黄杨的适宜 FA 旱地龙喷施浓度为 2g/L，施用了 500g/株 BGA 的大叶黄杨不宜再喷施 FA 旱地龙。

15.2　化控节水防污技术在绿植草坪上的应用

15.2.1　试验方法

试验包括盆栽试验和小区试验两部分。盆栽试验在中国农业大学东区园内进行，小区试验在北京市苏家坨节水增效示范区进行。盆栽试验的起止日期为 2004 年 4 月 5 日～10 月 30 日，所用花盆的直径为 25cm，高 20cm，底部设圆形漏水孔。试验用土为通州永乐店镇田间土+腐殖土，混合比为 5∶1。装盆容重 $\gamma = 1.30\text{g/cm}^3$。试验小区的土壤为壤土。试验用草坪草品种为草地早熟禾(*Poa pratensis*)，化控制剂为科瀚 98 型保水剂和 FA 旱地龙，FA 旱地龙采用喷施。盆栽试验考虑了土壤水分因素，采用正交试验布置，小区试验没有考虑土壤水分，采用完全实施方案，具体布置见表 15-12 和表 15-13。

表 15-12　盆栽试验布置

处理	土壤含水率(因素 A)	保水剂用量 (因素 B)/(g/m²)	FA 旱地龙用量 (因素 D)/(g/m²)
1	70%FC～85%FC	0	0
2	70%FC～85%FC	50	2
3	70%FC～85%FC	100	3
4	55%FC～70%FC	0	3
5	55%FC～70%FC	50	0
6	55%FC～70%FC	100	2
7	40%FC～55%FC	0	2
8	40%FC～55%FC	50	3
9	40%FC～55%FC	100	0

表 15-13　小区试验布置　　　　　　　　　(单位：g/m²)

化控制剂	FA1			FA2			FA3		
	KH1	KH2	KH3	KH1	KH2	KH3	KH1	KH2	KH3
FA 旱地龙	0	0	0	2	2	2	3	3	3
保水剂	0	50	100	0	50	100	0	50	100

测定的指标如下：草坪草的蒸散量、光合参数、草坪生长特性参数(如株高、叶宽、剪草量、密度、叶面积指数、地上/地下干重等)。小区试验的气象资料取自示范区气象站。

叶面积指数采用拟合法测定，即首次在各个处理之间随机选择草地早熟禾100 株，使用 Microtek ScanMaker 3840 扫描仪对所有叶片进行扫描，并存储为 jpg格式的文件，使用 AutoCAD 软件中的 distance 和 area 命令，对草坪草叶片图像进行测量，分别得出叶长、叶宽以及叶面积数据。拟合出叶面积与叶片实际面积的关系(图 15-21)。以后每次测量时，从各个处理中随机选择草坪草 20 株，测量叶片的长与宽，根据拟合方程，求出叶面积。

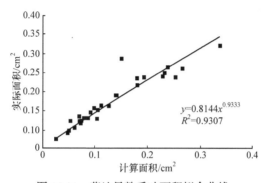

图 15-21　草地早熟禾叶面积拟合曲线

15.2.2　化控制剂对草地早熟禾蒸散的影响

1. 保水剂对草地早熟禾蒸散量的影响

不同土壤水分条件下，保水剂对草地早熟禾各月日平均蒸散量的影响如图 15-22所示，对整个观测期总蒸散量的影响如图 15-23 所示。从图 15-22 可以看出，当土壤含水率为 70%FC～85%FC 时，在 5～6 月，保水剂用量为 50g/m² 的草地早熟禾日平均蒸散量最大，0g/m² 次之，100g/m² 最小，但 0g/m² 与 50g/m² 的差异不大。7～9 月中旬，各月日平均蒸散量随保水剂用量的增加而减小。9 月下旬至 10 月，各水平间的差异不明显。当土壤含水率为 55%FC～70%FC 时，5～6 月中旬，草地早熟禾日平均蒸散量从大到小的顺序依次为 50g/m²>0g/m²>100g/m²，6 月下旬与 7 月上旬，顺序为 0g/m²>50g/m²>100g/m²，之后的差异不明显。当土壤含水率为 40%FC～55%FC 时，5～6 月下旬，随保水剂用量的增加，草地早熟禾平均日蒸散量增加。7 月上旬，50g/m² 最大，100g/m² 次之，0g/m² 最小。7 月中旬～10月，草地早熟禾日平均蒸散量随保水剂用量的增加而减小。这些变化说明保水剂对草地早熟禾日平均蒸散量的影响要受到土壤水分、气候、植物生长状况等条件的限制，在土壤含水率为 70%FC～85%FC 的条件下，100g/m² 的保水剂用量可以明显降低草地早熟禾整个生育期的日平均蒸散量，50g/m² 水平在 5 月、6 月没有明显作用，但在 7～10 月时的降低作用比较明显。当土壤含水率为 55%FC～70%FC时，保水剂对草地早熟禾后期日平均蒸散量的影响非常小。当土壤含水率在40%FC～55%FC 时，保水剂处理的 5 月、6 月日平均蒸散量不但没有降低，反而有所提高，直到 7 月后，其降低蒸散量的作用才显现。

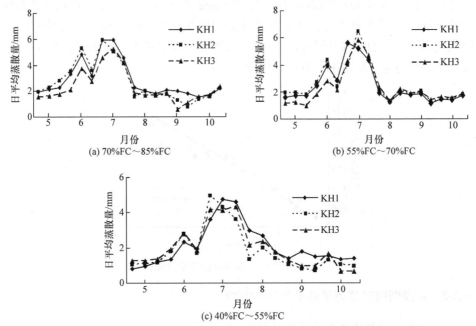

图 15-22　不同土壤水分条件下保水剂对草地早熟禾日平均蒸散量的影响

KH1 表示保水剂用量为 0g/m²，KH2 为 50g/m²，KH3 为 100g/m²，下同

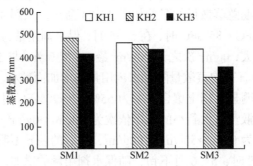

图 15-23　不同土壤水分条件下保水剂对草地早熟禾总蒸散量的影响

SM1、SM2 和 SM3 分别表示土壤含水率为 70%FC～85%FC、55%FC～70%FC 和 40%FC～55%FC

从图 15-23 可以看出，在土壤含水率为 70%FC～85%FC 的条件下，施用100g/m² 保水剂，草地早熟禾整个生育期的蒸散量降低了 94.5mm，施用 50g/m²，

可以降低 25.5mm。在土壤含水率为 55%FC～70%FC 时，施用保水剂 50g/m²，可以降低整个生育期的蒸散量 8.4mm，100g/m² 可以降低 30mm。当土壤含水率为 40%FC～55%FC 时，施用保水剂 50g/m² 可以降低蒸散量 127.8mm，100g/m² 可以降低 84.6mm。

从上面草地早熟禾蒸散量的年内变化可以看出，当土壤含水率较高或较低时，保水剂对早熟禾蒸散的影响比较明显，且主要表现为降低蒸散量的作用。当土壤含水率在 55%FC～70%FC 时，施用保水剂的作用效果不好，不建议施用。仅从保水剂减小草地早熟禾蒸散耗水方面来看，保水剂施用量为 100g/m² 较佳。

2. 保水剂对土壤水分的影响

施用了保水剂后，绿化草坪土壤水分的变化情况如图 15-24 所示。从图中可以看出，保水剂对草坪土壤水分的影响要受到土壤含水率的限制，即在不同的土壤含水率区间内，保水剂对土壤含水率的提高作用不同。当土壤含水率在 70%FC～85%FC 时，施用保水剂的土壤含水率略高于对照，但是差别不大。当土壤含水率在 55%FC～70%FC 时，50g/m² 保水剂用量在多数时段内的土壤含水率最高，其次为对照，100g/m² 最小。当土壤含水率在 40%FC～55%FC 时，除 6 月以前和 8 月份，50g/m² 和 100g/m² 保水剂用量的土壤水分较高，其他时期，各处理间的差异均非常小。这些变化说明，在较高土壤水分条件下，施用保水剂对土壤含水率有一定的提高作用，但在低土壤水分条件下，施用保水剂的效果不明显。这是因为保水剂是一种吸水剂，而非造水剂，只有当土壤中有较多的水分可被吸持时，保水剂的吸持水分，减小蒸发和渗漏失水的功能才能显现出来。从对绿化草坪土壤含水率的作用来看，保水剂用量为 50g/m² 较好。

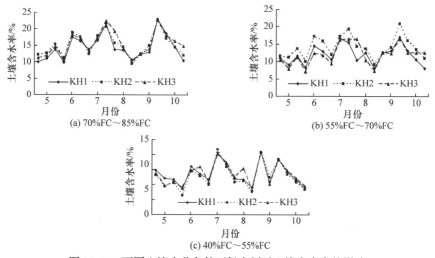

图 15-24　不同土壤水分条件下保水剂对土壤含水率的影响

3. 化控制剂对草地早熟禾蒸散影响的差异性分析

草地早熟禾的日平均蒸散量在不同月份变化很大,这主要是由于受诸如温度、太阳辐射、风等多种气象因子的影响。不同化控制剂处理的草地早熟禾各月日平均蒸散量见表 15-14。试验结果的直观分析(又称极差分析)的计算结果见表 15-15。

表 15-14　不同处理草地早熟禾日平均蒸散量的变化　　　(单位：mm)

处理	5 月	6 月	7 月	8 月	9 月	10 月	平均值
1	2.14	3.77	5.48	2.02	1.82	1.82	2.84
2	2.33	4.12	5.03	1.73	1.28	1.71	2.70
3	1.66	2.85	4.65	1.73	1.16	1.85	2.32
4	1.72	3.12	5.71	1.76	1.63	1.52	2.58
5	1.91	3.15	4.97	1.85	1.72	1.58	2.53
6	1.13	2.26	5.60	1.97	1.79	1.71	2.41
7	1.02	1.89	3.64	3.48	3.23	1.44	2.45
8	1.12	2.10	3.61	1.60	0.88	1.13	1.74
9	1.30	2.18	5.18	1.75	0.78	0.69	1.98

表 15-15　草地早熟禾日平均蒸散量极差分析计算表

处理	土壤含水率 (因素 A)	保水剂用量 (因素 B)/(g/m²)	因素 C	FA 旱地龙用量 (因素 D)/(g/m²)	日平均蒸散量 /mm
1	70%FC～85%FC	0	C1	0	2.84
2	70%FC～85%FC	50	C2	2	2.70
3	70%FC～85%FC	100	C3	3	2.32
4	55%FC～70%FC	0	C2	3	2.57
5	55%FC～70%FC	50	C3	0	2.53
6	55%FC～70%FC	100	C1	2	2.41
7	40%FC～55%FC	0	C3	2	2.45
8	40%FC～55%FC	50	C1	3	1.74
9	40%FC～55%FC	100	C2	0	1.98
M_1	7.86	7.86	6.99	7.35	
M_2	7.51	6.97	7.25	7.56	
M_3	6.17	6.71	7.30	6.63	
m_1	2.62	2.62	2.33	2.45	$T=21.54$ $Y_p=2.39$
m_2	2.50	2.32	2.42	2.52	
m_3	2.06	2.24	2.43	2.21	
R_j	0.56	0.38	0.02	0.31	

从表 15-15 可以看出，草地早熟禾日平均蒸散量最小的各因素水平最优组合为：土壤含水率为 40%FC～55%FC，保水剂为 100g/m²，旱地龙为 3g/m²。由此可以得到不考虑草坪观赏效果条件下的草地早熟禾平均日蒸散量最优组合为 A3B3D3。由于直观分析法没有把因素水平改变所引起的试验结果波动与试验误差所引起的试验结果波动区分开来，也没有提供一个判别影响是否显著的标准，所以有必要进一步进行方差分析。取显著性水平 $\alpha = 0.05$，F 检验结果见表 15-16。从表中可以看出，土壤水分条件与保水剂对草地早熟禾平均日蒸散量的影响显著，FA 旱地龙的影响达不到显著水平。各因素对草地早熟禾日平均蒸散影响的大小顺序为土壤含水率>保水剂>FA 旱地龙。

表 15-16 日平均蒸散量影响的 F 检验结果

方差来源	平方和	自由度	均方差	F
土壤含水率	1.14	2	0.57	94.13*
保水剂	0.43	2	0.22	35.82*
FA 旱地龙	0.01	2	0.00	0.54
误差	0.01	2	0.00	
总和	1.59	8		

*表示在 0.05 水平差异显著。

15.2.3 化控制剂对草地早熟禾光合特性的影响

1. FA 旱地龙对草地早熟禾光合特性的影响

喷施 FA 旱地龙后，草地早熟禾光合参数的日变化如图 15-25 所示。从图中可以看出，8:00～12:00 FA 旱地龙对草地早熟禾净光合速率的影响各水平之间差别不大，14:00～18:00 净光合速率有所降低。从气孔导度看来，FA 旱地龙对 8:00 的气孔导度没有明显影响，但可明显降低 10:00、12:00、14:00、18:00 的气孔导度，16:00 各水平之间没有明显差别。草地早熟禾蒸腾速率的变化规律与气孔导度的变化规律相同。从图中可以看出，8:00～10:00 的瞬时 WUE 在各处理间差别不大，10:00～18:00，FA 旱地龙处理的瞬时 WUE 明显高于对照，但 FA 旱地龙不同喷施量间没有显著差异。这些变化说明，喷施 FA 旱地龙在一定程度上可以减小草地早熟禾叶面的气孔开度，降低蒸腾速率，减少水分消耗量，并可以提高草地早熟禾的水分利用效率。

2. 化控制剂对草地早熟禾光合特性的影响

不同土壤水分、FA 旱地龙喷施浓度及保水剂用量处理下，草地早熟禾净光合

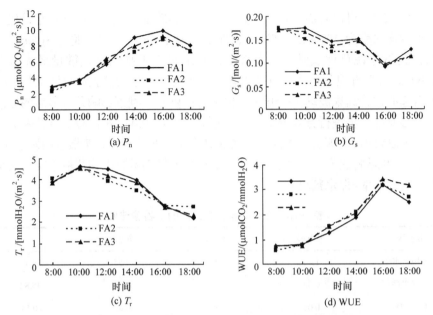

图 15-25　FA 旱地龙对草地早熟禾光合特性的影响

FA1、FA2 和 FA3 分别表示 FA 旱地龙喷施浓度为 0g/m²、2g/m²、3g/m²

速率、气孔导度及蒸腾速率等的变化见表 15-17(5 月 27 日测定),方差分析结果见表 15-18。按显著性水平 $\alpha = 0.1$ 检验,从表 15-18 可以看出,8:00~10:00 和 14:00~18:00,土壤水分条件对净光合速率影响显著,FA 旱地龙对 10:00 和 14:00~18:00 的净光合速率影响明显,保水剂只在 12:00 影响显著,其他时间均不显著。对于气孔导度,10:00~18:00,土壤水分条件及 FA 旱地龙喷施量对其影响显著,8:00 的测定结果不显著,保水剂对各时间测定结果均达不到显著水平。对于蒸腾速率,土壤水分对 8:00~16:00 测定结果影响显著,18:00 测定结果不显著,FA 旱地龙对 10:00、12:00、16:00 的影响显著,8:00 及 14:00 的影响不显著,保水剂对各时间测定结果均达不到显著水平。总之,对于大部分时间的测定结果,土壤水分及 FA 旱地龙对草地早熟禾的净光合速率、气孔导度和蒸腾速率的影响显著,保水剂的影响不显著。

表 15-17　土壤水分及化控制剂对草地早熟禾光合参数的影响

光合参数	处理	观测时间					
		8:00	10:00	12:00	14:00	16:00	18:00
净光合速率 /[μmolCO₂ /(m²·s)]	1	4.39	2.70	5.91	8.01	8.93	7.91
	2	3.59	2.68	5.47	7.91	8.62	7.32
	3	2.47	1.96	5.84	7.61	8.30	7.16
	4	2.79	3.41	6.37	7.84	9.10	7.28

续表

光合参数	处理	观测时间					
		8:00	10:00	12:00	14:00	16:00	18:00
净光合速率 /[μmolCO$_2$ /(m^2·s)]	5	2.94	3.71	5.66	8.97	9.80	7.97
	6	2.33	3.59	5.96	7.21	8.65	7.26
	7	1.87	3.39	6.69	8.01	9.49	8.30
	8	1.77	2.87	5.84	7.39	9.47	7.91
	9	1.85	3.46	5.88	8.48	9.92	8.31
气孔导度 /[mol/(m^2·s)]	1	0.34	0.18	0.17	0.16	0.15	0.14
	2	0.28	0.14	0.15	0.16	0.16	0.11
	3	0.16	0.16	0.16	0.19	0.10	0.11
	4	0.17	0.17	0.13	0.15	0.10	0.11
	5	0.17	0.17	0.15	0.15	0.09	0.13
	6	0.17	0.15	0.12	0.12	0.09	0.11
	7	0.15	0.15	0.08	0.10	0.11	0.10
	8	0.14	0.14	0.09	0.11	0.07	0.10
	9	0.15	0.15	0.09	0.06	0.08	0.11
蒸腾速率 /[mmolH$_2$O /(m^2·s)]	1	3.04	3.12	4.48	4.01	3.78	2.02
	2	3.43	3.06	4.18	3.96	4.05	2.41
	3	3.43	3.38	4.11	4.89	2.63	2.39
	4	3.82	4.50	4.16	3.85	2.68	2.32
	5	3.89	4.58	4.49	3.95	2.74	2.17
	6	4.02	4.51	3.93	3.46	2.75	2.71
	7	5.39	3.46	2.63	2.72	3.52	2.07
	8	3.33	4.06	2.75	3.04	2.06	2.42
	9	3.48	3.90	2.63	1.76	2.55	2.40

表 15-18 不同测定时间光合参数的 F 值

光合参数	变因	测定时间					
		8:00	10:00	12:00	14:00	16:00	18:00
净光合速率	SM	15.18	41.60	4.79	31.10	21.42	21.36
	KH	3.72	0.85	13.26	4.94	2.51	2.16
	FA	2.95	11.03	1.77	12.89	10.55	13.48
气孔导度	SM	3.71	15.17	317.57	92.24	22.23	25.27
	KH	0.94	7.19	0.48	1.82	7.67	1.31
	FA	1.15	21.56	16.32	17.36	9.43	32.33

光合参数	变因	测定时间					
		8:00	10:00	12:00	14:00	16:00	18:00
蒸腾 速率	SM	26.62	199.04	379.86	23.20	14.97	0.47
	KH	3.19	7.20	8.38	0.34	8.89	3.51
	FA	1.37	10.46	9.80	7.61	18.49	1.30

15.2.4　化控制剂对草地早熟禾生理特性的影响

叶面积指数(leaf area index，LAI)是草坪草的一项重要的绿量指标，能比绿地覆盖率更好地说明绿地在空间结构上的差异，从而更确切地反映绿地植物构成的特性及生态效益水平。而草地早熟禾的生长速度、叶宽、密度、月平均剪草量、生物量是衡量草坪生长发育状态的重要指标，根冠比则是衡量草坪草抗逆能力高低的指标，是研究草坪生长规律的重要参数，因此本试验对上述参数做了测定。

1. 化控制剂对草地早熟禾生长速度的影响

不同处理条件下，草地早熟禾生长速度的极差分析结果见表 15-19，F 检验结果见表 15-20。从表 15-19 可以看出，各因素对草地早熟禾生长速度产生影响的最佳水平为：土壤含水率 70%FC～85%FC，保水剂 0g/m²，FA 旱地龙 0g/m²，由此可以得到对生长速度的最优组合为 A1B1D1。从表 15-20 可以看出，各因素对草地早熟禾生长速度影响的大小顺序为土壤含水率>保水剂>FA 旱地龙。按显著性水平 $\alpha = 0.1$ 检验，土壤含水率和保水剂施用量对草地早熟禾生长速度的影响显著，FA 旱地龙的影响不明显。

表 15-19　草地早熟禾生长速度的极差分析计算表

处理	土壤含水率 (因素 A)	保水剂用量 (因素 B)/(g/m²)	FA 旱地龙用量 (因素 D)/(g/m²)	日平均生长 速度/(cm/天)
1	70%FC～85%FC	0	0	0.53
2	70%FC～85%FC	50	2	0.44
3	70%FC～85%FC	100	3	0.43
4	55%FC～70%FC	0	3	0.45
5	55%FC～70%FC	50	0	0.44
6	55%FC～70%FC	100	2	0.33
7	40%FC～55%FC	0	2	0.40
8	40%FC～55%FC	50	3	0.36
9	40%FC～55%FC	100	0	0.29

续表

处理	土壤含水率 (因素 A)	保水剂用量 (因素 B)/(g/m²)	FA 旱地龙用量 (因素 D)/(g/m²)	日平均生长 速度/(cm/天)
M_1	1.40	1.38	1.26	
M_2	1.22	1.24	1.17	
M_3	1.05	1.05	1.24	
m_1	0.47	0.46	0.42	T=3.67 Y_p=0.41
m_2	0.41	0.41	0.39	
m_3	0.35	0.35	0.41	
R_j	0.12	0.11	0.03	

表 15-20　草地早熟禾生长速度的 F 检验结果

方差来源	平方和	自由度	均方差	F
土壤含水率	0.02	2	0.01	15.27
保水剂	0.02	2	0.01	13.65
FA 旱地龙	0.00	2	0.00	1.32
误差	0.00	2	0.00	

另外，单从考虑各个因素对促进草地早熟禾生长的角度来看是不够的，因为对草坪来说，生长速度过快，势必要增加剪草的次数，从而增加草坪草的人工管理费用。因此，在实际工作中需要根据实际情况来确定土壤含水率的控制与抗旱剂的施用量。

2. 化控制剂对草地早熟禾叶宽的影响

草地早熟禾叶宽的极差分析结果见表 15-21，F 检验结果见表 15-22。由表 15-21 可以看出，影响草地早熟禾叶宽的最佳因素水平组合为：土壤含水率 40%FC～55%FC，保水剂 50g/m²，FA 旱地龙 0g/m²，即 A3B2D1。取显著性水平 α = 0.1，土壤水分条件、保水剂和 FA 旱地龙的施用量对草地早熟禾叶宽的影响均达不到显著水平。

表 15-21　草地早熟禾叶宽极差分析计算表

处理	土壤含水率 (因素 A)	保水剂用量 (因素 B)/(g/m²)	FA 旱地龙用量 (因素 D)/(g/m²)	叶宽/mm
1	70%FC～85%FC	0	0	1.94
2	70%FC～85%FC	50	2	2.12
3	70%FC～85%FC	100	3	2.08

续表

处理	土壤含水率 (因素 A)	保水剂用量 (因素 B)/(g/m²)	FA 旱地龙用量 (因素 D)/(g/m²)	叶宽/mm
4	55%FC～70%FC	0	3	1.94
5	55%FC～70%FC	50	0	2.06
6	55%FC～70%FC	100	2	1.96
7	40%FC～55%FC	0	2	1.98
8	40%FC～55%FC	50	3	2.06
9	40%FC～55%FC	100	0	2.14
M_1	6.14	5.86	6.14	
M_2	5.96	6.24	6.06	
M_3	6.18	6.18	6.08	
m_1	2.05	1.95	2.05	$T=18.28$
m_2	1.99	2.08	2.02	$Y_p=2.03$
m_3	2.06	2.06	2.03	
R_j	0.07	0.13	0.03	

表 15-22　草地早熟禾叶宽的 F 检验结果

方差来源	平方和	自由度	均方差	F
土壤含水率	0.01	2.00	0.00	0.92
保水剂	0.03	2.00	0.01	2.79
FA 旱地龙	0.00	2.00	0.00	0.12
误差	0.01	2.00	0.00	

3. 化控制剂对草地早熟禾密度的影响

从各因素对草地早熟禾密度影响的极差分析表可以看出(表 15-23)，各影响因素的最佳水平为：土壤含水率 70%FC～85%FC，保水剂 0g/m²，FA 旱地龙 2g/m²。由此可以得到对草地早熟禾密度影响的最优组为 A1B1D2。按显著性水平 $\alpha=0.1$ 进行检验，土壤水分、保水剂及 FA 旱地龙对草地早熟禾密度的影响均未达到显著水平。各因素对密度影响的大小顺序为土壤含水率>FA 旱地龙>保水剂(表 15-24)。

表 15-23　草地早熟禾密度的极差分析计算表

处理	土壤含水率 (因素 A)	保水剂用量 (因素 B)/(g/m²)	FA 旱地龙用量 (因素 D)/(g/m²)	密度 /(株/100cm²)
1	70%FC～85%FC	0	0	82.05

续表

处理	土壤含水率 (因素 A)	保水剂用量 (因素 B)/(g/m²)	FA 旱地龙用量 (因素 D)/(g/m²)	密度 /(株/100cm²)
2	70%FC～85%FC	50	2	77.84
3	70%FC～85%FC	100	3	73.81
4	55%FC～70%FC	0	3	65.91
5	55%FC～70%FC	50	0	68.03
6	55%FC～70%FC	100	2	73.96
7	40%FC～55%FC	0	2	67.44
8	40%FC～55%FC	50	3	68.89
9	40%FC～55%FC	100	0	66.28
M_1	233.70	215.40	216.36	
M_2	207.90	214.76	219.24	
M_3	202.61	214.05	208.61	
m_1	77.90	71.80	72.12	T=644.21 Y_P=71.58
m_2	69.30	71.59	73.08	
m_3	67.54	71.35	69.54	
R_j	10.36	0.45	3.54	

表 15-24　草地早熟禾密度的 F 检验结果

方差来源	平方和	自由度	均方差	F
土壤含水率	184.47	2	92.23	3.57
保水剂	0.30	2	0.15	0.01
FA 旱地龙	20.15	2	10.08	0.39
误差	51.74	2	25.87	

4. 化控制剂对草地早熟禾叶面积指数的影响

草地早熟禾叶面积指数的极差分析结果见表 15-25，F 检验结果见表 15-26。从表 15-25 可以看出，影响草地早熟禾叶面积指数的各因素最佳水平为：土壤含水率 70%FC～85%FC，保水剂用量 100g/m²，FA 旱地龙用量 3g/m²，由此可以得到对草地早熟禾叶面积指数影响的最优组合为 A1B3D3。从表 15-26 可以看出，各因素的影响大小顺序为土壤含水率>FA 旱地龙>保水剂。按显著性水平 α = 0.1 检验，土壤含水率和 FA 旱地龙对草地早熟禾叶面积指数的影响显著，保水剂的影响不显著。

表 15-25　草地早熟禾叶面积指数的极差分析计算表

处理	土壤含水率 (因素 A)	保水剂用量 (因素 B)/(g/m²)	FA 旱地龙用量 (因素 D)/(g/m²)	叶面积指数
1	70%FC~85%FC	0	0	2.87
2	70%FC~85%FC	50	2	2.30
3	70%FC~85%FC	100	3	3.32
4	55%FC~70%FC	0	3	2.92
5	55%FC~70%FC	50	0	2.27
6	55%FC~70%FC	100	2	2.23
7	40%FC~55%FC	0	2	1.49
8	40%FC~55%FC	50	3	1.66
9	40%FC~55%FC	100	0	1.34
M_1	8.49	7.28	6.48	
M_2	7.42	6.23	6.02	
M_3	4.49	6.89	7.90	
m_1	2.83	2.23	2.16	T=20.40
m_2	2.47	2.08	2.01	Y_p=2.27
m_3	1.50	2.49	2.63	
R_j	1.33	0.41	0.62	

表 15-26　草地早熟禾叶面积指数的 F 检验结果

方差来源	平方和	自由度	均方差	F
土壤含水率	2.85	2	1.43	61.08
保水剂	0.19	2	0.09	4.03
FA 旱地龙	0.63	2	0.32	13.55
误差	0.05	2	0.02	

5. 化控制剂对月平均剪草量的影响

草坪草月平均剪草量一方面说明了草坪的生长状况,另一方面对草坪草的蒸散量也有很大影响。所以分析不同水分条件及化控制剂作用下,草坪草月平均剪草量的差异是十分有意义的。本试验中共测定剪草量 4 次,时隔约一个月。从极差分析表(表 15-27)可以看到,影响草地早熟禾月平均剪草量的最佳水平为:土壤含水率 70%FC~85%FC,保水剂用量 100g/m²,旱地龙喷施量 3g/m²,综合上述结果得到对草地早熟禾月平均剪草量的最优组合为 A1B3D3。其 F 检验结果见表 15-28。由方差分析结果可知,按显著性水平 α = 0.1 检验,土壤含水率及保水剂对草地早熟禾月平均剪草量的影响显著，FA 旱地龙的影响达不到显著效果。

表 15-27　草地早熟禾月平均剪草量的极差分析计算表

处理	土壤含水率 (因素 A)	保水剂用量 (因素 B)/(g/m²)	FA 旱地龙用量 (因素 D)/(g/m²)	月平均剪草量/(g/m²)
1	70%FC～85%FC	0	0	69.52
2	70%FC～85%FC	50	2	75.38
3	70%FC～85%FC	100	3	82.59
4	55%FC～70%FC	0	3	50.96
5	55%FC～70%FC	50	0	54.52
6	55%FC～70%FC	100	2	56.41
7	40%FC～55%FC	0	2	32.39
8	40%FC～55%FC	50	3	43.72
9	40%FC～55%FC	100	0	37.57
M_1	227.49	152.87	161.61	
M_2	161.89	173.62	164.18	
M_3	113.68	176.57	177.27	
m_1	75.83	50.96	53.87	T=503.06
m_2	53.96	57.87	54.73	Y_p=55.90
m_3	37.89	58.86	59.09	
R_j	37.94	7.90	5.22	

表 15-28　草地早熟禾月平均剪草量的 *F* 检验结果

方差来源	平方和	自由度	均方差	F
土壤含水率	2175.57	2	1087.78	304.54
保水剂	111.23	2	55.61	15.57
FA 旱地龙	46.99	2	23.49	6.58
误差	7.14	2	3.57	

6. 化控制剂对草地早熟禾生物量的影响

从极差分析表 15-29 可以看到，影响草坪生物量的最佳水平为：土壤含水率为 70%FC～85%FC，保水剂用量 100g/m²，FA 旱地龙喷施量 2g/m²，由此可以得出对草地早熟禾生物量产生影响的各因素最优水平组合为 A1B3D2。通过方差分析表 15-30 可以看出，影响效果顺序依次为土壤含水率>FA 旱地龙>保水剂。按显著性水平 α = 0.1 检验，土壤含水率、保水剂和 FA 旱地龙对草地早熟禾生物量累积的影响显著。

表 15-29　草地早熟禾生物量的极差分析计算表

处理	土壤含水率 (因素 A)	保水剂用量 (因素 B)/(g/m²)	FA 旱地龙用量 (因素 D)/(g/m²)	生物量/(g/m²)
1	70%FC～85%FC	0	0	273.80
2	70%FC～85%FC	50	2	307.40
3	70%FC～85%FC	100	3	295.68
4	55%FC～70%FC	0	3	238.20
5	55%FC～70%FC	50	0	234.92
6	55%FC～70%FC	100	2	260.12
7	40%FC～55%FC	0	2	182.04
8	40%FC～55%FC	50	3	191.20
9	40%FC～55%FC	100	0	180.52
M_1	876.88	694.04	689.24	
M_2	733.24	733.52	749.56	
M_3	553.76	736.32	725.08	
m_1	292.29	231.35	229.75	T=2163.88
m_2	244.41	244.51	249.85	Y_P=240.43
m_3	184.59	245.44	241.69	
R_j	107.71	14.09	20.11	

表 15-30　草地早熟禾生物量的 F 检验结果

方差来源	平方和	自由度	均方差	F
土壤含水率	17472.45	2	8736.23	464.61
保水剂	372.68	2	186.34	9.91
FA 旱地龙	613.59	2	306.79	16.32
误差	37.61	2	18.80	

7. 土壤水分及化控制剂根冠比的影响

根冠比是草地早熟禾对环境适应能力强弱的重要指标之一，也是衡量草地早熟禾抗逆能力高低的指标，通常该值越大，表明根系相对越发达，抗逆性越强，因此该根冠比越大，越有利于草坪的建立、使用与养护。从根冠比的极差分析表 15-31 可以看出，影响草坪根冠比的各因素最佳水平为：土壤含水率 70%FC～85%FC，保水剂用量 0g/m²，FA 旱地龙喷施量 3g/m²，其对应的各因素水平组合为 A1B1D3。通过方差分析(表 15-32)可知,按显著性水平 $\alpha = 0.1$ 检验,土壤含水率及保水剂施用量对草地早熟禾根冠比的影响显著,FA 旱地龙的影响不显著。

表 15-31 草地早熟禾月根冠比的极差分析计算表

处理	土壤含水率 (因素 A)	保水剂用量 (因素 B)/(g/m²)	FA 旱地龙用量 (因素 D)/(g/m²)	根冠比
1	70%FC~85%FC	0	0	0.99
2	70%FC~85%FC	50	2	0.91
3	70%FC~85%FC	100	3	0.96
4	55%FC~70%FC	0	3	0.92
5	55%FC~70%FC	50	0	0.82
6	55%FC~70%FC	100	2	0.88
7	40%FC~55%FC	0	2	0.76
8	40%FC~55%FC	50	3	0.69
9	40%FC~55%FC	100	0	0.68
M_1	2.860	2.676	2.502	
M_2	2.624	2.425	2.547	
M_3	2.136	2.519	2.571	
m_1	0.953	0.892	0.834	$T=7.61$ $Y_P=0.847$
m_2	0.875	0.808	0.849	
m_3	0.712	0.840	0.857	
R_j	0.241	0.084	0.023	

表 15-32 草地早熟禾根冠比的 F 检验结果

方差来源	平方和	自由度	均方差	F
土壤含水率	0.09	2	0.05	203.17
保水剂	0.01	2	0.01	23.79
FA 旱地龙	0.00	2	0.00	1.82
误差	0.00	2	0.00	

15.2.5 化控制剂对草坪草质量的影响

1. 草坪质量评价方法

草坪质量评价是一个多准则的评价问题,根据不同评价目的,各研究领域都提出了相应的质量评价标准。基于节水灌溉的草坪质量评价标准是草坪合理灌溉的重要依据。本节采用节水灌溉常用的评价参数,同时考虑草坪景观评价一般指标，确定基于节水灌溉的草坪综合评价指标体系。

1) 综合评价函数的确定

以草坪生长指标为主，兼顾草坪质量指标，最终确定采用草地早熟禾生长速度、密度、叶宽、叶面积指数、月平均剪草量、根冠比、鲜重、干重等 8 个指标作为评价指标体系，分别记为 X_1、X_2、X_3、X_4、X_5、X_6、X_7 和 X_8，各指标测定的平均值见表 15-33。采用主成分分析法确定这 8 个指标的权重。为了消除指标之间因度量单位引起的差异，将数据标准化，见表 15-34。

表 15-33　草地早熟禾各评价指标的测定结果

处理	X_1 /(cm/d)	X_2 /(株/100cm²)	X_3 /mm	X_4	X_5 /(g/m²)	X_6	X_7 /(g/m²)	X_8 /(g/m²)
1	0.53	82.05	1.94	2.87	69.52	0.99	1371.53	273.8
2	0.44	77.84	2.12	2.3	75.38	0.91	1509.92	307.4
3	0.43	73.81	2.08	3.32	82.59	0.96	1521.92	295.68
4	0.45	65.91	1.94	2.92	50.96	0.92	1215.79	238.2
5	0.44	68.03	2.06	2.27	54.52	0.82	1214.44	234.92
6	0.33	73.96	1.96	2.23	56.41	0.88	1324.09	260.12
7	0.4	67.44	1.98	1.49	32.39	0.76	824.68	175.04
8	0.36	68.89	2.06	1.66	43.72	0.69	827.36	191.2
9	0.29	66.28	2.14	1.34	37.57	0.68	840.81	180.52

表 15-34　各指标的标准化处理结果

处理	X_1	X_2	X_3	X_4	X_5	X_6	X_7	X_8
1	1.00	1.00	0.00	0.77	0.74	1.00	0.78	0.75
2	0.63	0.74	0.90	0.48	0.86	0.74	0.98	1.00
3	0.58	0.49	0.70	1.00	1.00	0.90	1.00	0.91
4	0.67	0.00	0.00	0.80	0.37	0.77	0.56	0.48
5	0.63	0.13	0.60	0.47	0.44	0.45	0.56	0.45
6	0.17	0.50	0.10	0.45	0.48	0.65	0.72	0.64
7	0.46	0.09	0.20	0.08	0.00	0.26	0.00	0.00
8	0.29	0.18	0.60	0.16	0.23	0.03	0.00	0.12
9	0.00	0.02	1.00	0.00	0.10	0.00	0.02	0.04

计算这 8 个指标的协方差矩阵及其相关系数矩阵 R，求 R 的特征根及相应的贡献率，结果见表 15-35。从表 15-35 可以看出，第一主成分的累积贡献率已达 76.06%，因此选用第一个主成分就已经足够了，其 λ=6.09，它相应的特征向量见表 15-36。

表 15-35　相关矩阵的特征值和特征向量

成分	特征值	方差贡献率/%	累积贡献率/%
X_1	6.09	76.06	76.06
X_2	0.90	11.24	87.30
X_3	0.62	7.71	95.01
X_4	0.22	2.71	97.72
X_5	0.15	1.86	99.58
X_6	2.41×10^{-2}	0.30	99.88
X_7	7.35×10^{-3}	9.19×10^{-2}	99.97
X_8	2.66×10^{-3}	3.33×10^{-2}	100.00

表 15-36　特征向量及归一化结果

成分	特征向量	归一化结果
X_1	0.148	0.13
X_2	0.139	0.12
X_3	0.120	0.11
X_4	0.145	0.13
X_5	0.157	0.14
X_6	0.106	0.09
X_7	0.161	0.14
X_8	0.162	0.14

指标集 $U=\{X_1, X_2, X_3, X_4, X_5, X_6, X_7, X_8\}$，依次权重 $A=\{0.13, 0.12, 0.11, 0.13, 0.14, 0.09, 0.14, 0.14\}$，因此综合评价函数为

$$Y = 0.13X_1 + 0.12X_2 + 0.11X_3 + 0.13X_4 + 0.14X_5 + 0.09X_6 + 0.14X_7 + 0.14X_8$$

由此计算的各处理综合评价值及相应的排序见表 15-37。同时确定各性状指标的评判标准为 $Y_{ij} \in [0, 0.2)$ 差，$Y_{ij} \in [0.2, 0.4)$ 较差，$Y_{ij} \in [0.4, 0.6)$ 一般，$Y_{ij} \in [0.6, 0.8)$ 较好，$Y_{ij} \in [0.8, 1]$ 优良等 5 级，评价结果见表 15-38。

表 15-37　各处理综合评价值

处理	评价值	排序	处理	评价值	排序
1	0.76	3	6	0.47	4
2	0.80	2	7	0.13	9
3	0.83	1	8	0.20	7
4	0.45	6	9	0.14	8
5	0.47	4			

表 15-38　各处理综合评价结果

处理	评语	排序	处理	评语	排序
1	较好	3	6	一般	4
2	优良	2	7	差	9
3	优良	1	8	较差	8
4	一般	6	9	差	7
5	一般	5			

2) 综合评价与目测打分之间的关系

在草坪质量评分系统中，目测打分法一直被广泛应用，但是目测打分法毕竟带有很强的主观性，各研究领域也一直在探讨定量化的评价指标。本试验在每次测定草坪月平均剪草量、生物量等指标的同时，进行了目测打分。通过研究目测打分值和草坪质量综合评价值之间的相关分析(图 15-26)可知，两者之间存在着极显著的相关性，决定系数为 0.8561。由此可见，在进行草坪质量评价过程中，采用目测打分和多指标综合评价能达到相同的效果，但与综合评价法相比，目测打分存在一定的主观性。目测打分法适用于对草坪质量评价要求精确度不高，且打分者对草坪的质量有较好把握的情况，综合质量评价作为定量化的草坪评价指标具有很强的应用价值。

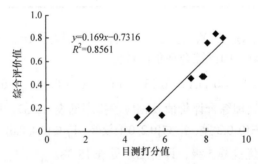

图 15-26　草坪的目测打分值和综合评价值之间的相关性

对整个生育期草地早熟禾的质量进行目测打分，结果见表 15-39。从表中可以看出，土壤含水率为 70%FC～85%FC 时，目测评分值在 8 分左右，55% FC～70%FC 水平能达到 6 分以上(通常 6 分以上包括 6 分)的观赏效果是可以接受的，而 40%FC～55%FC 水平的评分标准在部分情况下不能达到观赏要求。

表 15-39 各处理的目测打分结果

处理	时间(月-日)					
	6-04	7-06	8-05	8-25	9-25	10-20
1	8.2	8.5	8.0	8.6	6.5	8.8
2	8.0	8.6	8.7	9.4	9.2	9.2
3	8.5	9.2	7.9	9.1	9.1	7.1
4	7.5	6.6	7.9	8.0	6.9	6.7
5	8.5	6.8	8.4	9.0	7.1	7.6
6	8.0	8.0	8.1	8.5	7.2	7.1
7	6.0	4.1	4.5	5.0	4.0	4.0
8	6.5	5.1	6.0	5.1	4.0	4.5
9	7.5	6.0	6.3	6.0	4.4	4.7

2. 化控节水剂对草坪质量的影响

前面阐述了各种抗旱剂对草地早熟禾生长速度、叶宽、密度等单一指标的影响,单一指标在反映草坪质量方面存在较大局限性,因此结合各处理综合评价结果进行极差分析,通过比较各因素对草坪质量影响的显著性差异,获得各因素所对应的最优组合,计算结果见表 15-40。从表中可以看出,影响草地早熟禾质量的最佳水平为:土壤含水率 70%FC～85%FC,保水剂用量为 50g/m²,FA 旱地龙用量为 3g/m²,保水剂 50g/m² 和 100g/m² 对草坪质量影响差别不大。由此可以得到各因素水平的最优组合为 A1B2D3。

表 15-40 草坪质量的极差分析计算表

处理	土壤含水率 (因素 A)	保水剂用量 (因素 B)/(g/m²)	FA 旱地龙用量 (因素 D)/(g/m²)	综合评价值
1	70%FC～85%FC	0	0	0.76
2	70%FC～85%FC	50	2	0.80
3	70%FC～85%FC	100	3	0.83
4	55%FC～70%FC	0	3	0.45
5	55%FC～70%FC	50	0	0.47
6	55%FC～70%FC	100	2	0.47
7	40%FC～55%FC	0	2	0.13
8	40%FC～55%FC	50	3	0.20
9	40%FC～55%FC	100	0	0.14
M_1	2.39	1.34	1.37	
M_2	1.39	1.47	1.40	T=4.25 Y_p=0.472
M_3	0.47	1.44	1.48	

续表

处理	土壤含水率 (因素 A)	保水剂用量 (因素 B)/(g/m²)	FA 旱地龙用量 (因素 D)/(g/m²)	综合评价值
m_1	0.80	0.45	0.46	
m_2	0.46	0.49	0.47	$T=4.25$
m_3	0.16	0.48	0.49	$Y_p=0.472$
R_j	0.64	0.04	0.04	

通过方差分析(表 15-41)可知,按显著性水平 $\alpha = 0.1$ 检验,土壤含水率及保水剂对草地早熟禾的综合质量影响显著,但 FA 旱地龙的影响达不到显著水平。在不同土壤水分条件下施用保水剂对草坪质量的影响如图 15-27 所示。

表 15-41　草坪质量的 F 值

方差来源	平方和	自由度	均方差	F
土壤含水率	0.62	2	0.31	1978.45
保水剂	0.00	2	0.00	9.07
FA 旱地龙	0.00	2	0.00	8.73
误差	0.00	2	0.00	

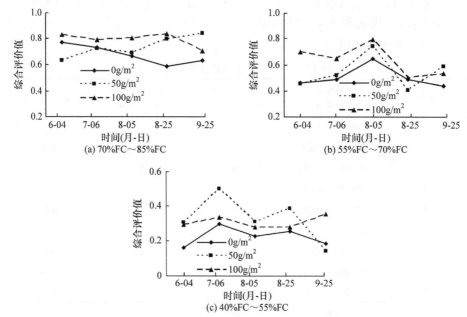

图 15-27　在不同土壤水分条件下施用保水剂对草坪质量的影响

从图 15-27 可以看出,在土壤含水率 70%FC～85%FC 条件下,保水剂用量为

100g/m² 时的综合评分值较 0g/m² 水平提高了 7.5%～20.0%，且 6～8 月，较 50g/m² 水平也有明显提高，提高幅度达 5.2%～30.4%。9 月，保水剂 50g/m² 处理的草坪质量状况优于 100g/m² 水平。7～9 月，50g/m² 处理也较 0g/m² 的综合评价值高，提高幅度最高可达到 30.0% 以上，但在 6 月，50g/m² 处理较低。当土壤含水率在 55%FC～70%FC 时，保水剂 100g/m² 综合评价值比 0g/m² 提高了 1.9%～50.5%。在多数情况下，50g/m² 处理较 0g/m² 处理的综合评价值高。当土壤含水率为 40%FC～55%FC 时，100g/m² 处理的综合评价值较 0g/m² 提高了 9.7%～78.7%，50g/m² 处理较 0g/m² 提高了 36.8%～87.8%。这些变化说明，不同土壤水分条件下，施用保水剂可以提高草地早熟禾的综合质量。其中，土壤含水率越低，保水剂的作用效果越明显。

15.2.6 化控制剂对小区草坪草生长状况的影响

1. 化控制剂对小区草地早熟禾蒸散的影响

利用水量平衡方程计算小区早熟禾的水分蒸散量(忽略地表径流和土壤径流，土壤计算深度为 0.6m)，整个观测期间的蒸散量变化如图 15-28 所示。从图中可以看出，FA 旱地龙用量 2g/m²，可以降低蒸散量 0.6%，3g/m² 可以降低 17.7%；保水剂 50g/m² 可以降低 1.7%，100g/m² 可以降低 5.7%；保水剂与 FA 旱地龙集成应用可以降低蒸散量 6.5%～15.8%。方差分析结果表明(表 15-42)，在显著性水平 $\alpha=0.1$ 条件下，FA 旱地龙和保水剂对草地早熟禾蒸散的影响显著，两者的交互作用达显著水平。

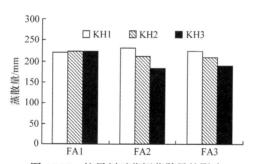

图 15-28 抗旱剂对草坪蒸散量的影响

表 15-42 草地早熟禾蒸散量的 F 值

方差来源	平方和	自由度	均方差	F
FA 旱地龙	1186.38	4	296.59	12.96
保水剂	4813.58	2	2406.79	105.15
FA 旱地龙×保水剂	413.96	2	206.98	9.043
误差	412.00	18	22.89	

2. 化控制剂对小区草地早熟禾生长特性的影响

不同处理小区草地早熟禾生长速度的观测结果见表 15-43。从表中可以看出，喷施 FA 旱地龙可促进草坪草的生长，如 9 月 2 日、9 月 20 日及 10 月 22 日，喷施 FA 旱地龙小区的草坪草生长速度明显高于对照。施用保水剂的影响不明显，其原因在于 2004 年示范区降雨次数偏多，且雨量较大，能适时满足草坪草水分需求。另外通过方差分析证实，在该降雨年型下，FA 旱地龙和保水剂对小区草地早熟禾的生长速度影响不显著(表 15-44)。

表 15-43　化控制剂对草地早熟禾生长速度的影响　　(单位：cm/天)

FA 旱地龙 /(g/m²)	保水剂 /(g/m²)	时间(月-日)				
		7-28	8-18	9-02	9-20	10-22
0	0	1.39	0.70	0.52	0.98	0.53
	50	1.57	0.80	0.69	1.23	0.77
	100	1.66	0.84	0.72	1.14	0.63
2	0	1.40	0.70	0.89	1.00	0.64
	50	2.22	1.14	1.03	0.72	0.35
	100	1.56	0.79	0.65	0.80	0.50
3	0	1.51	0.76	0.90	1.15	0.74
	50	1.62	0.82	1.14	1.03	0.59
	100	1.48	0.74	0.76	1.25	0.97

表 15-44　草地早熟禾生长速度的 F 检验结果

方差来源	平方和	自由度	均方差	F
FA 旱地龙	3.740×10^{-2}	2	1.870×10^{-2}	0.58
保水剂	3.846×10^{-2}	2	1.923×10^{-2}	0.60
FA 旱地龙×保水剂	6.595×10^{-2}	4	1.649×10^{-2}	0.51
误差	0.57	18	3.193×10^{-2}	

草地早熟禾密度的变化及方差分析结果分别见表 15-45 和表 15-46。从表 15-45 可以看出，喷施 FA 旱地龙可使草坪草密度增加，2g/m² 水平可提高 13.0%，3g/m² 可提高 22.0%。FA 旱地龙和保水剂集成应用可提高 6.5%～49.2%。但方差分析结果显示，在显著性水平 α=0.1 条件下，只有 FA 旱地龙的影响显著。

表 15-45　化控制剂对草地早熟禾密度的影响　　　（单位：株/100cm²）

FA 旱地龙 /(g/m²)	保水剂 /(g/m²)	时间(月-日)				
		7-28	8-18	9-02	9-20	10-22
0	0	39.33	100.99	63.21	98.37	113.21
	50	36.56	132.60	68.37	80.08	124.31
	100	40.29	132.34	78.63	88.63	123.71
2	0	22.88	122.40	109.50	83.97	128.27
	50	41.82	153.11	103.45	69.65	114.23
	100	43.48	171.44	84.77	98.42	145.09
3	0	47.07	182.05	103.05	92.74	158.00
	50	45.69	173.83	113.78	101.14	158.59
	100	41.55	190.06	108.27	113.12	166.54

表 15-46　草地早熟禾密度的 F 检验结果

方差来源	平方和	自由度	均方差	F
FA 旱地龙	4170.07	2	2085.04	3.38
保水剂	774.17	2	387.08	0.63
FA 旱地龙×保水剂	369.91	4	92.48	0.15
误差	11108.47	18	617.14	

从表 15-47 和表 15-48 可以看出，虽然保水剂处理的叶片较对照稍宽，但在显著性水平 $\alpha=0.1$ 条件下，保水剂和 FA 旱地龙对草地早熟禾叶宽的影响均达不到显著水平。

表 15-47　化控制剂对草地早熟禾叶宽的影响　　　（单位：mm）

FA 旱地龙 /(g/m²)	保水剂 /(g/m²)	时间(月-日)				
		7-28	8-18	9-02	9-20	10-22
0	0	2.09	2.25	1.64	2.17	2.10
	50	2.03	2.11	1.88	2.12	2.09
	100	2.06	2.18	1.73	2.12	2.09
2	0	2.11	2.30	1.96	2.05	2.13
	50	2.08	2.31	2.00	2.26	2.13
	100	2.09	2.29	1.68	1.71	2.12
3	0	2.06	2.29	1.98	2.00	2.13
	50	2.10	2.00	1.85	2.12	2.14
	100	2.02	2.25	2.04	2.36	2.14

表 15-48　草地早熟禾叶宽的 F 检验结果

方差来源	平方和	自由度	均方差	F
FA 旱地龙	6.819×10^{-3}	2	3.409×10^{-3}	1.61
保水剂	1.788×10^{-3}	2	8.938×10^{-4}	0.42
FA 旱地龙×保水剂	6.010×10^{-3}	4	1.502×10^{-3}	0.71
误差	3.824×10^{-2}	18	2.125×10^{-3}	

　　从表 15-49 可以看出，喷施 FA 旱地龙可提高叶面积指数 5.0%～24.1%，施用保水剂可提高 10.2%～17.3%，两者集成应用可提高叶面积指数 10.2%～51.1%。方差分析显示(表 15-50)，在显著性水平 $\alpha=0.1$ 条件下，保水剂和 FA 旱地龙对草地早熟禾叶面积指数的影响显著，但其交互作用不显著。

表 15-49　化控制剂对草地早熟禾叶面积指数的影响

FA 旱地龙 /(g/m²)	保水剂 /(g/m²)	时间(月-日)				
		7-28	8-18	9-02	9-20	10-22
0	0	1.13	5.07	3.16	2.98	2.55
	50	1.35	5.36	3.24	3.53	2.93
	100	1.37	5.72	3.82	3.57	2.98
2	0	1.14	4.61	3.63	3.12	3.13
	50	1.08	5.50	4.29	3.24	3.10
	100	1.28	5.82	4.62	4.62	3.26
3	0	1.49	5.15	3.96	4.71	3.17
	50	1.46	6.19	4.86	4.86	2.86
	100	1.97	7.06	5.05	4.68	3.74

表 15-50　草地早熟禾叶面积指数的 F 检验结果

方差来源	平方和	自由度	均方差	F
FA 旱地龙	6.01	2	3.01	22.54
保水剂	2.65	2	1.33	9.95
FA 旱地龙×保水剂	0.356	4	8.910×10^{-2}	0.67
误差	2.40	18	0.13	

3. 化控制剂对小区草坪综合质量的影响

采用草坪质量综合评价方法确定野外小区试验的质量综合评价函数如下:

$$Y = 0.27X_1 + 0.25X_2 + 0.22X_3 + 0.26X_4$$

式中, X_1、X_2、X_3 和 X_4 分别为生长速度、密度、叶宽和叶面积指数。将各指标测定结果代入函数, 得出不同观测日期的草坪质量的综合评价值, 见表 15-51, 各次测定结果的平均值如图 15-29 所示。从表 15-51 和图 15-29 可以看出, 化控制剂可显著提高草地早熟禾质量, 喷施 FA 旱地龙可提高草坪质量 5.4%~55.2%。方差分析表明, 在显著性水平 α=0.1 条件下, 保水剂、FA 旱地龙及其交互作用对草地早熟禾综合质量的影响显著(表 15-52)。

表 15-51　不同处理综合评价值

FA 旱地龙 /(g/m²)	保水剂 /(g/m²)	时间(月-日)				
		7-28	8-18	9-02	9-20	10-22
0	0	0.23	0.09	0.22	0.41	0.25
	50	0.47	0.37	0.20	0.54	0.54
	100	0.47	0.38	0.42	0.55	0.49
2	0	0.02	0.07	0.50	0.43	0.37
	50	0.54	0.51	0.60	0.40	0.17
	100	0.38	0.40	0.56	0.83	0.46
3	0	0.43	0.34	0.45	0.51	0.36
	50	0.45	0.67	0.56	0.75	0.38
	100	0.50	0.58	0.59	0.76	0.58

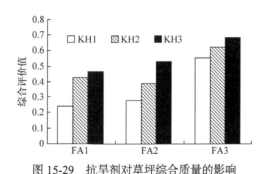

图 15-29　抗旱剂对草坪综合质量的影响

表 15-52　草地早熟禾质量的 F 检验结果

方差来源	平方和	自由度	均方差	F
FA 旱地龙	0.35	2	0.18	11.21
保水剂	0.20	2	9.903×10^{-2}	6.28

续表

方差来源	平方和	自由度	均方差	F
FA 旱地龙×保水剂	0.15	4	$3.762×10^{-2}$	2.39
误差	0.28	18	$1.576×10^{-2}$	

15.2.7 化控制剂最佳施用量分析

1. 基于节水灌溉和草坪质量的化控制剂施用量分析

从图 15-30(a)～(h)可以看出，在 $r_{0.01}$ 检验水平下，草地早熟禾生长速度、密度、叶宽、叶面积指数、月平均剪草量、生物量鲜重和生物量干重与草坪质量综合评价值呈显著线性相关，其中月平均剪草量、生物量鲜重、生物量干重的相关系数在 0.9 以上。通常认为，当草坪综合评价值达 0.4 时，就可以满足一般观赏效果，此时对应的生长速度为 0.38cm/天、月平均剪草量 $48.6g/m^2$、密度 66 株/100cm²、根冠比 0.8、叶宽 1.99mm、叶面积指数 1.9、生物量鲜重 $1063g/m^2$、生物量干重 $221g/m^2$。以节水和经济为评价准则，综合分析满足草坪生长速率、叶面积指数、月平均剪草量、根冠比、生物量等指标发现，处理组合 A2B1D3，即土壤含水率为 55%FC～70%FC、保水剂 $0g/m^2$、FA 旱地龙 $3g/m^2$ 为最佳处理组合。

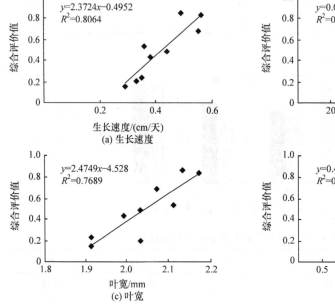

(a) 生长速度

(c) 叶宽

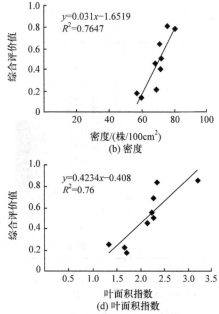

(b) 密度

(d) 叶面积指数

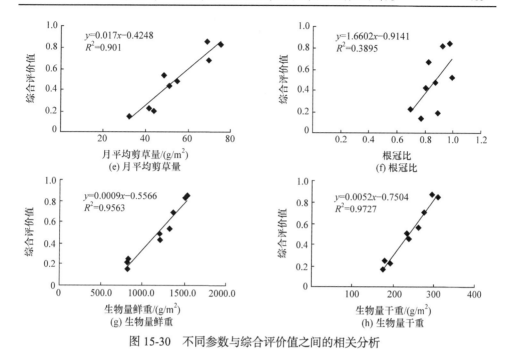

图 15-30　不同参数与综合评价值之间的相关分析

2. 基于土壤水分条件的化控制剂最佳施用量

化控制剂必须有一定的水分条件才能发挥作用。相关研究表明，较为理想的保水剂用量为：既要使土壤中保持适度的水分胁迫，以促进根系和地上部分的生长发育，为节水增产打下良好的基础，又要避免土壤含水率过低，形成保水剂与作物根系"争水喝"的现象，例如，在没有灌溉保障的前提下，在特干旱年份，施用保水剂可能危害草坪的生长。因此，研究不同土壤水分条件下各种化控制剂的施用量具有重要的现实意义。

不同土壤水分条件下，保水剂和 FA 旱地龙各处理组合时的综合评分值见表 15-53～表 15-55。从表 15-53 可以看出，当土壤含水率为 70%FC～85%FC 时，各处理组合的综合评价值都大于 0.4，表明此时不施用化控制剂也能满足草坪观赏质量要求，如处理组合 A1B1D1。当土壤含水率为 55%FC～70%FC 时，A2B1D3 处理综合评价值大于 0.4，但多次评价值小于 0.5，最大值仅为 0.65，仅可满足一般观赏质量要求，而 A2B3D2 处理的综合评价值均大于等于 0.5，其中 6 月 4 日和 8 月 5 日的测定结果达 0.7 及以上(表 15-54)。可见，这样的土壤水分条件下，施用化控制剂有助于获得较好的草坪质量。当土壤含水率为 40%FC～55%FC 时，6 月 4 日～8 月 25 日，A3B2D3 组合的草坪质量要好于 A3B3D1，A3B3D1 组合较 A3B1D2 有所提高。但是大部分测定结果均小于 0.4，不能满足一般观赏质量要求(表 15-55)。这表明，在该土壤水分条件下，施用化控制剂对提高草坪质量有一定效果，但达不到一般观赏质量的要求。

表 15-53　70%FC～85%FC 条件下各处理草坪综合评价值

处理组合	时间(月-日)				
	6-04	7-06	8-05	8-25	9-25
A1B1D1	0.77	0.73	0.67	0.59	0.63
A1B2D2	0.63	0.72	0.69	0.79	0.84
A1B3D3	0.83	0.79	0.80	0.83	0.70

表 15-54　55%FC～70%FC 条件下各处理草坪综合评价值

处理组合	时间(月-日)				
	6-04	7-06	8-05	8-25	9-25
A2B1D3	0.47	0.49	0.65	0.49	0.44
A2B2D1	0.46	0.52	0.74	0.41	0.59
A2B3D2	0.70	0.65	0.79	0.50	0.53

表 15-55　40%FC～55%FC 条件下各处理草坪综合评价值

处理组合	时间(月-日)				
	6-04	7-06	8-05	8-25	9-25
A3B1D2	0.16	0.30	0.23	0.26	0.19
A3B2D3	0.31	0.50	0.31	0.39	0.14
A3B3D1	0.29	0.33	0.28	0.28	0.35

15.2.8　结论与建议

本节所得结论及建议如下：

(1) 在土壤含水率在 70%FC～85%FC 和 40%FC～55%FC 条件下，施用保水剂可降低草地早熟禾的蒸散量，但在 55%FC～70%FC 时，影响不显著。保水剂对提高土壤含水率的作用效果显著，对草地早熟禾的生长速度、月平均剪草量、生物量的影响显著，但对叶宽、密度和叶面积指数的影响不显著($\alpha < 0.1$)。

(2) FA 旱地龙对草坪的生长速度、叶宽、密度、月平均剪草量、根冠比无显著影响，但对叶面积指数、生物量的影响显著($\alpha < 0.1$)。叶面喷施 FA 旱地龙可减

小气孔开度，抑制蒸腾，有助于提高水分利用效率。叶面喷施 FA 旱地龙具有一定的节水潜力，但具体最佳喷施方式和用量仍有待深入研究。

(3) 采用综合评价方法确定草坪综合评价函数为 $Y=0.13X_1+0.12X_2+0.11X_3+0.13X_4+0.14X_5+0.09X_6+0.14X_7+0.14X_8$，其中，$X_1$、$X_2$、$X_3$、$X_4$、$X_5$、$X_6$、$X_7$ 和 X_8 分别代表草地早熟禾生长速度、密度、叶宽、叶面积指数、月平均剪草量、根冠比、生物量鲜重、生物量干重。影响草地早熟禾综合质量的主要因素为保水剂和土壤水分条件，而 FA 旱地龙的影响不显著($\alpha < 0.1$)。

(4) 在本试验条件下，满足草地早熟禾生长发育和质量最佳的化控制剂及土壤水分的最优组合为：土壤含水率 70%FC～85%FC，保水剂 100g/m^2，旱地龙 3g/m^2。

(5) 保水剂和 FA 旱地龙能促进草坪草生长发育及抑制草坪蒸发；草地早熟禾土壤含水率下限值大约为田间持水率的 60%，但本试验确定的土壤含水率的梯度较少，因此其生理过程的土壤水分下限阈值有待进行深入研究。

(6) 本试验分别采用生长速度、密度等 8 个指标建立草坪质量评价函数，建议在以后的研究中进一步完善评价方法，以节水灌溉为基础，结合景观评价、性能评价和应用适合度等方面建立综合评价标准。